"十三五"国家重点出版物出版规划项目
现代机械工程系列精品教材
普通高等教育"十一五"国家级规划教材
全国普通高等学校优秀教材二等奖

精密和超精密加工技术

第3版

主　编　袁哲俊　王先逵
参　编　周　明　宗文俊　张飞虎　高　栋
　　　　袁巨龙　孙　涛　杨立军　闫永达　段广洪
主　审　艾　兴　蔡鹤皋

机械工业出版社

精密和超精密加工技术近年来获得飞跃发展。本书全面系统地讲述了精密和超精密加工技术，内容包括：精密和超精密加工技术及其发展展望，超精密切削与金刚石刀具，精密磨削和超精密磨削，精密和超精密加工的机床设备，精密加工中的测量技术，在线检测与误差补偿技术，精密研磨与抛光，微细加工技术，纳米技术与 3D 打印技术，精密和超精密加工的外部支撑环境。本书内容丰富，不仅系统地讲述了精密加工的基础原理和技术，新技术在精加工中的应用，还介绍了国内外的最新发展和成就。

本书可供机械设计制造及其自动化专业研究生和本科生作为教材，同时也是科技人员的重要参考书。

图书在版编目（CIP）数据

精密和超精密加工技术/袁哲俊，王先逵主编 . —3 版 . —北京：机械工业出版社，2016.1（2025.1 重印）

普通高等教育"十一五"国家级规划教材　全国普通高等学校优秀教材二等奖

ISBN 978-7-111-52153-2

Ⅰ.①精… Ⅱ.①袁…　②王… Ⅲ.①精密切削-高等学校-教材②超精加工-高等学校-教材　Ⅳ.①TG506

中国版本图书馆 CIP 数据核字（2015）第 270778 号

机械工业出版社（北京市百万庄大街 22 号　邮政编码 100037）
策划编辑：刘小慧　责任编辑：刘小慧　王勇哲　张丹丹
责任校对：陈　越　封面设计：张　静
责任印制：邓　博
北京盛通数码印刷有限公司印刷
2025 年 1 月第 3 版第 11 次印刷
184mm×260mm・17 印张・420 千字
标准书号：ISBN 978-7-111-52153-2
定价：49.80 元

电话服务　　　　　　　　　网络服务
客服电话：010-88361066　　机 工 官 网：www.cmpbook.com
　　　　　010-88379833　　机 工 官 博：weibo.com/cmp1952
　　　　　010-68326294　　金 书 网：www.golden-book.com
封底无防伪标均为盗版　　机工教育服务网：www.cmpedu.com

第3版前言

近年来，我国的机械制造工业获得了快速发展，正在由中国制造向中国创造迈进。由于尖端技术和国防工业发展的需要，多种高新技术在精加工中的应用，使我国精密和超精密加工技术也获得了飞速的发展。鉴于以上情况，有必要对《精密和超精密加工技术》第2版再次进行修订。本书是在原来教材的基础上，参考各兄弟院校提出的意见和最近精密加工的技术发展进行修订而成的。

本书这次修订时，将超精密切削和金刚石刀具、精密磨削和超精密磨削、精密和超精密加工的机床设备、精密加工中的测量技术、在线检测与误差补偿技术、精密研磨与抛光、微细加工技术等章的部分常见内容做了适当精简，增添了最近发展的新内容。对"纳米技术与3D打印技术"一章，因近年技术发展迅速，故做了全面修改，充实了新发展内容，增加了极有发展前景的3D打印技术的内容，这是因为此项新的制造技术已开始应用于精密加工领域。本书内容丰富，不仅系统地讲述了精密和超精密加工的基础理论和技术，精加工中应用的各种新技术，还介绍了本领域国内外的最新发展和成就。

本书各章修订的编者如下：第一章袁哲俊，第二章周明、袁哲俊、宗文俊，第三、六、八章王先逵，第四章张飞虎、袁哲俊、高栋，第五章袁哲俊、孙涛，第七章袁巨龙，第九章杨立军、袁哲俊、闫永达，第十章段广洪。由袁哲俊和王先逵担任主编，由艾兴、蔡鹤皋主审。

本书可供机械设计制造及其自动化专业的研究生和本科生作为教材，也可供从事机械制造精密加工工作的科技人员作为参考书。

由于作者水平所限，对书中的不足之处，希望读者给予批评指正。

编　者

第 2 版序 1

近年来机械制造技术，特别是精密加工技术发展较快，有必要对该书进行修订再版。这次修订与原版比较有以下一些特点：

（1）体系结构上进行了调整和变动　全书各章的安排未变，但章内各节的体系结构有变动，将近年来发展较快的内容单独成节或小节。例如：超硬微粉砂轮超精密磨削单独形成一小节；在微细加工中增加了立体复合工艺一小节；集成电路与印制电路板制作技术成为一节；第九章章名改为"精密和超精密加工的外部支撑环境"，这样更加确切一些。

（2）增加了近年来发展的新内容　对"精密和超精密磨削加工""研磨与抛光""微细加工技术"和"纳米技术"等章，因近年来技术发展迅速，故做了全面较大修改，充实了较多新内容。例如：介绍了复合结合剂金刚石微粉砂轮超精密磨削；增加了立体复合微细加工工艺，如沉积和刻蚀多层工艺和光刻－电铸－模铸复合成形技术等；增加了集成电路与印制电路板制作技术；在精密和超精密加工的外部环境设施中增加了隔振器件的新进展，光环境中光的颜色以及满足现代电子、微电子、光电子、微机械制造的外部环境要求等内容。

（3）文字上进行了修改和精练　删除了一些不确切的内容和提法，采用国家标准规定的名词术语和新标准，修改了一些文字错误。

该书内容丰富，新颖先进，体系结构符合教学要求，基础理论与技术实践相结合，图文并茂，是一本难得的研究生、大学本科生的教材和工程技术人员的参考书。

中国工程院院士，山东大学机械工程学院

2006 年 12 月 25 日

第 2 版序 2

精密和超精密加工是机械制造中的重要领域,对尖端技术和国防工业的发展具有重要影响。"精密和超精密加工技术"是机械制造及其自动化专业的重要专业课。

袁哲俊和王先逵主编的《精密和超精密加工技术》教材,是一本系统全面讲述精密和超精密加工理论和技术的教材,填补了国内外空白。该教材第 1 版自 1999 年出版后,经全国各学校使用,深受欢迎,2002 年曾获全国普通高等学校优秀教材二等奖。

近年来精密加工技术获得迅速发展,多种新技术在精加工中得到应用,因此作者袁哲俊等对原出版的《精密和超精密加工技术》教材进行修订再版。这次修订中,将超精密切削和金刚石刀具、精密和超精密磨削、精密和超精密加工的机床设备、精密加工中的测量技术、在线检测与误差补偿技术、研磨与抛光、微细加工技术等章的部分常见内容做了适当精简,增添了最近发展的新内容。对"纳米技术"一章,因近年技术发展迅速,做了全面的较大修改,充实了较多技术发展的新内容。

该教材内容丰富,不仅系统讲述了精密和超精密加工的基础理论和技术,应用的各种新技术,还介绍了本领域国内外的最新发展和成就。该教材讲授系统条理,深入浅出,符合学生的认识规律,是一本优秀的教材,可以供机械设计制造及其自动化专业本科生和研究生使用,也可供该领域的科技人员用作重要的参考书。

建议修订后的教材尽早出版,以供学生使用。

中国工程院院士,哈尔滨工业大学机电工程学院

蔡鹤皋

2006 年 12 月 20 日

第 2 版前言

本教材第 1 版自 1999 年出版后，经全国各学校多年使用，颇受欢迎，2002 年获全国普通高等学校优秀教材二等奖。

近年来机械制造技术，特别是精密加工技术有了较快发展，多种新技术在精加工中得到了应用，同时我国的机械制造工业也取得了飞跃的发展。高技术机电产品、尖端技术和国防工业的发展，对精密和超精密加工技术提出了迫切提高的需求。由于以上情况，有必要对原出版的《精密和超精密加工技术》教材进行修订再版。本教材是根据教材出版修订规划，在原来教材的基础上，参考各兄弟院校提出的意见和最近精密加工的技术发展，进行修订而成。

本教材在这次修订中，将超精密切削和金刚石刀具、精密和超精密磨削、精密和超精密加工的机床设备、精密加工中的测量技术、在线检测与误差补偿技术、微细加工技术等章的部分常见内容做了适当精简，增添了最近发展的新内容。对"研磨与抛光"和"纳米技术"两章，因近年技术发展迅速，故做了全面较大修改，充实了较多技术发展的新内容。本教材内容丰富，不仅系统讲述了精密和超精密加工的基础理论和技术，精加工中应用的各种新技术，还介绍了本领域国内外的最新发展和成就。

参加本教材各章修订的编者如下：第一章袁哲俊，第二章袁哲俊、周明，第三、六、八章王先逵，第四章袁哲俊、高栋，第五章袁哲俊、李华，第七章袁巨龙，第九章段广洪，第十章袁哲俊、谢大纲、房丰洲。由袁哲俊和王先逵担任主编，由艾兴院士和蔡鹤皋院士担任主审。

本书是机械工业出版社机械精品教材，可供机械制造及其自动化专业的研究生和本科生作为教材，同时也可供从事机械制造精密加工工作的科技人员作为重要的参考书。

由于作者水平所限，对书中的不足之处，希望读者给予批评指正。

主　编
2006 年 12 月

第 1 版前言

精密和超精密加工技术是机械制造业中最重要的部分之一，这是因为精密和超精密加工技术不仅直接影响尖端技术和国防工业的发展，而且还影响机械产品的精度和表面质量，影响产品的国际竞争力。例如陀螺仪现在是用超精密切削等方法加工的，它的精度直接影响导弹的命中精度。大规模集成电路的制造，使用了超精密研磨和微细加工等技术，它的加工工艺水平决定了集成电路上的线宽和元件数，直接影响微电子工业和计算机技术的发展。世界各国都非常重视发展精密和超精密加工技术，把它作为发展先进制造技术中的优先发展内容。

近年来各种新技术，例如微电子技术、计算机技术、自动控制技术、激光技术等在精密加工中得到广泛的应用，使精密和超精密加工技术产生了飞跃的发展，大大地改变了它的技术面貌。精密加工技术的水平已是机械制造业水平的重要标志。当代的精密工程，其中包括精密加工，超精密加工技术，微细加工技术和纳米技术是现代制造业的前沿，也是明天制造技术的基础。

机械产品要求的精度不断提高，促使精密加工技术水平的迅速发展，精密和超精密加工达到的精度也在不断提高。在 20 世纪 50 年代精密加工能达到的精度水平是 $3 \sim 5\mu m$，超精密加工达到的精度是 $1\mu m$。到 20 世纪 70 年代后期，精密加工达到的精度水平是 $1\mu m$，超精密加工达到的精度是 $0.1\mu m$，而现在精密加工达到的精度水平是 $0.1\mu m$，超精密加工达到的精度已是 $0.01 \sim 0.001\mu m$。

近年来由于受到各方面的重视，我国的精密和超精密加工技术获得了很大的发展，超精密切削技术已获得较多生产应用，超精密机床已研制成功，多种精度很高的精密机械和仪器已能生产，微细加工技术也已发展到相当水平。但应看到我国的精加工技术水平与发达国家比较还有相当大的差距。例如数控超精密车床我国还没有正式产品，大型超精密机床国内还没有。标志制造大规模集成电路水平的微细加工，我国现在导线的光刻加工，其线宽只能达到 $0.5 \sim 1\mu m$，国外生产中已可达 $0.1\mu m$，而实验室正在研究的是 $0.01\mu m$ 宽度，故国外生产的每个集成电路可以有数百万个元件，而我国则相差很多。精密和超精密加工技术，因涉及尖端技术和国防工业的发展，关键的技术各国都保密，不允许技术转让或出口。各国都是自己投力量研究开发这方面的技术，因此我国也亟需加速发展这方面的技术。

高等学校的机械制造专业已是成立多年的较老的学科。近年来由于多种新技术在机械制造中的应用，机械制造业的面貌发生了极大的变化。学校的机械制造专业也面临改造，要求更新教学内容，增设新课程，以跟上机械制造技术的发展。很多高等学校为研究生设立了精密和超精密加工技术的课程，同时也为本科生新开了精密加工的选修课。

本书系统全面地讲述了精密和超精密加工技术的各部分主要内容，收集了国内外精密加工的大量资料文献，且结合了哈尔滨工业大学和清华大学等校多年来从事精密和超精密加工的研究成果而写成的。本书不仅系统讲授了精密加工的基础原理和技术，新技术在精加工中的应用，还介绍了国内外精密加工的最新发展和成就。

本书内容包括精加工涉及的全部主要内容：超精密切削和金刚石刀具，精密和超精密磨削、研磨与抛光，精密和超精密机床设备，精密加工中的测量技术，在线测量和误差补偿技术，微细加工技术，精加工的支撑环境，典型精密零件的加工工艺，纳米技术。本书试图解决国内需要发展精密加工技术，而缺少这方面的科技书和教材的困难，可供机械制造专业研究生和本科学生作为教材，同时也可供从事机械制造精密加工工作的科技人员作为一本重要的参考书。

本书各章的编者如下：第一、四章袁哲俊，第二章袁哲俊、周明，第三、六、八章王先逵，第五章袁哲俊、谢大纲、王晓蕙，第七章袁巨龙，第九章段广洪，第十章袁哲俊、高栋。由袁哲俊和王先逵担任主编。

由于作者水平所限和编写时间仓促，书中错误和不足之处，希望读者给予指正。

编　者
1999 年 1 月

目　　录

第3版前言
第2版序1
第2版序2
第2版前言
第1版前言

第一章　精密和超精密加工技术及其发展展望 …………… 1
第一节　发展精密和超精密加工技术的重要性 ……… 1
第二节　超精密加工技术的现状 ……… 5
第三节　超精密加工技术的发展展望 ……… 9
复习思考题 ……… 10

第二章　超精密切削与金刚石刀具 ……… 11
第一节　超精密切削的切削速度选择 ……… 11
第二节　超精密切削时刀具的磨损和寿命 ……… 12
第三节　超精密切削时积屑瘤的生成规律 ……… 14
第四节　切削参数变化对加工表面质量的影响 ……… 16
第五节　切削刃锋锐度对切削变形、加工表面质量的影响 ……… 19
第六节　金刚石刀具超精密切削中的若干理论问题 ……… 23
第七节　超精密切削对刀具的要求及金刚石的性能和晶体结构 ……… 29
第八节　金刚石晶体各晶面的耐磨性和好磨难磨方向 ……… 34
第九节　单晶金刚石刀具的磨损破损机理 ……… 36
第十节　金刚石晶体的定向 ……… 38
第十一节　金刚石刀具的设计与制造 ……… 41
复习思考题 ……… 47

第三章　精密磨削和超精密磨削 ……… 49
第一节　概述 ……… 49
第二节　精密磨削 ……… 55
第三节　超硬磨料砂轮磨削 ……… 59
第四节　超精密磨削 ……… 66
第五节　精密和超精密砂带磨削 ……… 71
复习思考题 ……… 77

第四章　精密和超精密加工的机床设备 ……… 78
第一节　精密和超精密机床发展概况 ……… 78
第二节　典型超精密机床简介 ……… 81
第三节　精密机床主轴部件 ……… 88
第四节　机床的总体布局和床身导轨 ……… 93
第五节　进给驱动系统 ……… 99
第六节　微量进给装置 ……… 103
第七节　机床运动部件位移的在线检测系统 ……… 108
第八节　机床的稳定性和减振隔振 ……… 110
第九节　减少热变形和恒温控制 ……… 113
复习思考题 ……… 116

第五章　精密加工中的测量技术 ……… 118
第一节　精密加工中的测量技术概述 ……… 118
第二节　生产单位的长度基准和测量基准平台 ……… 121
第三节　直线度、平面度和垂直度的测量 ……… 123
第四节　角度的测量 ……… 126
第五节　圆度和回转精度的测量 ……… 129
第六节　激光测量 ……… 135
第七节　自由曲面的测量 ……… 139
复习思考题 ……… 141

第六章　在线检测与误差补偿技术 ……… 142
第一节　概述 ……… 142
第二节　在线检测与误差补偿方法 ……… 148
第三节　微位移技术 ……… 154
复习思考题 ……… 162

第七章　精密研磨与抛光 …… 163
- 第一节　研磨 …… 163
- 第二节　抛光 …… 165
- 第三节　精密研磨与抛光的主要工艺因素 …… 167
- 第四节　精密研磨抛光新技术 …… 173
- 第五节　曲面研磨抛光技术 …… 175
- 复习思考题 …… 179

第八章　微细加工技术 …… 180
- 第一节　微细加工技术的出现 …… 180
- 第二节　微细加工的概念及其特点 …… 181
- 第三节　微细加工机理 …… 183
- 第四节　微细加工方法 …… 185
- 复习思考题 …… 209

第九章　纳米技术与 3D 打印技术 …… 210
- 第一节　纳米技术概述 …… 210
- 第二节　扫描探针显微测量技术 …… 211
- 第三节　纳米级加工技术和原子操纵 …… 215
- 第四节　微型机械、微机电系统及其制造技术 …… 225
- 第五节　3D 打印技术 …… 233
- 复习思考题 …… 237

第十章　精密和超精密加工的外部支撑环境 …… 238
- 第一节　空气环境和热环境 …… 238
- 第二节　振动环境 …… 246
- 第三节　噪声环境 …… 251
- 第四节　其他环境 …… 254
- 第五节　精密和超精密加工的环境设施 …… 256
- 复习思考题 …… 257

参考文献 …… 259

第一章 精密和超精密加工技术及其发展展望

第一节 发展精密和超精密加工技术的重要性

机械工业是国民经济发展的基础,因为它需要为其他生产部门提供技术装备。机械工业提供技术装备的水平和质量,将直接影响国民经济各部门生产技术水平的高低和经济效益的好坏。因此,加强发展机械制造工业是发展国民经济的一项关键性措施,是加强经济竞争能力强有力的手段。

在平时,机械制造工业将为国民经济提供各种商品和机器设备,在战时,将提供武器。因此,机械工业是经济现代化和国防现代化的基础工业部门。据国外统计,在经济发展阶段,机械工业的发展速度要高出整个经济发展速度的 20%~25%。历史证明,哪一个国家不重视机械制造工业,它就会遭到历史的惩罚。

美国过去长期在机械制造技术上处于领先地位,但在第二次世界大战后不重视机械制造工业,新技术研究开发不力,对机械制造专业人才不重视培养,日本则大力支持了机械制造工业的发展。两国政府的不同政策形成鲜明的对比,后果极为明显:20 世纪 70 年代和 80 年代两国在汽车工业和微电子工业的竞争中,日本的汽车、摩托车、电视机、录音机、录像机、照相机等不仅大量抢占了美国原来的国际市场,而且大量进入美国国内市场。美国上述工业面临严重的威胁,美国公众惊呼这已危及国家安全。美国在关于工业竞争的总统委员会的报告中检讨:美国在重要而又高速增长的技术市场上失利的一个重要因素是没有将自己的技术应用到制造业上。美国国家工程院和国家研究理事会经过反复讨论,认为必须重新重视制造技术,而不是将制造列入到从属设计工程或设计风格的地位上。

我国的机械制造工业近年来获得飞速的发展,现在已是世界制造大国,仅次于美国,已处于世界第二位。中国的出口最近也超过了德国,而成为世界第一出口大国。中国的出口统计中,机电产品占多数。但中国制造业大而不强,是制造大国而不是制造强国,出口的机电产品,多数是技术含量较低,价格也较低的中、低档产品,而进口的则是技术水平高、价格昂贵的产品。和某些发达国家相比,仍有相当大的差距。2015 年我国提出《中国制造 2025》的中国制造业十年发展纲要,要使中国从制造大国发展成制造强国。提高制造业水平的基础是发展和提高制造技术,使其首先达到世界先进水平。制造技术发展和提高的核心表现在两个方面:一个是自动化智能制造技术,以柔性自动化技术(CAD/CAM 一体化、FMS、并行工程、集成制造)和智能制造为代表;另一个是精密和超精密加工,以超精密加工为代表。这里只谈精密和超精密加工技术问题。

精密和超精密加工已经成为在国际竞争中取得成功的关键技术。因为许多现代高技术产品需要高精度制造。发展尖端技术、国防工业、微电子工业等都需要精密和超精密加工制造出来的仪器设备。当代的精密工程、微细工程和纳米技术是现代制造技术的前沿，也是明天技术的基础。

目前，在工业发达国家中，一般工厂能稳定掌握的加工精度是 $1\mu m$。与此相应，通常将加工精度在 $0.1 \sim 1\mu m$、加工表面粗糙度 Ra 在 $0.02 \sim 0.1\mu m$ 之间的加工方法称为精密加工，而将加工精度高于 $0.1\mu m$、加工表面粗糙度 Ra 小于 $0.01\mu m$ 的加工方法称为超精密加工。

现代机械工业之所以要致力于提高加工精度，其主要的原因在于：提高制造精度后可提高产品的性能和质量，提高其稳定性和可靠性；促进产品的小型化；增强零件的互换性，提高装配生产率，并促进自动化装配。

超精密加工技术在尖端产品和现代化武器的制造中占有非常重要的地位。例如，对于导弹来说，具有决定意义的是导弹的命中精度，而命中精度是由惯性仪表的精度所决定的。制造惯性仪表，需要有超精密加工技术和相应的设备。再例如，美国民兵Ⅲ型洲际导弹系统陀螺仪的精度为 $0.03 \sim 0.05°/h$，其命中精度的圆概率误差为 $500m$，而 MX 战略导弹（可装载 10 个核弹头）制导系统陀螺仪精度比民兵Ⅲ型导弹高出一个数量级，从而保证命中精度的圆概率误差只有 $50 \sim 150m$。如果 $1kg$ 重的陀螺转子，其质量中心偏离其对称轴 $0.5nm$，则会引起 $100m$ 的射程误差和 $50m$ 的轨道误差。惯性仪表中有许多零件的制造精度都要求达到小于微米级。例如，激光陀螺的平面反射镜的平面度为 $0.03 \sim 0.06\mu m$，表面粗糙度 Ra 为几纳米，反射率为 99.8%。人造卫星的仪表轴承是真空无润滑的轴承，其孔和轴的表面粗糙度达到 $Rz1nm$，其圆度和圆柱度误差均以 nm 为单位。雷达的关键元件波导管，其品质因数与内表面的粗糙度有很大关系，内腔表面粗糙度值越小越好，其端面要求有很小的表面粗糙度、垂直度和平面度值。采用超精密车削，波导管内腔表面粗糙度可达 $Ra0.01 \sim 0.02\mu m$ 或 $\leq 0.01\mu m$，端面粗糙度可达 $Ra \leq 0.01\mu m$，平面度 $< 0.1\mu m$，垂直度 $< 0.1\mu m$，可使波导管的品质因数值达到 6000，而用一般方法生产的只能达到 $2000 \sim 4000$。红外探测器中接收红外线的反射镜是红外导弹的关键性零件，其加工质量的好坏决定了导弹的命中率。该反射镜表面的表面粗糙度要求达到 $Ra \leq 0.01\mu m$。只有采用超精密车削，方能满足上述要求。

又如，已被美国航天飞机送入空间轨道的，用来摄制亿万公里远星球图像的哈勃望远镜 HST（Hubble Space Telescope），其一次镜要求使用直径 $2.4m$，重达 $900kg$ 的大型反光镜，并且具有很高的分辨率。为此，专门研制了超精密加工（形状精度为 $0.01\mu m$）光学玻璃用的 6 轴 CNC 研磨抛光机。由于 HST 计划的实施，大大促进了硬脆材料的超精密加工技术，发展了能反馈加工精度信号的 CNC 研磨加工技术。综上所述可以看出，只有采用超精密加工技术，才能制造精密陀螺仪、精密雷达、超小型电子计算机及其他尖端产品。

又如据英国劳斯莱斯公司的资料，若将飞机发动机转子叶片的加工精度由 $60\mu m$ 提高到 $12\mu m$，而加工表面粗糙度 Ra 由 $0.5\mu m$ 减小到 $0.2\mu m$，则发动机的压缩效率将从 89% 提高到 94%。传动齿轮的齿形及齿距误差若能从目前的 $3 \sim 6\mu m$ 降低到 $1\mu m$，则单位齿轮箱重量所能传递的转矩将近提高一倍。

大规模集成电路的发展，促进了微细工程的发展，并且密切依赖于微细工程的发展。因为集成电路的发展要求电路中各种元件微型化，使有限的微小面积上能容纳更多的电子元件，以形成功能复杂和完备的电路。因此，提高超精密加工水平以减小电路微细图案的最小线条宽度，就成了提高集成电路集成度的技术关键（见表1-1）。

表1-1 集成度与最小线条宽度

分类 参数与性能	单元芯片上的单元逻辑门电路数	单元芯片上的电子元件数	最小线条宽度/μm
小规模集成电路	<10~12	<100	≤8
中规模集成电路	12~10^3	100~<10^4	≤5
大规模集成电路	>10^3~<10^5	10^4~<10^6	2.5~5
超大规模集成电路	≥10^5	≥10^6	0.1~2

目前工业发达国家都在发展微细加工技术，为减小集成电路的"线宽"而奋斗。2001年3月英特尔公司推出的Pentium 4计算机的芯片，时钟速度1.7GHz，最小线宽0.13μm，在面积116mm²内的晶体管元件数超过4200万个。现在使用新的极紫外线光刻，已加工出0.10μm的线宽，正在继续努力希望将光刻的线宽减小到0.08μm。为进一步减小集成电路的线宽，国外正在试验新的工艺方法，如用电子束光刻可加工出20nm的线宽，用电子束直接刻蚀可加工出10nm的线宽，美国IBM公司用扫描探针显微镜（SPM）光刻，在Si表面加工出宽度为10nm的线条，这10nm的线宽还不是SPM光刻加工最小极限，还有可能加工出更小的线宽。

纳米技术、微型机械和微机电系统的出现和发展，使科技进入了新的微观领域，直接影响了多门学科和工业的发展，影响了尖端技术、航空航天和国防工业的发展。同时它又对精密和超精密加工技术提出了新的要求，为此，发展了微细零件的精密加工新领域。新技术在精密加工中的应用，增添了多种精密加工的新原理和新方法，如3D打印技术现在已能制造金属精密零件，这些都极大地丰富了精密和超精密加工的内容。世界各国对此都极为重视，投入了大量人力、物力进行研究和开发。

当代各类加工方法所能达到的精度，及其发展趋势预测如图1-1所示。由图可见，2010

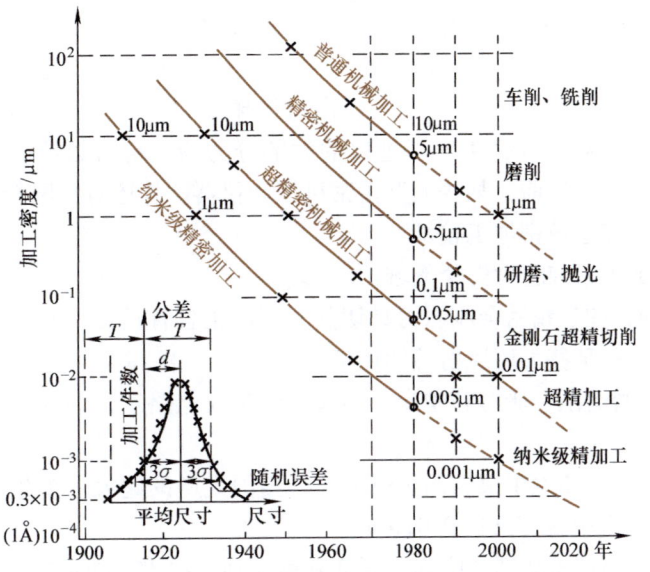

图1-1 各类加工方法所能达到的精度及其发展趋势预测

年普通机械加工、精密加工与超精密加工的精度分别达到 $0.6\mu m$、$0.05\mu m$ 及 $0.007\mu m$（7nm）左右。而且可见精密工程正在向其终极目标——原子级（亚纳米级）精度的加工逼近，也就是做到"移动原子"。为了达到这一目标，各工业发达国家都在努力冲刺。日本的 ERATO 计划中，纳米技术作为其 6 项优先技术之一，在由政府、大学和工业界联合开发。对纳米材料的物理力学性能正大力进行分析研究，基本的测试系统与加工设备正在研制中。美国已将纳米技术列为 21 世纪科技发展的 3 项重中之重的项目之一，投入大量人力、物力，在多个大学和研究所成立纳米技术研究中心，大力开展扫描隧道工程、纳米材料、微机电系统等方面的研究工作。在英国，国家纳米技术（NION）计划已开始实行，纳米技术战略委员会（Nanotechnology Strategy Committee）已建立，欧盟已成立多个纳米技术研究中心，正在施行合作的研究计划。

在过去的相当时期内，精密加工，特别是超精密加工的应用范围很狭窄。近十几年来，随着科学技术和人们生活水平的提高，精密和超精密加工不仅进入了国民经济和人民生活的各个领域，而且从单件小批生产方式走向大批量的产品生产。例如，照相机、摄像机、微型传感器等都已数字化，核心部件精度要求很高，产量都很大。在机械制造行业，已经改变了过去那种将精密机床放在后方车间，仅用于加工工具、夹具、量具的陈规。现在已经将精密机床搬到前方车间，直接用于产品零件的加工。

超精密加工走向大批量产品生产的事实，使人们不得不正视长期以来一直被忽视的问题：成本和效率。现代超精密加工不仅必须达到极高的加工精度和表面质量，同时应该保证成本低、效率高、成品率高。这对精密和超精密加工提出了更加严格的要求。

我国当前不少精密机电产品尚靠进口。有些精密产品靠老工人手艺，因而废品率极高。例如现在生产的某些高精度惯性仪表，从十几台甚至几十台中才能挑选出几台合格品。某些精密机电产品我国虽已能生产，但其中的核心关键部件仍需依靠进口，如飞机的发动机还需进口。我国每年需进口大量尚不能生产的高档精密数控机床设备，例如，2003 年我国进口机床 41.6 亿美元，出口机床 3.8 亿美元；2006 年我国进口机床 72.0 亿美元，出口机床 12 亿美元；2009 年我国进口机床 59 亿美元，出口机床 14.1 亿美元；2010 年我国进口机床 94.2 亿美元，出口机床仅 18.5 亿美元，2012 年我国进口机床 136.6 亿美元，出口机床 27.4 亿美元，2013 年我国进口机床 101 亿美元，出口机床 28.6 亿美元，2014 年我国进口机床 108.3 亿美元，出口机床 30.6 亿美元。进口的大部分为高档精密数控机床，而出口的则是低精度廉价的简单机床。当前，某些大型精密机械和仪器国外还对我国禁运，这些都说明我国必须大力发展精密和超精密加工技术。

精密和超精密加工目前包含三个领域：

1）超精密切削，如超精密金刚石刀具切削，可加工各种镜面，它成功地解决了高精度陀螺仪、激光反射镜和某些大型反射镜的加工。

2）精密和超精密磨削、研磨和抛光，如大规模集成电路基片的加工和高精度硬磁盘等的加工。

3）精密特种加工，如电子束、离子束加工，美国生产的超大规模集成电路最小线宽现已达到 $0.1\mu m$，实验室中线宽已达 $0.01\mu m$。

本书将重点介绍超精密切削、磨削、研磨和抛光加工技术、纳米加工技术，包括切削机理、金刚石刀具、超精密机床、精密测量、超精密加工工艺、超精密加工的环境条件等。

第二节 超精密加工技术的现状

一、超精密加工技术的新发展

超精密切削加工技术发展到今天,已经获得了重大的进展,超精密切削加工已不再是一种孤立的加工方法和单纯的工艺问题,而成为一项包含内容极其广泛的系统工程。实现超精密切削加工,不仅需要超精密的机床设备和刀具,也需要超稳定的环境条件,还需要运用计算机技术进行实时检测,反馈补偿。只有将各个领域的技术成就集结起来,才有可能实现超精密切削加工。

使用天然单晶金刚石刀具对超精密零件进行超精密切削,始于 20 世纪 50 年代末期。初期的被加工工件多为形状简单的圆柱表面、平面和球面,要求达到 $Rz0.1\mu m$ 的镜面即可。后来发展要求加工非球曲面反射镜,再发展要求加工大型反射镜,要求具有很高的形状精度和很小的表面粗糙度值。

金刚石刀具的超精密切削加工技术,主要应用于两个方面:单件的大型超精密零件的切削加工和大量生产的中小型零件的超精密切削加工技术。

单件大型零件的超精密金刚石刀具切削,以美国最为发达,居于世界领先地位。美国超精密加工技术的发展出于国防的需要,通过能源部激光核聚变的任务,以及陆海空三军制造技术开发计划等,对超精密金刚石切削机床的研究开发投入了巨额资金和大量人力。其最高水平是 LLL 实验室(Lawrence Livermore Laboratory)在 1983 年研制的第三号大型超精密金刚石车床(DTM-3 型,该机可加工 $\phi2100mm$,质量为 4500kg 的工件),和在 1984 年研制的大型光学金刚石车床 LODTM(可加工 $\phi1625mm$,质量为 1360kg 的非球面工件,其加工精度可达 $0.025\mu m$,表面粗糙度达到 $Ra0.0045\mu m$)。这是以庞大资金集 20 年的研究成果而创造的超精密车床。

大量生产的中小型超精密零件大多是感光鼓、磁盘、光盘、多面镜,以及平面、球面或非球面的光学和激光透镜、反射镜等。材料多为铜、铝及其合金、非电解镀镍层,进而扩展至塑料及硬脆材料(如陶瓷、光学玻璃、单晶锗、KDP 晶体等),间或有铁氧体材料加工。最近也有用 CBN 精车黑色金属的报道。

这些零件的加工精度可用表 1-2 说明。

表 1-2 中小型精密零件的加工精度

加工零件举例	平均加工精度	加工零件举例	平均加工精度
激光光学零件	表面粗糙度 $Rz0.01\sim0.006\mu m$ 形状精度 $0.1\mu m$	磁盘、光盘	表面粗糙度 $Ra0.01\sim0.004\mu m$ 波度 $0.02\sim0.01mm$
磁 头	表面粗糙度 $Rz0.02\mu m$ 平面度 $0.04\mu m$,尺寸精度 $\pm2.5\mu m$		
多面镜	表面粗糙度 $Rz0.01\sim0.02\mu m$ 反射率 $85\%\sim90\%$ 平面度 $0.04\mu m$,$\lambda/5\sim\lambda/10$ (λ 为氦氖激光的波长,$\lambda=632.8nm$)	塑料透镜用非球面模具	表面粗糙度 $Rz0.01\mu m$ 形状精度 $1\sim0.3\mu m$

日本在 1975 年以前，超精密金刚石车床都是从 Symon – Bryani、Philips、Moore 公司进口的。但日本从 1980 年以后逐渐采用自己生产的超精密金刚石车床，后来居上，水平较高。现在日本生产超精密机床的工厂约有 20 家，如东芝公司、理研制钢公司、丰田工机、不二越、日立精机等。日本偏重发展中小型超精密机床，加工对象是电子产品，如照相机、摄像机、办公自动化设备等民用产品。为了适应大量生产的要求，降低成本，提高生产率，设计和生产了专用的高生产率的超精密机床，如磁盘车床、多面镜加工机床、隐形眼镜片车床、塑料光学透镜车床等。

超精密切削加工是一项内容广泛的新技术，它的加工精度和表面质量是由所使用的超精密机床设备、金刚石刀具、切削加工工艺、计量和误差补偿技术、操作者的技术水平、环境支撑条件等多种因素影响的综合结果，下面对其中几个主要方面的情况予以说明。

二、超精密切削的机床设备

超精密机床是实现超精密切削的首要条件，各国都投入了大量人力、物力研制超精密切削用机床。目前水平最高的是美国，其代表作是 DTM – 3 型大型超精密车床和大型光学金刚石车床 LODTM。该机床采用空气静压轴承主轴和高压液体静压主轴，刚度高、动态性能好。为实现超精密位置的确定，采用了精密数字伺服方式，控制部分为内装式 CNC 装置和激光干涉测长仪，实现随机测量定位。为了实现刀具的微量进给，在 DC 伺服机构内装有压电式微位移机构，可实现纳米级微位移。该车床采用了恒温油淋浴系统，油温控制在（20 ± 0.0005）℃，消除了加工中的热变形。该车床还采用了压电晶体误差补偿技术，使加工精度达到 0.025μm，该机床可用于加工平面、球面及非球面，用于加工激光核聚变工程的零件，红外线装置用零件以及大型天体望远镜。

在欧洲以具有研究开发超精密金刚石切削加工机械传统的 Philips 公司的中央研究所为中心，研究开发 CNC 超精密金刚石车床 COLATH，1978 年以后用于本公司高精度零件的加工。

英国 Cranfield 公司与 British Science and Engineering Research Council（SERC）签订合同，研制开发 X 射线天体望远镜用大型超精密机床 OAGM2500，机床于 1991 年研制成功，工作台 2500mm × 2500mm，可用于超精密车削、磨削和坐标测量，使用性能良好。

日本大型超精密金刚石切削机床的研究与开发，远远落后于欧美，至今未见有关的报道。日本有关方面正大声疾呼在这方面积极赶超欧美。

我国北京机床研究所于 1987 年研制成功加工球面的 JSC – 027 空气静压轴承超精密车床，1998 年研制成加工直径 800mm 的 NAM – 800 型 CNC 超精密金刚石车床和加工平面的 SQUARE – 200 型等超精密铣床。北京航空精密机械研究所研制成功空气静压主轴的超精密车床和金刚石镗床。哈尔滨工业大学 1998 年研制成功加工直径 300mm 的 CNC 超精密车床，2006 年研制成功加工 KDP 晶体的大平面超精密铣床。我国的这些超精密机床虽已达到较高水平，但和国外比还有差距，现在还没有加工直径 1m 以上的大型超精密机床，此外，精密空气静压主轴、微位移机构、精密 CNC 伺服系统、机床热变形和结构稳定性等关键部件和关键技术都还需要研究提高。

三、金刚石刀具和超精密切削机理的研究

金刚石刀具是超精密切削中的关键。

金刚石刀具有两个比较重要的问题：一是晶面的选择，这对刀具的使用性能有着重要的影响；再就是金刚石刀具的研磨质量——切削刃钝圆半径 r_n，它关系到切削变形和最小切削厚度，因而影响加工表面质量。

金刚石晶体是各向异性的，用于制造刀具时需要晶体定向。

超精密切削中，切削刃的实际切削厚度与名义切削厚度不相同，有一个差值。实际切削厚度又称有效切削厚度。切削厚度小过一定界限就不能正常切削。能稳定切削的最小有效切削厚度称为最小切削厚度。最小切削厚度取决于金刚石刀具的切削刃钝圆半径，切削刃钝圆半径越小，则最小切削厚度越小。国外报道研磨质量最好的金刚石刀具，切削刃钝圆半径可以小到数纳米的水平；而国内现在磨的金刚石刀具，切削刃钝圆半径只能达到 $0.1\sim 0.05\mu m$。提高金刚石刀具的质量，使切削刃钝圆半径小于 $0.05\mu m$ 是我们需要研究解决的一个问题。1986 年 2 月，日本精机学会与有关的企业团体设置研究规划："超精密金刚石切削加工用刀具切削刃评价的研究"。1990 年，日本大阪大学和美国 LLL 实验室合作研究超精密切削的最小极限，成功地实现了 1nm 级切削厚度的稳定切削，使超精密切削达到新的水平。

超精密切削机理的某些方面，如各种因素对金刚石刀具磨损的影响、最小切削厚度、积屑瘤的生存规律等有一定的特殊性，过去研究较少，研究这些问题对提高切削加工表面质量、减少变质层和减少表面残留应力等有直接影响。最近黑色金属的超精密切削正在研究，有用金刚石刀具的，也有用 CBN 刀具的，目前还在实验室研究阶段。

工件材料对超精密切削有重要影响。其主要原因有：①表面出现不纯物，造成不规则的空穴和划伤；②结晶的晶界出现阶梯；③加工工件有残留变形和残留应力；④对金刚石刀具的亲和性，产生黏结现象等；⑤由于晶体材料的各向异性，影响切削变形和加工表面质量。为解决这些问题，可以采用高纯度合金元素（例如 99.99% Al 等）在高真空中熔解铸造，用极高速度使铸件冷却，在高于再结晶温度下进行长时间保温等。

四、检测和误差补偿

要达到亚微米级和纳米级的加工精度，检测是一个极为重要的方面。超精密加工对测量技术提出了严格要求。超精密加工要求测量精度比加工精度高一个数量级。如果超精密加工精度达到 1nm，测量机要控制的精度则要达到 $0.2\sim 0.3nm$。因此，超精密加工需要与相应的测量技术配合。超精密测量技术的开发必须与超精密加工技术的开发保持同步。目前超精密测量仪正向高分辨率、高精度和高可靠性的方向发展。国外广泛发展非接触式测量方法并研究原子级精度的测量技术。例如，Johaness 公司生产的多次光波干涉显微镜的分辨力为 0.5nm，OrienPass 公司生产的 MBI 重复反射干涉仪的测量精度可达 ±0.1nm。美国 WYKO 公司 NT8000 型非接触式激光干涉形貌测量仪的分辨率达 0.1nm，不仅可精确测量出曲面的宏观廓形，并且有软件可以同时获得该曲面的廓形误差和表面粗糙度。最近出现的隧道扫描显微镜的分辨力为 0.01nm，是目前世界上精度最高的测量仪，可用于测量金属和半导体零件表面的原子分布的形貌。最新的研究证实，在扫描隧道显微镜下可移动原子，实现精密工程

的最终目标——原子级精密加工。

超精密加工中的测量，应包括机床超精密部件运动精度的检测和加工精度的直接检测。要提高机床的运动精度，首先要能检测出运动误差。用三点法所测得的高精度空气静压轴承的径向圆跳动一般为50nm左右。主轴的跳动加上静压工作台的直线运动误差，可以造成圆度和圆柱度等误差达数十纳米。

加工时机床的定位精度是一个重要问题。一般平面、圆柱表面、球表面、多面棱体在加工时，工作台的运动精度相对地并不很高。但在加工非球面时，就要求很高的连续的运动精度和定位精度。现在采用激光干涉测长仪或高精度光栅尺精确测出工作台的位置，用反馈和闭环控制系统而制成精密CNC机床。

对超精密加工中的误差补偿问题，国内外学者专家的争议比较大。但从目前的发展趋势来看，要达到最高精度还需要使用在线检测和误差补偿。例如高精度空气静压轴承的径向圆跳动大约在50nm左右，工作台的直线运动误差也至少在数十纳米，要进一步实现更高精度就有一定困难。但用误差补偿方法有可能达到10nm。

目前世界上精度最高的LLL实验室的DTM-3型超精密金刚石车床和大型光学金刚石车床LODTM是有误差补偿系统的，CNC超精密机床实际上也是反馈补偿原理的体现，用高精度激光干涉测长仪测出工作台实际位置，再反馈控制其运动。

五、超稳定的加工环境条件

加工环境条件的极微小变化都可能影响加工精度，使超精密加工达不到预期目的，因此，超精密加工必须在超稳定的加工环境条件下进行。超稳定环境条件主要是指恒温、防振、超净和恒湿4个方面的条件，相应地发展起恒温技术、防振技术和净化技术。

超精密加工必须在严密的恒温条件下进行，即不仅放置机床的房间应保持恒温，还要对机床采取特殊的恒温措施。据统计，在精密加工中，由热变形产生的误差常占全部加工误差的50%以上，例如长100mm的钢件，温度升高1℃，其长度将增加$1\sim1.2\mu m$，铝件的长度将增加$2.2\sim2.3\mu m$。因此超精密加工和测量必须在恒温条件下进行。如要保证$0.1\sim0.01\mu m$的加工精度，温度变化应小于$\pm(0.1\sim0.01)$℃。有些超精密机床，在内部易产生热变形处用恒温油进行冷却，还有超精密机床在外面加透明塑料罩，用恒温油浇淋。现在恒温油可控制在(20 ± 0.0005)℃，室温可控制在(20 ± 0.005)℃。

为了提高超精密加工系统的动态稳定性，除了在机床设计和制造上采取各种措施之外，还必须用隔振系统来保证机床不受或少受外界振动的影响。超精密车床一般除用防振沟和很大的地基外，还都使用空气弹簧隔振。美国LLL实验室的DTM-3型超精密金刚石车床采用隔振措施后，轴承部件的相对振动振幅为2nm，并可防止$1.5\sim2Hz$的外界振动传入。

超精密加工还必须有超净化的环境。超精密加工车间一立方英尺的空气中直径大于$0.3\mu m$以上的尘埃数应小于10^2（百级）。现在又提出10级的要求，尘埃粒度从$0.3\mu m$减至$0.1\mu m$。为建立$0.1\mu m$的10级洁净室，国外已研制成功对$0.1\mu m$的尘粒有99.999%净化效率的高效过滤器。

第三节 超精密加工技术的发展展望

先分析一下欧美在发展超精密加工技术上的规划，它们是和宇航、天文、军事、核能等方面相联系的。超精密加工的尖端部分负担着支承最新科学技术进步的重任，所以不把分散在各个领域中的技术成就集结起来，就很难把加工精度提高 1~2 个数量级。为此需要在国家的科学研究规划中投入大量的资金和人力。

探测宇宙的哈勃空间计划使用的哈勃空间望远镜 HST，其一次镜为 $\phi 2400mm$（94in）、900kg 的大型镜，可以观测从波长为 $0.1\mu m$ 的紫外线到波长为 $10\mu m$ 的红外线的波长范围。为了在地面上获得 0.1″ 的高分辨力（相当于在 4000km 距离分辨汽车两侧的照明灯），要求达到形状精度 $0.01\mu m$（紫外线波长 $\lambda/3$）。为此开发了硬脆材料（玻璃）的 6 轴 CNC 抛光机。此外在 LLL 进行的核聚变炉 NOVA 计划，也需要对大直径的光学零件进行超精密加工，该计划投资 450 亿美元，使用 100kJ 玻璃激光技术。

NOVA 计划中使用的 1000 个以上的主要光学零件中，最大的是 $\phi 1200mm$、380kg、加工精度 $\lambda/10$、耐能量强度 1ns 脉冲 $3\times 10^9 W/cm^2$。

值得注意的是，用于倍频的 KDP 晶体，由 Cleveland Crystals 公司和 Moore 公司共同开发的金刚石刀具切削机床来加工，对特定晶体方向的 KDP 晶体进行切削。

从以上的资料来看，在美国的国家科研计划中超精密加工的研究，在材料方面从传统的铝、铜扩展到难切削材料和非金属硬脆材料，从加工方式上看，从切削扩展到开发带有检测反馈的超精密技术以及最终表面涂层处理的综合的研究。

从日本发表的资料来看，日本通产省 1987 年开始的"超尖端加工系统的研究开发"大型研究规划提出了超精密加工发展设想。超精密加工方面主要是两大方面：一是高密度高能量的粒子束加工的研究和开发；另一方面以三维曲面加工为主的高性能的超精密机械加工技术，以及作为配套的三维超精密检测技术和加工环境的控制技术。

根据我国的当前实际情况，参考国外的发展趋势，我国应开展超精密加工基础及技术的研究，其主要内容包括以下六个方面：

1）超精密切削、磨削、研磨和抛光的基本理论和工艺。
2）超精密设备的关键技术、精度、动特性和热稳定性。
3）超精密加工的精度检测、在线检测和误差补偿。
4）新技术在精密和超精密加工中的应用。
5）超精密加工的环境条件。
6）新工艺方法和纳米加工技术的研究和开发。

"今后的制造技术基础在于超精密加工技术的完成"，这是美国军方人士的总结。参考国外精密加工技术的经验和我国实际情况，如果对精密和超精密加工技术给予足够的重视，投入较多的人力、物力进行研究和开发，在生产中稳定微米级加工，扩大应用亚微米级加工技术，并开始纳米级加工的试验研究，则在 10 年内有望达到美国等先进国家的水平，并在某些单项技术上取得突破。使我国的精密和超精密加工技术尽快达到国际先进水平。

复习思考题

1-1 试述精密和超精密加工技术对实现《中国制造2025》规划,以及对发展国防和尖端技术的重要意义。
1-2 从机械制造技术发展看,过去和现在达到怎样的精度可被称为精密和超精密加工?
1-3 精密和超精密加工现在包括哪些领域?
1-4 试展望精密和超精密加工技术的发展前景。
1-5 我国的精密和超精密加工技术和发达国家相比情况如何?
1-6 我国要发展精密和超精密加工技术,应重点发展哪些方面内容?

第二章　超精密切削与金刚石刀具

超精密切削是 20 世纪 60 年代发展起来的新技术，它在国防和尖端技术的发展中起着重要的作用。现在超精密切削是使用精密的单晶天然金刚石刀具加工有色金属和非金属，可以直接切出超光滑的加工表面。超精密切削可以代替研磨等很费工的手工精加工工序，不仅节省工时，同时还提高加工精度和加工表面质量，因而受到各国的重视和发展。

用金刚石刀具进行超精密切削，用于加工铝合金、无氧铜、黄铜、非电解镍等有色金属、某些非金属和复合材料。在符合条件的机床和环境条件下，可得到优质超光滑表面。超精密切削加工的零件表面应达到：①极高的、符合图样要求的尺寸精度（尺寸误差 $<0.01\mu m$）；②极严的、符合图样要求的几何精度；③极小的表面粗糙度值（Ra 为 $0.02 \sim 0.005\mu m$）；④极小的表面变质层和表面残留应力。超精密切削表面的残留应力和变质层是不能忽视的，表面残留应力将影响尺寸的长期稳定性，某厂曾因忽视加工表面残留应力，生产的陀螺仪检查合格后放入仓库，数月后复检发现超差。计算机磁盘的表面变质层直接影响其信号存贮密度，光学反射镜的表面变质层直接影响其光学反射率，对激光、X 射线、红外光等反射镜（透镜）的影响尤其显著，必须严格限制加工表面的残留应力和变质层。超精密切削现在用于加工陀螺仪、激光反射镜、天文望远镜的反射镜、红外反射镜和红外透镜、雷达的波导管内腔、计算机磁盘、激光打印机的多面棱镜、复印机的硒鼓、菲尼尔透镜等，使用面日益扩大。因此研究提高超精密切削的加工效率和加工表面质量、研究超精密切削的切削机理，正日益受到人们的重视。

超精密切削也是金属切削的一种，当然也服从金属切削的普遍规律，同时也有不少特殊规律。这是由金刚石刀具的特殊物理化学性能和切削层极薄等因素造成的。在这里将研究超精密切削的一些主要的特殊切削规律。

第一节　超精密切削的切削速度选择

超精密切削时使用天然单晶金刚石刀具，切削刃可磨得极锋利。金刚石的硬度极高，是人们所知道的材料中硬度最高的物质。它耐磨性好，热传导系数大，和有色金属间的摩擦因数低，因此切削温度低，在加工有色金属时刀具寿命很高，可以使用很高的切削速度（$1000 \sim 2000 m/min$），而刀具可以切削很长时间而磨损很小。切削速度的高低对金刚石刀具的磨损大小影响甚微。

超精密切削要求得到超光滑的加工表面和很高的加工精度，这要求刀具有很高的尺寸寿命。刀具是否已磨损,将以加工表面质量是否下降超出规定为依据。金刚石刀具的尺寸寿命很高,高速切削时刀具磨损也很慢。因此超精密切削时,切削速度并不受刀具寿命的制约,这点是和普通的切削规律不同的。

超精密切削实际选择的切削速度,经常是根据所使用的超精密机床的动特性和切削系统的动特性选取的,即选择振动最小的转速。因为在该转速时表面粗糙度值最小、加工表面质量最高。获得高质量的加工表面是超精密切削的首要问题。使用质量好,特别是动特性好、振动小的超精密机床,可以使用高的切削速度,可以提高加工效率。

例如在批量生产计算机磁盘时,因产量大,要求高效率,如切削 5in(1in = 25.4mm)磁盘(铝合金)采用 3000r/min,而在单件小批生产一般只用每分数百转的切削速度。例如沈阳第一机床厂生产的 SI-255 液体静压主轴的超精密车床在 700~800r/min 时振动最大。因此用该机床进行超精密切削时,要避开该转速范围,用高于或低于该转速切削,均可得到较好的加工表面质量。在加工批量小时可选低转速;在批量大要求生产率高时可选用高转速。

第二节 超精密切削时刀具的磨损和寿命

用天然单晶金刚石刀具对有色金属进行超精密切削,如切削条件正常,刀具无意外损伤,这时刀具磨损很慢,刀具寿命极高。

天然单晶金刚石刀具用于超精密切削,破损或磨损而不能继续使用的标志为加工表面粗糙度超过规定值。金刚石刀具的寿命平时以其切削路程的长度计。如切削条件正常,金刚石刀具的寿命可达数百千米。

图 2-1 所示为美国 LLL 实验室进行的刀具磨损试验的结果,其中图 2-1a 为切削最初 300m 时的加工表面粗糙度,图 2-1b 为切到 20km 时的表面粗糙度。可以看到,在切削长度超过 20km 后,加工表面粗糙度 Ra 仍在 $0.01\mu m$ 以内,刀具仍能继续使用。由于刀具的磨损很少,故同一刀具可以加工很多零件,零件尺寸的一致性基本不受刀具磨损的影响。

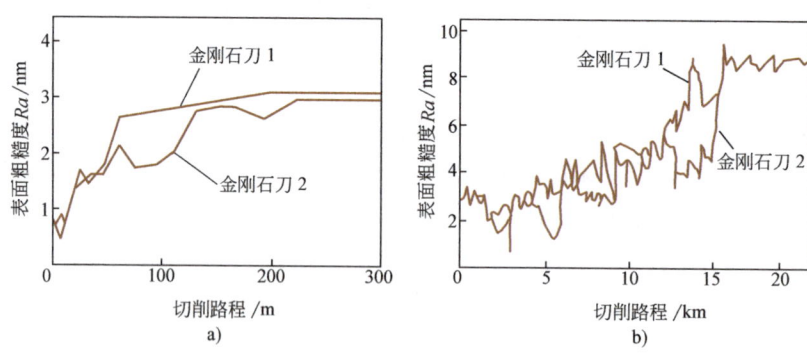

图 2-1 金刚石刀具的磨损试验
加工材料 非电解镍
a)切削最初 300m 时 b)切到 20km 时

实际使用中,金刚石刀具常达不到上述寿命,常常由于切削刃产生微小崩刃而不能继续使用,这主要是由于切削时的振动或切削刃的碰撞引起的。应注意天然单晶金刚石刀具只能用在机床主轴转动非常平稳的高精度机床上，否则由于振动，金刚石刀具将会很快产生切削刃微观崩刃，不能继续使用。金刚石刀具要求使用维护极为小心，不允许在有振动的机床上使用。由于金刚石有强烈的各向异性，故在刀具设计时应正确选择金刚石晶体方向，以保证切削刃有较高强度。

金刚石刀具磨损量很小，切削到加工表面粗糙度改变时，刀具磨损仍很小。正常刀具磨损情况如图 2-2 所示，一般磨损主要在后刀面上。图 2-3 所示为剧烈磨损情况，从图中可看到磨损区呈层状，即刀具磨损为层状微小剥落，这大概是由金刚石沿（111）晶面有解理现象产生而造成这样的磨损形式。图 2-4 所示为金刚石刀具切削钢（模具钢）和切削镍（非电解镍）时的磨损形式，沿切削速度方面出现磨损沟槽，这是由于金刚石和铁、镍的化学和物理亲和性而产生的磨蚀沟槽。金刚石和铁、镍的化学和物理亲和性，有时还会产生黏结物，致使切削刃处产生微小剥蚀，如图 2-4a 所示。图 2-5 所示为切削刃产生微小崩刃时的情况，如在金刚石刀具切削时有微小振动，就会产生切削刃微小崩刃。

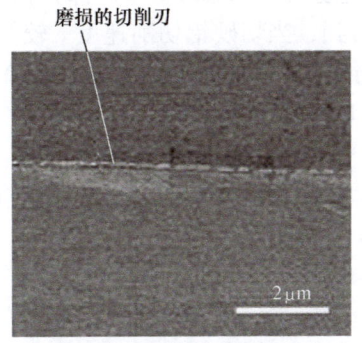

图 2-2　磨损的金刚石切削刃

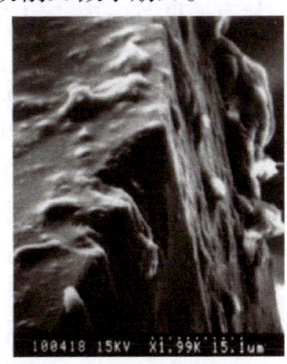

图 2-3　剧烈磨损的金刚石切

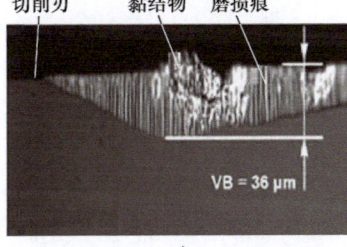

a)

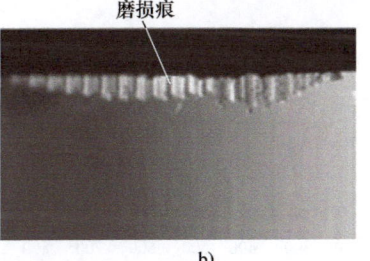

b)

图 2-4　金刚石刀具切削模具钢和非电解镍时的磨损形式
a) 切削模具钢　b) 切削非电解镍

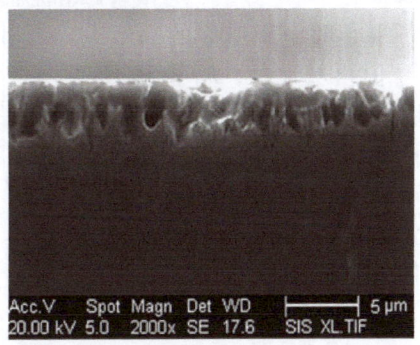

图 2-5　切削刃产生微小崩刃

第三节　超精密切削时积屑瘤的生成规律

积屑瘤的产生对加工表面质量影响极大，因此积屑瘤的生成规律和减小积屑瘤的措施是超精密切削中必须研究的重要问题。

一、超精密切削时切削参数对积屑瘤生成的影响

有人做过实验，用金刚石刀具精密切削有色金属，不用切削液，在所有进行实验的切削参数下都产生积屑瘤。实验结果如下。

1. 切削速度对积屑瘤产生的影响

金刚石刀具精切硬铝 2A12 时，不同切削速度时都产生积屑瘤，积屑瘤牢固地黏在刀尖上，不能被冲洗掉。积屑瘤一般都很小，用肉眼和对刀显微镜有时难以看清，需用倍数较大的显微镜观察。所有速度范围内，包含很高的切削速度（$v=816\text{m/min}$）都有积屑瘤产生，但切削速度变化将影响积屑瘤的高度。从图 2-6 可看到，当切硬铝切削速度 v 较低时，积屑瘤高度 h_0 最高，而当切削速度 $>314\text{m/min}$ 时，积屑瘤较小且趋于稳定。这说明在低速切削时，切削温度比较低，较适于积屑瘤生长。在低速时 h_0 值比较稳定，在中速时 h_0 值不稳定。切黄铜积屑瘤不稳定但比较小，高度 h_0 在 $0.1\sim0.75\mu\text{m}$。

切削刃的微观缺陷直接影响积屑瘤的高度。在某相同的切削条件下，完整刃的积屑瘤高度为 $5\mu\text{m}$，而有微小崩刃的切削刃积屑瘤高度为 $18\mu\text{m}$。

2. 进给量 f 和背吃刀量 a_p 对积屑瘤生成的影响

图 2-7 给出了不同进给量 f 对积屑瘤高度 h_0 的影响，图 2-8 给出了背吃刀量 a_p 对积屑瘤高度 h_0 的影响。在实验的切削参数范围内都有积屑瘤产生。

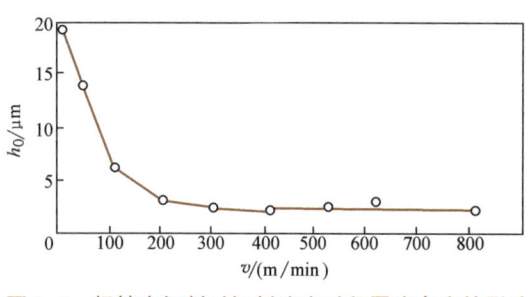

图 2-6　超精密切削时切削速度对积屑瘤高度的影响
工件硬铝　$f=0.0075\text{mm/r}$　$a_\text{p}=0.02\text{mm}$

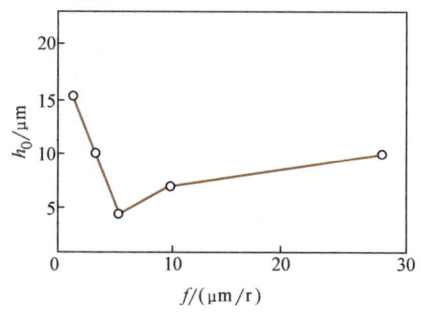

图 2-7　进给量 f 对积屑瘤高度的影响
硬铝　$v=314\text{m/min}$　$a_\text{p}=0.02\text{mm}$

从图 2-7 可看到，进给量 f 很小时，积屑瘤的高度 h_0 较大，$f=5\mu\text{m/r}$ 时 h_0 值最小，f 值再增大时，h_0 值稍有增加。这种变化大概是由切削温度变化引起的。

从图 2-8 可看到，背吃刀量 $a_\text{p}<25\mu\text{m}$ 时，积屑瘤的高度 h_0 变化不大，但 a_p 大于 $25\mu\text{m}$ 后，积屑瘤高度 h_0 将随 a_p 值的增加而增加，这种变化的原因大概是由切削温度变化和积屑瘤底部黏附面积的变化造成的。

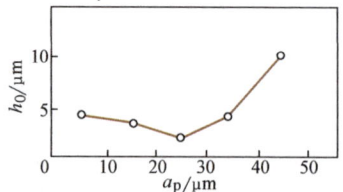

图 2-8　背吃刀量⊖ a_p 对积屑瘤高度的影响
硬铝　$v=314\text{m/min}$　$f=0.0075\text{mm/r}$

⊖　根据 GB/T 12204—2010 称为背吃刀量，惯称为切削深度。

二、超精密切削时积屑瘤对切削力和加工表面粗糙度的影响

1. 积屑瘤对切削力的影响

在超精加工中，切削力的测量和分析是一个重要问题。实验证明，超精密切削时切削力的变化规律和普通切削是有区别的，搞清这些问题，有助于揭示超精密切削的加工机理。

图 2-9 所示是超精密切削时切削力 F_p 和切削速度 v 的关系曲线。可看到，超精密切削硬铝和纯铜时，低速时切削力大，随切削速度增加，切削力急剧下降。到 200~300 m/min 后，切削力基本保持不变，该规律和图 2-6 中积屑瘤高度 h_0 随切削速度的变化规律一致。即积屑瘤高时切削力大，积屑瘤小时切削力也小，这和普通切削钢时的规律正好相反。普通切削钢时，积屑瘤可增加刀具的实际前角，故积屑瘤增大可使切削力下降，但超精密切削时积屑瘤增大反而使切削力增大。

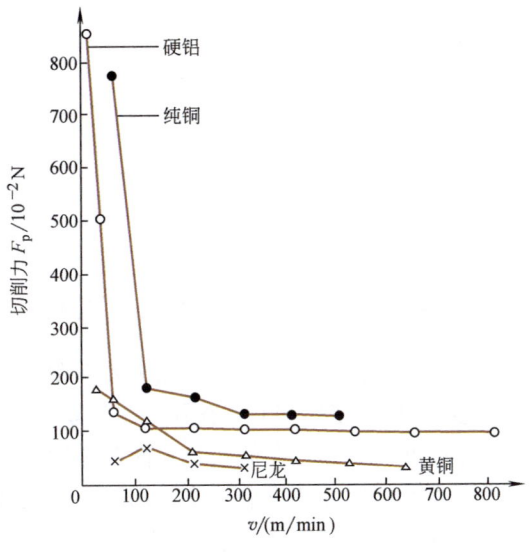

图 2-9 超精密切削时的切削力
$f = 0.0075$ mm/r　$a_p = 0.02$ mm

从实际金相显微观察，超精密切削时的积屑瘤都呈鼻形，凸出在切削刃前，顶端有一个圆弧半径 R，该鼻形积屑瘤代替锋利的切削刃进行切削。图 2-10 所示是有积屑瘤时的超精密切削的切削模型。根据此切削模型，分析积屑瘤造成切削力增加的原因如下：

1) 鼻形积屑瘤前端的圆弧半径 R 为 2~3μm，较原来金刚石车刀的切削刃钝圆半径 r_n（0.2~0.3μm）大得多。由于超精密切削的切削层极薄，实际切削是由积屑瘤半径 R 起作用，这将导致切削力明显增加。

2) 积屑瘤存在时，它代替金刚石切削刃进行切削，积屑瘤和切屑间的摩擦及积屑瘤和已加工表面之间的摩擦都很严重，摩擦力很大，大大超过金刚石和这些材料之间的摩擦力，这导致切削力的增加。

3) 积屑瘤呈鼻形并自切削刃前伸出，这导致实际切削厚度超过名义值。超精密切削的切削厚度原来就很小，增加切削厚度将使切削力明显增加。

2. 积屑瘤对加工表面粗糙度的影响

如上所述，超精密切削的积屑瘤呈鼻形，代替切削刃进行切削，积屑瘤和已加工表面剧烈摩擦，使表面粗糙度值加大。图 2-11 所示为超精密切削时，切削速度 v 对加工表面粗糙度的影响。可看到，这关系曲线和图 2-6 基本一致，即加工表面粗糙度直接和积屑瘤的高度有关，即积屑瘤高度大，表面粗糙度值大；积屑瘤小时加工表面粗糙度值也小。

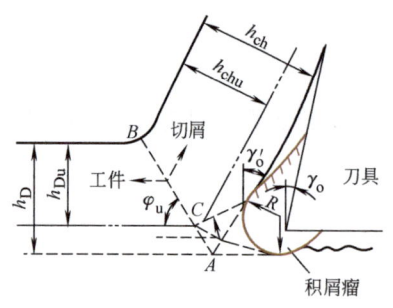

图 2-10　有积屑瘤时超精密切削的切削模型

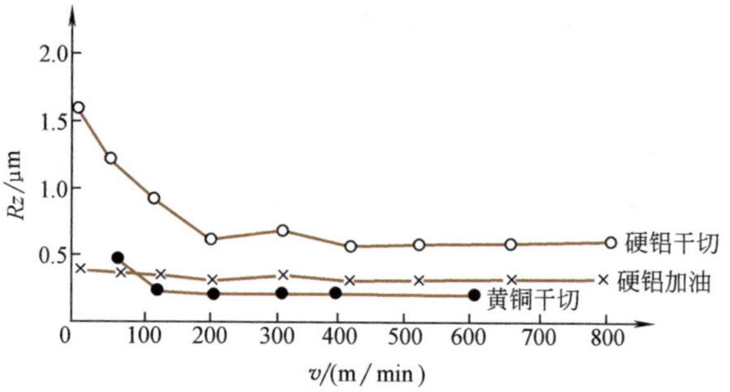

图 2-11　超精密切削时切削速度对加工表面粗糙度的影响
$f = 0.0075\text{mm/r}$　$a_p = 0.02\text{mm}$

三、使用切削液减小积屑瘤，减小加工表面粗糙度值

从上面的分析可知，要减小加工表面粗糙度值，应消除或减小积屑瘤。使用切削液可以达到上述目的。从图 2-11 可看到，加工硬铝时，如将航空汽油作为切削液，可明显减小加工表面粗糙度值，并且在低速时表面粗糙度值也很小。这说明使用切削液后，已消除了积屑瘤对加工表面粗糙度的影响，这时切削速度已和加工表面粗糙度无关，这种情况和普通切削时切钢的规律不同，但从污染环境看，应在保证加工表面质量的条件下，尽量少用切削液。加工黄铜时，切削液无明显效果，低速时加工表面粗糙度值不大，故加工黄铜时可不使用切削液。

第四节　切削参数变化对加工表面质量的影响

一、切削速度的影响

切削速度变化将影响切削变形，将影响加工表面的粗糙度和变质层，但在常用的超精密切削速度范围内对加工表面粗糙度的影响并不显著。

这里讨论切削速度对加工表面粗糙度的影响时，只考虑实际生产使用切削液的情况。实际生产中，加工铝合金、纯铜都使用切削液，以消除积屑瘤的影响；加工黄铜时可不使用切削液，故讨论研究切削速度对加工表面粗糙度的影响时，应符合实际生产使用的条件。图 2-12 已经给出了一组切削速度变化对加工表面粗糙度影响的实验结果，可以看到，有切削液的条件下，切削速度对加工表面粗糙度的影响甚微。表 2-1 是另一组实验结果的数据。

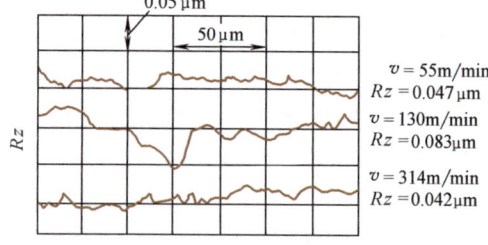

图 2-12　切削速度对加工表面粗糙度的影响
$f = 2.5\mu\text{m/r}$　$a_p = 2\mu\text{m}$　加工材料　硬铝 2A12

表 2-1　金刚石刀具切削时切削速度对加工表面粗糙度的影响

试件材料	切削速度/(m/min)						
	105	220	325	450	565	680	775
	表面粗糙度 $Rz/\mu m$						
黄铜（无切削液）	1.48	1.48	1.34	1.44	1.44	1.44	1.5
铝合金（酒精）	1.44	1.42	1.44	1.44	1.46	1.46	1.49

从上述实验结果可知，切削速度对加工表面粗糙度基本无影响，表 2-1 中表面粗糙度略有变化，主要是受机床动特性的影响。在刀具、机床、环境都符合条件时，从极低到很高切削速度，都能够得到表面粗糙度值极小的加工表面（$Ra<0.01\mu m$）。图 2-12 中是实验得到的结果，在进给量 $f=2.5\mu m/r$，背吃刀量 $a_p=2\mu m$ 时，不同切削速度均能得到表面粗糙度值极小的加工表面——镜面。这结果极为重要，因为超精密切削常用在车端面，如车削计算机磁盘、加工平面和曲面的反射镜等，这些零件的端表面都严格要求自外圆到中心，都是表面粗糙度值极小的超光滑表面——镜面。

二、进给量和修光刃对加工表面粗糙度的影响

为减小加工表面粗糙度值，超精密切削都采用很小的进给量，刀具切削刃制成带修光刃或圆弧刃。

表 2-2 所示为不同进给量时的表面粗糙度。可看到，在使用有修光刃的刀具时，当 $f<0.02mm/r$ 时，进给量再减小对表面粗糙度影响不大。

图 2-13 所示在超精密切削条件下，变化进给量得到的加工表面粗糙度实验结果。实验中使用圆弧切削刃刀具。可看到，在进给量 $f<5\mu m/r$ 时，均达到 $Rz<0.05\mu m$ 的镜面。

表 2-2　进给量对加工表面粗糙度的影响

试件材料	进给量 $f/(mm/r)$			
	0.005	0.01	0.015	0.02
	表面粗糙度 $Rz/\mu m$			
黄铜	0.27	0.25	0.25	0.24
铝合金	0.33	0.27	0.33	0.33

注：刀具有修光刃，$l_f=0.2mm$。

三、切削刃形状对加工表面粗糙度的影响

超精密切削时用的单晶金刚石刀具，有做成直线修光刃的，也有做成圆弧刃的。直线刃刀具制造容易，有些工厂使用。刀具有直线修光刃时，可减少残留面积，减小加工表面的粗糙度值。修光刃的长度常取 0.05~0.20mm。图 2-14 是修光刃长度 l_f 对加工表面粗糙度的影响。可看到，修光刃的长度 l_f 过长，对提高加工表面质量效果不大。

对有修光刃的金刚石车刀，加工时要精确对刀应使修光刃和进给方向一致，比较费事。生产中常使用对刀显微镜来精确对刀。

为易于对刀，有将修光刃制成一定曲率半径的圆弧刃，圆弧刃半径一般取 $R=2~5mm$。

由于超精密切削进给量都取得很小，故用圆弧刃车刀时仍可切出高质量的超光滑表面。使用圆弧刃车刀时对刀方便，但刀具制造较复杂。

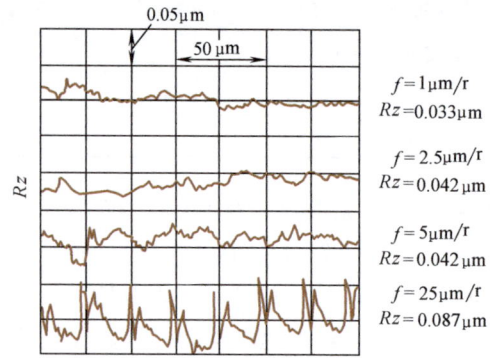

图 2-13　不同进给量时的加工表面粗糙度

$v = 314\text{m/min}$　$a_p = 2\mu\text{m}$

加工材料　硬铝 2A12

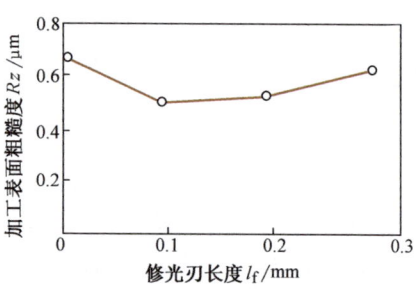

图 2-14　金刚石刀具修光刃长度对加工表面粗糙度的影响

工件材料　硬铝　$v = 314\text{m/min}$　$f = 10\mu\text{m/r}$

$a_p = 0.02\text{mm}$

四、背吃刀量变化对加工表面粗糙度的影响

超精密切削的背吃刀量对加工表面质量（表面粗糙度，变质层）的影响，存在着不同的观点，表 2-3 所示为有人得到的实验结果。

从该实验结果看，背吃刀量减小使加工表面粗糙度值加大。经分析后发现，该实验使用的刀具切削刃钝圆半径 r_n 较大，故背吃刀量小时，切削困难，变质层大，造成加工表面粗糙度值加大。

表 2-3　背吃刀量对表面粗糙度的影响（$v = 480\text{m/min}$，$f = 0.02\text{mm/r}$）

试件材料	背吃刀量/mm				
	0.025	0.05	0.075	0.1	0.15
	表面粗糙度 $Rz/\mu\text{m}$				
黄铜	1.56	1.5	1.48	1.32	1.22
铝合金	2.6	2.24	1.9	1.75	1.83

经过精密研磨的单晶天然金刚石刀具，可以达到切削刃钝圆半径 $r_n < 0.1\mu\text{m}$ 甚至 $< 0.05\mu\text{m}$，这时最小背吃刀量可以在 $0.1\mu\text{m}$ 以下，可以得到超光滑表面，加工表面粗糙度 $Rz < 0.02\mu\text{m}$，表面变质层也极小。即在刀具切削刃钝圆半径 r_n 足够小时，在超精密切削范围内，背吃刀量变化（$a_p = 5 \sim 0.5\mu\text{m}$）实际对加工表面粗糙度影响很小，并不会如表 2-3 所示那样背吃刀量减小，表面粗糙度值反而增大。这说明表 2-3 中的实验因采用钝刀而得到了错误的结论，且实验中采用的背吃刀量范围太小，不符合超精密切削常用的背吃刀量要求。

图 2-15 是实验得到的结果，在 $v = 314\text{m/min}$、$f = 2.5\mu\text{m/r}$ 的超精密切削条件下，背吃刀量 $a_p = 0.5 \sim 5\mu\text{m}$ 时均得到极小表面粗糙度值的镜面。

五、背吃刀量变化对加工表面残留应力的影响

实验中实测了不同背吃刀量时加工表面的残留应力。切削时采用 $v = 314\text{m/min}$、$f = 2.5\mu\text{m/r}$，加工材料硬铝 2A12。使用日本生产的 X 射线应力测量仪测残留应力。实验结果

如图 2-16 所示。可看到，背吃刀量减小，表面残留应力亦减小，但小过某临界值时，背吃刀量减小反而使加工表面残留应力增加。该临界值的大小和切削刃锋锐度（切削刃钝圆半径 r_n）有关，即切削刃锋锐时该临界值就要小些。

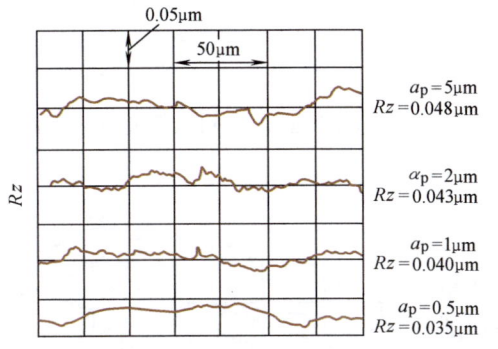

图 2-15 背吃刀量对加工表面粗糙度的影响
$v = 314\text{m/min}$ $f = 2.5\mu\text{m/r}$
加工材料 硬铝 2A12

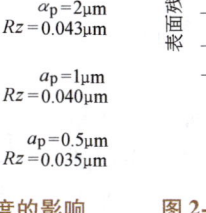

图 2-16 背吃刀量对加工表面残留应力的影响
$v = 314\text{m/min}$ $f = 2.5\mu\text{m/r}$
加工材料 硬铝 2A12

第五节 切削刃锋锐度对切削变形、加工表面质量的影响

大家都知道，切削刃锋锐度对切削变形和加工表面质量有影响，特别是在超精密切削条件下具有很重要的意义。下面是不同锋锐度金刚石刀具切削对比实验所获得的结果。

一、切削刃锋锐度的测量

金刚石刀具切削刃锋锐度的测量过去是一个技术难题。金刚石刀具因切削刃钝圆半径 r_n 值小，采用扫描电镜（SEM）观察测量切削刃的侧投影（和切削刃垂直的投影），在放大 20000~30000 倍时，可测量出切削刃钝圆半径 r_n 值。但如 $r_n < 0.1\mu\text{m}$，则由于扫描电镜测量分辨率不够，测量就有困难。现在锋锐金刚石刀具的切削刃钝圆半径可用原子力显微镜测量，可以达到很高的测量分辨率。图 2-17 是用原子力显微镜检测金刚石刀具切削刃钝圆半径得到的检测图形，从图 2-17b 中可测出切削刃钝圆半径值。

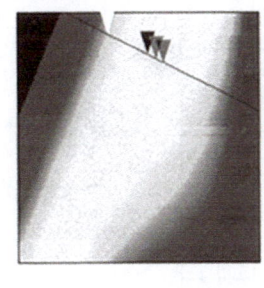
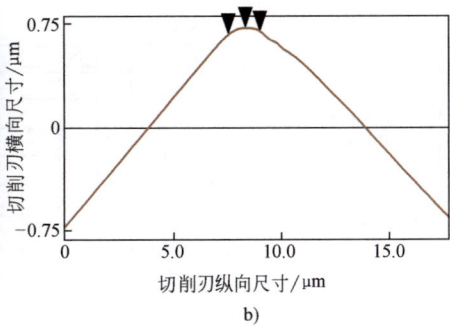
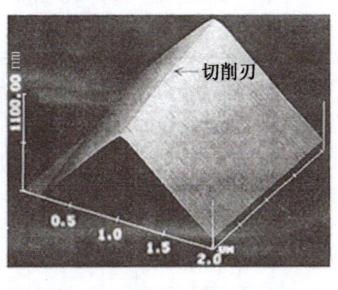

a)　　　　　　　　　b)　　　　　　　　　c)

图 2-17 用原子力显微镜检测金刚石刀具切削刃钝圆半径
a) 顶视图　b) 剖面图　c) 立体图

实验时用了两把几何角度完全相同,仅锋锐度有差别的金刚石车刀,图 2-18 表示了该刀具的几何角度。这两把刀切硬铝时均有可能切出 $Ra < 0.01 \mu m$ 的镜面,在进行切削实验前利用 SEM 检测了刀具切削刃锋锐度,测得的切削刃钝圆半径 $r_n = 0.4 \mu m$ 和 $0.7 \mu m$。考虑到拍扫描电镜照片时刀尖经真空镀金,故实际切削刃钝圆半径应为 $0.3 \mu m$ 和 $0.6 \mu m$(或略大)。

二、切削刃锋锐度对加工表面粗糙度的影响

两把不同锋锐度金刚石车刀的对比实验,包括了不同背吃刀量、不同进给量和不同切削速度时的加工表面粗糙度。

图 2-19 所示为两把刀在不同背吃刀量时的加工表面粗糙度。

从实验结果可看到,切削刃锋锐度对加工表面粗糙度有明显影响:当背吃刀量 $a_p = 0.5 \mu m$ 时,用切削刃钝圆半径 $r_n = 0.3 \mu m$ 的金刚石车刀切削,可得加工表面粗糙度 $Rz = 0.035 \mu m$,而用 $r_n = 0.6 \mu m$ 的车刀切削只能得到 $Rz = 0.060 \mu m$;当 $a_p = 5 \mu m$ 时,用 $r_n = 0.3 \mu m$ 的车刀切削仍能得到 $Rz = 0.048 \mu m$,用 $r_n = 0.6 \mu m$ 的车刀切削只能得到 $Rz = 0.097 \mu m$,但在 $a_p = 2 \mu m$ 时,两者差别不大。

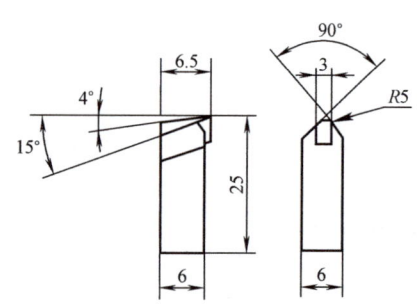

图 2-18 实验用金刚石车刀的几何角度

图 2-20 所示为两把刀具在不同进给量时的加工表面粗糙度。

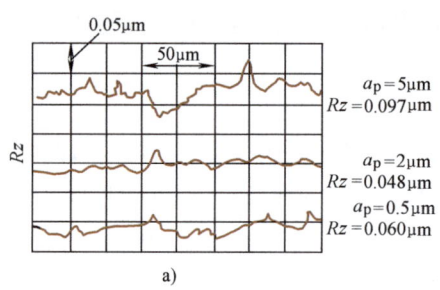
a)
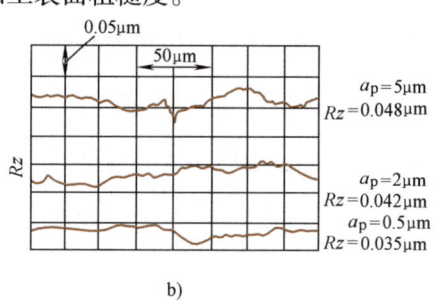
b)

图 2-19 两把刀具在不同背吃刀量 a_p 时的加工表面粗糙度

$v = 314 m/min \quad f = 2.5 \mu m/r$

a) $r_n = 0.6 \mu m$ b) $r_n = 0.3 \mu m$

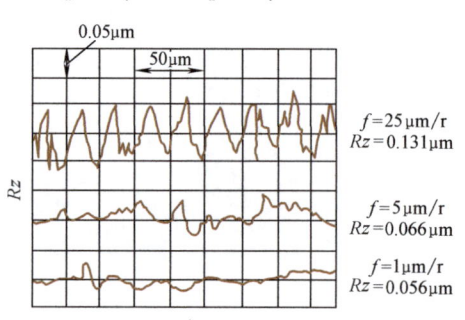
a)
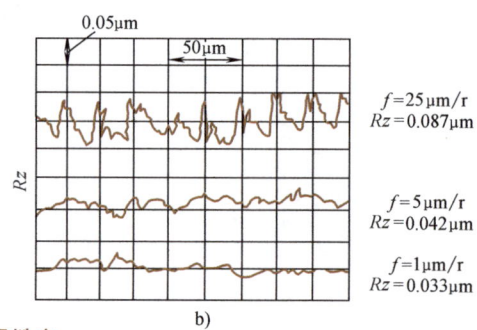
b)

图 2-20 两把刀具在不同进给量 f 时的加工表面粗糙度

$v = 314 m/min \quad f = 2 \mu m/r$

a) $r_n = 0.6 \mu m$ b) $r_n = 0.3 \mu m$

从实验结果可看到，在不同进给量时，锋锐的金刚石车刀加工表面粗糙度值较小，差别是很明显的。

此外，还进行了两把刀具在不同切削速度 v 时的加工表面粗糙度实验。

采用较小的背吃刀量和进给量时（$a_p = 1 \sim 2\mu m$，$f < 2.5\mu m/r$），两把刀切出的加工表面粗糙度相差不大。

从以上的实验结果可知，金刚石刀具切削刃锋锐度对加工表面粗糙度是有一定影响的。例如在机床条件较好时切铝合金，用 $r_n = 0.6\mu m$ 的金刚石车刀，仅在进给量和背吃刀量小的条件下（$a_p = 1 \sim 2\mu m$，$f < 2.5\mu m/r$）可切出 $Rz = 0.056\mu m$；而更锋锐的刀具（$r_n = 0.3\mu m$），可以在较宽的切削条件下切出 $Rz = 0.056\mu m$ 的表面。

三、切削刃锋锐度对切削变形和切削力的影响

用金刚石刀具进行超精密切削，切削刃锋锐度对切削变形有着很大影响，特别是在背吃刀量和进给量较小的时候。直接测量切削变形比较困难，故可通过测量切屑的变形系数、切削力、加工表面的变形程度来说明切削变形的大小。

经实测，用锋锐金刚石车刀切削时，切屑变形系数明显低于用较钝的刀具切削时的切屑变形系数。

图 2-21 是锋锐度不同的金刚石车刀切削铝合金时的主切削力对比曲线，切削力是用瑞士 Kistler 压电晶体测力仪测量的。

为便于分析比较，测出的主切削力折算成单位切削面积的切削力。

从图 2-21 中曲线可看到，由于切削刃锋锐度不同，主切削力有明显差别。在 a_p 较小时，差别更明显。此外，还可看到在背吃刀量很小时，单位切削力急剧增大。这是因为超精密切削时，背吃刀量和进给量都很小，切削刃钝圆半径 r_n 不同（$r_n = 0.3\mu m$ 和 $0.6\mu m$）将明显影响切削变形。r_n

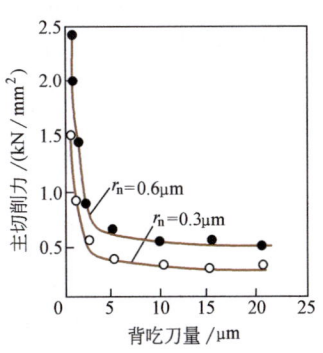

图 2-21 切削刃锋锐度对主切削力的影响
$v = 314 m/min \quad f = 5\mu m/r$

值增大将使切削变形明显加大。在背吃刀量很小（如 $a_p < 1\mu m$）时，切削刃钝圆半径造成的附加切削变形已占总切削变形的很大比例，r_n 值的微小变化将使切削变形产生很大的变化。因此在背吃刀量很小的精切时，应采用 r_n 值很小的锋锐金刚石车刀，应予以特别注意。

四、切削刃锋锐度对切削表面层的冷硬和组织位错的影响

超精密切削时，加工表面变质层必须严加控制。变质层的厚度和变形程度与所用刀具的锋锐度直接有关。本实验中检测了加工表面变质层的显微硬度和组织位错。

1. 切削刃锋锐度对加工表面冷硬的影响

使用锋锐度不同的金刚石车刀切削铝合金 2A12，用维氏显微硬度计检测加工表面的显微硬度。

2A12 铝合金原始材料的显微硬度为 105HV。使用 $r_n = 0.3\mu m$ 的金刚石车刀切削，得到的加工表面显微硬度为 167HV；使用 $r_n = 0.6\mu m$ 的金刚石车刀切削，得到的加工表面显微

硬度为205HV。从实验结果可知：

1）金刚石刀具锋锐度不同时，加工表面变质层的冷硬和显微硬度有明显差别。

2）在金刚石刀具较锋锐的情况下（$r_n = 0.3\mu m$），超精密切削的加工表面仍有较大的冷硬存在，在加工表面要求变质层很小的情况下，应努力将金刚石刀具研磨得更加锋锐，即要求 r_n 值更小。

2. 切削刃锋锐度对加工表面层位错的影响

加工表面层组织的位错密度，是加工表面的质量（变质层的变形程度）和工作性能的重要标志。它取决于加工时的切削变形和后刀面摩擦。由于金刚石和有色金属之间摩擦因数小（一般为0.06~0.12），后刀面摩擦不大，故加工表面层的位错密度主要由切削变形决定。即切削变形大时，表面层的位错密度大；切削变形小，则位错密度也小。

用两把锋锐度不同的金刚石车刀（$r_n = 0.3\mu m$ 和 $0.6\mu m$）切削 2A12 铝合金，加工表面层用透射电镜（TEM）观察其组织的位错密度。图 2-22 所示为得到的透射电镜照片。从照片可以看到，用 $r_n = 0.3\mu m$ 刀具切出的加工表面层的位错密度（见图 2-22a）明显低于用 $r_n = 0.6\mu m$ 刀具时的位错密度（见图 2-22b），后者有较大量的位错团。即前者的加工表面层位错密度小，切削变形小，表面质量高。

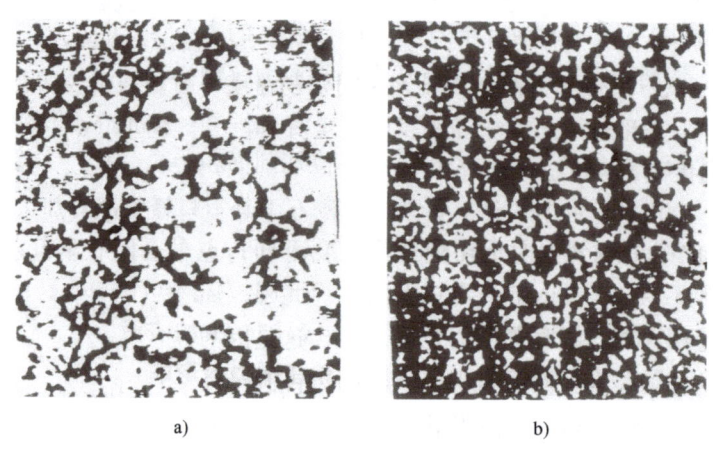

图 2-22 不同锋锐度金刚石车刀切削的加工表面层位错密度
$v = 314 m/min \quad f = 5\mu m/r \quad a_p = 10\mu m$
a) $r_n = 0.3\mu m$ b) $r_n = 0.6\mu m$

五、切削刃锋锐度对加工表面残留应力的影响

超精密切削加工表面层的残留应力，也是表面质量的重要标志。它不仅影响材料的疲劳强度和耐磨性，而且影响加工零件的长期尺寸稳定性。这在精密加工中是极其至关重要的问题。

本实验是使用 $r_n = 0.3\mu m$ 和 $0.6\mu m$ 的金刚石车刀切削铝合金，并用日本的 MSE – 2M 型 X 射线应力仪测量加工表面层的残留应力。试件材料为 2A12 铝合金，测量结果见表 2-4。

表2-4　不同锋锐度刀具切铝合金的加工表面残留应力

切削条件			表面残留应力/MPa	
切削速度 $v/(\text{m/min})$	进给量 $f/(\mu\text{m/r})$	背吃刀量 $a_p/\mu\text{m}$	切削刃钝圆半径 $r_n = 0.3\mu\text{m}$	切削刃钝圆半径 $r_n = 0.6\mu\text{m}$
314	5	10	−67.0	−118.2
314	5	5	−42.3	−95.1
314	5	2	−28.4	−57.6
314	5	1	−20.3	−48.0
314	5	0.5	−26.0	−60.8

从实验的结果可知，在超精密切削条件下：

1）用锋锐的 $r_n = 0.3\mu\text{m}$ 的金刚石车刀切削时，加工表面的残留应力，要比用较钝的 $r_n = 0.6\mu\text{m}$ 的刀具切削时低得多。

2）背吃刀量 a_p 减小，可使残留应力减小。

3）当背吃刀量 a_p 减小到某临界值时（在本实验条件下为 $a_p = 1\mu\text{m}$，这和切削刃钝圆半径 r_n 值有关），再继续减小背吃刀量，却使加工表面残留应力增大。

第六节　金刚石刀具超精密切削中的若干理论问题

一、超精密切削能达到的最小切削厚度

1. 实际切削达到的最小切削厚度

超精密切削实际能达到的最小切削厚度和金刚石刀具的锋锐度、使用的超精密机床的性能状态、切削时的环境条件等都直接有关。1986年开始，日本大阪大学和美国LLL实验室合作进行了一项具有时代意义的实验研究"超精密切削的极限"，这项研究取得突破性的重大成果。

这项研究结果之一证明，使用极锋锐的刀具和机床条件最佳的情况下，金刚石刀具的超精密切削，可以实现切削厚度为纳米（nm）级的连续稳定切屑。图2-23所示为这项实验中用扫描电镜拍摄的一组切屑的照片，其切削厚度分别为30nm、3nm和1nm。实验使用的单

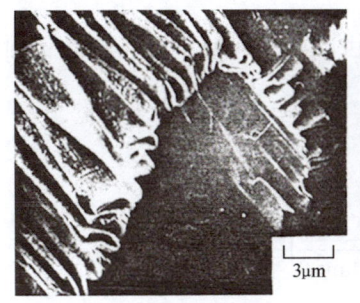
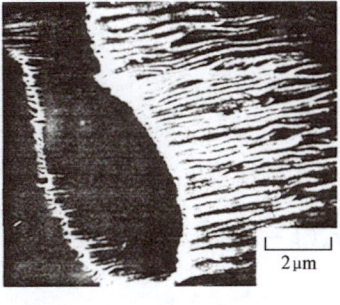
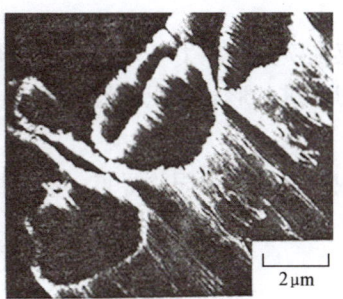

a)　　　　　　　　　　　b)　　　　　　　　　　　c)

图2-23　日本大阪大学和美国LLL实验室得到的切削厚度极小的切屑（SEM照片）
a) $h_D = 30\text{nm}$　b) $h_D = 3\text{nm}$　c) $h_D = 1\text{nm}$

晶金刚石刀具是日本大阪金刚石公司特制的，切削试验的机床是 LLL 实验室的超精密金刚石车床。从 SEM 照片中可以看到，在切削厚度极小时（$h_{Dmin}=1\text{nm}$），仍能得到连续稳定的切屑，说明切削过程是连续、稳定和正常的。

2. 切削刃钝圆半径 r_n 和最小切削厚度的关系

超精密切削时能达到的极限最小切削厚度和金刚石刀具切削刃锋锐度（切削刃钝圆半径 r_n 值）有关，和被切材料的物理力学性能有关。

图 2-24 所示为极限最小切削厚度 h_{Dmin} 和切削刃钝圆半径 r_n 的关系。可看到，有极限临界点 A，A 点以上被加工材料将堆积起来形成切屑，而 A 点以下，加工材料经弹塑变形，形成加工表面，如图 2-24a 所示。

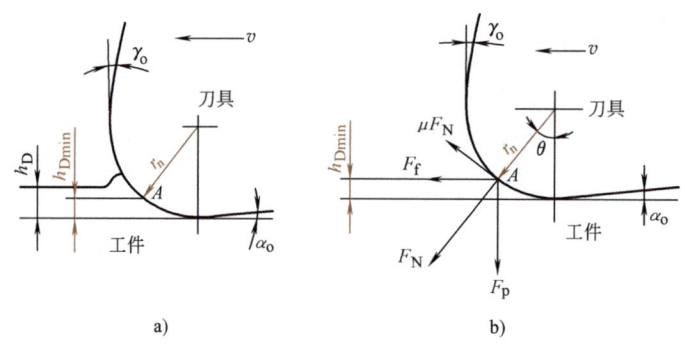

图 2-24　极限最小切削厚度和切削刃钝圆半径 r_n 的关系

现分析临界点 A 的受力变形情况。如图 2-24b 所示，在 A 点处工件受水平力 F_f 和垂直力 F_p 作用。这两力也可分解为 A 点处的法向力 F_N 和切向力 F_τ，则 F_N 力和 F_τ 力可用下式计算

$$F_N = F_p \cos\theta + F_f \sin\theta$$
$$F_\tau = F_f \cos\theta - F_p \sin\theta$$

化简后得到
$$F_\tau = \mu F_N$$
$$\tan\theta = \frac{F_f - \mu F_p}{\mu F_f + F_p}$$

仅在实际摩擦力 $(F_\tau)'$ 大于 (F_τ) 时，被切材料和切削刃刃口圆弧无相对滑移，将随切削刃前进，形成堆积，最后形成切屑而被切除。故

$$(F_\tau)' > F_f \cos\theta - F_p \sin\theta$$

现在 A 点为极限临界点，极限最小切削厚度 h_{Dmin} 应为

$$h_{Dmin} = r_n(1 - \cos\theta) = r_n\left(1 - \frac{1}{\sqrt{1+\tan^2\theta}}\right)$$

化简后得到

$$h_{Dmin} = r_n\left[1 - \frac{F_p + \mu F_f}{\sqrt{(F_f^2 + F_p^2)(1+\mu^2)}}\right]$$

分析该方程式可知，当切削刃钝圆半径 r_n 为某值时，能切下的最小切削厚度 h_{Dmin} 和临界点

处的 $\frac{F_p}{F_f}$ 有关，并和刀具工件材料间的摩擦因数有关。

在切削时，A 点处的 $\frac{F_p}{F_f}$ 值和工件材料的强度、伸长率、摩擦因数有关，并和 A 点位置的高低有关。根据经验，A 点处的 $\frac{F_p}{F_f}$ 值一般在 0.8～1 范围内。对于用金刚石刀具进行的超精密切削，根据经验可以取 $F_p = 0.9 F_f$。

我们曾实测过金刚石和铝合金之间的摩擦因数为 0.06～0.13（随金刚石晶面不同和摩擦方向不同而变化），在切削过程中摩擦因数可假设为上述数值的两倍，即 $\mu = 0.12 \sim 0.26$。

在 $F_p = 0.9 F_f$，$\mu = 0.12$ 时，用前面公式可算出 $h_{Dmin} = 0.322 r_n$；

在 $F_p = 0.9 F_f$，$\mu = 0.26$ 时，可算出 $h_{Dmin} = 0.249 r_n$。

图 2-24 所示实际切削时能正常切削的最小切削厚度 $h_{Dmin} = 1 nm$，这时可以估算所用的金刚石刀具切削刃钝圆半径 r_n 应为 3～4nm。这是极为锋锐的金刚石刀具，它的切削刃钝圆半径 r_n 值比现在生产中用的要小很多。

曾用高速钢和硬质合金刀具进行切削实验，研究能达到的最小切削厚度，得到如下结果：

用 W18Cr4V 刀具切 Q235 钢时，$h_{Dmin} = 0.248 r_n$；

用 W18Cr4V 刀具切 45 钢时，$h_{Dmin} = 0.274 r_n$；

用 K30 刀具切 Q235 钢时，$h_{Dmin} = 0.350 r_n$；

用 K30 刀具切 45 钢时，$h_{Dmin} = 0.377 r_n$。

参考实验结果，可以认为上面的理论推算是正确的。

现在我国生产中使用的金刚石刀具，切削刃锋锐度一般为 $r_n = 0.2 \sim 0.5 \mu m$，特殊精心研磨可以达到 $r_n = 0.1 \mu m$。在对加工表面质量有特殊高要求时，特别是在要求残留应力和变质层很小时，需要进一步提高切削刃的锋锐度。

二、金刚石刀具晶面选择对切削变形和加工表面质量的影响

金刚石晶体具有强烈的各向异性，不仅不同晶面，而且不同方向的摩擦因数有明显差别。摩擦因数直接影响切削变形和加工表面质量，因此金刚石刀具的晶面选择直接影响切削变形和加工表面质量。

1. 金刚石晶体的摩擦因数

经实测，金刚石晶体和铝合金、纯铜间的摩擦因数在 0.06～0.13 之间，随金刚石晶面不同和摩擦方向不同而变化，实测结果如图 2-25 所示。摩擦因数的测量是在合肥中科院物理所专用的摩擦因数测定仪上进行的。从实验结果可以看到：

1）（100）晶面的摩擦因数曲线有 4 个波峰和波谷；（110）晶面有两个波峰和波谷；（111）晶面有三个波峰和波谷。

2）如都以摩擦因数低的波谷比较，（100）晶

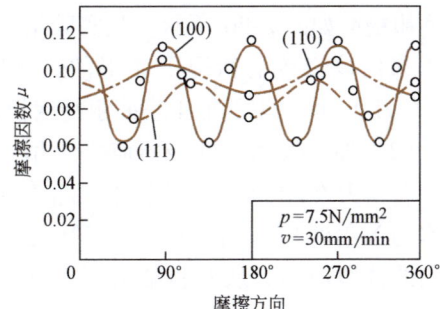

图 2-25　金刚石和铝合金 2A12 间的摩擦因数

面的摩擦因数最低；（111）晶面次之；（110）晶面最高。

3）如比较同一晶面的摩擦因数值的变化，（100）晶面的摩擦因数差别最大（0.06～0.11）；（110）晶面次之；（111）晶面最小。

2. 金刚石刀具晶面不同对切削变形的影响

用对比实验的方法，比较金刚石刀具晶面不同对切削变形的影响。用两把金刚石车刀，几何形状相同，但№1车刀前、后刀面为（100）晶面；№2车刀为（110）晶面。比较切削变形大小需通过观察切屑外形，测量切屑变形系数和比较剪切角大小。

1）观察两把刀切下的切屑的外形、切屑的厚度和切屑上滑移线痕迹等，明显看出，采用（100）晶面的№1车刀切下的切屑变形，小于用（110）晶面的№2车刀切下的切屑的变形。

2）实测两把刀切下的切屑厚度，通过切屑厚度计算出切屑变形系数。№1车刀切下切屑的变形系数小于用№2车刀切下切屑的变形系数。

3）剪切角 ϕ 的计算。假设切削过程为直角自由切削，这时剪切角可用下式计算，即

$$\tan\phi = \frac{\cos\gamma_o}{\varLambda_h - \sin\gamma_o}$$

式中，$\varLambda_h$ 为变形系数；γ_o 为前角。

实测№1和№2两把刀切下的不同材料的切屑厚度，计算出变形系数，再计算出实际切削时的剪切角（见表2-5）。

从表2-5中的数值可看到，№1车刀实际切削时剪切角大于用№2车刀，即用（100）晶面的№1车刀切削时的切削变形比用（110）晶面的№2车刀要小。这结果和理论分析结果是完全符合的。

表2-5 №1和№2车刀实际切削时的剪切角

材料 名称	铝合金 2A02	黄 铜	纯 铜
№1车刀	42°	38°	32°
№2车刀	38°	28°	27°

3. 金刚石刀具晶面不同对加工表面质量的影响

（1）加工表面粗糙度 用（100）晶面的№1车刀和（110）晶面的№2车刀，在相同的切削条件下加工纯铜，改变进给量得到的加工表面粗糙度如图2-26所示。此实验结果是在两把刀都比较锋锐的情况下获得的。可以看到，№1车刀和№2车刀的加工表面粗糙度相差不多。

（2）加工表面层的残留应力 用上述两把金刚石车刀在相同的切削条件下加工纯铜。用日本的X射线应力测定仪 MSE-2M 检测加工表面层的残留应力，从实验结果可看到，这两把金刚石车刀切出的加工表面层都有残留压应力，用（100）晶面的№1车刀切出的表面层残留压应力小于用（110）晶面的№2车刀所切出的，特别是切向残留应力。

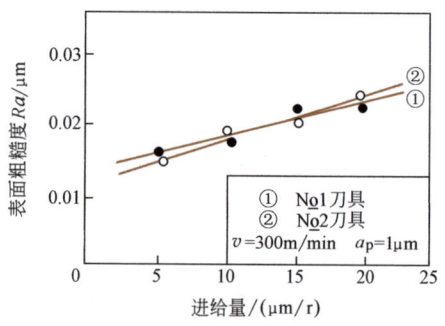

图2-26 不同晶面金刚石刀具的加工表面粗糙度试件材料 纯铜

用摩擦因数小的（100）晶面作为金刚石刀具的前、后刀面，可使切削变形减小，并可减小后面与加工表面间的摩擦，这是加工表面残留应力能减小的原因。对要求残留应力小、长期尺寸稳定性高的精密零件的加工，这点应特别注意。

4. 金刚石刀具晶面不同对刀具磨损的影响

使用（100）晶面和（110）晶面的金刚石刀具进行磨损寿命对比实验。在两把刀均锋利时加工表面粗糙度相差不大。（110）晶面的刀具磨损较快，切削相当时间后，加工表面粗糙度 Rz 已超过 $0.05\mu m$；（100）晶面的刀具磨损较慢，切削较长时间后，加工表面粗糙度仍是 $Rz<0.05\mu m$，即刀具寿命明显较高。

国外也有类似的实验结果。美国海军武器研究中心 Michelson 实验室曾比较切削纯铜和黄金时，前刀面为（100）晶面和（110）晶面的金刚石刀具的磨损。图 2-27 所示为不同晶面刀具切削纯铜后的刀具磨损情况。从图中可以明显看到，（100）晶面的刀具要比（110）晶面的金刚石刀具磨损小得多。

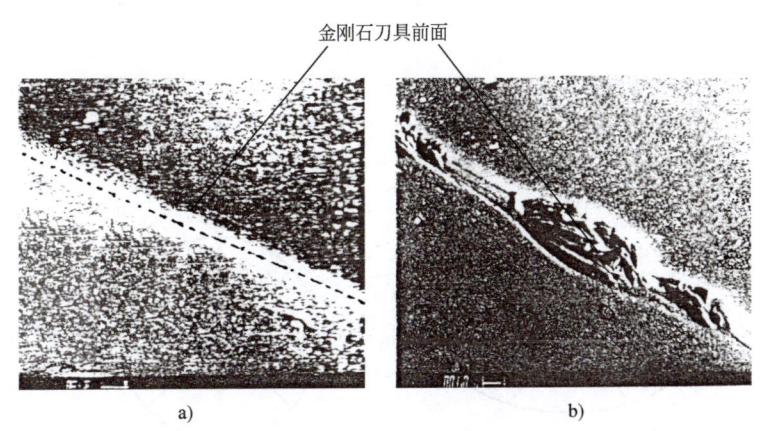

图 2-27 不同晶面金刚石刀具切削纯铜后的磨损情况
a)（100）晶面刀具 b)（110）晶面刀具

三、工件材料的晶体方向对切削变形和加工表面质量的影响

现在经常遇到单晶体材料需要进行超精密切削，如单晶锗、KPD、$LiNbO_3$、单晶铝、单晶铜等。由于单晶体具有很高的各向异性，切削变形和已加工表面质量都受到各向异性的影响。在超精密切削多晶体材料时，如图 2-28 所示，切削厚度 d 通常小于多晶体材料的平均晶粒尺寸 D，故切削变形过程实际上是在单个晶粒内进行的，就必须认为材料是由不同晶向的单晶体所组成的不连续体。因此研究材料晶体的各向异性对切削过程的影响，具有重要的理论和实际意义。

1. 工件材料的晶体方向对切削力的影响

超精密切削晶体材料时，由于晶体各向异性，不同晶向的切削变形和切削力都不相同。图 2-29 所示是超精密车削单晶铜不同晶面的端面时的实测切

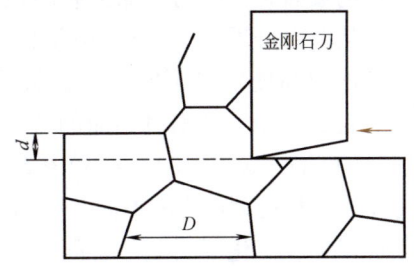

图 2-28 超精密切削多晶体材料

削力，实验用金刚石刀具的前角为 0°，切削速度 $v=78\mathrm{m/min}$，背吃刀量 $a_\mathrm{p}=5\mathrm{\mu m}$，进给量 $f=10\mathrm{\mu m/r}$。从实测切削力结果可以看到，同样的晶体材料，切削不同晶面时的切削力明显不同，并且即使在同一晶面上切削，由于切削晶向的变化，切削力也有明显的波动，沿（110）晶面切削时，切削力有两个对称的最大值（见图 2-29a），沿（100）晶面切削时，切削力有四个对称的最大值（见图 2-29b），沿（111）晶面切削时，切削力变化不明显（见图 2-29c）。

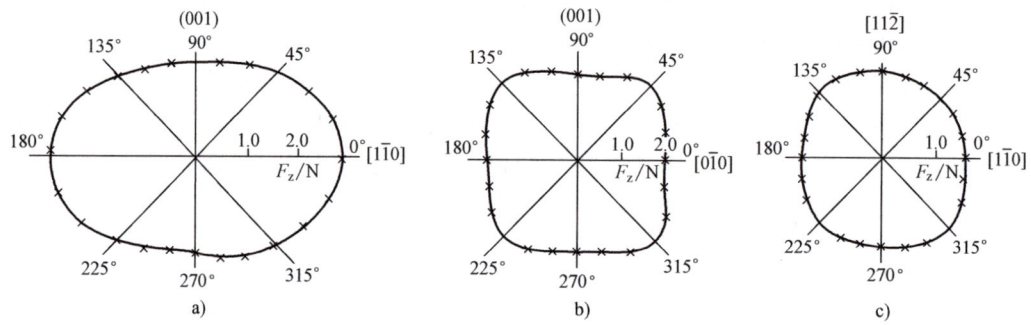

图 2-29 超精密切削单晶铜时不同晶面的切削力
a)（110）晶面 b)（100）晶面 c)（111）晶面

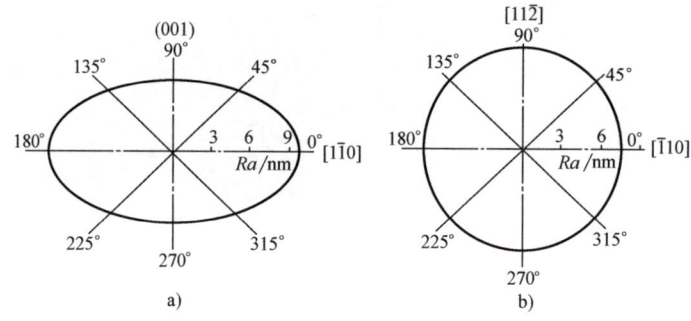

图 2-30 超精密切削单晶铜时不同晶面的表面粗糙度
a)（110）晶面 b)（111）晶面

2. 工件材料的晶体方向对加工表面粗糙度的影响

超精密切削晶体材料时，由于晶体各向异性，不同晶向的加工表面粗糙度都不相同。图 2-30 所示是超精密车削单晶铜不同晶面的端面时，实测的加工表面粗糙度，切削实验条件同图 2-29。从图中可看到，切削铜晶体的（110）和（111）晶面，加工表面粗糙度明显不同，并且从图 2-30 可看到，车削同一（110）晶面，由于切削时晶面的方向变化，加工表面粗糙度也有明显的不同。对比图 2-29a 和图 2-30a，可看到切削力小的方向也是表面粗糙度值小的方向。车削（111）晶面时不同方向加工表面粗糙度变化不明显。切削 $\mathrm{LiNbO_3}$ 单晶时也有类似现象。图 2-31 是 $\mathrm{LiNbO_3}$ 单晶（110）晶面的切削表面照片，可明显观

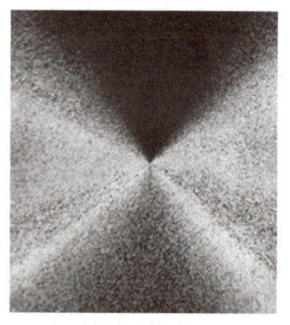

图 2-31 超精密车削 $\mathrm{LiNbO_3}$ 单晶（110）晶面时的表面粗糙度

察到表面粗糙度的变化。实测的明暗不同扇形区的表面粗糙度值分别为 $Ra0.01\mu m$ 和 $Ra0.015\mu m$。

四、脆性材料用超精密切削加工出优质表面

现在许多脆性材料，如光学玻璃、单晶硅、单晶锗、铌酸锂、功能陶瓷等，需要进行超精密加工。由于这类材料的脆性，切削加工表层极容易产生裂纹和崩碎凹坑等脆性破坏。随着超精密切削技术的发展，车削脆性材料获得高质量的超光滑表面已成为可能。

脆性材料要实现超精密切削（切出高质量表面）的关键，是加工表层的材料不是脆性破碎切除，而是实现塑性切除，即加工表面由塑性切削形成。为实现切削时的脆塑转换，近年进行了大量的实验和理论研究，现在有多种脆性材料已能切出优质表面。

从现在的研究得知，脆性材料要实现塑性切削，首先金刚石刀要很锋锐并有合理的切削角度，应通过改变切削力作用方向来改变切削区的变形方向，使崩碎的可能性减小；其次切削厚度要极小，切削厚度小时，材料不易崩碎。图 2-32 所示为切削单晶硅表面改变切削厚度得到的划痕，可看到切削厚度很小时，没有崩碎和裂纹，这时是塑性切削，划痕两侧有挤压形成的毛刺。当切削厚度超过某临界值后，划痕表面开始有少量崩碎凹坑，这属于过渡区。切削厚度再加大，表面崩碎严重，属于脆性切削区。脆塑切削转化的临界切削厚度，随材料和切削条件的变化而不同。切削脆性的玻璃时情况也类似，从图 2-33 可看到，切削厚度较大时，表面有崩碎凹坑，当切削厚度小于某临界值后，可实现塑性切削，能切出极好的优质表面。

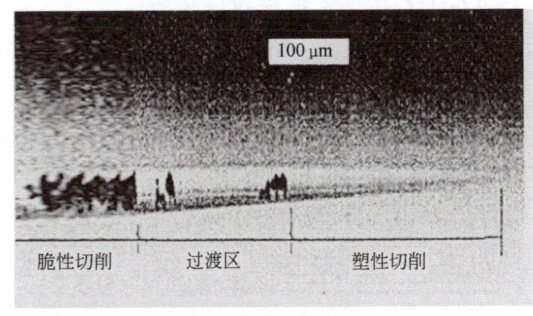

图 2-32 单晶硅表面变切深的划痕

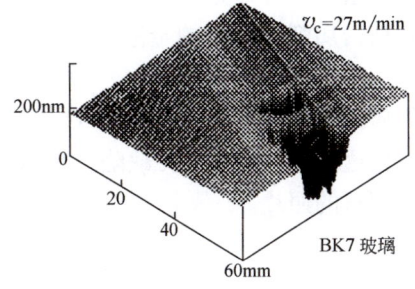

图 2-33 玻璃表面变切深的划痕

第七节 超精密切削对刀具的要求及金刚石的性能和晶体结构

一、超精密切削对刀具的要求

为实现超精密切削，刀具应具有如下性能：

1) 极高的硬度、极高的耐磨性和极高的弹性模量，以保证刀具有很长的寿命和很高的尺寸稳定性。

2) 切削刃能磨得极其锋锐，切削刃钝圆半径 r_n 值极小，能实现超薄切削厚度。

3)切削刃无缺陷,切削时刃形将复印在加工表面上,能得到超光滑的镜面。

4)和工件材料间的抗黏结性好、化学亲和性小、摩擦因数小,能得到极好的加工表面完整性。

上述四项要求决定了超精密切削使用的刀具的性能要求。天然单晶金刚石有着一系列优异的特性,如硬度极高、耐磨性和强度高、导热性能好、和有色金属摩擦因数小、能磨出极锋锐的切削刃等。因此,虽然它的价格昂贵,仍被一致认为是理想的、不能替代的超精密切削刀具材料。在超精密切削的发展初期,人们把金刚石刀具切削和超精密切削等同起来,称SPDT(Single Point Diamond Turning)。

人造聚晶金刚石无法磨出极锋锐的切削刃,切削刃钝圆半径很难达到 $r_n < 1\mu m$,它只能用于有色金属和非金属的精切,很难达到超精密镜面切削。人造大颗粒单晶金刚石现在已能工业生产,并已开始用于超精密切削,但它的价格仍很昂贵。立方氮化硼(CBN)刀具现在用于加工黑色金属,但还达不到超精密镜面切削的要求。

由于单晶金刚石现在是无法替代的超精密切削用刀具材料,故分析研究金刚石的性能是研究超精密切削的重要基础。

二、金刚石晶体的性能

1. 天然单晶金刚石

约5000年前,在印度首先发现金刚石,它一直被当作最珍贵的饰物。金刚石是人类所知道的最硬的材料,有很多特殊的优异性能,在工业生产中得到广泛的应用。现在天然金刚石年消耗量近五百万克拉(1克拉=0.2g),人造金刚石年消耗远远超过此数。

超精密切削刀具用的金刚石需要大颗粒(0.5~1.5克拉)优质(一级品)的单晶金刚石。

优质天然单晶金刚石多数为规整的8面体或菱形12面体,少数为6面立方体或其他形状,浅色透明,无杂质,无缺陷。超精密切削刀具对所用金刚石的要求较严,图2-34a是工业用金刚石的照片。

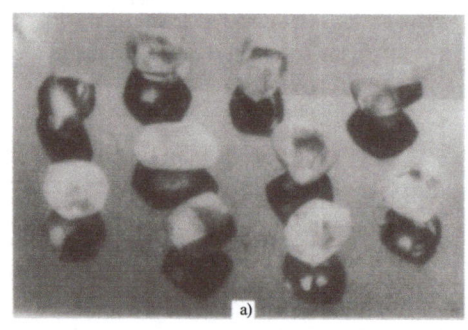 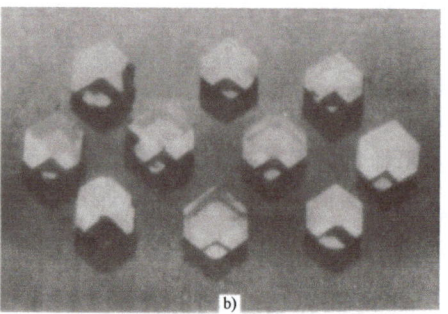

图2-34 工业用金刚石
a)工业用天然单晶金刚石 b)人造大颗粒单晶金刚石

2. 人造金刚石

人造金刚石是美国通用电气公司(GE公司)于1954年首先研制成功的。开始仅能生成细颗粒的磨粒,用作磨料和制造金刚石砂轮。后来制成聚晶金刚石,用于制造地质钻探用钻头和刀具等。技术发展很快,现在已能生产大颗粒单晶金刚石。图 2-34b 所示为人造大颗粒单晶金刚石的照片。人造大颗粒单晶金刚石是在超高压(500MPa)高温(1300℃)下由子晶生长而成的。图 2-35 所示为人造大颗粒单晶金刚石生产原理示意图。人造单晶金刚石的主要性能和天然金刚石相近,已有商品,但由于制造技术复杂,价格仍较昂贵。人造大颗粒单晶金刚石的制造条件(超高压、高温、高纯度材料等)要求很苛刻,并且要求很长的晶体生长时间。最新的研究是改进催化剂使金刚石能在比过去稍低的压力和温度下生长,这样就有希望降低人造金刚石的价格。人造单晶金刚石已用于制造超精密切削的刀具。

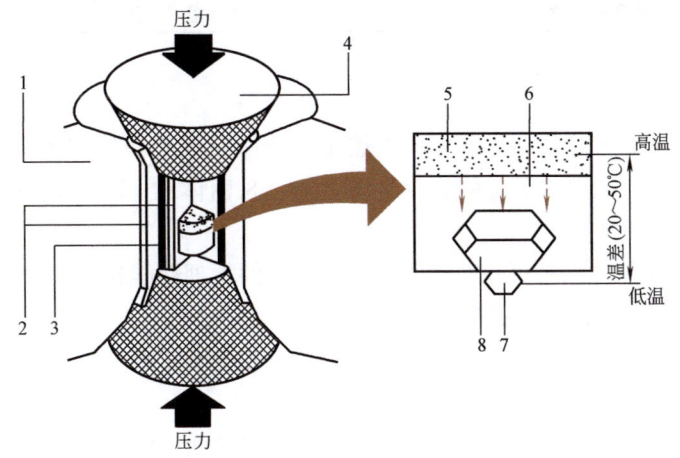

图 2-35　人造大颗粒单晶金刚石生产原理示意图
1—硬质合金模　2—压力介质　3—加热器　4—硬质合金压头　5—碳源
6—溶剂金属　7—晶种　8—人造晶体

3. 金刚石晶体的物理力学性能

金刚石是已知材料中硬度最高的。由于其晶体各向异性,在不同方向其物理力学性能有明显差别,金刚石和其他材料硬度的对比,见表 2-6,金刚石的其他物理力学性能,见表 2-7。

表 2-6　不同材料的硬度

硬度＼材料	金刚石	CBN	SiC	TiC	WC	Al_2O_3	高碳马氏体
硬度 HV	6000～10000 随晶体方向和温度而异	6000～8500	3500	3200	2400	2200	1000

从表 2-7 所示金刚石的性能来看,它有很高的硬度、较高的热导率,和有色金属间的摩擦因数小,开始氧化的温度较高,这些都是超精密切削刀具所要求的。此外,单晶金刚石可以研磨到极锋利的切削刃(r_n 可以小到 0.05～0.01μm),没有其他任何材料可以磨到这样锋锐,并且能长期切削而磨损很小。因此,金刚石成为理想的、不能替代的超精密切削的刀具材料。

表 2-7 金刚石的物理力学性能

硬度 HV	6000～10000（随晶体方向和温度而有差别）
抗弯强度	210～490MPa
抗压强度	1500～2500MPa
弹性模量	$(9～10.5)\times10^{11}\mathrm{N/m^2}$
热导率	$(2～4)\times418.68\mathrm{W/(m\cdot K)}$
比热容	0.516J/（℃·g）（常温）
开始氧化温度	900～1000K
开始石墨化温度	1800K（在惰性气体中）
和铝合金、黄铜间的摩擦因数	0.06～0.13（在常温下，随晶体方向不同而有差别）

三、金刚石的晶体结构

金刚石晶体属于立方晶系，常遇到的天然单晶金刚石为 8 面体和 12 面体，有时也会遇到 6 面体或其他晶形。人造单晶金刚石常为 6 面体、8 面体和 12 面体。优质金刚石晶形都比较规整。

金刚石晶体具有各向异性和解理现象，不同晶向的物理性能相差很大，为加工制造和使用金刚石，有必要了解金刚石的晶体结构及其特性。

按晶体学原理，金刚石晶体属六方晶系，单晶硅和金刚石有相同的晶体结构。

1. 金刚石晶体的晶轴和晶面

按晶体学原理，六方晶系的金刚石晶体有 3 个主要晶面：（100）、（111）、（110）。当用 X 光对这些晶面垂直照射时，形成的衍射图形上的黑点显示出 4 次、3 次、2 次对称现象，故和上述晶面垂直的轴称为 4 次对称轴［和（100）晶面垂直］、3 次对称轴［和（111）晶面垂直］、2 次对称轴［和（110）晶面垂直］。

规整的单晶金刚石晶体有 8 面体、12 面体和 6 面体。8 面体、12 面体和 6 面体中均有 3 根 4 次对称轴、4 根 3 次对称轴、6 根 2 次对称轴。

8 面体由 8 个（111）面围成外表面（见图 2-36）。在 8 面体中，2 个对应 4 个面相交点的连线是 4 次对称轴，和 4 次对称轴垂直的各面为（100）晶面（见图 2-36a），（111）晶面的法线方向是 3 次对称轴（见图 2-36b），每两相对棱边的中点的连线方向是 2 次对称轴，和 2 次对称轴垂直的是（110）晶面（见图 2-36c）。

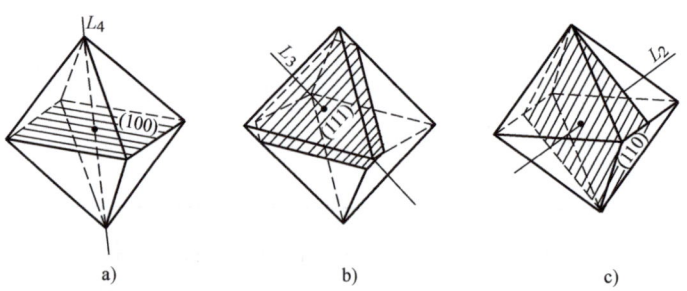

图 2-36　8 面体的晶轴和晶面

a）4 次对称轴和（100）晶面　b）3 次对称轴和（111）晶面
c）2 次对称轴和（110）晶面

菱形 12 面体由 12 个（110）晶面围成外表面。在菱形 12 面体中，（110）晶面的法线方向是 2 次对称轴，2 个对应 3 个面交点的连线是 3 次对称轴，和 3 次对称轴垂直的是（111）晶面，2 个对应 4 个面交点的连线是 4 次对称轴，和 4 次对称轴垂直的是（100）晶面。

6 面立方体由 6 个（100）晶面围成外表面。在 6 面体中，（100）晶面的法线方向是 4 次对称轴，两对应角的连线是 3 次对称轴，和 3 次对称轴垂直的是（111）晶面。每两对棱的中点连线方向是 2 次对称轴，和 2 次对称轴垂直的是（110）晶面。

2. 金刚石晶体的面网（晶面）

晶体内部分布有原子的面是晶面，也称面网。金刚石是六方晶系，主要晶面有（100）、（111）和（110）。晶面上原子排列形式、原子密度和晶面间的距离不同将直接影响其性能，造成金刚石晶体各向异性，晶体的不同晶向性能差异很大。

（1）金刚石晶体各晶面的最小单元　从晶体学理论得知，金刚石晶体的（100）、（111）和（110）晶面的最小单元如图 3-37 所示。

设金刚石晶体中单位晶胞（6 面体）的边长为 D（$D = a_0 = 0.35667\text{nm}$），（100）晶面的最小单元为正方形，边长为 D，有 5 个碳原子（见图 2-37a）；（110）晶面的最小单元为矩形，有 8 个碳原子，边长为 D 和 $\sqrt{2}D$（见图 2-37b）；（111）晶面的最小单元为正三角形，有 6 个碳原子，边长为 $\sqrt{2}D$（见图 2-37c）。

（2）金刚石晶体的晶面密度　晶面单位面积上的原子数称为晶面密度。

晶面密度直接影响金刚石的硬度和耐磨性。下面分析金刚石晶体不同晶面的晶面密度。

（100）晶面的最小单元为正方形，正方形中原子分布如图 2-37a 所示，面积为 D^2。正方形 4 个角上的每个原子是 4 个相邻正方形所共有，每个原子在这正方形单元中只能算 1/4，故在该面积中的原子数等于 $4 \times 1/4 + 1 = 2$。（100）晶面的密度等于 $2/D^2$。

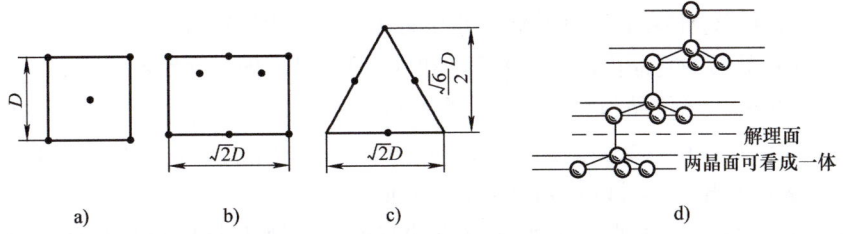

图 2-37　金刚石不同晶面的最小单元和原子位置排列
a)（100）晶面　b)（110）晶面　c)（111）晶面　d)（111）晶面的层间原子位置排列

（110）晶面的最小单元为矩形，矩形中原子分布如图 2-37b 所示。此矩形的面积为 $D \times \sqrt{2}D = \sqrt{2}D^2$。矩形 4 个角上的每个原子是相邻 4 个矩形所共有，在此矩形中只能算 1/4；矩形两条长边中间的每个原子是两个相邻矩形所共有，在此矩形中只能算 1/2。因此在此矩形面积中的原子数等于（$4 \times 1/4 + 2 \times 1/2 + 2 = 4$）。（110）晶面的密度等于 $4/(\sqrt{2}D^2)$。

（111）晶面的最小单元为三角形，三角形中原子分布如图 2-37c 所示。此三角形的面积为 $1/2 \times \sqrt{2}D \times \sqrt{6}D/2 = \sqrt{3}D^2/2$。三角形 3 个角上的每个原子是相邻 6 个三角形所共有，在此三角形中只能算 1/6；三角形 3 个边中间的每个原子是相邻两个三角形所共有，在此三角形中只能算 1/2。故在这三角形面积中的原子数等于 $(3 \times 1/6 + 3 \times 1/2) = 2$。(111) 晶面的密度等于 $2/(\sqrt{3}D^2/2) = 4/(\sqrt{3}D^2)$。

(100)、(110) 和 (111) 晶面密度之比为

$$(100) \text{密度}:(110) \text{密度}:(111) \text{密度} = 1:1.414:1.154$$

看上述比例似乎是 (110) 晶面密度最大，但是实际的金刚石晶体结构中，(111) 晶面的晶面距出现一宽一窄的交替，窄的晶面距很小，以至实际中可以把这相邻的两个晶面看成是一个加厚的晶面，如图 2-37d 所示。将这两个靠得很近的 (111) 晶面看成一体时，其密度应为两个晶面密度之和，这使 (111) 晶面密度增加了一倍。因此这三个晶面的晶面密度之比为

$$(100) \text{密度}:(110) \text{密度}:(111) \text{密度} = 1:1.414:2.308$$

实际金刚石晶体的 (111) 晶面的硬度和耐磨性均最高，这和晶面密度的分析是一致的。

3. 金刚石晶体的晶面距和解理现象

(1) 金刚石晶体的晶面距　晶体晶面之间的距离称为晶面距。

根据晶体学理论，金刚石晶体的 (100) 晶面和 (110) 晶面的分布是均匀的，(100) 晶面的晶面距为 $D/4 = 0.089\text{nm}$；(110) 晶面的晶面距为 $\sqrt{2}D/4 = 0.126\text{nm}$。(111) 晶面的分布是不均匀的，晶面距出现一宽一窄的交替：宽的晶面距为 $\sqrt{3}D/4 = 0.154\text{nm}$；窄的晶面距为 $\sqrt{3}D/12 = 0.051\text{nm}$。窄的晶面距很小，实际中可以把这对相邻的两个晶面看成一个加厚的晶面。两个加厚晶面的间距，即 (111) 面的宽的间距，成为 (111) 面的实际晶面距。由于 (111) 面宽的晶面距 (0.154nm) 是金刚石晶体中所有晶面距中最大的一个，且其中的连接共价键数最少，因此使金刚石的破裂经常发生在两个加强的 (111) 面之间，造成金刚石晶体的解理现象。

(2) 金刚石晶体的解理现象　解理现象是某些晶体特有的现象，晶体受到定向的机械力作用时，可以沿平行于某个晶面平整地劈开的现象，称为解理现象。

由于 (111) 晶面的宽晶面距比 (100) 和 (110) 晶面的晶面距都大，并且在晶面距大的 (111) 晶面之间，单位晶胞只需击破一个共价键就可以使其劈开，故劈开比较容易。金刚石内部的解理劈开，在绝大多数情况下是与 (111) 晶面平行，在两个相邻的加强 (111) 晶面之间。在解理劈开时，可以得到很平的劈开面。

解理现象是金刚石晶体的一个非常重要的特性。金刚石晶体可以较容易地沿解理面 [(111) 面] 平整地劈开两半，而且金刚石的破碎和磨损都和解理现象直接有关。要设计、加工制造和使用金刚石工具，都必须熟悉金刚石的解理现象。

第八节　金刚石晶体各晶面的耐磨性和好磨难磨方向

一、金刚石晶体各晶面的耐磨性

金刚石晶体不同晶面耐磨性不同，并且同一晶面上不同方向耐磨性也有很大差别。金刚石的耐磨性可用它的相对磨削率来表示。在对金刚石进行研磨加工时，各晶面均有所谓"好磨"和"难磨"方向，其磨削率相差很大。金刚石硬度很高，研磨加工很难。因此，为

加工金刚石，必须知道各晶面的相对磨削率和各晶面的好磨和难磨方向。

为解决上述问题，曾有人做过如下实验研究。将金刚石固定在某夹具上，并保持在同一晶面上研磨。在研磨过程中逐次改变该晶面的研磨方向，同时记录偏转不同角度时的磨削率。磨削率是指单位载荷和单位线速度下的磨削体积 $[\mu m^3/(N \cdot m/s)]$。图2-38中给出了研磨（100）、（111）和（110）晶面时，研磨方向与磨削率关系的实验结果曲线。从图中可看到：

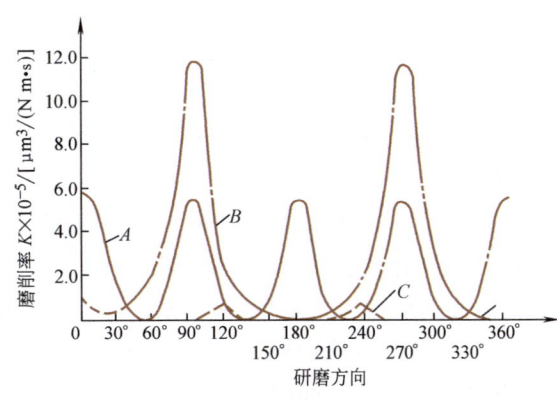

图2-38 不同晶面研磨时研磨方向与磨削率的关系
A—（100）晶面 B—（110）晶面 C—（111）晶面

1) 研磨（100）晶面，磨削率有4个峰值，即有4个磨削率高的方向（好磨方向），各相差90°。高磨削率方向的磨削率 K（最大磨削率）为

$$K = 5.8 \times 10^{-5} \mu m^3/(N \cdot m/s)$$

2) 研磨（110）晶面，磨削率有2个峰值，即有2个磨削率高的方向（好磨方向），各相差180°。高磨削率方向的磨削率 K（最大磨削率）为

$$K = 12.8 \times 10^{-5} \mu m^3/(N \cdot m/s)$$

3) 研磨（111）晶面，磨削率有3个峰值，即有3个磨削率高的方向（好磨方向），各相差120°。高磨削率方向的磨削率 K（最大磨削率）为

$$K = 1 \times 10^{-5} \mu m^3/(N \cdot m/s)$$

由此可见，都在高磨削率方向上，（110）晶面的磨削率最高，最容易磨；（100）晶面的磨削率次之，（111）晶面磨削率最低，最不容易磨。都在高磨削率方向时，三个晶面磨削率之比为：

（100）磨削率:（111）磨削率:（110）磨削率=5.8:1:12.8

这3个晶面的低磨削率方向的磨削率都极低，如图2-38所示，研磨很难。

二、金刚石晶体各晶面的好磨难磨方向

金刚石的3个主要晶面磨削（研磨）方向不同时，磨削率相差很大。现在习惯上把高磨削率方向称为"好磨方向"，把低磨削率方向称为"难磨方向"。

从上述实验结果（见图2-38）可以得到，（100）、（111）和（110）晶面的好磨和难磨方向，如图2-39所示。

金刚石硬度极高，研磨加工效率很低，因此合理选择晶面，掌握各晶面的好磨、难磨方向，对加工制造金刚石用品是极其重要的。

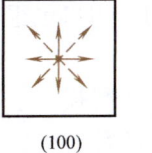
(100)

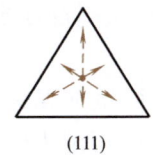
(111)

(110)

图2-39 金刚石各晶面的好磨难磨方向
好磨方向←——
难磨方向←---

三、金刚石晶体研磨时摩擦因数的各向异性

为了解金刚石晶体磨削率的各向异性，实测了金刚石晶体研磨时不同晶面不同方向的摩擦因数，研磨时使用铸铁研磨盘，ϕ300mm，转速 3000r/min，使用金刚石微粉作为研磨剂。实测得到的摩擦因数，如图 2-40 所示。从图中实测的结果可看到，摩擦因数在 0.3～0.5 之间，摩擦因数随金刚石晶面不同、研磨方向不同而有明显差别：

1）研磨金刚石晶体时，(110) 晶面摩擦因数最大，(100) 晶面次之，(111) 晶面最小。

2）晶面的摩擦因数随摩擦方向不同而有明显差别。(100) 晶面有 4 个波峰和波谷，(110) 晶面有 2 个波峰和波谷，(111) 晶面有 3 个波峰和波谷。

3）金刚石晶体研磨时，各晶面各方向摩擦因数的变化规律和研磨时磨削率的变化规律非常一致（参考图2-38），摩擦因数高时磨削率也高，摩擦因数低时磨削率也低。摩擦因数曲线的波峰方向即是磨削率最高的"好磨方向"；摩擦因数曲线的波谷方向即是磨削率最低的"难磨方向"。

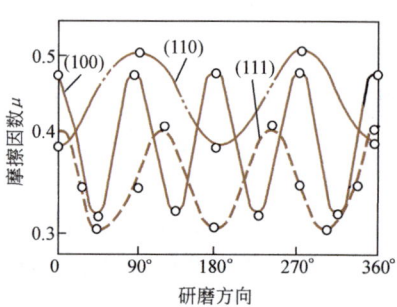

图 2-40　用铸铁盘研磨金刚石晶体时的摩擦因数

4）研磨金刚石晶体时可以根据摩擦力的大小找出所磨晶面的好磨方向。

金刚石晶体研磨时摩擦因数大，说明该方向金刚石表层易于微观破损去除，消耗的能量大。摩擦因数大时，研磨消耗的功大，因而研磨温度增高，金刚石表层易于氧化或石墨化，将提高研磨效率。

根据实际研磨金刚石的经验，如研磨方向找得好，研磨顺手，不仅研磨效率高，并且有时还可看到微细的火花（在黑暗中），说明研磨时存在金刚石的氧化现象。

第九节　单晶金刚石刀具的磨损破损机理

一、单晶金刚石刀具磨损形态和微观崩刃的观察

用金刚石刀具进行超精密切削时，刀具不能继续使用的主要限制是加工表面粗糙度值超过规定。观察不能继续使用的金刚石刀具，可看到有些是由于机械磨损，有些是刃口发生微观崩刃。在加工研磨金刚石刀具时，刃口也很容易产生微观崩刃，得不到高质量的锋锐的切削刃。

在扫描电子显微镜下观察刀具磨损的形态和微观崩刃的切削刃时，经常发现刀具的机械磨损和微观崩刃是由于切削刃处的微观解理造成的。图 2-41 是磨损较剧烈的切削刃的扫描电镜（SEM）照片，可以很明显看出切削刃的机械磨损实际上是由于微观解理所造成的。观

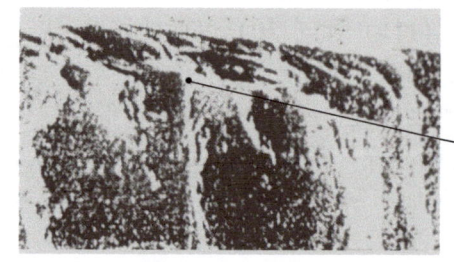

图 2-41　金刚石刀具切削刃的机械磨损——微观解理

察切削刃的微观崩刃处，也可看到类似的微观解理。在超精密切削时，如机床切削系统不够平稳，即使是很微小的振动，也很容易造成金刚石刀具切削刃的微观崩刃。有时金刚石刀具的磨损在前刀面，前刀面磨损成月牙洼。观察前刀面的磨损区，也经常可看到有微观解理的痕迹。图 2-42 所示为前刀面磨损区的 SEM 照片，可很明显看出解理现象。这说明微观解理在金刚石刀具的磨损中起相当主要的作用。

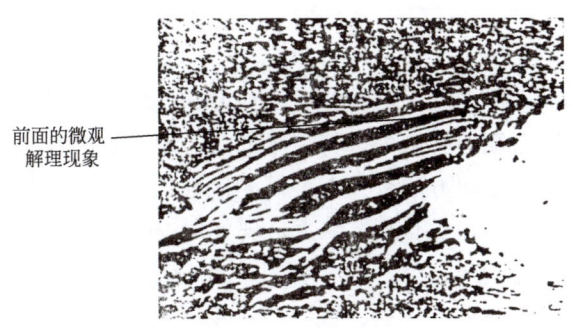

图 2-42　金刚石刀具前面的磨损区 SEM 照片

工件材料　铝镁合金　$v=300\text{m/min}$　干切

根据最新的研究，金刚石刀具的磨损主要属机械磨损，其磨损本质是微观解理的积累。金刚石晶体的微观解理取决于它的微观强度，而微观强度和该表面在晶体中的方位以及作用力的方向有直接关系。

二、金刚石晶体的破损机理和微观强度

日本井川直哉教授对金刚石的破损机理和微观强度进行了大量的研究工作，获得不少有意义的结果。

根据大量的实验证明，金刚石晶体的破损，主要产生于（111）晶面的解理。当垂直于（111）面的拉力超过某特定值时，两相邻的（111）面分离，产生解理劈开，这是解理现象的机理。

为检测金刚石的微观强度和破损机理，进行 Hertz 破损实验。当金刚石压头的载荷增加到一定数值后，在压头外围倾斜向外产生裂纹，这时金刚石破损。经观察，所产生的裂纹都是沿着（111）晶面的方向，故金刚石的破损也是沿（111）晶面的解理。

三、金刚石各晶面的微观破损强度

对金刚石刀具来说，切削刃处的解理破损是磨损和破损的主要形式，故切削刃的微观强度是刀具设计选择晶面的主要依据。金刚石刀具选择前面和后面的最佳晶面，应该把不易产生解理破损作为重要的考虑因素。

图 2-43 所示为金刚石不同晶面在应力作用下产生破损的概率曲线。从图中可看到，当作用应力相同时，（110）面破损的概率最大，

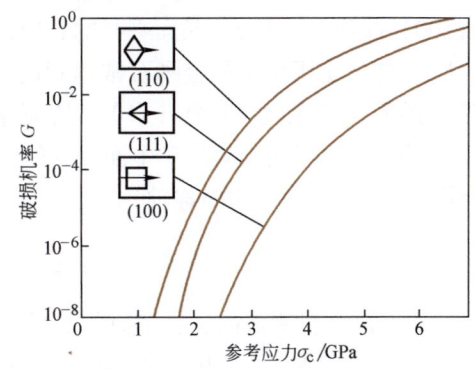

图 2-43　金刚石不同晶面破损的机率

（111）面次之，（100）面产生破损的概率最小。即在外力作用下，（110）面最易破损，（111）面次之，（100）面最不易破损。这种情况在设计金刚石刀具，选择前刀面和后刀面的晶面时，必须首先给予考虑。根据上面的分析可知，从增加切削刃的微观强度考虑，应选用微观强度最高的（100）晶面作为金刚石刀具的前刀面和后刀面。

第十节　金刚石晶体的定向

由于金刚石晶体各向异性，不同晶向性能差别很大，设计和制造金刚石刀具时，必须正确选择晶体方向。对金刚石原料必须先进行晶体定向，才能制造刀具。

现在采用的金刚石晶体定向方法有：人工目测定向、X 射线晶体定向、激光晶体定向。这三种金刚石晶体定向的方法，各有其优缺点，现分别说明如下。

一、金刚石晶体的人工目测定向

优质的单晶金刚石原料都是规整的晶体，可以用目测定向方法确定它的各晶面，这是最方便、最实用的晶体定向方法。但对于不规整的晶体或已经磨制加工过的金刚石，目测定向方法就无法使用了。

天然的单晶金刚石常为 8 面体和 12 面体；人造单晶金刚石则 6 面体、8 面体和 12 面体都有，其中 6 面体稍多。

6 面体的金刚石晶体是正方形，它的 6 个面和 8 个角都是相同的，因此具有对称性。6 面体的 6 个外表面是（100）晶面，和这些（100）晶面平行的面也是（100）晶面。6 面体的 8 个角都是由 3 个相互垂直的（100）晶面所组成的，是相同的。在 6 面体中，（110）晶面与每两对棱的中点连线方向（2 次对称轴）相垂直；（111）晶面垂直于两对应角的连线（3 次对称轴）。

8 面体是天然单晶金刚石常遇到的。弄清 8 面体中的各晶面位置，有助于搞清 12 面体中的晶面位置。规整的 8 面体的 8 个外表面都是等边三角形（见图 2-36），它的 8 个面和 6 个角都相同，因此具有对称性。8 面体的 8 个外表面是（111）晶面，和这些（111）晶面相平行的面都是（111）晶面。通过 4 个对称顶角的面是（100）晶面，如图 2-36a 所示，（100）晶面呈正方形。通过 2 个对称顶角和 2 个对称边中点的面是（110）晶面，如图 2-36c 所示。（110）晶面呈菱形，长轴通过 2 个顶角点，短轴通过 2 个对称边的中点。和上述（100）晶面和（110）晶面平行的相应面也是（100）晶面和（110）晶面。

12 面体也是天然单晶金刚石常遇到的。规整的菱形 12 面体的 12 个外表面呈菱形，是（110）晶面，和上述 12 个（110）晶面平行的面也是（110）晶面。菱形 12 面体中的（111）晶面垂直于两个对应 3 个面交点的连线（3 次对称轴），（100）晶面垂直于 2 个对应 4 个面交点的连线（4 次对称轴）。

二、金刚石晶体的 X 射线定向

金刚石晶体目测定向法虽然简单易行，但定向精度低，使用有局限性。在科研实验中或定向精度要求较高时，采用 X 射线晶体定向。

X 射线晶体定向原理如下：当一定波长的 X 光束穿透晶体，会使晶体内原子的电子开始振动,该振动电子将在各个方向发出散射光。该散射光在某些方向被反射增强,形成所谓衍射光束,它能在荧光屏幕上被观察到,并能使照相底片感光。

在满足反射的条件下,只有原子密集的晶面,如(100)、(111)、(110)晶面反射的X光才具有一定亮度,才能观察到衍射图像。

前面已介绍过,金刚石晶体具有4次、3次和2次对称轴,这些对称轴分别和(100)、(111)和(110)晶面垂直(见图2-36)。当X光束沿着4次、3次或2次对称轴方向射入金刚石晶体,观察到的衍射图像上的光点,能显示出4次、3次或2次对称现象。要用X光对金刚石晶体进行定向时,将金刚石放在X光束照射下,旋转被测定的金刚石,使X光的入射角改变,观察衍射图像的变化。当衍射图像中的光点出现4次、3次或2次对称现象时,说明这时X光束已和金刚石的4次、3次或2次对称轴重合,已找到了金刚石晶体的4次、3次或2次对称轴的方位,也已确定了(100)、(111)或(110)晶面的空间方位。以上就是用X光进行金刚石晶体定向的基本原理。

用X光进行晶体定向的实际步骤比较简单。金刚石装在有角度刻度的可旋转夹具上。从X光管中发射出的X光束,经过平行光管穿过金刚石晶体,在一般位置被反射的X光束不形成任何对称性的、有规律的衍射图像。旋转装金刚石的夹具,使金刚石的4次、3次或2次对称轴与射入的X光束方向重合,出现对称衍射图像,这时即认为金刚石的某对称轴已被找到,已被定向。图2-44是表示X光束射入方向同8面体金刚石晶体的4次对称轴重合,这时衍射图像中的光点呈4次对称性。

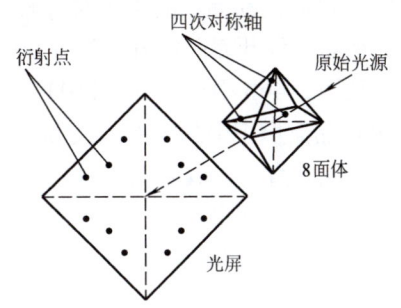

图2-44　X光束射入方向同8面体金刚石晶体的4次对称轴重合

金刚石晶体经X光定向后,可从装金刚石夹具的角度刻度上知道晶面的空间角度方位,将金刚石移到研磨夹具中,即可按要求的晶面方向进行研磨加工。

X光的晶体定向法定向精度高,且对已经加工过的金刚石也可很方便地进行晶体定向。此方法的缺点是X光晶体定向仪只能在实验室中使用,且仪器价格较高;X光对人体有害,对操作者要求防护,因此操作比较费事。

三、金刚石晶体的激光定向

金刚石晶体的激光定向法是金刚石晶体的新定向方法。这种定向方法所用的设备价格低,操作方便,有足够的定向精度,是一种较好的实用的新晶体定向方法。

金刚石晶体的激光定向原理就是利用金刚石在不同结晶方向上,晶体结构不同,对激光反射而形成的衍射图像不同而进行的。激光晶体定向的原理示意图如图2-45所示。由氦氖激光管产生激光束,通过屏幕上的小孔,照射到金刚石表面。金刚石表面存在一些在生长过程中形成的形状规

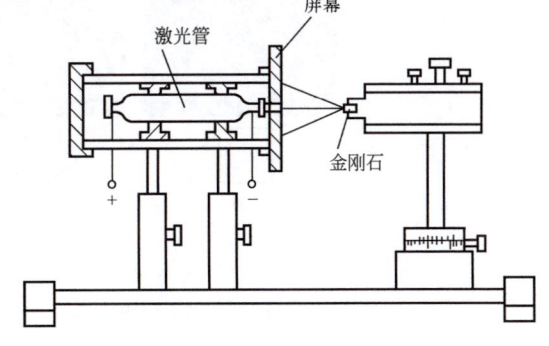

图2-45　金刚石晶体的激光定向原理

则的晶界晶纹和微观凹坑。当相干性比较好的激光照射到金刚石晶体表面上的这些晶纹和微观凹坑时，如被激光照射的金刚石表面是某晶面，转动金刚石使被测晶面与激光束相垂直，激光被反射到屏幕上，形成特征衍射光像，可根据衍射光像的图形知道被激光照射的晶面是什么晶面，也就确定了该晶面在金刚石晶体内的空间方位。

激光反射形成的衍射光像，和金刚石表面的晶纹和微观凹坑具有对应关系。由于单晶金刚石各个晶面的结构不同，晶纹和微观凹坑的形状取决于各晶面的结构，即金刚石晶体的各晶面有其固定的晶纹和微观凹坑形状，因此各晶面反射激光而形成的衍射光像形状也是固定的。

为研究激光照射各晶面所形成的衍射光像图形和晶面形貌的关系，对金刚石的各晶面都进行了检测和观察，图2-46a 所示（100）晶面的激光衍射光像，光像呈四叶形，图中还给出了在扫描电镜下观察到的（100）晶面的形貌，可看到表面晶纹和微观凹坑呈正方形。（100）晶面是和晶体的4次对称轴相垂直的，激光衍射光像呈四叶形。并且根据我们的研究，衍射光像叶瓣所指方向是（100）晶面的好磨方向。

从图2-46b 中可看到（110）晶面的激光衍射光像呈二叶形，在扫描电镜下所观察到的（110）晶面形貌中的表面晶纹和微观凹坑呈狭缝形和长条形。（110）晶面是和晶体的2次对称轴相垂直的，故激光衍射光像呈二叶形。（110）晶面的激光衍射光像的叶瓣所指方向也是该晶面的好磨方向。观察（110）晶面的激光衍射光像还发现，光像叶瓣所指方向是和狭长晶纹（或微观凹坑）相垂直的。

图2-46c 所示为（111）晶面的激光衍射光像，光像呈三叶形。在扫描电镜下观察到的（111）晶面的表面晶纹和微观凹坑呈正三角形。（111）晶面是和晶体的3次对称轴相垂直的，故激光衍射光像呈三叶形。（111）晶面的激光衍射光像的叶瓣尖所指方向，也是该晶面的好磨方向。应注意，（111）晶面的好磨方向只是叶瓣尖所指方向，而逆此方向（相差180°）就变成难磨方向。

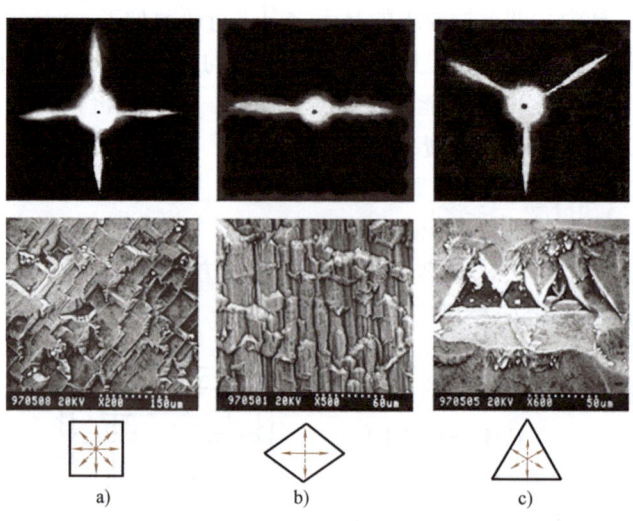

图2-46 金刚石晶体的激光定向光像、晶体结构和好磨方向
a)（100）晶面 b)（110）晶面 c)（111）晶面

金刚石晶体激光定向时所形成的光像，是由于激光反射时的衍射所形成的，而不是简单的反射作用。激光照射金刚石表面时，由于该晶面的表面晶纹和微观凹坑会产生衍射，该衍射现象符合光学中的菲涅耳衍射（有限距离的衍射）原理。曾以（100）晶面为例，对衍射光像的形成过程进行了计算机模拟仿真。（100）晶面的晶界微观凹坑为正方形，计算机模拟仿真得到的衍射光像也呈四叶形，和实际晶体定向得到的衍射光像极为相似。这证明光像是由衍射形成的理论是正确的。

买来的单晶金刚石原石，一般表面都有晶纹和微观凹坑，可以直接用激光进行晶体定向，较精确地测定晶面的空间方位。对已磨过的金刚石需要定向时，表面要进行腐蚀，露出晶纹和微观凹坑，再进行晶体定向。用激光进行晶体定向时，只有在晶面和激光束垂直时，才有清晰的光像；不垂直时光像模糊或不出现光像，因此晶面的定向可以达到较高精度。

用激光对金刚石晶体进行定向的方法，有如下优点：

1）设备价格便宜，约为 X 射线晶体定向仪价格的 1/10。

2）操作方便，对操作者无害。所用的氦氖激光管功率为 0.5W，对人体没有任何副作用，而 X 射线则对人体有害。

3）直观，不仅可确定晶面在晶体中的空间方位，而且可以知道该晶面的好磨方向。

4）激光定向法的定向精度可以满足生产需要，虽然略低于 X 射线晶体定向法，但更适宜于生产使用。

第十一节　金刚石刀具的设计与制造

一、金刚石刀具的设计

单晶金刚石刀具都用于超精密切削。衡量金刚石刀具质量的好坏，首先是看其能否加工出变质很小的超光滑表面（$Ra = 0.005 \sim 0.02 \mu m$），其次是看它能否有较长的切削时间保持切削刃锋锐（一般要求切削长度数百千米），一直能切出极高质量的加工表面。金刚石刀具的设计，主要就是要满足上述要求。

设计超精密切削用金刚石刀具最主要的问题有三个：优选切削部分的几何形状，前、后刀面选择最佳晶面，确定刀具结构和金刚石在刀具上的固定方法。下面分别说明这三个问题。

1. 金刚石刀具切削部分的几何形状

（1）刀头形式　金刚石刀具一般不采用主切削刃和副切削刃相交为一点的尖锐的刀尖，这样的刀尖不仅容易崩刃和磨损，而且在加工表面上留下加工痕迹，使表面粗糙度值增大。金刚石刀具的主切削刃和副切削刃之间采用过渡刃对加工表面起修光作用。过渡修光刃有用直线刃的，也有用圆弧刃的，这有利于获得好的加工表面质量。

图 2-47 所示为几种不同的刀头形式。有用微小刀尖圆弧的（见图 2-47a、b），有用圆弧修光刃的（见图 2-47c），有用直线修光刃的（见图 2-47d、e）。

图 2-47a 为微圆弧尖刃刀具，代替尖刃刀具，适合于表面微结构的加工。将切削刃尖点磨成微圆弧刃，可相应增加刀具使用寿命和改善加工表面质量。图 2-47b 为 90°偏刀，可以加工端平面，也可以加工外圆表面，用于加工不允许有大连接圆角的阶梯轴，由于刃尖的圆

弧半径小,只有选极小的进给量时才能得到表面粗糙度值小的光滑表面。图2-47c为带圆弧修光刃的刀具,是现在用得较多的通用金刚石刀头形式,可加工圆柱面、圆锥面和端平面。超精密切削时进给量很小,一般$f<0.02\text{mm/r}$,圆弧修光刃留下的残留面积极小,对表面粗糙度影响不大。采用圆弧修光刃时,对刀容易,使用方便,但制造研磨较费事,价格要高些。标准金刚石刀具推荐的修光刃圆弧半径$R=0.5\sim2\text{mm}$。图2-47d和图2-47e为带直线修光刃的刀具,当直线修光刃和进给方向严格一致时,可以得到令人满意的加工表面($Ra<0.02\text{mm}$)。直线修光刃刀具制造研磨较容易,过去国内用得较多,但因对刀较费事,不少单位现已改用圆弧修光刃的刀具。直线修光刃的长度一般取$0.1\sim0.2\text{mm}$,修光刃太长,会增加径向切削力,修光刃和加工表面过多摩擦会使加工表面变质层增加,表面粗糙度值增加,并加速刀具磨损。

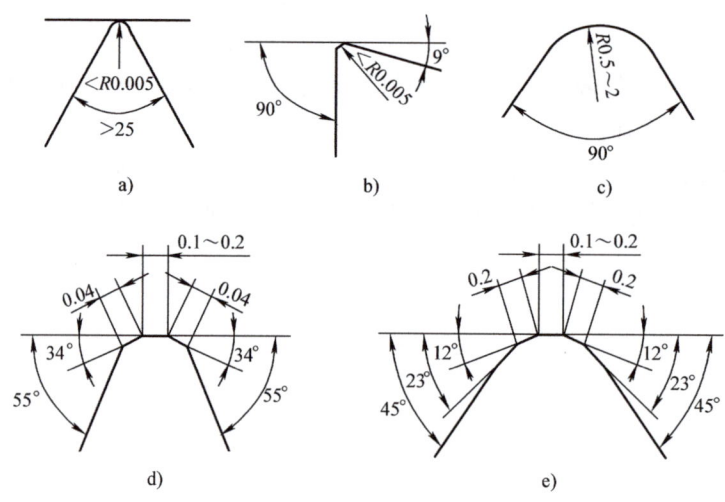

图2-47 金刚石刀具的不同刀头形式

金刚石刀具的主偏角,平时采用$30°\sim90°$,用得较多的是$45°$。

(2)前角和后角 由于金刚石的脆性,在保证获得较小的加工表面粗糙度值的前提下,为增加切削刃的强度,应采用较大的刀具楔角β,故刀具的前角和后角都取得较小。

增大金刚石刀具的后角,可减少刀具后刀面和加工表面的摩擦,可减小表面粗糙度值。曾有实验,后角α_o增大到$15°$,加工表面质量有明显提高。但为保证切削刃强度,一般取$\alpha_o=5°\sim8°$,并且用得较多的是$5°\sim6°$。加工球面和非球曲面的圆弧修光刃刀具,常取$\alpha_o=10°$。

金刚石刀具的前角根据加工材料选择,切铝、铜合金时前角可取$0°\sim5°$。

(3)金刚石车刀举例 图2-48所示是一种可用于车削铝合金、纯铜、黄铜的直线修光刃金刚石车刀。这种车刀采用主偏角$45°$,前角$\gamma_o=0°$,后角$\alpha_o=5°$。直线修光刃长度0.15mm。这种车刀在工厂中实际使用要求精确对刀,但效果良好,能稳定地加工出$Ra<0.02\sim0.005\mu\text{m}$的表面。

图2-49所示是英国Contour精密刀具公司的基本型和特殊偏位型两种标准金刚石车刀。它采用圆弧修光刃,修光刃圆弧半径$R=0.5\sim1.5\text{mm}$,由用户自选。后角采用$\alpha_o=10°$,刀

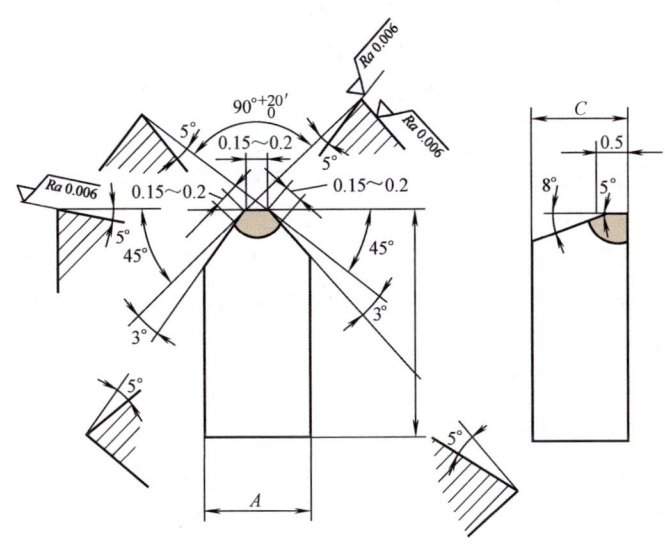

图 2-48 直线修光刃金刚石车刀

具前角可根据加工材料由用户选定。对刀方便,使用效果良好。

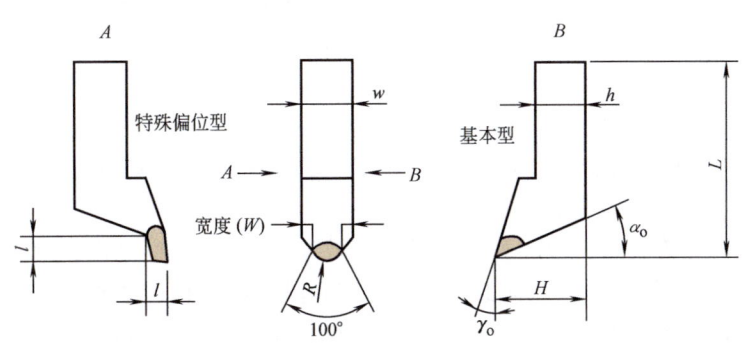

图 2-49 圆弧修光刃金刚石车刀

2. 金刚石刀具前、后刀面晶面的选择

由于单晶金刚石晶体的各向异性,各方向的性能(如硬度和耐磨性、微观强度和解理碎裂的概率、研磨加工的难易程度等)相差甚为悬殊,因此金刚石刀具的前刀面和后刀面应选用什么晶面为佳,是设计金刚石刀具的一个重要问题。

目前国内制造金刚石刀具,一般前刀面和后刀面都采用(110)晶面或者和(110)晶面相近的面(±3°~±5°)。这主要是从金刚石易于研磨加工出发,至于这样选用晶面后,对金刚石刀具的使用性能和刀具寿命的影响如何,则并未考虑。很显然,这样选取金刚石刀具的晶面方向,是缺少科学依据的。

国外的金刚石刀具产品,制造厂多数不公布其刀具前、后刀面的晶面选择资料。但有技术资料报道,有选用(100)晶面作为前刀面或后刀面的,也有选用(110)晶面作为前刀面或后刀面的。选用的理由说法不一,但都不够详细完善。选用(111)晶面作为前刀面或后刀面者极少,这可能是由于(111)晶面硬度太高,而微观破损强度并不高,研磨加工困难,很难研磨加工出精密金刚石刀具要求的锋锐的切削刃。

主张选用(110)晶面作为前刀面或后刀面的理由如下:

1)(110)晶面研磨加工容易些,研磨加工效率高,容易研磨出锋锐的切削刃。

2)有人做过实验,比较了两把金刚石车刀,前刀面一把是(110)晶面,另一把是(100)晶面。在切铝合金时,前刀面为(110)晶面者,切屑与前刀面间的摩擦因数要低于另一把刀。因此认为用(110)晶面为前刀面,摩擦因数低,可提高刀具寿命。我们研究该实验报告后感到实验做得不够充分,因为金刚石同一晶面在不同方向摩擦因数是不同的,上述实验没有比较铝合金和(110)、(100)晶面不同方向的摩擦因数。因为实验不充分,所以结果很难作为依据。

我们推荐金刚石刀具的前刀面应选(100)晶面,理由如下:

金刚石刀具前、后刀面晶面的选择主要应考虑下面几个因素:刀具耐磨性好;切削刃微观强度高,不易产生微观崩刃;刀具和被加工材料间摩擦因数低,使切削变形小,加工表面质量高;制造研磨容易。因(111)晶面不适合作为前、后刀面,故下面只比较(100)晶面和(110)晶面作为前、后刀面具有的优缺点:

1)(100)晶面的耐磨性明显高于(110)晶面,从图2-38中可以看得很明确,因此用(100)晶面作为前、后刀面刀具有更长的寿命。

2)(100)晶面的微观破损强度要高于(110)晶面,同时(100)晶面受载荷时的破损概率要比(110)晶面低很多,因此用(100)晶面作为前、后刀面时,切削刃有较高的微观强度,产生微观崩刃的概率要小得多。

3)(100)晶面和有色金属之间的摩擦因数要低于(110)晶面的摩擦因数(见图2-25)。因此用(100)晶面作为前、后刀面时,可以使切削变形减小,使加工表面的变形和残留应力减小,有利于提高加工表面质量。

研磨加工金刚石刀具时,(100)晶面的研磨效率低于(110)晶面,因此制造刀具的工时要长一些,这是选用(110)晶面的优点。但刀具晶面的选择,主要应该考虑的是刀具的使用性能,而不能只考虑刀具制造效率的高低,因此应该选用(100)晶面作为刀具的前、后刀面。用(100)晶面作为刀具的前、后刀面时,切削刃的微观强度高,不易产生微观崩刃,因此研磨出锋锐、完善、高质量的金刚石刀具切削刃,反而要容易些。

在金刚石的晶体结构中,有三组相互垂直的(100)晶面。用于加工铝合金或铜合金的金刚石刀具,常取后角 $\alpha_o = 5° \sim 6°$,前角 $\gamma_o = -5° \sim -6°$。这时刀具楔角为90°,前刀面和后刀面均可选用(100)晶面,由于(100)晶面微观强度高,这时制造金刚石刀具易于研磨出锋锐切削刃;使用这种金刚石刀具也容易在较长时间的切削后仍保持切削刃锋锐,这对延长刀具寿命是很有利的。

3. 金刚石刀具的结构和金刚石的固定方法

(1)金刚石车刀的结构 经常是把金刚石固定在小刀头上,小刀头用螺钉或压板固定在车刀刀杆上。这种结构并无特殊之处,不再介绍。

金刚石车刀也有将金刚石直接固定在车刀刀杆上的。

(2)金刚石在小刀头上的固定方法

1)机械夹固。这种夹固方式需将金刚石的底面和加压面磨平,用压板加压固定在小刀头上。用这种方式固定时,需要较大颗粒的金刚石。因金刚石可用率低,现已较少使用。

2）粉末冶金法固定。将金刚石放在合金粉末中，经加压在真空中烧结，使金刚石固定在小刀头内。这种固定方法可使用较小颗粒的金刚石，对金刚石的使用较为经济。用这种方法固定金刚石时，需使用热压真空烧结炉。为简化工艺，实验用冷压，在保护气体中进行烧结，也可获得良好效果。使用这种固定方法时，要注意正确选用合金粉末的成分比例，使烧结后能有较高的硬度和强度，保证金刚石有坚实的支承面，在使用中不会松动或塑性变形。

3）钎焊固定。钎焊方法是目前金刚石刀具制造行业使用最多的金刚石固定方法，具有节约金刚石的优势，有可能使金刚石有效使用部分达到粒径的2/3，从而大幅提升了刀具的总体使用寿命，而机械夹固和粉末冶金方法的有效使用部分一般不足1/3。

由于金刚石具有很高的化学稳定性，很难与其他金属发生化学反应或物理黏结而实现焊接。要实现金刚石刀头与基体金属的良好焊接性能，关键技术有以下四个方面：

① 润湿性能。钎焊时，只有钎料润湿金刚石，才能保证焊接部位无缺陷。由于金刚石的表面能很高，润湿性差，因此找到对于金刚石和金属基体表面均具有良好润湿性的钎料是钎焊成功的关键。

② 黏结性能。钎料不仅应具有良好的润湿性，还要能与金刚石产生化学反应，形成化学键连接，或良好的物理黏结，才能实现具有足够黏结力的焊接。

③ 残留应力。金刚石与金属基体的热膨胀系数差异较大，在焊接后的冷却过程会形成残留应力，从而影响焊接强度甚至损坏金刚石。因此需要选用热膨胀系数和金刚石接近的焊接基体材料。

④ 金刚石的氧化和腐蚀。金刚石在高温下会氧化或石墨化，某些金属对金刚石还具有侵蚀作用，因此必须选择合适的工作环境与钎料，将金刚石的氧化和腐蚀现象减小到最低程度。

金刚石晶体的钎焊工艺研究表明，含有钛、锆、铌、钽等活性元素的钎料在真空中能直接润湿金刚石晶体表面，形成良好的物理黏结；此外，这些活性元素还能与金刚石晶体表面的碳原子反应生成稳定的碳化物，形成化学键连接。

金属钼或钨钴硬质合金（YG6）与金刚石晶体有较为相近的热膨胀系数，用作焊接基体既可以大大减小焊接应力，避免损坏金刚石晶体，同时又能保证焊接强度。

目前，根据上述工作原理已开发出了真空保护和氩气保护金刚石刀具钎焊技术。真空钎焊对设备要求高，钎焊时至少需保持 10^{-2}Pa 级工作真空度，以保证焊接刀具整洁美观。氩气保护钎焊对设备要求较低，通常使用氩（体积分数为95%）与氢（体积分数为5%）的混合气体。钎焊金刚石刀头所用钎料为铜-锡-钛或银-铜-钛等多元合金，其中银-铜-钛合金较常用，银、铜、钛的典型质量分数为 68.8%、26.7% 和 4.5%。钎料可以为粉末，也可用箔片，箔片需事先在真空炉中把银-铜-钛合金粉末熔炼成晶体后，再轧制出厚度为 50~100μm 箔片。采用银-铜-钛合金钎料钎焊金刚石刀具，焊接面的剪切强度最高可达 300MPa 以上。

二、金刚石刀具的研磨加工

一颗单晶金刚石毛坯，要做成精密金刚石刀具，首先要经过晶体定向，确定制成刀具的前刀面、后刀面的空间位置，确定需要磨去的部分。再经过仔细检查金刚石，观察切削部分的金刚石内部有没有裂纹、杂质或其他缺陷。金刚石开始粗磨，一般采用高速旋转的铸铁盘加金刚石微粉进行粗研磨。基本成形后，最后进行精研，要求磨出锋锐、完好无缺陷的切削刃。磨好的金刚石刀具要经过严格检验，保证切削刃的质量，使之能切出超光滑的加工表面。

金刚石刀具的粗研磨费时很长，要研究提高其磨削效率。金刚石刀具的精研磨要求保证切削刃的质量，达到极其锋锐而无缺陷。金刚石刀具的质量和所使用的精密研磨机及研磨技术直接有关，现介绍如下。

1. 金刚石刀具的研磨机

金刚石刀具的研磨是金刚石刀具制造中最主要的工艺方法，传承于古老的宝石打磨技术，用旋转的优质铸铁研磨盘加金刚石微粉来研磨金刚石。过去铸铁研磨盘是装在有精密反顶尖的轴上，轴支承在硬木的顶尖座上，用柔软的丝质平带带动旋转，研磨盘可获得较平稳的高速旋转。

为进一步提高高速旋转研磨盘的平稳性以提高研磨的金刚石刀具质量，现在生产中采用静压轴承主轴的金刚石刀具研磨机。静压轴承有用液体静压的，也有用空气静压的。液体静压轴承主轴刚度较高，但主轴高速旋转时温度升高，需加液体恒温措施，较复杂，故现在空气静压轴承金刚石研磨机用得较多。图 2-50 所示为空气静压主轴金刚石刀具研磨机的结构原理图，研磨盘由圆柱径向和单向端面止推组合空气静压轴承支承，运行平稳且旋转精度极高，由于端面止推组合空气静压轴承直径较大，故具有较好的刚度和抗振性。

研磨盘用优质的高磷铸铁制造，要求表面平整，不得有砂眼或其他缺陷。研磨盘的直径一般取 300mm，典型工作转速为 2000～3000r/min。研磨盘安装后要进行精修整，并对研磨盘主轴系统进行工作转速下的精密动平衡，以保证研磨盘的平稳性和无振动。

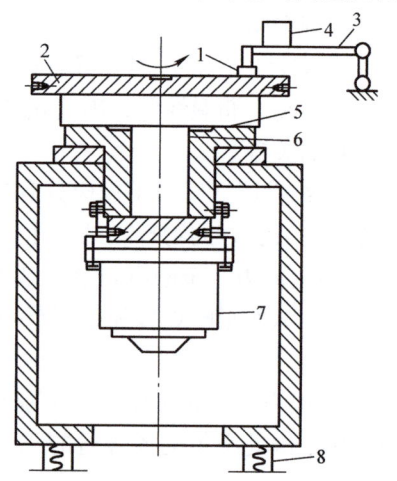

图 2-50 空气静压主轴金刚石刀具研磨机的结构原理

1—金刚石刀具 2—高磷铸铁研磨盘 3—夹具
4—配重 5—端面止推力组合空气静压轴承
6—径向静压轴承 7—电动机 8—空气隔振垫

研磨时金刚石小刀头装在夹具中，按要求的角度调整好。用配重块加一定负载压在研磨盘上，再加上金刚石微粉对金刚石刀具进行研磨加工。研磨盘的表面要定期修整，除去研磨盘表面留下的划痕。

2. 金刚石刀具的粗研

金刚石刀具粗研磨的主要任务是去除余量，这时的主要问题是如何提高研磨效率，但对研磨质量也有一定要求，要求粗研后的金刚石表面不能有大划痕，刀具切削刃不能有崩刃或其他缺陷，否则将给精研造成很大困难。

金刚石粗研效率与下列因素有关：研磨方向、研磨速度和压力、使用的金刚石微粉的粒度等。

研磨金刚石时必须找到所磨晶面的好磨方向。偏离好磨方向，将使磨削效率大幅度下降。如沿难磨方向研磨时，将发生打滑、振动、发出噪声和磨不动等现象。找准好磨方向时，可感到磨削平稳，此时研磨效率较高。

研磨线速度越高，研磨效率也越高。可通过提高研磨盘转速或增大研磨盘直径来提高研磨速度。但转速的提高受机床动态性能的限制，过高的转速易引起振动，降低研磨效率和质量；加大研磨盘直径将使研磨机体积增大，且因研磨盘重量过大，研磨机起动和停车时的惯性过大，因此研磨盘直径应有其合理值。

加大研磨压力，也可提高研磨效率。但压力过大，会影响金刚石的研磨表面质量。因为压力过大时，磨削力很大，将产生大量的磨削热，有时会使金刚石表面产生裂纹、破损或表面氧化。粗研时一般选压力为 9~12N。

研磨金刚石所用的微粉粒度对研磨效率有直接影响。采用粗粒度的金刚石微粉可提高研磨效率，但使研磨表面粗糙度值增大，且易产生切削刃的微小崩刃。因此，一般粗研初期可使用粒度较粗的金刚石微粉，在后期则采用粒度较细的金刚石微粉，以获得较高的研磨表面质量和良好的切削刃状态。

3. 金刚石刀具的精研

金刚石刀具的精研加工是制造精密金刚石刀具的关键工序，这时考虑问题的出发点是如何提高研磨质量，使切削刃研制得更为锋锐。下面将说明各因素对精研刀具质量的影响。

（1）磨料粒度　研磨金刚石刀具时，所用的金刚石微粉粒度越细时，研磨表面的粗糙度值也越小。

现在生产中研磨金刚石刀具时，粗研和精研都在同一块研磨盘上进行，即将研磨盘分为若干同心圆带，在大圆周处加粗金刚石微粉用于粗研，在小圆周处加细金刚石微粉，用于精研。

（2）研磨盘质量　研磨盘的质量对研磨效果影响很大。研磨盘的材质是否均匀细密、微孔尺寸是否一致及分布是否均匀，都直接影响研磨效率和质量。

研磨盘表面是否平整，对研磨质量也很有影响。研磨盘表面若不平整且有较多划痕，则研磨出的金刚石表面粗糙度值较大，切削刃很难磨制得锋锐平直。有些深的磨痕要经过多次研磨抛光才能去除，不仅影响研磨效率，而且影响金刚石研磨表面质量。

（3）研磨方向　研磨金刚石刀具时要注意研磨方向，应采取逆磨，也就是沿切削刃指向刀体内的方向研磨。逆磨时切削刃承受压应力，而顺磨时切削刃承受拉应力。由于金刚石晶体的抗压强度大于抗拉强度，故顺磨时易产生崩刃，而逆磨时易得到锋锐完好的切削刃。

（4）精抛　精抛是研磨时让金刚石做垂直于研磨方向的法向运动，以除去磨痕。金刚石刀具的最后精抛，对刀具的研磨质量影响很大。精抛操作通常由人工进行，精抛时所加压力的大小及均匀性、摆动速度均匀与否都直接影响抛光质量。精抛完毕后要在运动中将金刚石刀具迅速地提离研磨盘。

复习思考题

2-1　金刚石刀具超精密切削有哪些应用范围？
2-2　金刚石刀具超精密切削的切削速度应如何选择？
2-3　试述超精密切削时积屑瘤的生成规律和它对切削过程和加工表面粗糙度的影响。
2-4　试述各工艺参数对超精密切削表面质量的影响。
2-5　超精密切削时如何才能使加工表面成为优质的镜面？
2-6　超精密切削时，金刚石刀具切削刃锋锐度对切削变形和加工表面质量的影响如何？
2-7　超精密切削时极限最小切削厚度是多少？
2-8　试述超精密切削用金刚石刀具的磨损和破损特点。
2-9　金刚石刀具晶面选择对切削变形和加工表面质量的影响如何？

2-10 工件材料的晶体方向对切削变形和加工表面质量的影响如何?
2-11 脆性材料用超精密切削如何加工出优质表面?
2-12 超精密切削对刀具有哪些要求?为什么单晶金刚石是被公认为理想的、不能替代的超精密切削刀具材料?
2-13 单晶金刚石有哪几个主要晶面?
2-14 试述金刚石晶体的各向异性和不同晶面研磨时的好磨难磨方向。
2-15 金刚石晶体有哪些定向方法?
2-16 试述金刚石晶体的激光定向原理和方法。
2-17 如何根据金刚石微观破损强度来选择金刚石刀具的晶面?
2-18 比较直线修光刃和圆弧修光刃金刚石刀具的优缺点。
2-19 单晶金刚石刀具的前刀面应选哪个晶面?
2-20 试述金刚石刀具的金刚石固定方法。
2-21 试述单晶金刚石刀具的研磨加工方法。
2-22 单晶金刚石刀具质量的好坏如何评定?

第三章 精密磨削和超精密磨削

第一节 概　　述

精密和超精密磨料加工是利用细粒度的磨粒和微粉对黑色金属、硬脆材料等进行加工，得到高加工精度和低表面粗糙度值。对于铜、铝及其合金等软金属，用金刚石刀具进行超精密车削是十分有效的，而对于黑色金属、硬脆材料等，用精密和超精密磨料加工在当前是最主要的精密加工手段。

一、精密和超精密磨料加工方法分类

精密和超精密磨料加工可分为固结磨料和游离磨料两大类加工方式，它们所属的各种加工方法见表 3-1。

表 3-1　精密和超精密磨料加工方法分类

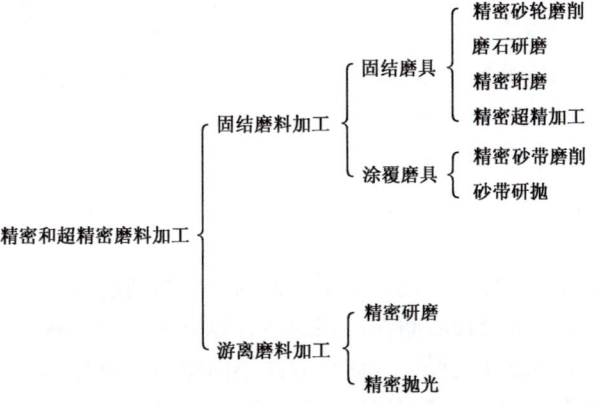

1. 固结磨料加工

将磨粒或微粉与结合剂粘合在一起，形成一定的形状并具有一定强度，再采用烧结、粘接、涂覆等方法形成砂轮、砂条、磨石、砂带等磨具。其中用烧结方法形成砂轮、砂条、磨石等称为固结磨具；用涂覆方法形成砂带，称为涂覆磨具或涂敷磨具。

(1) 精密和超精密砂轮磨削　精密砂轮磨削是利用精细修整的粒度为 F60～F80 的砂轮进行磨削，其加工精度可达 1μm，表面粗糙度可达 Ra0.025μm。超精密砂轮磨削是利用经过仔细修整的粒度为 F280～F1000 的砂轮进行磨削，可以获得加工精度为 0.1μm，表面粗糙

度为 $Ra0.025 \sim 0.008\mu m$ 的加工表面，其中超硬微粉砂轮超精密磨削已应用比较普遍。

（2）精密和超精密砂带磨削　利用粒度为 F230～F320 的砂带可进行精密砂带磨削，其加工精度可达 $1\mu m$，表面粗糙度可达 $Ra0.025\mu m$。利用粒度为 F360～F1200 的砂带可进行超精密砂带磨削，其加工精度可达 $Ra0.1\mu m$，表面粗糙度可达 $Ra0.025 \sim 0.008\mu m$。

（3）其他加工　如磨石研磨、精密研磨、精密超精加工、精密砂带研抛、精密珩磨等。

2. 游离磨料加工

在加工时，磨粒或微粉不是固结在一起，而是成游离状态，其传统加工方法是研磨和抛光。近年来，在这些传统工艺的基础上，出现了许多新的游离磨料加工方法，如磁性研磨、弹性发射加工、液体动力抛光、液中研抛、磁流体抛光、挤压研抛、喷射加工等。

精密磨削和超精密磨削一般多指砂轮磨削和砂带磨削，它们都是 20 世纪 60 年代发展起来的。

二、精密和超精密砂轮磨料磨具

1. 磨料及其选择

在精密磨削和超精密磨削中，除使用刚玉系、碳化物系磨料外，还大量使用超硬磨料，这是由于精密加工和超精密加工的要求所决定的。

超硬磨料在当前是指金刚石（包括人造金刚石）和立方氮化硼以及以它们为主要成分的复合材料。两种材料均属于立方晶系。金刚石分为天然的和人造的两大类。天然金刚石有透明、半透明和不透明的，以透明的为最贵重。颜色上有无色、浅绿、浅黄、褐色等，以褐色硬度最高，无色次之。人造金刚石分单晶体和聚晶烧结体两种，前者多用作磨料磨具，后者多用作刀具。金刚石是自然界中硬度最高的物质，有较高的耐磨性，它还有很高的弹性模量，可以减小加工时工件的内应力、内部裂隙和其他缺陷。金刚石有较大的热容和良好的热导性，线膨胀系数小，熔点高。但 700℃ 以上易与铁族金属产生化学作用而形成碳化物，造成化学磨损，故一般不适宜磨削钢铁材料。立方氮化硼的硬度略低于金刚石，但耐热性比金刚石高，有良好的化学稳定性，与碳在 2000℃ 时才起反应，故适于磨削钢铁材料。由于它在高温下易与水产生反应，因此一般多用于干磨。

由于超硬磨料的上述特点，用它们制作的磨具在以下几方面能够满足精密加工和超精密加工的要求，因此使用广泛。

1）磨具在形状和尺寸上易于保持，使用寿命高，磨削精度高。

2）磨料本身磨损少，可较长时间保持切削性，修整次数少，易于保持精度。

3）磨削时，一般工件温度较低，因此可以减小内应力、裂纹和烧伤等缺陷。

当然，超硬磨料能加工各种高硬的难加工材料是其突出的优越性，用超硬材料磨削陶瓷、光学玻璃、宝石、硬质合金以及高硬度合金钢、耐热钢、不锈钢等材料已十分普遍。

表3-2 列出了超硬磨料和普通磨料的主要物理性能。从总的物理性能来看，立方氮化硼磨料有较大的发展前途。

2. 磨料粒度及其选择

磨料的大小、形状是影响磨削质量和效率的重要参数，一般磨粒的形状是很不规则的，没有严格的几何形状。磨粒的粒度是指磨粒的几何尺寸大小，是沿磨粒长轴的垂直方向测定的。

表 3-2　各种磨料的主要物理性能

磨料			显微硬度(HV)	抗弯强度/MPa	抗压强度/MPa	热稳定性/℃
超硬磨料系	金刚石	天然	8600 ~ 10600	210 ~ 490	2000	700 ~ 800
		人造		300		
	立方氮化硼		7300 ~ 9000	300	800 ~ 1000	1250 ~ 1350
普通磨料系	碳化物系	碳化硼	4150 ~ 9000	300	1800	700 ~ 800
		碳化硅	3100 ~ 3400	155	1500	1300 ~ 1400
	刚玉系		1800 ~ 2450	87.2	757	1200

磨粒的大小用粒度号表示，由于粒度号实际不可能只包括一个粒度，所以某一个粒度号表示了某一范围尺寸的磨粒。

磨料从其粒度考虑可分为粗磨粒和微粉两大类。

粗磨粒是比较粗的粒度，用于制造固结磨具和作为自由磨粒用，通常是用筛网筛分的方法分级。粗磨粒的粒度有 F 系列，在粒度号前冠以字母"F"表示，由最粗粒、粗粒、基本粒和混合粒组成，例如，SC – F80 中，SC 为磨料种类，用符号或磨料名称（碳化硅）表示，F80 为磨料标记，表示其基本粒筛孔尺寸为 180μm。表 3-3 列出了 F4 ~ F220 粗磨粒粒度中的基本粒筛孔尺寸。

微粉是指用沉降法检验其粒度组成时中值粒径不大于 60μm 的磨粒，适用于制造固结磨具、精密研磨、精密抛光和一般工业用途等，其粒径用粒度号表示，由于其制造和检验方法不同，包括 F 系列微粉和 J 系列微粉，粒度号前分别冠以字母"F"和字符"#"，由 F230 ~ F2000（适用于光电沉降仪）、F230 ~ F1200（适用于沉降管粒度仪）、#240 ~ #3000（适用于沉降管粒度仪）和#240 ~ #8000（适用于电阻法颗粒计数器）4 种组成，其粒径有 d 最大许可值、d 最大值、d 粒度中值和 d 最小值 4 种。表 3-4 列出了 F230 ~ F2000 微粉粒度中值，有 13 个粒度号；表 3-5 列出了#240 ~ #8000 微粉粒度中值，有 18 个粒度号。

磨粒粒度的国际标准与各国所用的标准是不尽相同的。我国磨粒粒度的情况可参考国家标准 GB/T 2481.1—1998《固结磨具用磨料　粒度组成的检测和标记》第 1 部分：粗磨粒 F4 ~ F220 和国家标准 GB/T 2481.2—2009《固结磨具用磨料　粒度组成的检测和标记》第 2 部分：微粉，共两册。

表 3-3　F4 ~ F220 粗磨粒粒度中的基本粒筛孔尺寸

粒度标记	筛孔尺寸		粒度标记	筛孔尺寸		粒度标记	筛孔尺寸	
	/mm	/μm		/mm	/μm		/mm	/μm
F4	4.75	—	F20	1.00	—	F70	—	212
F5	4.00	—	F22	—	850	F80	—	180
F6	3.35	—	F24	—	710	F90	—	150
F7	2.80	—	F30	—	600	F100	—	125
F8	2.36	—	F36	—	500	F120	—	106
F10	2.00	—	F40	—	425	F150	—	75
F12	1.70	—	F46	—	355	F180	—	75　63
F14	1.40	—	F54	—	300	F220	—	63　53
F16	1.18	—	F60	—	250			

表 3-4　F230～F2000 微粉粒度中值（光电沉降法）

粒度标记	d 粒度中值/μm	粒度标记	d 粒度中值/μm	粒度标记	d 粒度中值/μm
F230	53.0 ± 3.0	F400	17.3 ± 1.0	F1200	3.0 ± 0.5
F240	44.5 ± 2.0	F500	12.8 ± 1.0	F1500	2.0 ± 0.4
F280	36.5 ± 1.5	F600	9.3 ± 1.0	F2000	1.2 ± 0.3
F320	29.2 ± 2.5	F800	6.5 ± 1.0	—	—
F360	22.8 ± 1.5	F1000	4.5 ± 0.8	—	—

表 3-5　#240～#8000 微粉粒度中值（电阻法颗粒计数器）

粒度标记	d 粒度中值/μm	粒度标记	d 粒度中值/μm	粒度标记	d 粒度中值/μm
#240	57.0 ± 3.0	#600	20.0 ± 1.5	#2000	6.7 ± 0.6
#280	48.0 ± 3.0	#700	17.0 ± 1.3	#2500	5.5 ± 0.5
#320	40.0 ± 2.5	#800	14.0 ± 1.0	#3000	4.0 ± 0.5
#360	35.0 ± 2.0	#1000	11.5 ± 1.0	#4000	3.0 ± 0.4
#400	30.0 ± 2.0	#1200	9.5 ± 0.8	#6000	2.0 ± 0.4
#500	25.0 ± 2.0	#1500	8.0 ± 0.6	#8000	1.2 ± 0.3

对于精密磨削和超精密磨削，其粒度选择应根据加工要求、被加工材料、磨料材料等来决定，其中影响很大的是被加工表面粗糙度、被加工材料和生产率。一般多选用 F180～F220 普通磨料、F180/F220～F320/F400 超硬磨料的磨粒和各种粒度的微粉。粒度号越大，加工表面粗糙度值越小，但生产率也可能越低。

3. 结合剂及其选择

结合剂的作用是将磨料粘合在一起，形成一定的形状，并有一定的强度。对于精密和超精密磨削磨具，常用的结合剂有树脂结合剂、陶瓷结合剂和金属结合剂。结合剂会影响砂轮的结合强度、自锐性、化学稳定性和修整方法等。

4. 组织和浓度及其选择

普通磨具中磨料的含量用组织表示，它反映了磨料、结合剂和气孔三者之间体积的比例关系。

超硬磨具中磨料的含量用浓度表示，它是指磨料层中 1cm³ 体积中所含超硬磨料的质量，浓度越高，其含量越高。浓度值与磨料含量的关系见表 3-6。

表 3-6　超硬磨具浓度值与磨料含量的关系

浓度代号	质量浓度（%）	磨料含量/(g/cm³)	磨料在磨料层中所占体积分数（%）
25	25	0.2233	6.25
50	50	0.4466	12.50
75	75	0.6699	18.75
100	100	0.8932	25.00
150	150	1.3398	37.50

浓度直接影响磨削质量、效率和加工成本，选择时应综合考虑磨料材料、粒度、结合剂、磨削方式、质量要求和生产率等因素。对于人造金刚石磨料，树脂结合剂磨具的常用质量浓度为50%～75%，陶瓷结合剂磨具的质量浓度为75%～100%，青铜结合剂磨具的质量浓度为100%～150%，电镀的质量浓度为150%～200%。对于立方氮化硼磨料，树脂结合剂磨具的常用质量浓度为100%，陶瓷结合剂磨具的质量浓度为100%～150%，一般都比人造金刚石磨具的质量浓度高一些。总的来说，成形磨削、沟槽磨削、宽接触面平面磨削选用高质量浓度；半精磨、精磨选用细粒度、中质量浓度；高精度、低表面粗糙度值的精密磨削和超精密磨削选用细粒度、低质量浓度，甚至低于25%。这主要考虑砂轮堵塞发热问题。

5. 硬度及其选择

普通磨具的硬度是指磨粒在外力作用下，自磨料表面脱落的难易程度。磨具硬度低表示磨粒易脱落。

超硬磨具中，由于超硬磨料耐磨性高，又比较昂贵，硬度一般较高，在其标志中，无硬度项。

6. 磨具的强度

磨具的强度是指磨具在高速回转时，抵抗因离心力的作用而自身破碎的能力。对各类磨具都有最高工作线速度的规定。

7. 磨具的形状和尺寸及其基体材料

根据机床规格和加工情况选择磨具的形状和尺寸。超硬磨具一般由磨料层、过渡层和基体三个部分组成，所以有磨具断面形状、磨具基体基本形状和磨料层断面形状以及磨料层在基体上的位置等描述。超硬磨具结构中，有些厂家把磨料层直接固定在基体上，取消了过渡层。超硬磨具结构如图3-1所示。基体的材料与结合剂有关，金属结

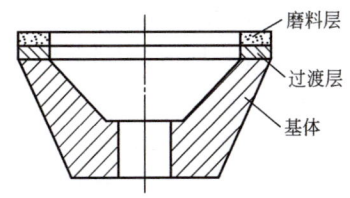

图3-1　超硬磨具结构

合剂磨具大多采用铁或铜合金；树脂结合剂磨具采用铝、铝合金或电木；陶瓷结合剂磨具多采用陶瓷。

三、精密和超精密涂覆磨具

涂覆磨具是将磨料用粘接剂均匀地涂覆在纸、布或其他复合材料基底上的磨具，其结构示意图如图3-2所示。常用的涂覆磨具有砂纸、砂布、砂带、砂盘、砂布页轮和砂布套等。

图3-2　涂覆磨具结构示意图

1—基底　2—粘接膜　3—粘接剂（底胶）　4—粘接剂（覆胶）　5—磨粒

1. 涂覆磨具分类

根据涂覆磨具的形状、基底材料和工作条件与用途等，其分类见表3-7。

表 3-7　涂覆磨具分类

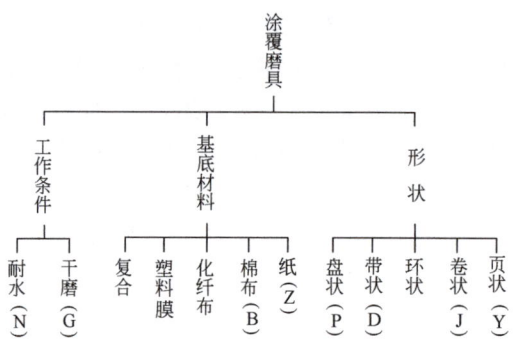

涂覆磨具产品有干磨砂布、干磨砂纸、耐水砂布、耐水砂纸、刚纸磨片（砂盘）、环状砂带（有接头、无接头之分）、卷状砂带等。

2. 涂覆磨料及其粒度

常用的涂覆磨料有棕刚玉、白刚玉、铬刚玉、锆刚玉、黑色碳化硅、绿色碳化硅、氧化铁、人造金刚石等。

涂覆磨料的粒度与普通磨料粒度近似，但无论是磨粒还是微粉，一律用冠以 P 字的粒度号表示，如涂覆磨料粒度号 P240 与普通磨料粒度号 F240 一样，而 P320 相当于 F240，P1000 相当于 F400，具体可查有关手册。

3. 粘接剂

粘接剂又称为胶，其作用是将砂粒牢固地粘接在基底上。粘接剂是影响涂覆磨具的性能和质量的重要因素。根据涂覆磨具基底材料、工作条件和用途等不同，粘接剂又可分为粘接膜、底胶和覆胶。当基底材料为聚酯、硫化纤维时，为了使底胶能与基底牢固粘接，要在聚酯膜、硫化纤维布上预先涂上一层粘接膜，而对于基底材料为纸、布等则不必预涂粘接膜。有些涂覆磨具采用底胶和覆胶的双层粘接剂结构，一般采取粘接性能较好的底胶和耐热、耐湿、富有弹性的覆胶，使涂覆磨具性能更好。大多数涂覆磨具都是单层胶。

粘接剂的种类如下：

（1）动物胶　主要有皮胶、明胶、骨胶等。粘接性能好、价格便宜，但溶于水，易受潮，稳定性受环境影响，用于轻切削的干磨和油磨。

（2）树脂　主要有醇酸树脂、氨基树脂、脲醛树脂、酚醛树脂等，树脂粘接性能好、耐热、耐水或耐湿，有弹性，有些树脂成本较高，且易溶于有机溶液，用于难磨材料或复杂型面的磨削或抛光。

（3）高分子化合物　如聚醋酸乙烯酯等，粘接性能好、耐湿、有弹性，用于精密磨削，但成本高些。

除上述一般粘接剂外，还有特殊性能的、在覆胶层上再敷一层超涂层粘接剂，如抗静电超涂层粘接剂，可避免砂带背面与支承物之间产生静电而附着切屑、粉尘；抗堵塞超涂层粘接剂，是一种以金属皂为主的树脂，可避免砂带表面堵塞；抗氧化分解超涂层粘接剂，由高分子材料和抗氧化分解活性材料所组成，加工中有冷却作用，可提高砂带使用寿命和工件表面质量。

4. 涂覆方法

涂覆方法是影响涂覆磨具质量的重要因素之一，不同品种的涂覆磨具可采用不同的涂覆方法，以满足使用要求。当前，涂覆磨具的制造方法有重力落砂法、涂覆法和静电植砂法等，如图3-3所示。

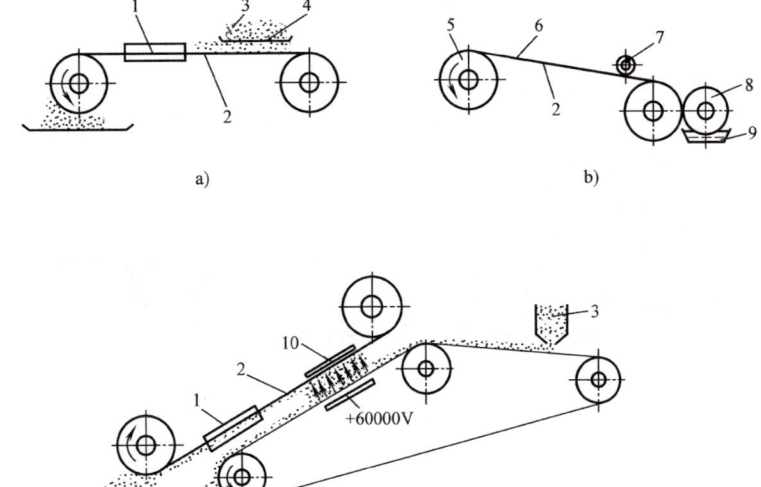

图3-3 涂覆磨具涂覆方法示意图
a) 重力落砂法 b) 涂覆法 c) 静电植砂法
1—烘干箱 2—基底 3—磨粒 4—筛 5—卷带轮 6—涂层 7—计量辊
8—胶辊 9—磨粒与粘接剂的混合液 10—负极板

（1）重力落砂法 先将粘接剂均匀涂覆在基底上，再靠重力将砂粒均匀地喷洒在涂层上，经烘干去除浮面砂粒后即成卷状砂带，裁剪后可制成涂覆磨具产品，整个过程自动进行。一般的砂纸、砂布均用此法，制造成本较低。

（2）涂覆法 先将砂粒和粘接剂进行充分均匀的混合，然后利用胶辊将砂粒和粘接剂混合物均匀地涂覆在基底上。粘接剂和砂粒的混合多用球磨机，而涂覆多用类似印刷机的涂覆机，可获得质量很好的砂带，一般塑料膜材料的基底砂带都用这种方法。简单的涂覆法也可用喷头将砂粒和粘接剂的混合物均匀地喷洒在基底上，多用于小量生产纸质材料基底的砂带，当然质量上要差一些。精密和超精密加工中所用的涂覆磨具多用涂覆法制作。

（3）静电植砂法 砂带通过60000V的两个极板之间，利用静电作用将砂粒吸附在已涂胶的基底上，这种方法由于静电作用，使砂粒尖端朝上，因此砂带切削性强，等高性好，加工质量好，受到广泛采用。

第二节 精 密 磨 削

精密磨削是指加工精度为 $1 \sim 0.1 \mu m$、表面粗糙度达到 $Ra0.2 \sim 0.025 \mu m$ 的磨削方法，又称为小粗糙度磨削，多用于机床主轴、轴承、液压滑阀、滚动导轨、量规等的精密加工。

一、精密磨削机理

精密磨削主要是靠砂轮的精细修整，使磨粒具有微刃性和等高性，磨削后，被加工表面留下大量极微细的磨削痕迹，残留高度极小，加上无火花磨削阶段的作用，获得高精度和小表面粗糙度值表面。因此精密磨削机理可归纳为以下几点：

1. 微刃的微切削作用

应用较小的修整速度（纵向进给量）和修整深度（横向进给量）精细修整砂轮，使磨粒微细破碎而产生微刃，如图 3-4 所示。这样，一颗磨粒就形成了多颗微磨粒，相当于砂轮的粒度变细。微刃的微切削作用形成了低粗糙度值表面。

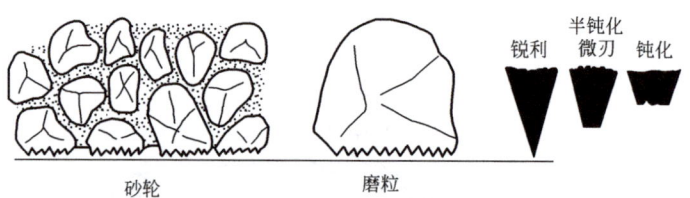

图 3-4 磨粒微刃性和等高性

2. 微刃的等高切削作用

由于微刃是对砂轮精细修整形成的，因此分布在砂轮表层的同一深度上的微刃数量多、等高性好，从而使加工表面的残留高度极小。微刃的等高性除与砂轮修整有关外，还与磨床的精度、振动等因素有关。

3. 微刃的滑挤、摩擦、抛光作用

对砂轮修整得到的微刃开始比较锐利，切削作用强，随着磨削时间的增加而逐渐钝化，同时，等高性得到改善。这时，切削作用减弱，滑挤、摩擦、抛光作用加强。磨削区的高温使金属软化，钝化微刃的滑擦和挤压将工件表面凸峰辗平，减小了表面粗糙度值。

二、精密磨削砂轮选择

精密磨削时所用砂轮的选择以易产生和保持微刃及其等高性为原则。

在磨削钢件及铸铁件时，采用刚玉磨料较好，因为刚玉磨料韧性较高，能保持微刃性和等高性，而碳化硅磨料韧性差，颗粒呈针片状，修整时难以形成等高性好的微刃，磨削时，微刃易产生细微碎裂，不易保持微刃性和等高性。在刚玉类磨料中，以单晶刚玉最好，白刚玉、铬刚玉应用最普遍。

砂轮的粒度可选择粗粒度和细粒度两类。粗粒度砂轮经过精细修整，微刃切削作用是主要的；细粒度砂轮经过精细修整，半钝态微刃在适当压力下与工件表面的摩擦抛光作用比较显著，可得到质量更高的加工表面和砂轮使用寿命。

结合剂的选择中，以树脂类较好。如果加入石墨填料，则可加强摩擦抛光作用。近年来出现的采用聚乙烯醇缩醛新型树脂加上热固性树脂作为结合剂的砂轮，有良好弹性，抛光效果较好。另外，对粗粒度砂轮也可用陶瓷结合剂，加工效果也不错。

有关砂轮选择的具体情况见表 3-8。

表 3-8 精密磨削的砂轮选择

砂轮					被加工材料
磨粒材料	粒度号	结合剂	组织	硬度	
白刚玉（WA）	F60~F80	树脂（B） 陶瓷（V） 橡胶（R）	密 分布均匀 气孔率小	中软（K、L） 软（H、J）	淬火钢，15Cr、40Cr、9Mn2V、铸铁
铬刚玉（PA） 棕刚玉（A）	F230~F800				工具钢，38CrMoAl
绿碳化硅（GC）					有色金属

三、精密磨削时的砂轮修整

砂轮修整是精密磨削的关键之一，修整方法有单粒金刚石修整、金刚石粉末烧结型修整器修整和金刚石超声波修整等，如图 3-5 所示。一般修整时，修整器应安装在低于砂轮中心 0.5~1.5mm 处，并向上倾斜 10°~15°，使金刚石受力小，使用寿命长。同时，金刚石的修整位置应与砂轮磨削时的位置相当，如果相差太大，则可能因砂轮架导轨扭曲，使得在磨削时出现单面接触，影响表面粗糙度，甚至产生螺旋形等缺陷。金刚石修整砂轮时的安装位置如图 3-6 所示。金刚石超声波修整又分为点接触法和面接触法。点接触法的修整器是尖顶的。面接触法的修整器是平顶的，在超声波作用下，金刚石的一个小平面与磨粒接触，接触应力小，磨粒上不易产生裂纹，从而形成等高性很好的微刃。

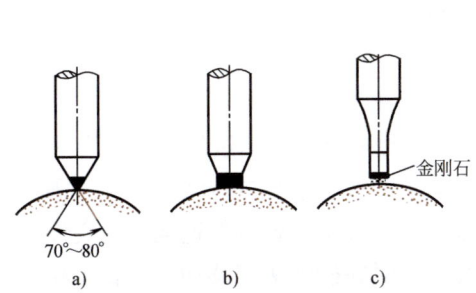

图 3-5 精密磨削时砂轮修整
a) 单粒金刚石修整 b) 金刚石粉末烧结型修整器修整 c) 金刚石超声波修整

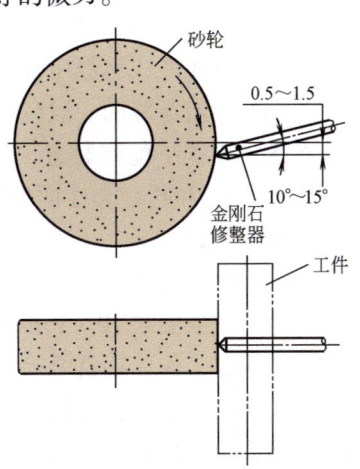

图 3-6 金刚石修整砂轮时的安装位置

砂轮的修整用量有修整速度、修整深度、修整次数和光修次数。修整速度（纵向进给量）和修整深度对工件表面粗糙度的影响分别如图 3-7 和图 3-8 所示。修整速度越小，工件表面粗糙度值越小，一般为 10~15mm/min，若过小，则工件易烧伤和产生螺旋形等缺陷。修整深度为 2.5μm/单行程，而一般修去 0.05mm 就可恢复砂轮的切削性能。修整时一般可分为初修与精修，初修用量可大些，逐次减小，一般精修需 2~3 次单行程。光修为无修整深度修整，主要是为了去除砂轮表面个别突出微刃，使砂轮表面更加平整，其次数一般为 1 次单行程。

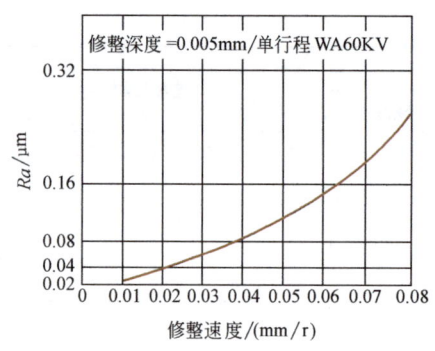
图3-7 修整速度对工件表面粗糙度的影响

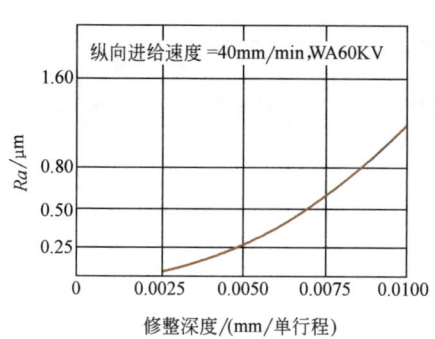
图3-8 修整深度对工件表面粗糙度的影响

四、精密磨床

精密磨削要在相应的精密磨床上进行，可采用磨高（MG）系列的磨床或将普通磨床进行改造，所用磨床应满足以下要求。

1. 高几何精度

精密磨床应有高的几何精度，主要有砂轮主轴回转精度和导轨平直度，以保证工件的几何形状精度要求。主轴轴承可采用液体静压轴承、短三块瓦或长三块瓦油膜轴承、整体多油楔式动压轴承及动静压组合轴承等，当前采用动压轴承和动静压组合轴承较多，这些轴承精度高、刚度好，转速也较高，而静压轴承精度高、转速高，但刚度差些，用于功率较大的磨床不太合适。主轴的径向圆跳动一般应 $<1\mu m$，轴向圆跳动应限制在 $2\sim3\mu m$ 以内。

有些精密磨床还配备了配磨装置，可自动进行径向及轴向配合尺寸的配磨，精度可达 $0.25\mu m$，如液压阀阀芯和阀套圆柱面的配合间隙、轴向阀口开启量的配磨，可大大减轻手工研磨的高技艺繁重劳动。

2. 低速进给运动的稳定性

由于砂轮的修整速度要求 $10\sim15mm/min$，因此工作台必须有低速进给运动，要求无爬行和冲击现象，能平稳工作。这就要求对机床工作台运动的液压系统进行特殊设计，采取排除空气、低流量节流阀、工作台导轨压力润滑等措施，以保证工作台的低速运动稳定性。

对于横向进给，也应保证运动的平稳性和准确性，有时在砂轮头架移动上配置了相应要求精度的微进给机构。

3. 减少振动

精密磨削时如果产生振动，会对加工质量产生严重影响，因此，对于精密磨床，在结构上应考虑减少机床振动，主要措施有以下几方面：

1）电动机的转子应进行动平衡，电动机与砂轮架之间的安装要进行隔振，如垫以硬橡胶或木块。如果结构上允许，电动机最好与机床脱开，分离安装在地基上。

2）砂轮要进行动平衡，最好是安装在主轴上后进行动平衡，可采用便携式动平衡仪表，非常方便。如果没有动平衡的条件，则应进行精细静平衡。

3）精密磨床最好能安装在防振地基上工作，可防止外界干扰，如果没有防振地基，应在机床和地面之间加上防振垫。

五、精密磨削用量

1. 砂轮速度

一般在15~30m/s，砂轮速度进一步提高时，砂轮的切削作用增强，摩擦抛光作用减弱，对表面粗糙度不利。同时，高速时磨削热增加，机床容易产生振动，可能使加工表面产生烧伤、波纹、螺旋形等缺陷，因此砂轮速度取低一些为好。

2. 工件速度

一般为6~12m/min，工件速度较高时，易产生振动，工件表面可能有波纹；工件速度较低时，易产生烧伤和螺旋形等缺陷。视工件材料不同，砂轮速度与工件速度的比值可选于120~150之间。

3. 工件纵向进给量

由于砂轮经过精细修整，其切削能力有所减弱，因此，工件纵向进给量不宜过大，否则会使得表面粗糙度值增大，产生烧伤、螺旋形、多角形等缺陷，一般为50~100mm/min或0.06~0.5mm/r（工件）。

4. 横向进给量（吃刀量）

由于砂轮经过精细修整有微刃性，因此横向进给量不能超过微刃高度，一般取0.6~2.5μm/单行程。

5. 进给次数

由于磨削余量一般为2~5μm，故横向进给次数约为2~3次（单行程）。

6. 光磨（无火花磨削）

用粗粒度砂轮（F60~F80）精细修整后进行精密磨削时，光磨次数视要求的加工表面粗糙度不同可采用5~8次。用细粒度砂轮（F230~F800）精细修整后进行精密磨削时，光磨次数可选10~25次，如图3-9所示。光磨次数的确定主要是让磨床有关部件的弹性变形得以充分恢复，磨粒的微刃性的微切削、摩擦、抛光等作用得以充分发挥。

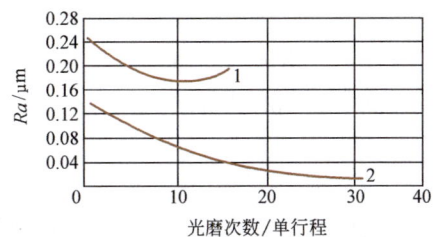

图3-9 光磨次数对工件表面粗糙度的影响
1—粗粒度砂轮（PA60KV） 2—细粒度砂轮（WA/GCW10KR）

在精密磨削这节中，主要论述了刚玉类砂轮精密磨削中的一些问题。实际上，还有采用超硬磨料砂轮（金刚石砂轮和立方氮化硼砂轮）进行精密磨削，这一重要方面的内容将在下一节阐述。

第三节 超硬磨料砂轮磨削

超硬磨料砂轮目前主要指金刚石砂轮和立方氮化硼（CBN）砂轮，用来加工难加工材料，如各种高硬度、高脆性材料，其中有硬质合金、陶瓷、玻璃、半导体材料及石材等。由于这些材料的加工精度一般要求较高，表面粗糙度值要求较小，因此多属于精密磨削的范畴。

一、超硬磨料砂轮磨削特点

超硬磨料砂轮磨削的共同特点是：

1）可用来加工各种高硬度、高脆性金属材料和非金属材料，如陶瓷、玻璃、半导体材料、宝石、铜铝等有色金属及其合金、耐热合金钢等。由于金刚石砂轮易和铁族元素产生化学反应，故适于用立方氮化硼砂轮来磨削硬而韧的黑色金属材料及高温硬度高、热传导率低的黑色金属材料。立方氮化硼砂轮比金刚石砂轮有较好的热稳定性和较强的化学惰性，其热稳定性可达 1250～1350℃，而金刚石磨料只有 700～800℃，可参考表 3-2。

2）磨削能力强，耐磨性好，寿命高，易于控制加工尺寸及实现加工自动化。

3）磨削力小，磨削温度低，加工表面质量好，无烧伤、裂纹和组织变化。金刚石砂轮磨削硬质合金时，其磨削力只有绿色碳化硅砂轮的 1/5～1/4。

4）磨削效率高。在加工硬质合金及非金属硬脆材料时，金刚石砂轮的金属切除率优于立方氮化硼砂轮，但在加工耐热钢、钛合金、模具钢等时，立方氮化硼砂轮远高于金刚石砂轮。

5）加工成本低。虽然金刚石砂轮和立方氮化硼砂轮比较昂贵，但其寿命长，加工效率高，工时少，综合成本低。

除共同特点外，金刚石砂轮磨削和立方氮化硼砂轮磨削尚有各自的特点，如立方氮化硼砂轮磨削时，其热稳定性好，化学惰性强，不易与铁族元素产生亲和作用和化学反应，加工黑色金属时，有较高的耐磨性。虽然当前其应用不如金刚石砂轮广泛，但它是一个很有前途的超硬磨料砂轮磨削方法。

二、超硬磨料砂轮修整

超硬磨料砂轮的修整是超硬磨料砂轮使用中的重要问题和技术难题，它直接影响被磨工件的加工质量、生产率和成本。

修整通常包括整形和修锐两个过程，修整是整形和修锐的总称。整形是使砂轮达到一定精度要求的几何形状；修锐是去除磨粒间的结合剂，使磨粒突出结合剂一定高度（一般是磨粒尺寸的 1/3 左右），形成足够的切削刃和容屑空间。普通砂轮的整形和修锐一般是合为一步进行的，而超硬磨料砂轮的整形和修锐一般分为先后两步进行，有时，整形和修锐采用不同的方法。这是由于整形与修锐的目的和要求不同，整形要求高效率和高砂轮几何形状，修锐要求有好的磨削性能。

超硬磨料砂轮修整的方法很多，可归纳为以下几类。

1. 车削法

用单粒天然金刚石笔、聚晶金刚石笔、修整片等车削金刚石砂轮以达到修整目的。这种方法的修整精度和效率都比较高，但修整后的砂轮表面平滑，切削能力低。

近年来研究出用高强纤维制成的清扫器来修锐超硬磨料砂轮，刷除砂粒间空隙中的堵塞物，又不使磨粒有过多的脱落和破损。如用玻璃纤维聚合物（直径 13μm）单向排列，并用环氧树脂粘合在一起，就形成玻璃纤维清扫器，其修锐效果很好。

2. 磨削法

用普通磨料砂轮或砂块与超硬磨料砂轮对磨进行修整，普通磨料（如碳化硅、刚玉等）

磨粒被破碎,对树脂、陶瓷、金属结合剂起切削作用,失去结合剂把持的超硬磨粒就会脱落。这种方法的效率和质量都较好,但普通砂轮、砂块磨损相当迅速,是目前最为广泛采用的修整方法。

普通磨削法由于修整轮或修整块与被修整砂轮平行,在修整过程中,修整轮的损耗远比超硬磨料砂轮大,同时修整后,砂轮的直线度不好,易产生锥形、中凹、中凸等形状。采用碳化硅(GC)杯形砂轮修整器进行修整,如图3-10所示,杯形砂轮轴线与被修整砂轮轴线垂直,修整时,杯形砂轮沿被修整砂轮圆周的切线方向做往复进给运动,并在每一往复进给中,杯形砂轮与被修整砂轮脱开时进行一定量的吃刀。这种方法在修整效率和质量上都有提高,但杯形砂轮的损耗仍然较大。图3-10a为已商品化的杯形砂轮修整器,杯形砂轮由小型电动机带动,整个修整器可安装在平面磨床的磁力工作台上;图3-10b为修整时的运动关系。该种类型的杯形砂轮修整器已发展成为具有自动往复进给和吃刀的独立装置,可在各种磨床上修整陶瓷、金属结合剂金刚石砂轮等各种超硬磨料砂轮。

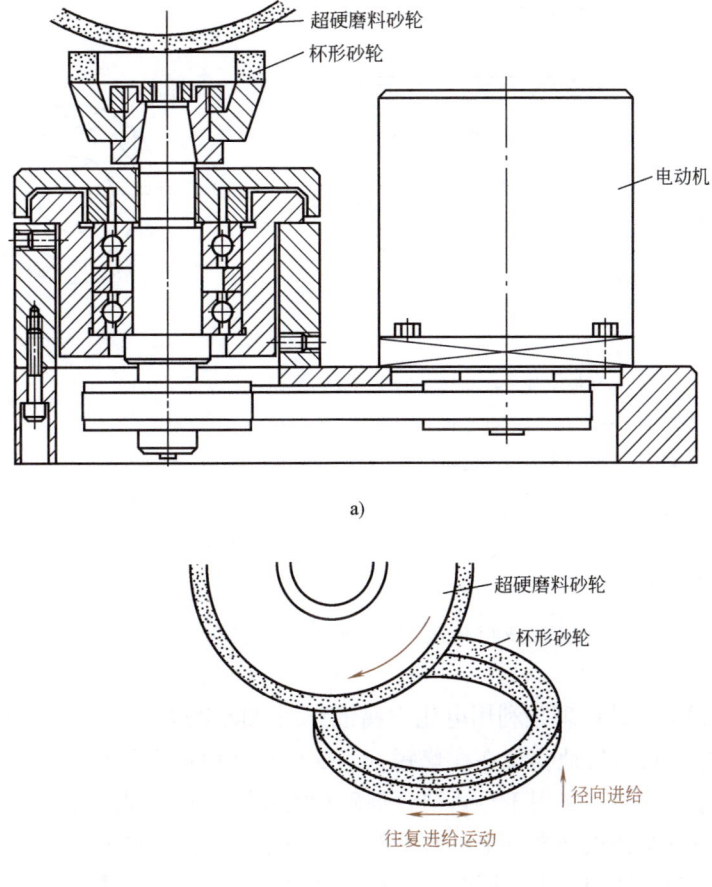

图 3-10 杯形砂轮修整器
a) 修整器结构图 b) 修整时的运动关系

采用刚玉、碳化硅砂带修整超硬磨料砂轮有较好的效果,它是一种弹性修整法。

研磨法主要用来修整砂轮端面,将超硬磨料砂轮端面置于铸铁平台上,用碳化硅等游离磨料进行手工研磨,效率低,劳动量大。

用超硬磨料砂轮磨削软钢,利用磨削时形成的长切屑来刮除结合剂,可称为软钢法,该法效率低,质量不稳定。

3. 滚压挤轧法

滚压法是用碳化硅、刚玉、硬质合金或钢铁等制成修整轮,与超硬磨料砂轮在一定压力下进行自由对滚(修整轮无动力),使结合剂破裂形成容屑空间,并使超硬磨粒表面崩碎形成微刃。该法修整效率低,修整压力大,要求磨床刚度高。

在钢质修整轮与超硬磨料砂轮的无速差对滚中,加入碳化硅、刚玉等游离磨料,依靠游离磨料挤轧作用,使超硬磨粒突出结合剂表面,多用于修锐,效果较好,如图3-11所示。

4. 喷射法

(1) 气压喷砂法　将碳化硅、刚玉磨粒从高速喷嘴喷射到转动的砂轮表面上,从而去除部分结合剂,使超硬磨粒突出。一般喷嘴安装角 $\alpha = 5° \sim 15°$,喷射时间约30s,主要用于修锐,效果较好,如图3-12所示。

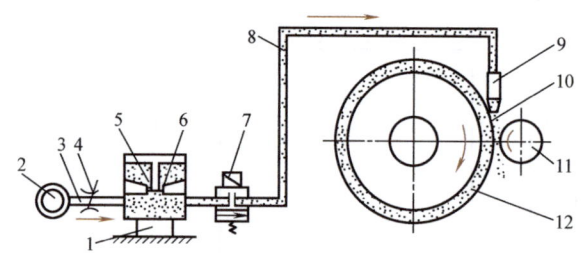

图3-11　游离磨料挤轧修锐法
1—振动机　2—气源　3—压缩空气　4—流量调整阀
5、10—磨料或玻璃球　6—筛网　7—电磁阀　8—高压空气及磨料　9—喷嘴　11—修整轮　12—超硬磨料砂轮

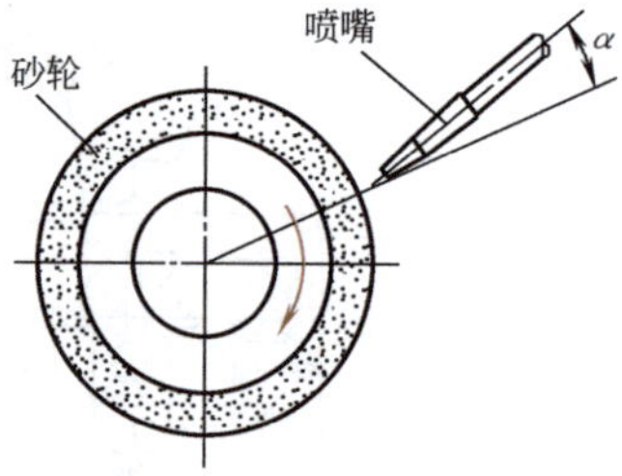

图3-12　气压喷砂修锐法

(2) 液压喷砂法　用高压泵打出流量为20L/min、压力为150Pa的冷却液,当冷却液进入喷嘴的旋涡室时,形成低压,从边孔中吸入碳化硅或刚玉等磨粒及空气,与冷却液形成混合液,并以高速从喷嘴喷射到转动的砂轮上,一般喷嘴安装角 $\alpha \leq 10°$,h值应尽量小些,视具体情况而定。这种方法修锐的砂轮精度高、锋利、修锐时间短,如图3-13所示。

5. 电加工法

(1) 电解修锐法　其原理是利用电化学腐蚀作用蚀除金属结合剂,如图3-14所示。这种方法的装备简单,可方便地实现在线修锐,当前已形成电解在线修锐(ELID—Electrolytic in-process Dressing)方法,多用于金属结合剂砂轮的修锐,非金属结合剂砂轮无效。该法不能用于整形。在对纤维铸铁结合剂金刚石砂轮进行修锐时,发现结合剂有钝化现象,使金刚石砂轮能保持长时间的切削能力。同时,钝化层会阻止电解的进一步进行;当突出的磨粒磨损后,钝化层被破坏,修锐作用会继续进行。

电解修锐法的电刷接电装置因砂轮转速高而易于损坏,导致接触不良、打火等问题,图3-15为一种双电极电解修锐法,电极接电可靠,砂轮、机床均不带电,电源也相应简化为交流电源。从图中可看出电流通路为电极 A、B 和金属结合剂之间的电容网络,通入电解液后相当于阻容并联网络。

（2）电火花修整法　其原理是电火花放电加工，适用于各种金属结合剂砂轮，若在结合剂中加入石墨粉，也可用于树脂、陶瓷结合剂砂轮。修整时可用电火花线切割方式和电火花成形方式进行修整。若配置数控系统，还可进行成形修整。这种方法既可整形，又可修锐，效率较高，质量可与磨削法相当。图 3-16 所示为电火花修整法原理图。

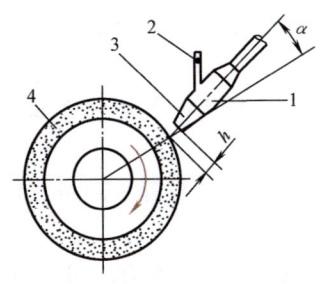

图 3-13　液压喷砂修锐法

1—旋涡　2—边孔　3—喷嘴
4—砂轮

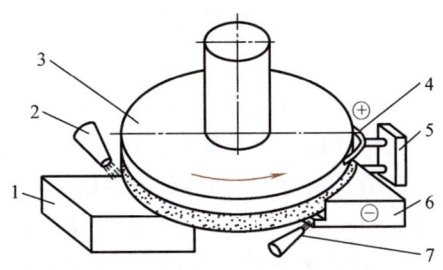

图 3-14　电解修锐法

1—工件　2—冷却液　3—超硬磨料砂轮　4—电刷
5—支架　6—负电极　7—电解液

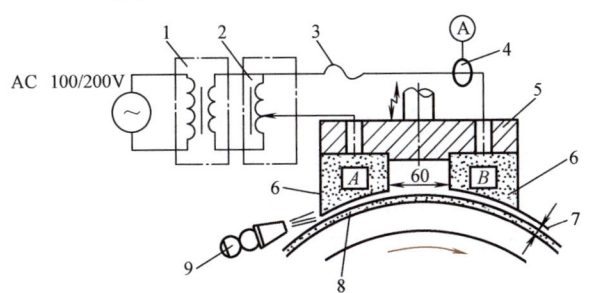

图 3-15　双电极电解修锐法

1—双线圈变压器　2—可调变压器　3—熔丝　4—电流
传感器　5—绝缘材料　6—石墨电极　7—间隙　8—超硬
磨料砂轮　9—磨削液（电解液）

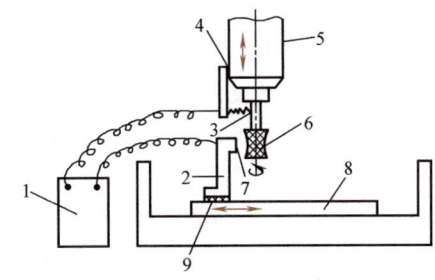

图 3-16　电火花修整法

1—电源　2—修整器　3—电刷　4—绝缘体
5—主轴头　6—金属结合剂砂轮　7—电极
8—数控工作台　9—绝缘体

6. 超声波振动修整法

用受激振动的簧片或超声波振动头驱动的幅板作为修整器，并在砂轮和修整器间放入混油磨料，通过游离磨料撞击砂轮的结合剂使超硬磨粒突出结合剂，如图 3-17 所示。该法修锐效果较好，用于整形较少。

此外还有激光修整法等，有待进一步研究开发。

三、超硬磨料砂轮磨床

由于超硬磨料砂轮磨削时要求加工稳定性高、振动小，因此对磨床有一些要求。

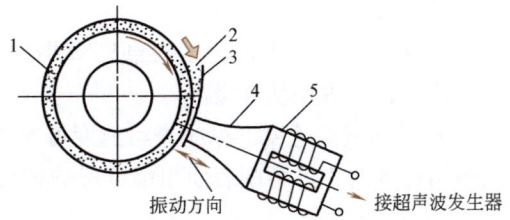

图 3-17　超声波振动修整法

1—超硬磨料砂轮　2—混油磨料　3—幅板
4—振幅放大杆　5—磁致伸缩换能器

1) 由于超硬磨料砂轮磨削时要求稳定性高、振动小，而且又多是精密磨削，因此要求磨床的精度较高，如砂轮主轴回转精度，一般其径向圆跳动应 <0.01mm，轴向圆跳动 <0.005mm。主轴轴承多用动压轴承或动静压组合轴承。

2）磨床必须要有足够的刚度，机床刚度的大小会影响磨削加工的稳定性，从而影响超硬磨料砂轮的使用寿命，同时也影响磨削加工质量，一般要求比普通磨床刚度提高50%左右。

3）要求磨床的进给系统精度高、进给速度均匀准确，纵向进给速度最小可达0.3m/min，横向进给（磨削深度）最小可达0.001~0.002mm/单行程，以保证磨削尺寸和形状精度以及表面粗糙度。

4）由于超硬磨料进入机床运动件中会引起严重磨损，因此机床的各运动件如主轴回转部分、进给运动导轨部分等都应有可靠的密封，以防超硬磨料进入。

5）要有比较完善的磨削液处理系统，如要有严格的磨削液过滤装置，以防止超硬磨料对磨削液系统的磨损，而且更会影响加工表面粗糙度。

6）由于超硬磨料砂轮磨削时要求振动小，除了砂轮应精细修整、精细动平衡外，机床应置于防振地基上，采取相应的防振、隔振措施，如主电动机与机床分离安装，电动机转子进行动平衡，机床与地面接触处加防振垫等。

四、超硬磨料砂轮磨削工艺

1. 磨削用量选择

（1）磨削速度　人造金刚石砂轮一般磨削速度不能很高，根据磨削方式、砂轮结合剂和冷却情况等不同，磨削速度为12~30m/s。磨削速度太低，单颗磨粒的切屑厚度过大，不但使工件表面粗糙度值增大，而且也使金刚石砂轮磨损增加；磨削速度提高，可使工件表面粗糙度值减小，但磨削温度将随之升高，而金刚石的热稳定性只有700~800℃，因此金刚石砂轮的磨损也会增加。所以应根据具体情况选择合适的磨削速度，一般平面磨削、外圆磨削、湿磨、陶瓷结合剂、树脂结合剂金刚石砂轮的磨削速度可选高些，工具磨削、内圆磨削、沟槽磨削、切断磨削、干磨、金属结合剂金刚石砂轮的磨削速度可选低些。

立方氮化硼砂轮的磨削速度可比金刚石砂轮高得多，可达45~60m/s，主要是因为立方氮化硼磨料的热稳定性好。

（2）磨削深度　根据磨削方式、砂轮粒度、结合剂和冷却情况等不同，磨削深度一般为0.002~0.01mm，粗粒度、金属结合剂砂轮可取较大的磨削深度，立方氮化硼砂轮的磨削深度可稍大于金刚石砂轮。

（3）工件速度　工件速度对磨削效果的影响较小，一般为10~20m/min，过高会使砂轮磨损增加，出现振动和噪声。

（4）纵向进给速度　纵向进给速度可参考普通砂轮磨削选取，一般在0.45~1.5m/min，纵向进给速度对工件磨削表面粗糙度影响较大，表面粗糙度值要求小时，应取小值。

2. 磨削液选择

超硬磨料砂轮磨削时，磨削液的使用与否对砂轮的使用寿命影响很大，如树脂结合剂超硬磨料砂轮湿磨可比干磨提高使用寿命40%左右，另外对磨削表面加工质量影响很大，因此一般多采用湿磨。

（1）磨削液的作用　合理使用磨削液，可降低磨削温度，减小磨削力，改善磨削表面质量，提高磨削效率和砂轮使用寿命。

磨削液的基本性能有润滑性能、冷却性能和清洗性能，根据不同磨削情况的要求还有渗透性、防锈性、防腐性、消泡性、防火性、切削性和极压性等。极压性是指磨削液与金属表面起作用,形成一层牢固的润滑膜,在磨削区域的高压下有良好的润滑和抗黏着性能。

由于超硬磨料砂轮组织紧密、气孔少、磨削过程中易被堵塞,故要求磨削液有良好的润滑性、冷却性、清洗性和渗透性。

(2) 磨削液的种类和组成　磨削液分为油性液和水溶性液两大类,油性液的润滑性能好,其主要成分是矿物油,水溶性液的冷却性能好,其主要成分是水。

油性液是以轻质矿物油为主体,如机油、轻质柴油、煤油等,掺入5%~10%(质量分数)的脂肪油,再加入一些添加剂,如加入极压添加剂,硫、氯、磷等有机化合物可增强磨削液的活性,在高温下与金属表面起化学反应,生成熔点高的化学吸附膜,可减小摩擦,保持润滑作用,即有极压性。

水溶性液有乳化液、无机盐水溶液和化学合成液等。

乳化液是先由矿物油、乳化剂和防腐添加剂等配制成乳化油,使用时根据不同要求加水稀释成质量分数为1%~20%乳白色的水溶液。乳化剂就是表面活性剂,它是一种有机化合物,能吸附在油-水界面上形成坚固的吸附膜,使油以微小的颗粒稳定地分散在水中,形成稳定的水包油(O/W)乳化液,如图3-18所示。一般磨削液质量分数为1%~5%的水包油乳化液,它具有润滑和冷却双重性能。

无机盐水溶液是在水中加入一定量的无机盐(磷酸盐、硼酸盐等)、链醇胺及有机防锈剂等而形成的,有良好的冷却性能,但润滑性能较差。这种水溶液不含或很少含极压添加剂,呈半透明状,又称透明水溶液或电解质水溶液。

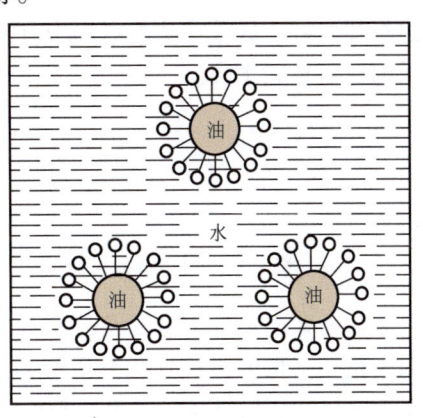

图3-18　水包油乳化液示意图

金刚石砂轮磨削时常用油性液和水溶性液为磨削液,视具体情况而定,如磨削硬质合金时普遍采用煤油,但不宜使用乳化液;树脂结合剂砂轮不宜使用苏打水。

立方氮化硼砂轮磨削时采用油性液为磨削液,一般不用水溶性液,因为在高温下立方氮化硼磨粒和水会起化学反应,称水解作用,会加剧砂轮磨损。可加极压添加剂,以减弱水解作用。

五、超硬磨料砂轮的平衡

超硬磨料砂轮磨削时的加工稳定性和振动对磨削表面质量影响很大,因此,必须重视砂轮的平衡问题,它不仅影响磨削质量,而且影响磨床精度保持性,又是安全工作的必需。

砂轮的平衡有两种类型。

1. 静平衡

静平衡又称力矩平衡,用于窄砂轮的平衡,是在一个平面上的平衡。进行静平衡的方式有三种:

(1) 机外静平衡架上平衡　利用静平衡工具,由人工进行,不够方便。

(2) 机上动态平衡　在磨床上利用动态平衡装置对砂轮进行自动或半自动平衡,比较方便，精度高，现代的新式磨床多有动态平衡装置，其类型有液体式、电气机械式和气动机械式等。这种在砂轮工作运转情况下进行的动态平衡仍是静平衡。

（3）机外动态平衡　利用一种便携式力矩平衡仪，通过仪器上所带传感器对砂轮进行动态平衡，而砂轮上的平衡块是由人工进行调整的，此种方法简单易行，比机外静平衡架上平衡要快捷方便，精度高。

2. 动平衡

动平衡又称力偶平衡，用于宽砂轮和多砂轮轴的平衡，这时不是在一个面上，而是在一个有一定长度的体上进行力偶平衡，是动平衡。

动平衡一般都在动平衡机上进行，由仪表显示不平衡的端部（左端、右端）、相位及不平衡量，人工调整砂轮两侧的平衡块，经反复几次，将不平衡量调整到允许的数值内。

由于超硬磨料砂轮的修整一般分为整形和修锐两个过程，用人工进行平衡时最好在整形后进行比较好。砂轮在磨削过程中有磨损，每次修整后直径减小，不时会出现不平衡状态，要及时进行重新平衡。

第四节　超精密磨削

一、超精密磨削和镜面磨削

超精密磨削是近年来发展起来的有最高加工精度、最小表面粗糙度值的砂轮磨削方法，一般是指加工精度达到或高于 $0.1\mu m$，表面粗糙度值小于 $Ra0.025\mu m$，是一种亚微米级的加工方法，并正向纳米级发展。超精密磨削的发展远比超精密金刚石车削缓慢，金刚石刀具超精密切削技术的研究比较成熟，但是金刚石刀具不宜切削陶瓷、玻璃等硬脆材料，因为在微量切削陶瓷、玻璃时，切应力很大，临界剪切能量密度也很大，切削刃处的高温和高应力使金刚石产生较大的机械磨损。因此，对于陶瓷、玻璃等硬脆材料，超精密磨削显然是一种重要的理想的加工方法，这就促进了超精密磨削的发展。

镜面磨削一般是指加工表面粗糙度达到 $Ra0.02\sim0.01\mu m$，表面光泽如镜的磨削方法，它在加工精度的含义上不够明确，比较强调表面粗糙度的要求，从精度和表面粗糙度相应和统一的观点来理解，应该认为镜面磨削是属于精密磨削和超精密磨削范畴。

超精密磨削的特点可归纳如下：

（1）超精密磨床是超精密磨削的关键　超精密磨削是在超精密磨床上进行的，其加工精度主要取决于磨床，不可能加工出比磨床精度更高的工件，遵循"母性原则"的加工规律。由于超精密磨削的精度要求越来越高，已经进入 $0.01\mu m$ 甚至纳米级，这就给超精密磨床的研制带来了很大困难，需要多学科多技术的密集和结合。

（2）超精密磨削是一种超微量切除加工　超精密磨削是一种极薄切削，其去除的余量可能与工件所要求的精度数量级相当，甚至小于公差要求，因此在加工机理上与一般磨削加工是不同的。

（3）超精密磨削是一个系统工程　影响超精密磨削的因素很多，各因素之间又相互关联，所以超精密磨削是一个系统工程，如图 3-19 所示。超精密磨削需要一个高稳定性的工艺系统，对力、热、振动、材料组织、工作环境的温度和净化等都有很高的要求，并有较强的抗击来自系统内外的各种干扰能力，有了高稳定性，才能保证加工质量的要求。所以超精密磨削是一个高精度、高稳定性的系统。

二、超精密磨削机理

1. 超微量切除

超精密磨削是一种极薄切削，切屑厚度极小，磨削深度可能小于晶粒的大小，磨削就在晶粒内进行，因此磨削力一定要超过晶体内部非常大的原子、分子结合力，从而磨粒上所承受的切应力就急速地增加并变得非常大，可能接近被磨削材料的剪切强度极限。同时，磨粒切削刃处受到高温和高压作用，要求磨粒材料有很高的高温强度和高温硬度。

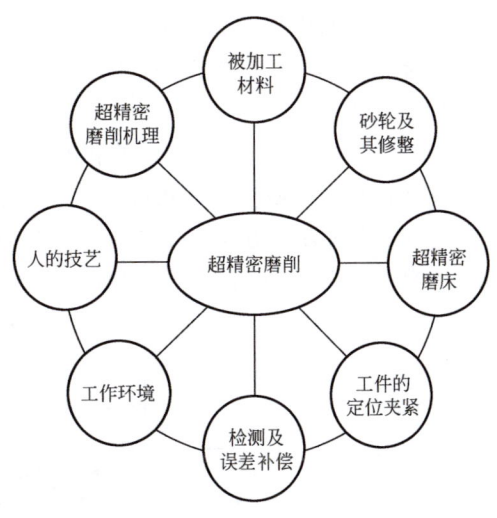

图 3-19　影响超精密磨削的因素

对于普通磨料，在这种高温、高压和高剪切力的作用下，磨粒将会很快磨损或崩裂，以随机方式不断形成新切削刃，虽然可以连续磨削，但不能得到高精度，小表面粗糙度值的磨削质量。因此，在超精密磨削时一般多采用人造金刚石、立方氮化硼等超硬磨料砂轮。

2. 磨削加工过程

（1）单颗粒磨削　砂轮中磨粒的分布是随机的，磨削时磨粒与工件的接触也是无规律的，为研究方便起见，先对单颗粒的磨削加工过程进行分析。图 3-20 所示为单颗粒磨削的

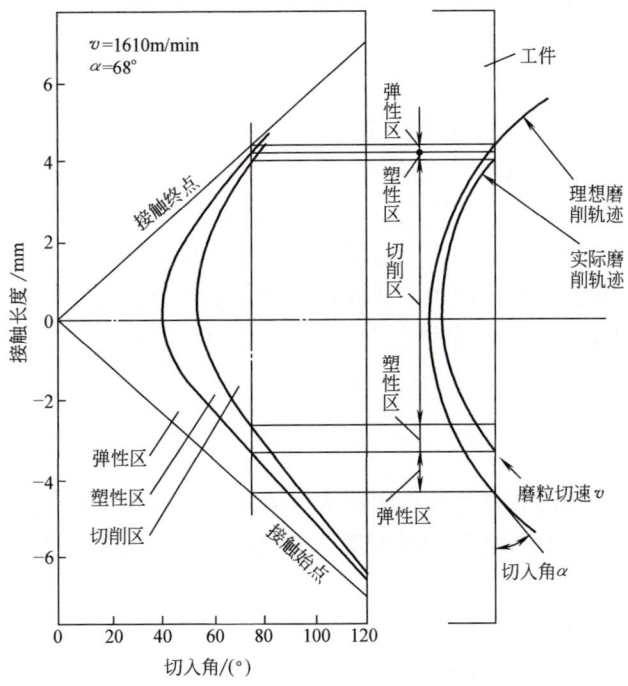

图 3-20　单颗粒磨削的切入模型

切入模型,设磨粒以切速 v、切入角 α 切入平面状工件,理想磨削轨迹是从接触始点开始至接触终点完了,但由于磨削系统的刚性,实际磨削轨迹变短,磨削深度减小。从该模型中可以说明以下几点:

1) 磨粒是一颗具有弹性支承的和大负前角切削刃的弹性体。弹性支承是指结合剂,磨粒虽有相当硬度,本身受力变形极小,实际上仍属于弹性体。

2) 磨粒切削刃的切入深度是从零开始逐渐增加,到达最大值再逐渐减小,最后到零。其切屑形状如图3-21所示,图中所示为平面磨削情况。

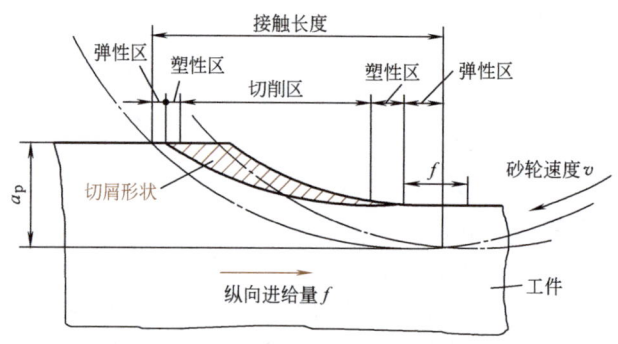

图 3-21　平面磨削时的切屑形状

3) 磨粒磨削时在与工件的接触过程中,开始是弹性区,继而塑性区、切削区、塑性区、最后是弹性区,与切屑形成形状相符合。

4) 超精密磨削时有微切削作用、塑性流动和弹性破坏作用,同时还有滑擦作用。当切削刃锋利、有一定磨削深度时,微切削作用较强;如果切削刃不够锋利,或磨削深度太浅,磨粒切削刃不能切入工件,则产生塑性流动、弹性破坏和滑擦。当然,上述各种作用和磨削系统的刚度关系密切。

(2) 连续磨削　工件连续转动,砂轮持续切入,开始,磨削系统整个部分都产生弹性变形,磨削切入量(即磨削深度)和实际工件尺寸的减少量之间产生差值,这种差值称为弹性让刀量。此后,磨削切入量逐渐变得与实际工件尺寸减少量相等,磨削系统处于稳定状态。最后,磨削切入量到达给定值,但磨削系统弹性变形逐渐恢复,为无切深磨削状态,或称无火花磨削状态。在超精密磨削中,掌握弹性让刀量十分重要,应尽量减小弹性让刀量,即磨削系统要求高刚度,砂轮修锐质量好,形成切屑的磨削深度小。

三、超精密磨床

1. 超精密磨床的特点

超精密磨床的特点在许多方面都与超精密车床相似,其特点如下:

(1) 高精度　目前国内外各种超精密磨床的磨削精度和表面粗糙度可达到的水平为:

尺寸精度:$\pm 0.25 \sim \pm 0.5 \mu m$

圆度:$0.25 \sim 0.1 \mu m$

圆柱度:25000:0.25 ~ 50000:1

表面粗糙度:$Ra 0.006 \sim 0.01 \mu m$

(2) 高刚度　超精密磨床用来进行超精密加工,切削力不会很大,但由于精度要求极高，应尽量减小弹性让刀量，提高磨削系统刚度，其刚度值一般应在 200N/μm 以上。

（3）高稳定性　为了保证超精密磨削质量，超精密磨床的传动系统，主轴、导轨等结构，温度控制和工作环境均应有高稳定性。

（4）微进给装置　由于超精密磨床要进行超微量切除，因此一般在横向进给（切深）方向都配有微进给装置，使砂轮能获得行程为 2~50μm，位移精度为 0.02~0.2μm，分辨力达 0.01~0.1μm 的位移。实现微进给的原理装置有精密丝杠、杠杆、弹性支承、电热伸缩、磁致伸缩、电致伸缩、压电陶瓷等，多为闭环控制系统。

（5）计算机数控　由于超精密磨削在生产上要求稳定进行批量生产，因此，现代超精密磨床多为计算机数控，可减少人工操作的影响，使质量稳定，一致性好，且能提高工效。

2. 超精密磨床结构

超精密磨床在结构上的发展趋势如下：

（1）主轴系统　主轴支承由动压向动静压和静压发展，由液体静压向空气静压发展。空气静压轴承精度高、发热小、稳定、工作环境易洁净，但要注意提高承载能力和刚度。

（2）导轨　多采用空气静压导轨，也有采用精密研磨配制的镶钢滑动导轨。

（3）石材部件　床身、工作台等大件逐渐采用稳定性好的天然或人造花岗岩制造。

（4）热稳定性结构　整个机床采用对称结构、密封结构、淋浴结构等热稳定性措施。

四、超精密磨削工艺

有关超精密磨削的砂轮选择、砂轮修整、砂轮动平衡、磨削液选择等问题可参考有关精密磨削和超硬磨料砂轮磨削所述。通常超精密磨削用量如下所列：

砂轮线速度：1860m/min

工件线速度：4~10m/min

工作台纵向进给速度：50~100mm/min

磨削深度：0.5~1μm

磨削横向进给次数：2~4 次

无火花磨削次数：3~5 次

磨削余量：2~5μm

超精密磨削用量与所用机床，被加工材料，砂轮的磨粒和结合剂材料、结构、修整、平衡，工件欲达精度和表面粗糙度等有关，比较复杂，应根据具体情况进行工艺实验而决定。

超精密磨削质量与操作工人的技艺关系十分密切，应由高技术水平的工人精心细致科学地操作机床，才能达到预期效果。

五、超硬微粉砂轮超精密磨削

1. 超硬微粉砂轮超精密磨削机理、特点和应用

超硬微粉砂轮超精密磨削的机理与超精密磨削的机理基本相同，在磨削过程中微切削作用仍是主要的，还有塑性流动和滑移变形。塑性流动是由于磨粒与被加工表面摩擦所产生的冷塑性流动以及高速时磨粒摩擦发热所引起的；滑移变形是由于材料晶体内存在位错缺陷或微裂纹所产生的。

微粉砂轮超精密磨削的特点如下：

1) 由于磨料是微粉级的，粒度很细，在超精密磨床上磨削可以同时获得极小的表面粗糙度值和很高的几何尺寸和形状精度。

2) 它是一种固结磨料的微量去除加工方法，加工效率高。

3) 由于磨料粒度很细，容屑空间很小，磨削容易堵塞，只有进行在线修整，才能保证磨削的正常进行和加工质量。

4) 磨削要在超精密磨床上进行，磨床上应有微进给装置，设备价格高。

目前，金刚石微粉砂轮超精密磨削的应用比较多，已成功用于加工各种非金属材料和有色金属及其合金材料零件中的各种表面。

2. 金刚石微粉砂轮

金刚石微粉砂轮一般是以粒度为 F280~F1000 的金刚石微粉为磨料，采用树脂、陶瓷、金属（如铜、纤维铸铁等）为结合剂，采用烧结法、电铸法和气相沉积法制作的。

3. 超硬微粉砂轮超精密磨削工艺

有关超硬微粉超精密磨削的砂轮选择、砂轮修整、砂轮平衡和磨削液选择等问题均可参考超硬磨料精密磨削加工所述。

超硬微粉砂轮超精密磨削用量与所用机床、被加工材料、砂轮的磨粒材料、粒度、结合剂、结构和平衡等有关，应根据具体情况做工艺实验来确定。但在磨削深度上需注意，其值要小于微粉颗粒的大小，过大会影响加工表面质量。

4. 复合结合剂金刚石微粉砂轮超精密磨削

(1) 树脂-金属复合结合剂金刚石微粉砂轮的结构和特点　在超精密磨削加工中，要同时保证工件的高精度和表面质量要求，是非常困难的。

超硬磨料砂轮结构中由于结合剂的不同，其刚性也不同，金属结合剂砂轮刚性大，对保证形状精度有利，但修整困难，不易加工出小表面粗糙度值的表面，同时对磨床精度和刚性的要求十分苛刻；而树脂结合剂砂轮的柔性好、弹性高、有吸振性，易于使切削刃突出且高度均匀，磨削过程中有"自锐"作用的效果，易于磨出小粗糙度值的表面。因此，提出了树脂-金属复合结合剂金刚石微粉砂轮，使砂轮的表层为树脂结合剂结构，而里层为金属结合剂结构，从而得到整体支承刚度好、表层有柔性的金刚石砂轮，能够同时达到精度高又表面粗糙度值小的加工表面。金刚石微粉砂轮是固结磨料，磨粒又是微粉，已具备很好的磨削性能，采用复合结构后则更具特色。

但是由于树脂结合剂弹性大、易变形，因此不利于保证高形状精度；同时，树脂结合剂金刚石微粉砂轮的磨粒易于埋在结合剂中，磨粒之间的容屑空间减小，磨削中易于发生阻塞，导致砂轮的切削能力大幅度降低，加工表面质量恶化。因此只有设法增加金刚石磨粒之间的容屑空间，才能达到较好的磨削效果。

(2) 树脂-金属复合结合剂金刚石微粉砂轮的制作原理　在砂轮制造过程中，把铜粉作为添加剂混入到树脂结合剂中，金属粉末（铜）可以限制树脂的弹性变形，从而提高了砂轮的整体刚性。砂轮烧结成形后，先对其进行修整，然后进行电解处理。电解过程中，砂轮表层的铜被腐蚀掉，而树脂结合剂和金刚石磨粒因不受电解作用影响而保持修整后的原状，从而在砂轮表层形成气孔。这样，砂轮的里层保持了树脂-金属复合结合剂组织结构，而表层则是具有气孔的树脂结合剂组织结构。砂轮不仅具有高的整体刚性，而且参与磨削的表层部分具有弹性和气孔，可以使砂轮具有持续磨削能力。

图 3-22 是树脂-金属复合结合剂金刚石微粉砂轮的电解处理原理。如图 3-22 所示,将电源的正极接砂轮的轮毂,电源的负极接工具电极,砂轮表面与工具电极的间隙中通入电解液,砂轮在电解过程中做回转运动。在电场作用下,树脂-金属复合结合剂砂轮表层的铜失去电子,成为铜离子,进入到电解液中,从而在砂轮表层形成气孔,而树脂结合剂和金刚石磨粒保持在原来的位置。

电解处理时,电源的正极由电刷接入砂轮的轮毂,电刷通过磁性夹座固定,并用绝缘材料与磨床工作台绝缘。为了便于除去阴极上的附着物,阴极材料选用不锈钢。阴极通过钢质底座吸附在磨床工作台上,阴极和底座之间用胶木绝缘。实验结果表明,铜占结合剂体积的百分数对电解的可行性有影响,应在 20% 以上。

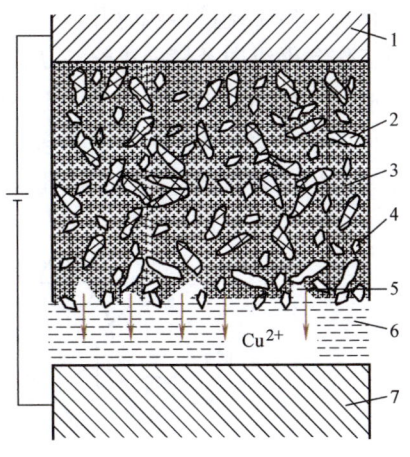

图 3-22 树脂-金属复合结合剂金刚石微粉砂轮的电解处理原理
1—砂轮的轮毂 2—铜 3—树脂
4—金刚石磨粒 5—气孔 6—电解液
7—工具电极(阴极)

(3)树脂-金属复合结合剂金刚石微粉砂轮磨削 分别用未做电解处理和电解处理后的砂轮磨削光学玻璃,从实验结果可以看出,电解处理后的砂轮所磨削的表面粗糙度值明显减小。铜粉所占比例越少,表面粗糙度值越小,这是由于砂轮表面的弹性更好些。

使用电解处理后的砂轮磨削时,工件表面粗糙度值减小,凹坑和划痕等加工损伤明显减少。其主要原因如下:

1)砂轮表层的弹性增加,参加磨削的有效切削刃增加。

2)砂轮表面的气孔可以容纳磨屑,减小磨削液动压力,引导磨削液进入磨削区域,并加强散热。

3)砂轮表面的铜被溶解掉,避免了铜划伤工件表面。

第五节 精密和超精密砂带磨削

砂带磨削是一种新的高效磨削方法,能得到高的加工精度和表面质量,具有广泛的应用范围,可以补充或部分代替砂轮磨削。

一、砂带磨削方式、特点和应用范围

1. 砂带磨削方式

砂带磨削方式从总体上可以分为闭式和开式两大类:

(1)闭式砂带磨削 采用无接头或有接头的环形砂带,通过张紧轮撑紧,由电动机通过接触轮带动砂带高速回转,工件回转,砂带头架或工作台做纵向及横向进给运动,从而对工件进行磨削。这种方式效率高,但噪声大、易发热,可用于粗、半精和精加工,如图 3-23 所示。

(2)开式砂带磨削 采用成卷砂带,由电动机经减速机构通过卷带轮带动砂带做极缓

慢的移动，砂带绕过接触轮并以一定的工作压力与工件被加工表面接触，工件回转，砂带头架或工作台做纵向及横向进给，从而对工件进行磨削。由于砂带在磨削过程中的连续缓慢移动，磨削区域不断出现新砂粒，退出旧砂粒，切削比较稳定，因此磨削质量高，磨削效果好，但效率不如闭式砂带磨削，多用于精密和超精密磨削中，如图 3-24 所示。

按照加工表面类型来分，砂带磨削又可分为外圆、内圆、平面、成形表面等磨削方式。

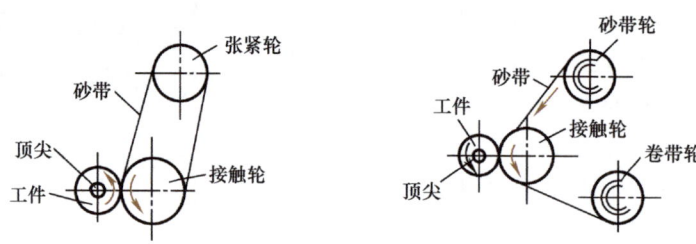

图 3-23 闭式砂带磨削　　　　图 3-24 开式砂带磨削

2. 砂带磨削的特点及其应用范围

1) 砂带磨削时，砂带本身有弹性，接触轮外缘表面有橡胶层或软塑料层，砂带与工件是柔性接触，磨粒载荷小而均匀，具有较好的抛光作用，同时又能减振，因此工件的表面质量较高，表面粗糙度值可达 $Ra0.05 \sim 0.01 \mu m$。砂带磨削又有"弹性"磨削之称。

2) 砂带制作时，用静电植砂法易于使磨粒有方向性，同时磨粒的切削刃间隔长，摩擦生热少，散热时间长，切屑不易堵塞，力、热作用小，有较好的切削性，有效地减小了工件变形和表面烧伤。对于开式砂带磨削，由于不断有新磨粒进入磨削区，钝化的磨粒不断退出磨削区，磨削条件稳定，切削性能更好。工件的尺寸精度可达 $5 \sim 0.5 \mu m$，平面度可达 $1 \mu m$。砂带磨削又有"冷态"磨削之称。

3) 砂带磨削效率高，可以与铣削和砂轮磨削媲美，强力砂带磨削的效率可为铣削的 10 倍、普通砂轮磨削的 5 倍。砂带磨削无须修整，磨削比（切除工件重量与磨料磨损重量之比）可高达 300∶1 甚至 400∶1，而砂轮磨削一般只有 30∶1。砂带磨削方法早已有之，由于基底材料强度和磨粒与基底的粘接强度有了极大的提高，使得砂带磨削焕发新生，因此有"高效"磨削之称。

4) 砂带制作比砂轮简单方便，无烧结、动平衡等问题，价格也比砂轮便宜。砂带磨削设备结构简单，可制作砂带磨床或砂带磨削头架，后者可安装在各种普通机床上进行砂带磨削工作，使用方便，制造成本低廉，又有"廉价"磨削之称。

5) 砂带磨削有广阔的工艺性和应用范围，可加工外圆、内圆、平面和成形表面。砂带磨削头架可安装在卧式车床、立式车床、龙门刨床等普通机床上进行磨削加工，因此有很强的适应性。砂带不仅可加工各种金属材料，而且可加工木材、塑料、石材、水泥制品、橡胶等非金属材料以及单晶硅、陶瓷和宝石等硬脆材料。开式砂带磨削加工铜、铝等软材料表面效果良好，独具特色，因此又有"万能"磨削之称。

当前，对于窄退刀槽的阶梯轴、阶梯孔、小孔、齿轮等，砂带磨削尚不易加工。对于精度要求很高的工件，特别是形状和位置精度上，砂带磨削也还不如精密砂轮磨削。

在砂带磨削的基础上出现了砂带研抛加工，它是一种精密和超精密加工方法，其加工为开式砂带磨削方式，用细粒度砂粒聚酯薄膜基底砂带。如果采用接触轮外缘材料为橡胶、塑料等时,加工时的抛光作用强,能有效减小表面粗糙度值;如果采用接触轮外缘材料为钢铁、铜、胶木等较硬物质,加工时的研磨作用强些,抛光作用弱些,能够减小表面粗糙度值,对精度也会有所提高;如果所采用的接触轮外缘材料半软半硬,如一定硬度的橡胶和塑料,则研磨、抛光兼有,故称砂带研抛。由于在聚酯薄膜基底上所涂覆的一层细粒度砂粒(一般为微粉)和粘接剂非常薄,形如薄膜,故又有"研磨膜"或"抛光膜"之称。这种砂带研抛实际上是砂带精密磨削或砂带超精密磨削的一种方式,已用来加工精密磁头、高密度硬磁盘涂层表面等,效果良好,应用广泛。

二、砂带磨削机理

砂带磨削时,砂带经接触轮与工件被加工表面接触,由于接触轮的外缘材料一般是有一定硬度的橡胶或塑料,是弹性体;同时砂带的基底材料是纸、布或聚酯薄膜,也有一定的弹性,因此在砂带磨削时,弹性变形区的面积较大,使磨粒承受的载荷大大减小,载荷值也较均匀,且有减振作用。图 3-25 表示了砂轮磨削和砂带磨削的接触区和载荷分布情况。可见砂带磨削时材料的塑性变形和摩擦力均较砂轮磨削时小,力和热的作用降低,工件温度降低。砂带粒度均匀、等高性好,磨粒尖刃向上,有方向性,且切削刃间隔长,切屑不易堵塞,因此有较好的切削性。这些都使得加工表面能得到很高的表面质量,但对提高工件的几何精度带来了一定困难。

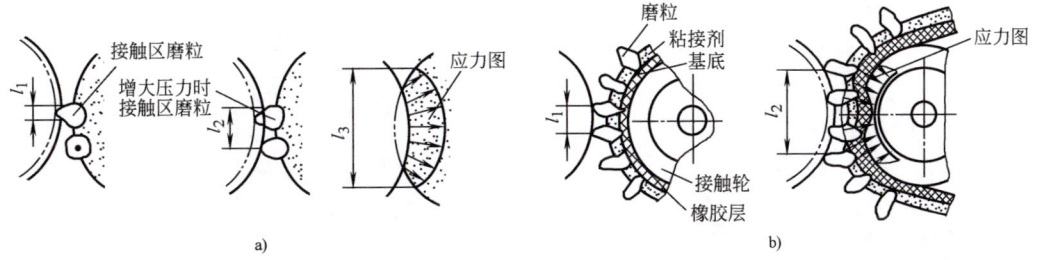

图 3-25 砂轮磨削和砂带磨削过程
a)砂轮磨削 b)砂带磨削
l_1—接触区起始长度 l_2—压力增大时接触区长度 l_3—应力区长度

砂带磨削时,除有砂轮磨削的滑擦、耕犁和切削作用外,由于有弹性,还有磨粒的挤压作用,使加工表面产生塑性变形,磨粒的压力使加工表面产生加工硬化和断裂以及因摩擦升温而引起的加工表面热塑性流动等,因此从加工机理来看,砂带磨削兼有磨削、研磨和抛光的综合作用,是一种复合加工。

对于精密和超精密砂带磨削,闭式砂带磨削方式和开式砂带磨削方式都有,但主要是开式砂带磨削方式。加工时多采用细粒度砂粒,甚至是细粒度微粉,基底材料为厚度 0.06~0.12mm 的聚酯膜或复合材料膜。但在加工机理上没有什么不同,只是各个作用的比例可能有所变化,与接触轮的外缘状态关系密切。

从总的效果来看,砂带磨削在提高加工表面质量,特别是减小表面粗糙度值上效果比较明显,但在提高加工精度上可以做到略有提高。精密加工和超精密加工对精度和表面质量均要求很高,因此如何提高砂带磨削的加工精度应在机理和实践上进行进一步研究。

三、精密砂带磨床和砂带头架

砂带磨削是在系列生产的砂带磨床上进行的，与普通砂轮磨床的结构一样，砂带磨床也有床身、工作台、主轴箱、砂带头架等，所不同者，主要是在砂轮头架上，一般来说，将普通磨床的砂轮头（架）换上砂带头（架）就可改装为砂带磨床。砂带磨床上的关键部件是砂带头架，现就砂带磨削头架进行阐述。

1. 砂带磨削头架

砂带磨削方式不同，砂带磨削头架的结构各异，可分为闭式磨削头架和开式磨削头架两大类。

（1）闭式磨削头架　闭式磨削头架主要由接触轮（或支承板）、主动轮、张紧轮、张紧机构、调偏机构、电动机、基底等构成。其传动特点与带传动类似，砂带由张紧轮和张紧机构张紧，运动由电动机经主动轮直接传到接触轮，或经带、带轮传到接触轮，再由接触轮带动砂带运动。为保证砂带正常工作，各传动轴线应平行，各传动轮的外缘边上应有一定高度的凸缘，防止砂带跑偏。图 3-26 所示为一磨削外圆的闭式磨削头架，图 3-27 所示为一磨削内圆的闭式磨削头架。

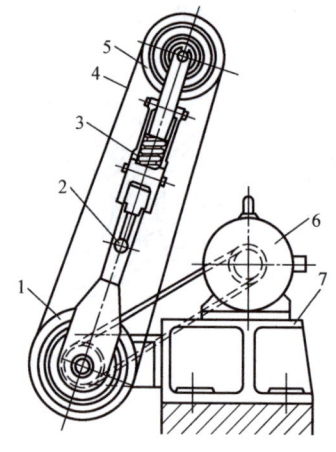

图 3-26　闭式砂带磨削外圆头架
1—接触轮　2—张紧手柄　3—张紧弹簧
4—砂带　5—张紧轮　6—电动机　7—基座

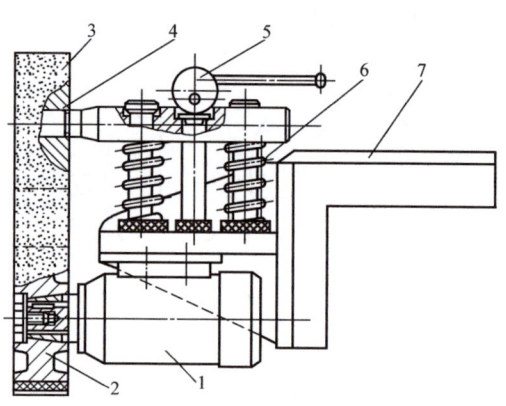

图 3-27　闭式砂带磨削内圆头架
1—电动机　2—主动轮　3—砂带　4—接触轮
5—张紧凸轮　6—张紧弹簧　7—夹持座

（2）开式磨削头架　开式砂带磨削是用卷状砂带，故其头架结构与闭式砂带磨削头架大不相同，它由卷带轮、接触轮、砂带轮、电动机、基座等构成。整卷砂带放置在砂带轮上，砂带经接触轮绕于卷带轮上，动力由电动机经减速及调速装置带动卷带轮缓慢转动，并由卷带轮带动砂带做缓慢移动，砂带轮轴系上的摩擦机构所产生的摩擦力使砂带撑紧。某些传动轮外缘边上有一定高度的凸缘，以防止砂带跑偏。图 3-28 是一种磨削外圆或平面的开式振动磨削头架，它由直流力矩电动机 9 经减速箱 11 带动卷带轮 5 进行正反转，可无级调速，视砂带需要的移动速度而调整；砂带轮 1 轴上的碟形弹簧 7 所产生的摩擦阻尼使砂带在移动中保持撑紧；移动液压缸 4 经杠杆使接触轮 2 移向（或离开）工件，并保持一定的接触压力。移动速度和压力大小由液压调整。卷状砂带装在砂带轮上，通过斜面撑紧机构，由三条滑块撑紧，只要拧紧或松开带锥面的螺母，便可以方便装上或卸下砂带。一般砂带设置在上方，卷带轮设置在下方，以易于保持砂带的洁净。砂带轮和接触轮均应设置在人工操作方便的地方，并应方便更换。

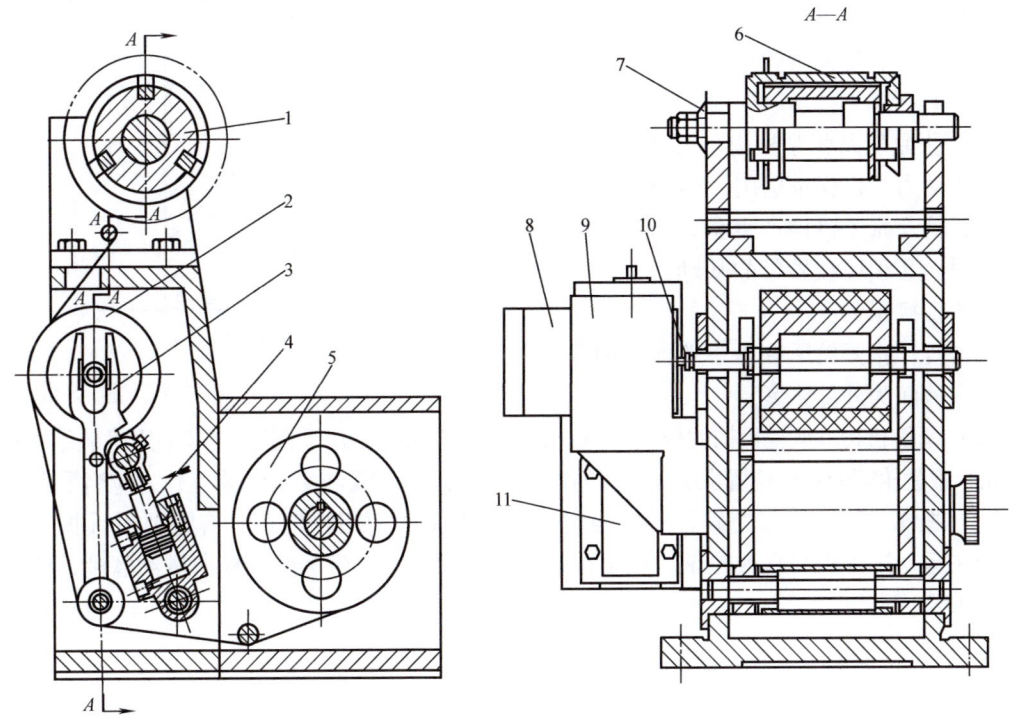

图 3-28　开式砂带振动磨削头架
1—砂带轮　2—接触轮　3—杠杆　4—移动液压缸　5—卷带轮　6—卷状砂带撑紧机构　7—碟形弹簧
8—激振器　9—直流力矩电动机　10—联轴器　11—减速箱

卷状砂带有各种宽窄规格尺寸，图 3-28 所示为宽砂带开式结构，需要双支承，结构上复杂些。

近年来，出现了砂带振动磨削，它是将开式砂带磨削和振动叠加起来形成的一种复合加工。一般振动是叠加在接触轮的轴向，振动的作用很重要，可归纳如下：

1）在开式砂带磨削时，振动可以弥补工件不能高速运动时的效率下降，使加工效率大大提高。

2）振动的叠加可以形成复杂而又不重复的磨削轨迹，形成网状纹路，有利于减小表面粗糙度值，得到很小的表面粗糙度值加工表面。

3）由于振动的作用，可以采用干式磨削，加工表面不易出现划痕，对加工软材料非常有利。

4）沿接触轮轴向振动可使砂带不易跑偏和磨损均匀。

图 3-28 所示即为开式砂带振动磨削头架，由电动式激振器 8 通过一特殊联轴器 10 带动接触轮沿其轴向振动，激振器由低频信号发生器和功率放大器控制，频率、振幅和激振力均可无级调整。

2. 接触轮

在砂带磨削头架中，最重要而关键的零件是接触轮，其基本结构如图 3-29 所示，轮毂和外缘是由不同材料制成的,一般轮毂用钢铁制造,外缘视磨削要求不同,可选用钢、铜、橡胶等材料。接触轮的主要参数有外缘材料、硬度、表面形状及尺寸等。精密砂带磨削所用接触轮外缘表面形状为平滑形。

3. 其他元件

(1) 张紧轮及张紧机构　为使砂带磨削时能正常稳定地传递动力,以保证磨削,砂带必须张紧。张紧时可通过张紧轮及张紧机构产生张紧力,张紧轮的结构与主动轮相同,必须压在砂带的从动边上。也可采用接触轮或主动轮直接张紧。

张紧时,张紧轮压在砂带背面为内部张紧,张紧轮压在砂带砂面为外部张紧。

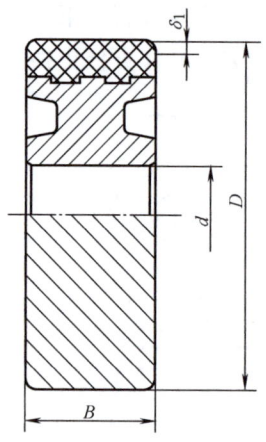

图3-29　接触轮的基本结构

(2) 调偏机构　调偏机构的作用是防止砂带在运动中跑偏。调偏机构多采用机械结构调整接触轮、张紧轮等的轴线位置来引导砂带的运动。砂带跑偏会影响砂带正常工作,应当重视。

(3) 振荡装置　为了使砂带磨损均匀,减小加工表面粗糙度值,有时要设计振荡装置使砂带在运动过程中沿接触轮轴向产生往复位移。对于宽砂带磨削和横向进给磨削,砂带振荡更加需要。

四、精密砂带磨削工艺

1. 砂带磨削用量选择

(1) 砂带速度　对于闭式磨削,粗磨时一般选 12~20m/s;精磨时一般选 25~30m/s,砂带速度与被磨工件材料有关,对难加工材料应取低值,对非金属材料可取高值。

(2) 工件速度　工件速度高些可减少或避免工件表面烧伤,但会增大表面粗糙度值,一般粗磨选择 20~30m/min,精磨取 20m/min 以下。对于开式磨削,由于砂带速度非常低,为提高效率,可适当选高些,但要满足表面粗糙度要求。

(3) 纵向进给量及磨削深度　粗磨时,纵向进给量为 0.17~3.00mm/r,磨削深度为 0.05~0.10mm。

精磨时,纵向进给量为 0.40~2.00mm/r,磨削深度为 0.01~0.05mm。

(4) 接触压力　接触压力直接影响磨削效率和砂带寿命,可根据工件材料、砂带、磨削余量和表面粗糙度要求来选择,接触压力有时很难控制,一般选取 50~300N。

2. 砂带选择及其预处理

根据被加工材料、加工精度和表面粗糙度要求等来选择砂带,其中包括磨料种类、粒度、基底材料等。

对于砂带磨削来说,一般没有修整问题,但在精密和超精密磨削时,为了保证加工质量,新砂带在使用前,可进行一次预处理,主要是改善磨粒的等高性,避免少数凸出的磨粒划伤工件表面,使砂带一开始就进入正常磨损的最佳阶段,这对提高加工表面质量十分有效。有些地方习惯上将砂带预处理称为修整。砂带预处理方法如下:

(1) 滚压法　使砂带通过一对有相应间隙的淬火钢质平滑滚轮,砂带受压将凸出磨粒压平而获得等高性。要求高时可经过不同间隙的多对滚轮滚压。

(2) 对磨法 用一细粒度砂带与欲用的新砂带对磨,将其凸出磨粒修整掉。此法也可用两条新砂带对磨来修整。对磨时要求接触压力很小,不会使砂带钝化或磨粒脱落。

(3) 预磨法 将新砂带使用一段时间后,待砂带处于正常磨损的最佳阶段时备用。这种方法有时不易掌握,要求预磨后的砂带清洁,磨粒间空间不得粘有切屑等杂物。

精密和超精密砂带磨削时,砂带的预处理应作为制作中的最终工序比较合理,质量易于保证,使用也比较方便。

3. 砂带磨削的冷却润滑与除尘

(1) 砂带磨削的冷却润滑 砂带磨削时分干磨与湿磨两种。湿磨时,磨削液的选择除考虑加工表面粗糙度、被加工材料等外,必须要考虑砂带粘接剂的种类,因为它们多属无机物,易受化学溶剂的影响。另外,还应考虑基底材料。

干磨时,当粒度号大于 P150 时,应采用干磨剂,可有效防止砂带堵塞。

(2) 砂带磨削的除尘 无论是湿磨还是干磨,无论是在砂带磨床磨削还是在普通机床上利用砂带磨削头架磨削,都应设有吸尘和集尘装置。可用封闭罩或吸尘管等结构将磨削液、切屑、磨粒等汇集于集尘箱内,通过过滤回收磨削液再用。

复习思考题

3-1 何谓固结磨料加工?何谓游离磨料加工?它们各有何特点?适用于什么场合?

3-2 试述超硬磨料磨具(金刚石砂轮、立方氮化硼砂轮)的特点。超硬磨料磨具为什么会成为精密加工和超精密加工的主要工具之一?

3-3 在表示普通磨料磨具和超硬磨料磨具的技术性能时,有哪些技术性能的表示方法相同?有哪些技术性能的表示方法不同?为什么?

3-4 为什么在超硬磨料磨具的结构中一般由磨料层、过渡层和基体三个部分组成?过渡层起什么作用?普通磨料磨具的结构为什么与超硬磨料磨具的结构不同?

3-5 涂覆磨具在制造技术上的质量关键是哪些?

3-6 试述近年来涂覆磨具在精密和超精密加工中所占的地位。

3-7 试述涂覆磨具制造中三种涂覆方法的特点和应用场合。

3-8 试从系统工程的角度分析精密磨削的技术关键。

3-9 试分析砂轮修整对精密磨削质量的影响。

3-10 精密磨削能获得高精度和小表面粗糙度值的主要原因何在?

3-11 试分析超硬磨料砂轮的各种修整方法的机理、特点和应用范围。

3-12 试分析普通磨料砂轮和超硬磨料砂轮在修整机理上的不同。

3-13 在超硬磨料砂轮磨削时如何选用磨削液?

3-14 超精密磨削的含义是什么?镜面磨削的含义是什么?

3-15 试从系统工程的角度来分析超精密磨削能达到高质量的原因。

3-16 试分析超硬微粉砂轮超精密磨削的特点。

3-17 试比较精密砂轮磨削和精密砂带磨削的机理、特点和应用范围。

3-18 比较闭式砂带磨削和开式砂带磨削的特点和应用场合。

3-19 分析接触轮外缘材料的种类及其硬度对砂带磨削的影响。

第四章 精密和超精密加工的机床设备

第一节 精密和超精密机床发展概况

一、精密和超精密机床的发展情况

精密机床是实现精密加工的首要基础条件,随着加工精度要求的提高和精密加工技术的发展,机床的精度不断提高,精密机床和超精密机床也获得了迅速的发展。

金属切削机床起源于18世纪,当时英国瓦特发明了蒸汽机,但是缺乏加工制造手段。发明后第5年,Wilkinson研制成功了一台卧式镗床,使蒸汽机的缸体能够加工,使瓦特的梦想成为现实。从这时代起开始了正规的机械加工,发展了各种金属切削机床。随着机械制造技术的发展提高,机床的品种不断增多,性能和精度不断提高。到第二次世界大战前后,精密机床的发展已逐渐完善成熟,精密车床和精密磨床的主轴回转精度已经达到微米级,坐标镗床、坐标磨床、齿轮磨床、螺纹和蜗杆磨床、三坐标测量机等均已在生产中得到广泛的应用,达到很高的精度。例如,国际上素负盛名的瑞士Schaublin、前西德的Boley、美国Hardinge公司等的精密车床主轴回转误差在$1\mu m$以下,实际进行测定,多数机床主轴振摆在$0.4 \sim 0.5\mu m$,直线度误差$<1\mu m/100mm$。瑞士Studer、美国Brown-Sharp公司的精密磨床磨出的工件圆度可达$0.5 \sim 1\mu m$,精密坐标镗床和坐标磨床的定位精度可达$1 \sim 3\mu m$。

第二次世界大战后的20世纪50年代末期,随着国防工业和尖端技术发展的需要,美国首先发展了金刚石刀具超精密切削技术,当时称为"SPDT技术"(Single Point Diamond Turning)或"微英寸技术"(1微英寸$= 0.025\mu m$)。为此发展了空气静压轴承主轴的超精密车床。美国为了国防和尖端技术的需要,在这方面投入了巨额的资金和大量的人力、物力,研究开发超精密切削用机床。超精密机床是综合性新技术的结晶,它综合应用多项近代新技术于精密机床,使精密机床产生质的飞跃。近年来,这项技术发展很快,现在已达到很高的水平。到20世纪80年代,超精密切削技术在民用产品中也得到应用,如加工计算机的磁盘、复印机的硒鼓、激光打印机的多面棱镜等,都要求发展高生产率的中小型超精密机床。现在美国和日本均有多家工厂和研究所生产超精密机床,英国、荷兰、德国等也都有工厂研究所生产和研究开发超精密机床,也都已达到较高的水平。

现在美国超精密机床的水平最高,不仅有不少工厂生产中小型超精密机床,而且由于国防和尖端技术的需要，研究开发了大型超精密机床，其代表是 LLL 国家实验室于 1983～1984 年研制成功的 DTM-3 和 LODTM 大型金刚石超精密车床，这两台机床是现在世界公认的水平最高的、达到当前技术最前沿的大型超精密机床。此外，美国公司近年来还开发了系列通用超精密机床产品。

英国是较早从事精密和超精密加工技术研究的国家之一。英国 Cranfield Unit for Precision Engineering 公司（CUPE）以其精加工技术闻名于世，曾生产 HATC 300 等超精密车床。1991 年 CUPE 公司研制成功用于加工 X 射线天体望远镜用反射镜的 2.5m×2.5m 大型超精密机床 OAGM2500，可用于精密磨削和坐标测量。这是迄今第二个能制造这样大的大型超精密机床的单位。

日本研究超精密切削技术和研制超精密机床虽起步较美国稍晚，在 20 世纪 70 年代中期才开始，但是由于得到有关方面的重视和协同努力，发展很快，现在在中小型超精密机床生产上，已基本上和美国并驾齐驱。多功能和高效专用超精密机床在日本发展较好，促进了日本微电子和家电工业的发展。

二、超精密机床进一步发展的规划

1. 美国 POMA 计划要求的精度

美国 Union Carbide 公司、Moore Special Tool 公司和美国空军兵器研究所一起于 20 世纪 90 年代制订了一个形状精度 0.1μm，加工直径为 800mm 的大型球面光学零件的超精加工规划，即举世闻名的 POMA 规划（Point One Micrometer Accuracy）。它对机床提出了极严格的要求。表 4-1 是 POMA 规划对精度的具体要求，该规划已经实现。例如，美国 Moore 公司现在生产的 Nanotech-500FG 五轴数控超精密机床的主要精度指标都已达到上述要求。

2. 日本提出的"超超精密机床"规划

日本也在原来超精密机床的基础上，再进一步规划更高精度的机床。按日本的提法，也就是研制"超超精密机床"。表 4-2 是日本提出的该规划的各项指标。

该规划主要围绕提高超精密机床精度性能而提出的设想，共有 13 个子课题，并已在 20 世纪内完成。该规划是以纳米级精度作为目标的。

表 4-1 美国 POMA 规划的要求精度 （单位：μm）

序号	精度内容	现在精度	目标精度	序号	精度内容	现在精度	目标精度
1	位置精度	0.1	0.01	7	主轴热伸长	0.25	0.05
2	定位精度	0.5	0.05	8	主轴驱动	0.5	0.01
3	Yaw，Pitch，Roll	1.0	0.02	9	热变形	0.5	0.05
4	直线度精度	0.25	0.02	10	工件夹持	0.5	0.05
5	轴向回转振摆	0.1	0.02		综合精度	1.5	0.1
6	径向回转振摆	0.1	0.02				

3. 中国精密机床和超精密机床的发展情况

我国在 20 世纪 60 年代起开始发展精密机床，经过 40 多年的努力，现在我国的精密机床生产已具有相当规模，不仅大部分品种都已能够生产，而且在精度质量上也已达到一定的水平。例如昆明机床厂、宁江机床厂和汉川机床厂能生产多种坐标镗床，有立式的并且有卧

表4-2 日本提出的"超超精密机床"精度规划

序号	研究开发课题（小课题）	1985年	1990年	1995年	2000年
1	纳米级直线导轨结构				
2	纳米级回转机构				
3	纳米级定位装置				
4	高精度微位移装置				
5	纳米级尺寸测量方法				
6	纳米级表面粗糙度和形状测量				
7	超超精密加工机械的隔振				
8	超超精密加工机械热变形补偿机构				
9	加工的大气、环境精密控制				
10	极小磨损的滑动面				
11	可能做到nm级精度的一般物质材料				
12	纳米级电、化学、光加工				
13	含金刚石的高性能新工具材料				

注：⌂ 宽度表示规划的年代，高度表示工作量的分布。

式的，都已装有精密数控系统，坐标镗床的定位精度达到±(2~5)μm。宁江机床厂还生产连续轨迹数控坐标磨床，定位精度±2μm。重庆机床厂生产高精度滚齿机，武汉重型机床厂生产大型高精度滚齿机。重庆机床厂、武汉机床厂、上海机床厂等均研制成功高精度蜗轮母机，使加工的蜗轮精度明显提高。上海机床厂和秦川机床厂生产多种磨齿机，其中Maag型磨齿机可加工4~5级精度的齿轮，汉中机床厂生产螺纹磨床和高精度蜗杆磨床。国内现在有多家工厂生产三坐标测量机，其中北京机床研究所、北京航空精密机械研究所、前哨机械厂等都已批量生产多种规格的三坐标测量机，据用户反映性能良好。

1987年北京机床研究所研制成功加工球面的JSC-027型超精密车床。该机床采用空气静压轴承主轴，最大加工直径400mm，后来又研制成功JSC-035型数控超精密车床。北京航空精密机械研究所研制成功空气静压轴承主轴的超精密车床和金刚石镗床，该研究所用花岗岩制造精密空气静压轴承主轴，使用性能良好。1998年，北京机床研究所制成的加工直径800mm的NAM-800型CNC超精密金刚石车床（图4-1）和SQUARE-200型等超精密铣床，哈尔滨工业大学研制成加工直径300mm的CNC超精密车床，这些机床的主轴回转精度达0.05μm，有两坐标精密数控系统和两坐标激光在线测量系统，可加工非球回转曲面。2006年，哈尔滨工业大学研制成加工KDP晶体的大平面超精密飞刀切削机床（图4-2）。KDP晶体可用于光学倍频，是大功率激光系统中的重要元件。现在我国正在研制加工直径1m以上的立式超精密机床。

我国超精密机床的生产和研制虽已取得不小的成绩，但和国外相比仍有相当大的差距。要从国外引进受保密、禁运的限制，只能靠自己开发研究，因此必须给予充分的重视和支持，投入充分的人力和物力，大力加强我国自己的开发研究能力，使我国的超精密加工技术和超精密机床能够得到加速发展。

图 4-1　NAM-800 型 CNC 超精密金刚石车床

图 4-2　加工 KDP 晶体的大平面超精密飞刀切削机床

第二节　典型超精密机床简介

下面介绍超精密机床发展过程中的一些典型的、有代表性的机床，它也代表了超精密加工技术和超精密机床的发展过程。美国开发研制超精密机床最早，发展过程最完整，现在的水平也最高，因此下面简介的典型超精密机床也以美国的超精密机床为主。

一、Union Carbide 公司的半球车床（1 号车床）

1962 年，美国联合碳化物（Union Carbide）公司研制成功半球车床。图 4-3a 给出了这台空气静压轴承主轴车床的外形构造。它能加工 $\phi 100mm$ 的半球，达到尺寸精度 $\pm 0.6\mu m$，表面粗糙度值 $Ra = 0.025\mu m$。这是最早期的使用金刚石刀具实现超精密镜面切削的机床。

图 4-3b 为这台车床的精密空气轴承主轴的结构。它采用多孔石墨制成轴衬，径向空气轴承的外套可以调整自动定心，可提高前后轴套的同轴度，以提高主轴的回转精度。该轴承的回转精度达到 $0.125\mu m$。

二、Moore 车床

美国 Moore 公司 1968 年发展了 Moore 超精密机床。它是在有效地使用了试制超精密机床的技术基础上，改造了 Moore 3 型坐标测量机而研制成功的。

图 4-4 为这种机床的结构外形。机床采用卧式主轴，使用了和 1 号车床相同结构的空气轴承主轴，以保证达到很高的加工精度。机床具有三坐标精密数控，即工作台的 x、z 方向和回转工作台的 B 向。金刚石刀具装在精密回转工作台上，在加工各种非球曲面时，刀具将垂直于加工表面，以提高所加工的非球曲面的精度和表面质量。这种机床对机床结构和性能做了较多改进，如提高了导轨的直线度、溜板导轨和主轴的垂直度，进行精密动平衡；采用了消振和防振措施；加强恒温控制等。这种机床可用于各种非球曲面的镜面加工，可达到较高的形状精度和很小的表面粗糙度值。

该机床可高精度地加工各种光学部件和激光光学系统的各种反射镜。其加工精度见表 4-3。

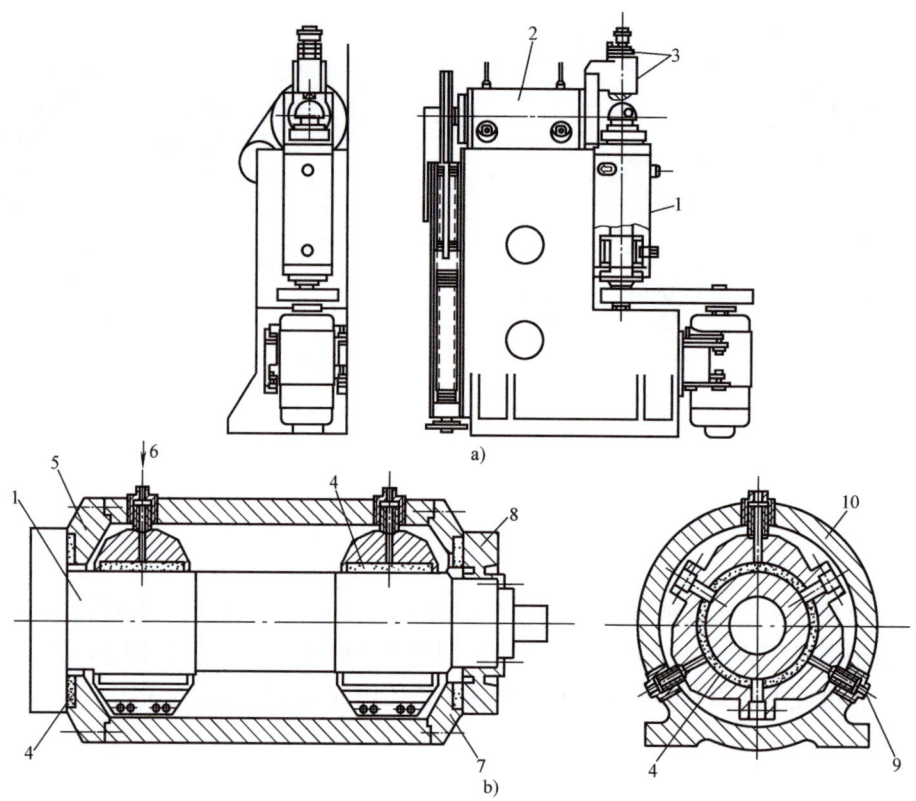

图 4-3 Union Carbide 公司的半球车床（1 号车床）

a) 外观结构　b) 空气静压轴承主轴

1—工件主轴　2—刀具头架主轴　3—刀具头架　4—多孔石墨轴衬　5—前止推板　6—进气孔　7—后止推板　8—挠性止推环　9—调整螺钉　10—外壳体

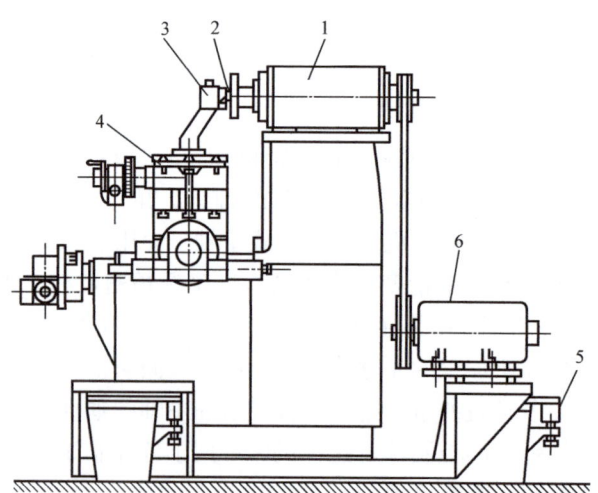

图 4-4 Moore 车床

1—空气轴承主轴　2—金刚石刀具　3—刀具夹持器　4—精密转台　5—空气隔振垫（三点支承）　6—主电动机

表 4-3　Moore 车床加工的激光反射镜精度（1976 年）

直 径/mm	平面镜	曲面镜
	平面度/μm	形状精度/μm
<152.4 <635.0	0.3 1.2 2nm/mm	0.45 1.9 3nm/mm
表面粗糙度 (nm, p-v)	7.5~20	20~62.5

Moore 机床是一台很成功的超精密机床，美国 Moore 公司后来生产多年的 M-18AG 型超精密非球面车床，仍继续采用上述基本结构形式。空气静压轴承主轴，主轴的回转精度 0.05μm，空气静压导轨，精密数控系统的分辨力 0.01μm，双坐标双频激光测量系统（分辨力 0.01μm）作为工作台移动位置测量及反馈，机床床身用优质铸铁制造，有恒温油浇淋机床中的各发热部件，整台机床由三个空气隔振垫支承，以隔离外界振动的影响。M-18AG 型超精密机床性能良好，曾生产多台，在美国和其他国家现在都仍在使用。

三、Ex-Cell-O 公司的 2m 镜面立式车床

为加工大功率的 CO_2 气体激光核聚变装置中的大直径的光学部件，1976 年美国 Ex-Cell-O 公司开发了加工金属反射镜直径达 2m 的金刚石镜面切削车床。Ex-Cell-O 公司原来已拥有最高精度的滚动轴承机床的制造技术，但对于加工直径为 2m 的光学部件来说，滚动轴承机床加工的反射镜达不到要求的精度，因而开发了新的空气静压轴承回转轴的超精密车床，制成用双半球结构空气轴承主轴的 Ⅱ-G 型卧式车床，和用端面止推轴承、半球空气静压轴承主轴结构的 Ⅲ-B 型立式车床。这种立式车床主轴的径向圆跳动为 0.10~0.13μm，轴向圆跳动为 0.15~0.18μm，2000r/min 运转 8h 的温升在 5.6℃ 以内，径向刚度为 361N/μm。Los Alamos 科学实验室（LANL）使用这种车床切削 8 个波束 CO_2 激光 Helicos 系统上的金属反射镜，均达到要求的精度。

四、美国 Rank Pneumo 公司的 MSG-325 型超精密车床

美国 Rank Pneumo 公司是一家著名的生产超精密机床的工厂，该厂生产的 MSG-325 型超精密车床已在很多单位使用。机床整体布局和 Moore 机床不同，采用 T 形布局，即主轴箱下有导轨，做 z 向运动，刀架滑板做 x 向运动，这样有利于提高精度。机床空气主轴的径向圆跳动和轴向圆跳动均≤0.05μm。床身和溜板均用花岗岩制造，床身用重 7t 的 2m×1.2m×0.6m 的花岗岩，导轨为气浮导轨。机床用滚珠丝杠和分辨力为 0.01μm 的双坐标精密数控系统驱动，用 HP5501A 双频激光干涉仪精密检测主轴箱和刀架的位移，作为闭环数控系统的反馈。使用精密的圆弧刃金刚石刀具加工非球曲面的反射镜，可以达到很高的形状精度和很小的表面粗糙度值。我国中科院长春光机所应用光学国家重点实验室 1989 年购买的 Rank Pneumo 公司的 MSG-325 超精密车床，使用效果良好。

五、美国 LLL 实验室 DTM-3 型大型超精密车床

在美国能源部支持下，LLL 实验室和高水平的联合碳化物公司 Y-12 工厂联合开发，于 1983 年 7 月研制成功大型超精密金刚石车床 DTM-3 型（也称 3 号机床），用于加工激光核聚变用的各种金属反射镜、红外装置用零件、大型天体望远镜的反射镜（包括 X 光天体望远镜）等。该机床可加工最大 ϕ2100mm，质量 4500kg 的零件。图 4-5 所示为该机床的外观图。该机床的设计精度为：半径方向形状精度 27.9nm，圆度、平面度 12.5nm（p-v 值），加工表面粗糙度 Ra≤4.2nm。

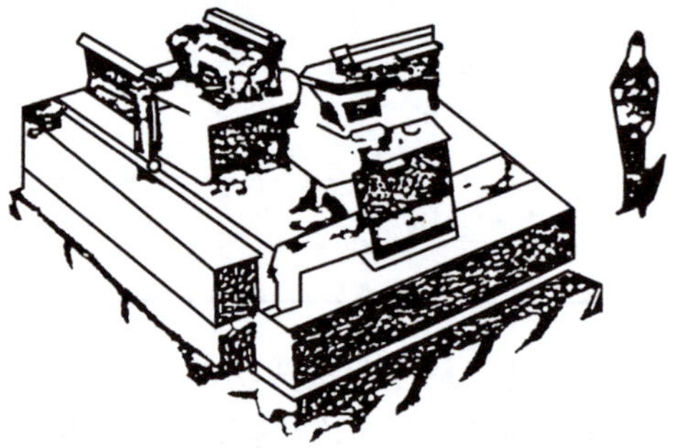

图 4-5 美国 LLL 实验室的 3 号大型超精密车床（DTM-3）外观图

上述超精密机床中最重要的问题是超精密运动位置的确定技术。采用了精密数控伺服方式，控制部分为内装式 CNC 装置和激光干涉测长仪，精确测量定位。为了实现刀具的微量进给，在 DC 伺服机构内装有压电微位移机构，可实现纳米级微位移。该机床和该实验室 1984 年研制的另一台大型超精密车床 LODTM 一起是现在世界上公认技术水平最高、精度最高的大型金刚石超精密车床。

该机床的主要技术性能如下：

（1）检测系统（Metrology Loop） 长距离测定用分辨力 2.5nm 的 He-Ne 激光干涉仪，短距离测定用分辨力 0.625nm 的差动式电容测微仪。

（2）主轴与导轨 主轴采用油静压径向轴承，空气静压推力轴承，主轴刚度 >500N/μm。x 向采用平面液体静压导轨，z 向采用平面空气静压导轨。

（3）导轨运动系统的驱动与控制 x 轴、z 轴的驱动由 DC 电动机与有静压轴承的 ϕ50mm 的摩擦驱动轮驱动，频带宽 10Hz，最大进给量 2.5mm/s。并有 PZT（PbZrO-PbT）陶瓷压电元件驱动刀具的微位移机构（范围：2.5μm）进行误差修正。

（4）恒温控制及底座 在 6m^2 空间内流体温度控制可达（20±0.0006）℃，空气温度控制可达（20±0.005）℃。机床用流量为 1.5m^3/min 恒温液体通过或淋浇。机床底座为价值 5 万美元的 6.4m×4.6m×1.5m 的花岗岩，花岗岩热膨胀系数低，对振动的衰减能力比钢高 15 倍。

六、美国 LLL 实验室的大型光学金刚石车床（LODTM）

LODTM 车床由美国国防部高级研究计划局（DARPA）投资 1300 万美元，LLL 实验室和空军 Wright 航空研究所等单位合作研制。从 1980 年 3 月开始用了 40 个月的时间，于 1983 年 7 月初步制成加工光学零件的 LODTM 大型光学金刚石车床（Large Optical Diamond Turning Machine），经试用检验，于 1984 年这台大型光学金刚石车床 LODTM 正式研制成功。该机床可以加工 ϕ1625mm×500mm、质量 1360kg 的大型金属反射镜。为减少工件质量产生的变形影响，机床采用立式结构，如图 4-6 所示。

为提高这台机床的精度，采取了一系列重要技术措施。机床采用立式结构，可以采用面

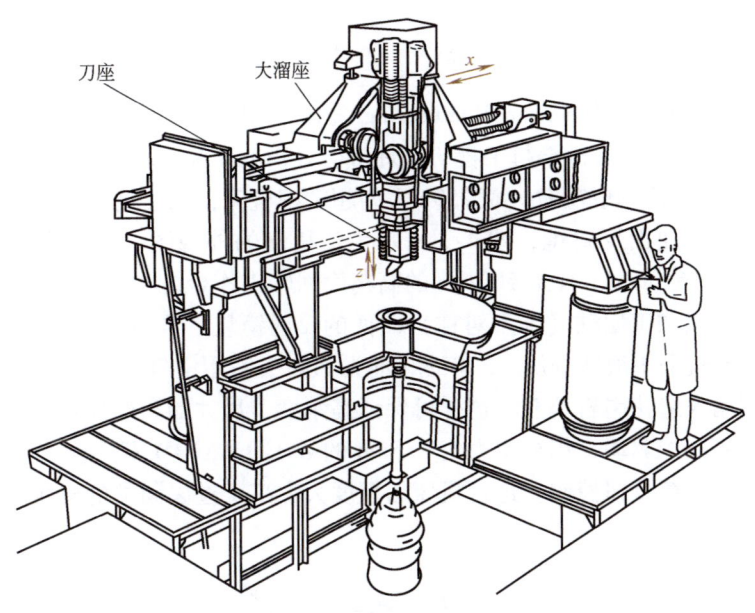

图 4-6 美国 LLL 实验室的大型光学金刚石车床（LODTM）

积较大的推力轴承，提高机床的轴向刚度，并保证主轴有较高的回转精度。为提高机床运动位置测量系统的测量精度，采用 7 路高分辨力双频激光测量系统。使用 He-Ne 双频激光测量器，分辨力为 0.625nm。使用 4 路激光检测横梁上溜板的运动，使用 3 路激光检测刀架上下运动位置，通过计算机运算可以精确知道刀尖的位置。机床使用在线测量和误差补偿，以提高加工精度。为减少热变形的影响，机床各发热部件用大量恒温水冷却，水温控制极为严格，为 (20 ± 0.0005)℃。为减少振动的影响，机床用大的地基，地基周围有防振沟，整台机床用 4 个大空气弹簧支承起来，其中有 2 个空气弹簧气室是连通的，这样 4 个空气弹簧实际是起三点定位的作用。为避免机床受水泵振动的影响，恒温冷却水是用水泵打入储水罐，恒温水是靠重力流到机床需要冷却的部分。这台大型超精密车床精度很高，经美国原国家标准局（NBS）进行精度检测，实测的结果见表 4-4。

表 4-4 美国 LODTM 大型超精密机床实测精度 （单位：μm）

主轴	静态	x 向（径向）	0.025
		z 向（轴向）	0.051
	50r/min 时的主轴回转误差（p-v 值）	x 向（径向）	<0.051
		z 向（轴向）	<0.051
	直线定位误差（p-v 值）	x 向（径向）	<0.051
		z 向（轴向）	<0.051
	导轨运动直线度误差（p-v 值）	x 向（径向）	<0.102
		z 向（轴向）	<0.102
	激光测量系统综合误差	x 向（径向）	<0.0025
		z 向（轴向）	<0.0025

七、英国 Cranfield 公司的 OAGM 2500 大型超精密机床

英国 Cranfield Unit for Precision Engineering 公司（CUPE）是英国著名的精加工工厂，1991 年 Cranfield 公司和英国科学与工程研究理事会（British Science and Engineering Research Council，SERC）合作研制成功 OAGM 2500 大型超精密机床，用于精密磨削和坐标测量 X 射线天体望远镜的大型曲面反射镜，图 4-7 所示为该机床的外观图。该机床最大加工尺寸为 2500mm×2500mm×610mm，有 ϕ2500mm 的高精度回转工作台。加工更大的曲面反射镜时，用三轴联动数控可以加工偏轴（即不对称）曲面的反射镜块，再组合成大型的曲面反射镜。机床的 x 和 y 向导轨采用液体静压，z 向的磨轴头和测头采用空气静压轴承。床身采用型钢焊接结构。中间用人造花岗岩填充，这样可保证高刚度、尺寸的高度稳定和很强的振动衰减能力。机床用精密数控驱动，用分辨力为 2.5nm 的 ZYGO AXIOM 双频激光测量系统检测运动位置，并向数控系统反馈控制。这台机床的精度大大高于过去同类的机床。

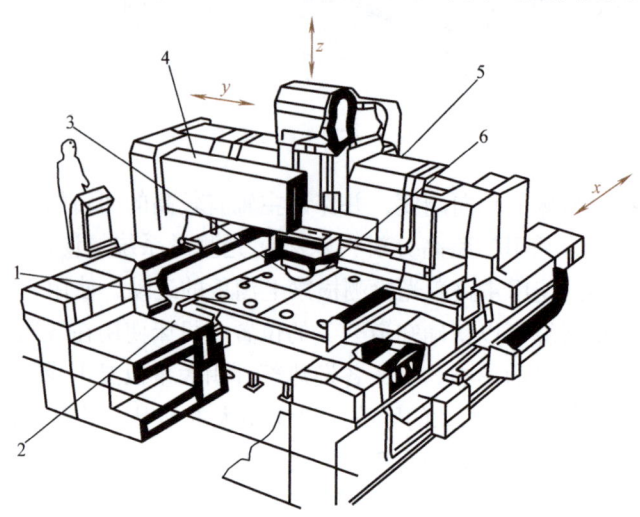

图 4-7 英 Cranfield 公司的 OAGM 2500 大型超精密机床
1—工作台 2—测量基准架 3—测头 4—y 向参考光束 5—溜板龙门架 6—砂轮轴

八、美国 Moore 公司的 500FG 超精密机床

现在国外生产的中型超精密机床产品的精度已明显提高，美国 Moore 公司 2000 年生产的五轴联动 500FG 超精密机床（见图 4-8），可作为典型代表，该机床不仅可加工精密回转体非球曲面，并可加工精密自由曲面。机床空气轴承主轴转速 20~2000r/min，回转误差 ≤0.025μm。液体静压导轨由无刷直线电动机驱动，直线度误差 ≤0.3μm/300mm。机床采用 T 形布局：主轴箱做 z 向运动，工作台做 x 向运动。工作台上装有转台，为数控联动的 B 轴，超精密车削时转台上装金刚石车刀，加工自由曲面时可装砂轮磨头或铣刀。加工自由曲面时，装工件的主轴除有 z 向运动外，还可做垂直的 y 向运动（即工件可做 z 向和 y 向运动），主轴的转动作为数控联动的 C 轴（即工件相当于装在 C 轴的转台上）。机床装有高精度光栅尺测量系统和高分辨率数控闭环反馈控制系统。

图 4-8 美国 Moore 公司五轴联动 500FG 超精密机床

九、日本 TOYOTA 公司的 AHN 10 型高效专用车削、磨削超精密机床

日本开发了多种高效专用超精密机床，这里介绍 TOYOTA 公司生产的一台专用超精密车床作为代表。该机床用于加工塑料高精度透镜的金属模具。

该台超精密机床用于加工非球曲面，因模具用钢制造需要磨削，故该机床可用于车削、铣削、磨削并带有精密测量装置。为实现这一目标，该机床有一个 x 和 y 向调整的刀架及作 B 轴转动的高精度转台，借助三轴精密数控，可以加工平面、球面和非球曲面。

机床主轴用空气静压轴承，最大加工直径 100mm，刀架设计成滑板结构。移动距离：x 向为 250mm，z 向为 200mm。直线移动分辨力 0.01μm，激光测量反馈，定位精度全行程 0.03μm。B 轴回转分辨力为 1.3″。砂轮轴的转速 100000r/min，由气动透平驱动。刀具的切削刃（或砂轮廓形）通过显微镜放大显示在屏幕上，易于定位，提高加工精度。有些塑料透镜模具的非球曲面的曲率半径仅几毫米，用指状砂轮磨削时，砂轮轴相对于工件转成 ±45°，如图 4-9 所示。

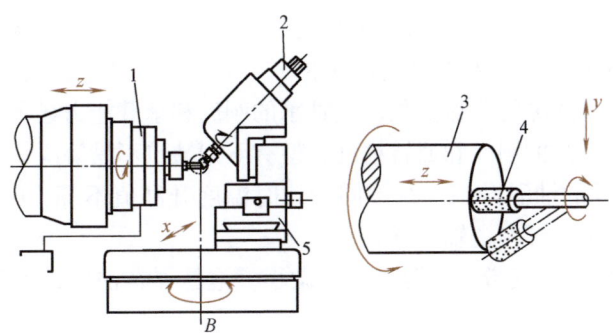

图 4-9 日本 AHN 10 型机床磨削模具情况

1—主轴 2—磨头主轴 3—工件 4—砂轮 5—刀架

在测量时，夹着工件（金属模具）的主轴转 90°呈垂直向上状态。模具测量仪的测针下

降到工件,左右移动进行测量,尺寸数据经过计算在屏幕上显示出来。该机床加工模具形状精度为 $0.05\mu m$,表面粗糙度 $Ra=0.025\mu m$。

第三节 精密机床主轴部件

超精密机床的质量,取决于关键部件的质量。世界各国都非常重视这个问题,投入大量人力、物力,对超精密机床的关键部件和关键技术进行开发研究。

精密主轴部件是超精密机床保证加工精度的核心。主轴要求达到极高的回转精度,转动平稳,无振动,其关键在于所用的精密轴承。早期的精密主轴采用超精密级的滚动轴承,例如瑞士 Schaublin、美国的 Hardinge 等精密机床,主轴用特制的超精密轴承,整台机床制造精度很高,因此机床加工精度可达 $1\mu m$,加工表面粗糙度值达 $Ra0.04 \sim 0.02\mu m$。制造如此高精度的滚动轴承主轴,是极为不易的,如要进一步提高主轴精度更是困难,很难办到。

在液体静压轴承和空气静压轴承使用后,滚动轴承已很少在超精密机床主轴中使用。

一、液体静压轴承主轴

液体静压轴承回转精度很高 ($0.1\mu m$),转动平稳,无振动,因此部分超精密机床主轴使用这种轴承。我国沈阳第一机床厂、济南第一机床厂和上海仪表机床厂生产的超精密车床,主轴都使用这种液体静压轴承。

图 4-10 所示为典型的液体静压轴承主轴结构原理图。液体静压轴承常用的油压为 $0.6\sim1MPa$。液压油通过节流孔进入轴承耦合面间的油腔,使轴在轴套内悬浮,不产生固体摩擦。当轴受力偏斜时,耦合面间泄油的间隙改变,造成相对油腔中油压不等,该油的压力差将推动轴回到原来的中心位置。液体静压轴承可达到较高的刚度。液体静压推力轴承一般由两个相对的止推面做在轴的同一端,如图 4-10 所示。这是因为液体静压轴承工作转动时常产生较大的温升,如两个相对的止推面分别做在轴的两端,当温度升高时轴的长度增加,造成推力轴承间隙的明显变化,使轴承的刚度和承载能力显著下降。

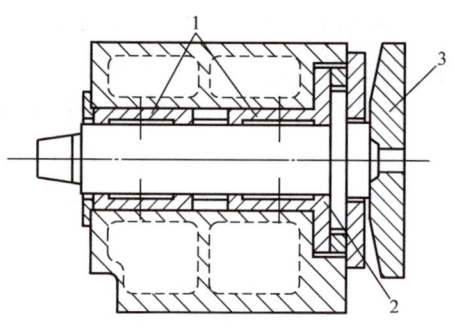

图 4-10 典型液体静压轴承主轴结构原理图
1—径向轴承 2—推力轴承 3—真空吸盘

液体静压轴承有较高的刚度和回转精度,但有下列缺点不易解决:

1)液体静压轴承的油温升高。在不同转速时温度升高值不等,因此要控制恒温较难。温度升高将造成热变形,影响主轴精度。

2)静压油回油时将空气带入油源,形成微小气泡悬浮在油中,不易排出,因此将降低液体静压轴承的刚度和动特性。

由于以上原因,在 20 世纪 60 年代开始采用空气静压轴承主轴,由于它回转精度高、平稳,温升小,因而在超精密机床中得到广泛的应用。但是空气静压轴承刚度较低,承载能力不高,因而在大型超精密机床中有时仍采用液体静压轴承。例如美国 LLL 实验室的 DTM-3 型大型超精密机床,其主轴的径向轴承采用液体静压轴承(推力轴承用气体静压轴承)。为解决前面提到的两个难题，该机床采用如下措施：

1）提高静压油的压力到 6~8MPa，使油中微小气泡的影响减小，提高了静压轴承的刚度和动特性。

2）静压轴承用油经温度控制，基本达到恒温，减小轴承的温升。

3）轴承用恒温水冷却，减小轴承的温升。

采用上述措施后，该液体静压轴承主轴得到令人满意的效果。

二、空气静压轴承主轴

空气静压轴承有很高的回转精度，在高速转动时温升很小，因此造成的热变形误差很小。空气静压轴承的应用促进了超精密机床的发展。空气静压轴承的主要问题是刚度低，阻尼系数小，只能承受较小的载荷。超精密切削时切削力很小，空气静压轴承能满足要求，故在超精密机床中得到广泛的应用。

空气静压轴承的工作原理和液体静压轴承类似，轴由压力空气浮在轴套内，轴的中心位置由两相对表面的静压空气压力差维持。由于空气的流动性很好，因此轴承两耦合面间（轴与套之间）的空气泄气间隙很小（常用间隙单边 6~15μm）。轴套中的空气腔面积很小，或在空气输入的节流孔端做一倒棱，或沿轴向做一窄槽，两端均留较长的无槽泄气面。由于这种轴承的轴与套之间的间隙很小，回转精度要求又高，故轴与轴套均要求很高的制造精度。如同一轴上有两个径向轴承，两轴承要求很高的同轴度；同一轴上的径向轴承和推力轴承之间垂直度也要求很高，否则空气轴承主轴的回转精度就受到影响。空气轴承主轴结构类型较多，下面介绍几种典型的结构。

1. 圆柱径向轴承和端面止推空气静压轴承

这种结构和图 4-10 所示的液体静压轴承主轴结构基本相同，只是节流孔和气腔大小形状不同。这种空气轴承主轴结构比较简单，但要求前后径向轴承有很高的同轴度，径向轴承和推力轴承有很高的垂直度，因此要求很高的制造工艺水平。日立精机的超精密车床使用这种结构的空气轴承主轴，获得较好效果。这种结构的空气轴承可以有较高的轴向刚度。

图 4-3b 中是另一种结构的圆柱径向和端面止推空气静压轴承的主轴结构。该结构中径向轴承的轴套制成外面鼓形，能自动调整定心。先通气使轴套自动将位置调好后再固定，这样可提高前后轴套的同轴度，以提高主轴的回转精度。这种结构的空气轴承，采用多孔石墨的轴衬来代替输入空气的小孔节流，使用效果良好。使用多孔石墨作为空气节流的衬套还有很大好处，即在没有空气状态下轴如少量旋转，不会和轴套咬住使主轴损坏。现在国外很多空气轴承都使用多孔石墨来作为空气节流的衬套。但用这种方法要求所用的多孔石墨组织均匀，各处透气率相同；这种多孔石墨制造技术难度很大。

2. 双半球空气轴承主轴

这种结构如图 4-11 所示。前后轴承均采用半球状，既是径向轴承又是推力轴承。由于轴承的气浮面是球面，有自动调心作用，因此可以提高前后轴承的同轴度，从而提高主轴的回转精度。

现在美国有些工厂的超精密机床采用这种双半球空气轴承主轴，对半径为 153mm 的主轴，刚度为 115N/μm。英国 Cranfield Precision Engineering 公司生产的某些超精密车床使用这种双半球结构的空气轴承主轴，当轴承尺寸较大时，可以有较高的刚度和较大的承载能力,例如 Cranfield 公司这种结构的 PG150S 型空气轴承主轴部件(见图 4-11),承载能力(径向和轴向)为 180kg,径向和轴向刚度为 350N/μm。

3. 前部用球形,后部用圆柱径向空气轴承的主轴

这种结构的主轴现在在超精密机床中常使用。这种结构因一端为球形,同时起到径向和轴向推力轴承的作用,并有自动调心的作用,可以提高前轴承和后轴承(圆柱径向轴承)的同轴度,从而提高了主轴回转精度。图 4-12 是日本东芝机械的超精密车床的这种结构主轴。这种空气轴承主轴的主要性能见表 4-5。

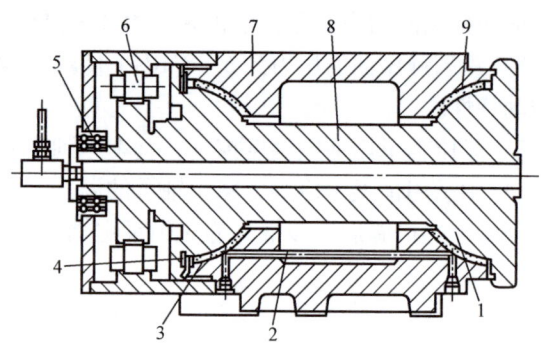

图 4-11 内装式双半球空气轴承同轴电动机驱动主轴箱(CUPE)
1—前轴承 2—供气孔 3—后轴承 4—定位环
5—旋转变压器 6—无刷电动机 7—外壳
8—轴 9—多孔石墨

从表中的数值可看到,这种球形轴承主轴的刚度和承载能力均不高,优化轴承参数可以提高其刚度和承载能力。在有更高要求时,可加大球形轴承的尺寸。

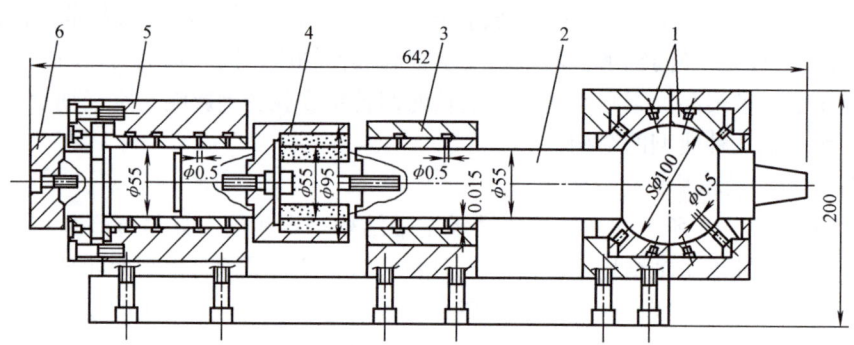

图 4-12 一端为球形轴承一端为圆柱径向轴承的空气轴承主轴(东芝机械)
1—球轴承 2—主轴 3—径向轴承 4—电磁联轴器 5—径向及推力轴承 6—带轮

表 4-5 一端用球形轴承的空气轴承主轴的性能(东芝机械)

规 格	ABS-6		ABS-10		ABS-12	
球的直径/mm	60		100		120	
回转精度/μm	径向 0.05	轴向 0.05	径向 0.05	轴向 0.05	径向 0.05	轴向 0.05
刚度/(N/μm)(气压为 0.6MPa)	15	29	49	59	69	80
允许负载/N(气压为 0.6MPa)	88	176	294	393	441	539
最高转速/(r/min)	10000		6000		5000	

为进一步提高前后轴承的同轴度,一端用球形轴承的空气轴承主轴,另一端径向轴承有采用图 4-3b 所示的结构。即圆柱径向轴承的轴套外面,又加了半球状的空气轴承,使径向

轴承的轴套能有一定程度的浮动，提高前后轴承的同轴度，从而提高主轴的回转精度。

4. 立式空气轴承

对于大型超精密车床，空气轴承主轴常采用立式结构，如图 4-13 所示。这种立式主轴结构的空气静压轴承有如下特点：①空气推力轴承的下止推面都大于上止推面，以平衡主轴的重量，使上下止推面的空气间隙相等，都处于最佳状态；②径向轴承制成圆弧面，可起到自动调心、提高精度的作用。

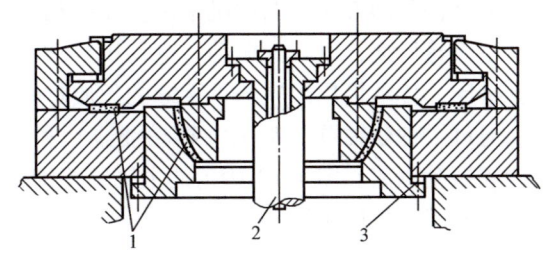

图 4-13　垂直轴空气轴承工作台结构
(Ex-Cell-O 公司的 Ⅲ-B 型立轴车床用)
1—多孔石墨轴衬　2—驱动轴　3—气隙

5. 大平面铣床的主轴轴承

加工 KDP 晶体的超精密大平面铣床，一般都采用大直径的单刃铣刀（飞刀）而无横向进给。为提高加工平面的精度，这种机床主轴要求极小的轴向圆跳动和较大的角刚度。这种机床主轴的空气轴承结构，可以有两种不同的方案：第一方案是采用大直径的推力轴承，而较短的轴向长度；第二方案是加大主轴两个径向轴承间的距离（即主轴采用较大长度），而采用直径较小的推力轴承。俄罗斯生产的加工 KDP 晶体的超精密大平面铣床的主轴采用第一方案；我国生产的超精密大平面飞切机床的主轴曾采用第二方案，后也改用第一方案，两种结构主轴均能加工出高精度大平面，可根据加工条件选用。

三、超精密机床主轴和轴承的材料

超精密机床现在多数采用空气静压轴承主轴。使用空气静压轴承时，主轴和轴承的材料选取，对主轴的精度和性能有重要影响。

机床主轴和轴承的材料选取：首先，应考虑不易磨损。空气静压轴承主轴正常工作时虽不会产生磨损，但偶然不通气时会发生接触转动，要求主轴和轴套不易咬住或磨损。其次，材料应不易生锈腐蚀。空气轴承工作时无润滑剂，工作时通入的压缩空气虽是干燥的，不致生锈腐蚀，但在轴承不工作时，潮湿空气会进入轴承内，因此要求轴承材料不易生锈腐蚀。第三，材料要稳定并且线膨胀系数要小。空气轴承工作时虽温升不大，仅 1°~3℃，但仍会改变空气轴承的气隙，使主轴产生热变形，影响其性能和回转精度，故应采用线膨胀系数小的材料，主轴和轴套应用线膨胀系数接近的材料，并且可采用恒温油浇淋降温。

现在实际制造空气静压主轴和轴套材料的有：①轴和轴套都用 38CrMoAl 氮化钢，经表面氮化和低温稳定处理；②不锈钢；③多孔石墨和轴承钢。此外，文献中还报道试用下列材料制造空气主轴的轴和轴套：①铟钢；②花岗岩；③线膨胀系数接近于零的微晶玻璃；④陶瓷。

四、主轴的驱动方式

主轴驱动方式直接影响超精密机床的主轴回转精度，因此这是一个必须给予充分重视的问题。现在超精密机床主轴的驱动主要有下面三种方式。

1. 电动机通过带传动驱动机床主轴

早期的超精密机床都采用这种驱动方式，如图 4-3、图 4-4 所示的超精密机床都是电动机通过带传动驱动主轴旋转。现在仍有部分超精密机床采用这种驱动方式。

采用这种驱动方式，电动机采用直流电动机或交流变频电动机，这种电动机可以无级调速，不用齿轮调速，以减少振动。电动机要求经过精密动平衡并用单独地基，以免振动影响超精密机床。传动带用柔软的无接缝的丝质材料制成。带轮由自己的轴承支承，经过精密动平衡，通过柔性联轴器（常用电磁联轴器）和机床主轴相连。采用上述措施主要是使主轴尽可能和振动隔离。图4-12所示的主轴结构即为用带轮（有自己的轴承支承）通过柔性的电磁联轴器驱动机床主轴。

2. 电动机通过柔性联轴器驱动机床主轴

现在的超精密机床多数采用T形总体布局，即主轴箱做z向运动，刀架滑板做x向运动。这时主轴箱成为运动部件，采用电动机通过传动带驱动主轴的方式，就十分不便。因此，现在采用T形总体布局的超精密机床多数采用电动机和机床主轴通过柔性联轴器相连的驱动方案。

采用这种驱动方案时，电动机和机床主轴在同一条轴线上，通过电磁联轴器或其他柔性联轴器和超精密机床的主轴相连，这时机床的主轴部件要比通过传动带驱动紧凑得多，这种驱动方式现在在超精密机床中用得较多。

采用这种主轴驱动方式时，电动机采用直流电动机或交流变频电动机，可以很方便地实现无级调速。电动机应经过精密动平衡，电动机安装时尽量使电动机轴和机床主轴同轴，再用柔性联轴器消除电动机轴和机床主轴不同轴引起的振动和回转误差，这样可以尽量提高超精密机床主轴的回转精度。

采用这种主轴驱动方式时，主轴部件的轴向长度较长，使整个机床的尺寸加大。

3. 采用内装式同轴电动机驱动机床主轴

电动机是专制的内装式的，电动机轴即为机床主轴。电动机的转子直接装在机床主轴上，电动机的定子装在主轴箱内，电动机自己没有轴承，而是依靠机床的高精度空气静压轴承支承转子的转动。电动机现在都采用无刷直流电动机，可以很方便地进行主轴转速的无级变速，同时电动机没有电刷，不仅可以消除电刷引起的摩擦振动，而且免除了电刷磨损对电动机运转的影响。为使主轴能获得尽量高的回转精度，电动机转子装上主轴后要求转子和主轴高度同轴，并且转子应经过精密动平衡。电动机定子也要求和主轴高度同轴，电动机装配后转子和定子间的间隙均匀，使电动机驱动时的径向力尽量小。因为电动机径向力直接影响主轴的回转精度。现在一般的直流电动机都是方波驱动，这时的驱动转矩变化大致在8%~10%。这将使主轴的瞬时转速有波动，主轴转速低时，转速波动更明显。在要求主轴转动更平稳时，直流电动机可以采用正弦波驱动，这时驱动转矩波动可以控制在5%以内，但这时直流电动机的控制电路要复杂不少。

内装式同轴电动机驱动机床主轴存在的一个问题是：电动机工作时定子将发热产生温升，使主轴部件产生热变形。为减小热变形，电动机定子应强制通气冷却或将定子外壳做成夹层，通恒温油（或水）冷却。采取以上措施后，可以基本解决内装式电动机的发热问题。

主轴电动机做成内装式，电动机和机床主轴同轴，不仅可提高主轴的回转精度，而且主轴箱的轴向长度缩短，主轴箱成为一个独立的、很方便移动的部件。

主轴箱部件多数将做z向运动，刀架滑板做x向运动，z向和x向导轨都做在机床床身上，使机床结构布局大为简化，容易提高导轨的运动精度。在这种方案中，要求有上述可移动的主轴部件。图 4-11 所示为英国 Cranfield 公司（CUPE）用于超精密机床中的主轴部件，它是采用内装式同轴直流电动机驱动机床主轴的。现在新研制的超精密机床，很多都采用内装式同轴无刷电动机驱动或内装式同轴交流变频电动机驱动，因此可以认为，这是超精密机床主轴驱动方式的发展方向。

超精密机床的主轴电动机一般要求在某速度以下为恒转矩，某速度以上为恒功率，这样在低速时可满足必要的切削转矩。

第四节 机床的总体布局和床身导轨

一、超精密机床的总体布局

超精密机床的总体布局对其性能好坏起决定性影响。现在超精密机床绝大多数用于加工反射镜等盘形零件，因此一般都没有后顶尖。

对超精密车床，刀具相对于工件，需做纵向（z）和横向（x）运动，因此需要有 z 方向和 x 方向的导轨。某些机床，如 Moore 车床，还增加一个回转工作台，使上面装的金刚石刀具在加工非球曲面时，始终垂直于加工表面，以减小刀具圆弧刃误差对工件形状的影响。这时除有 z 和 x 方向的导轨外，还增加一个垂直的 B 回转轴。根据加工回转体非球曲面的运动要求，现在超精密机床的总体布局有下面几种。

1. 十字形滑板工作台布局

这种布局中主轴箱位置固定，刀架装在十字形滑板（或溜板）工作台上，做 z 向和 x 向运动。现在的精密机床，如坐标镗床和三坐标测量机等，多数采用这种结构布局。图 4-14 所示为 Moore 公司三坐标测量机所用的十字形滑板构成的 z、x 双向工作台。Moore 公司生产的 M - 18AG 型超精密非球曲面车床采用这种结构布局。

这种结构布局将使下滑板的运动误差叠加到上滑板的运动误差中，故要求十字形滑板的上下导轨都有很高的精度，不仅要求有很高的直线运动精度，而且要求有非常严格的垂直度。此外，现在的超精密机床，采用双频激光干涉仪或光栅尺做 z、x 方向运动的随机位置检测，采用十

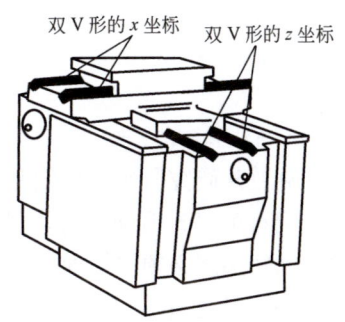

图 4-14 十字形滑板构成的 x、z 双向工作台（Moore 3 号坐标测量机）

字形滑板结构时，必有一路测量系统装在移动的导轨上，这将增加测量误差。

2. T 形布局

近年生产的中小型超精密机床多数采用 T 形机床总体布局，即主轴箱完成纵向运动（z 向），刀架完成横向运动（x 向），如图 4-15 所示。这种 T 形布局，使 z 向和 x 向运动分离，有很多优点。z 向和 x 向运动的导轨都做在机床的床身上，相互独立，故误差不叠加，无相互干扰，z 向和 x 向导轨可以调整到很高的垂直度。此外，检测 z、x 向运动位置的双频激光在线测量系统都可以装在固定不动的床身上，仅测量移动位置用的反射镜装在 z、x 方向的移动部件上。这不仅使测量系统的安装要简单很多，而且可大大提高测量精度。Rank Pneumo 公司的 MSG - 325 超精密车床，即采用这种 T 形导轨布局。

还有另一种类似的T形机床总体布局，即主轴箱做x向运动，刀架滑板做z向运动。x向运动和z向运动的导轨都做在机床的床身上。这种T形布局，因操作不太习惯，用得不多。

3. R-θ布局

刀架滑板装在回转工作台上，改变刀座半径R可加工一定范围曲率半径的球面。回转工作台的转角θ和半径R数控联动，可加工平面和各种凹凸非球曲面。在工件的厚度改变时，主轴箱（或回转工作台中心）需要在z向调整。这种R-θ布局因高精度圆弧导轨制造不易，且加工调整用极坐标计算，和习惯用的直角坐标不一致，故用得不多。

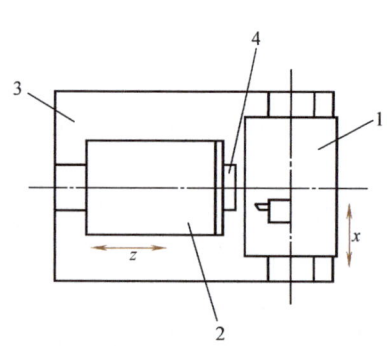

图4-15 T形机床总体布局

1—横滑板（刀架） 2—纵滑板（主轴箱）
3—床身 4—工件

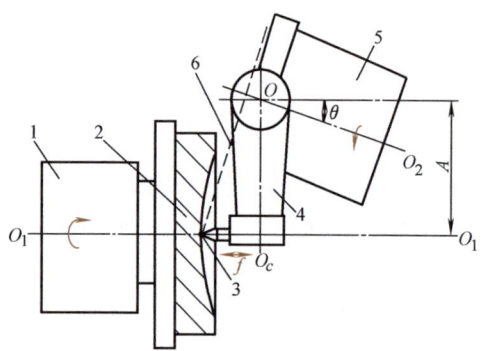

图4-16 偏心圆转角布局机床工作原理

1—工件主轴 2—工件 3—金刚石车刀 4—刀架臂 5—车刀主轴箱 6—刀尖运动平面

4. 偏心圆转角布局

乌克兰某研究所研制成偏心圆转角布局的超精密机床，其工作原理如图4-16所示。工作时金刚石车刀3围绕刀具转轴O-O_2摆动，刀尖的运动轨迹为一段圆弧（在平面6内），刀尖运动轨迹圆必须严格通过工件的中心点，该运动为切削时的进给运动。车刀主轴箱5可绕垂直轴心O摆动，以得到不同的转角θ，O点偏离工件轴线O_1-O_1的距离为固定值A。当刀具转轴O-O_2和工件轴线O_1-O_1平行时（$\theta = 0$），刀尖运动平面6和工件轴线垂直，和工件旋转运动配合，可切出工件的平端面。当刀具转轴转角θ为负值（图中位置）时，刀尖运动轨迹为凸圆弧，加工出的工件表面为凹球面。当转角θ为正值时，刀尖运动轨迹为凹圆弧，加工出的工件表面为凸球面。改变转角θ可以加工出不同曲率半径的球面。因为球面的任意方向截面都是圆（刀尖运动轨迹圆），故该方法加工球面没有理论误差。轴线O_1-O_1和O-O_2的交点即为加工球面时的瞬心，根据该原理，可按加工表面要求的曲率半径，计算出刀具转轴O-O_2应转的θ角。加工非球曲面时，先将机床调整到接近的球面，加工时金刚石车刀再补偿进给量f（见图4-16），即可加工出要求的非球曲面。

该机床的主要优点是加工球面和平面时，完全不需要导轨的直线运动（直线导轨很难加工到很高精度），故加工精度和表面质量都很高。此外，这种机床结构比较简单和紧凑。

5. 立式结构布局

当工件直径较大并且重量较重时，超精密机床多采用立式结构布局。常用的立式布局结构如图4-6所示。超精密机床要求高的刚度，故多用龙门形式，滑板在横梁上做x向运动，刀架在滑板上沿 z 向上下运动。这种十字滑板结构 x 向的运动精度将直接影响 z 向运动的精度。在机床精度要求特别高时，如美国的 LODTM 大型超精密立式机床，它采取了特殊的在线测量和误差补偿措施，来消除运动误差。

二、床身和导轨的材料

超精密机床床身结构因所用材料不同而异。过去床身和导轨材料都用铸铁，现在多数采用花岗岩等新材料，现简述如下。

1. 优质耐磨铸铁

铸铁是传统的制造床身和导轨的材料，它的优点是工艺性好。应选用耐磨性好、热膨胀系数低、对振动衰减能力强、并经时效消除内应力的优质合金铸铁作为精密机床的床身和导轨，可以得到满意的结果。近年来多数精密坐标测量机和超精密机床改用花岗岩。但美国 Moore 公司和瑞士 SIP 公司有些机床仍使用铸铁床身导轨，他们认为，天然花岗岩有吸湿性，会导致微量变形，降低机床的精度，反不如铸铁好。

2. 天然花岗岩

天然花岗岩现在已是制造三坐标测量机和超精密机床床身和导轨的热门材料，这是因为花岗岩比铸铁长期尺寸稳定性好，热膨胀系数低，对振动的衰减能力强，硬度高，耐磨并不会生锈等。花岗岩和铸铁等材料的性能对比见表 4-6。从表中的数值可看到，根据花岗岩的性能，用它做超精密机床的床身和导轨是比较好的。

表 4-6 几种机床结构材料的性能对比

性 能	Al_2O_3 陶瓷	铸铁	钢	铟钢	天然花岗岩	人造花岗岩
弹性模量 E/GPa	240	100	210	140	40	33
密度 ρ/(g/cm³)	3.4	7.3	7.3	8.2	2.6	2.5
刚度比	7	1.4	2.7	1.7	1.5	1.3
振动的对数衰减率 $A \times 10^{-3}$	0.6	1~3	0.5	—	6	20
线膨胀系数 α_l/[(×10⁻⁶)/K]	7	12	11	0.6	8.3	12
热导率 λ/[W/(m·K)]	16	53.5	44	10.5	3.8	0.47

用天然花岗岩做床身时，一般都用整体方块，钻孔埋入螺母以便和其他件联接。导轨也常用花岗岩做。在花岗岩中加工小孔和螺纹比较困难，特别是空气静压导轨的节流孔在花岗岩中加工比较困难，故有时导轨做成花岗岩和钢的组合结构，以便于加工。

天然花岗岩的主要缺点是有吸湿性，吸湿后产生微量变形，影响精度。有人提出在花岗岩表面涂上某种涂料，以降低其吸湿性。

3. 人造花岗岩

天然花岗岩不能铸造成形且有吸湿性。为解决该问题，国外提出了人造花岗岩。人造花岗岩是由花岗岩碎粒用树脂粘结而成。用不同粒度的花岗岩碎粒组合，可提高人造花岗岩的体积分数（可达 90%~95%），使人造花岗岩有优良的性能，不仅可铸造成形，吸湿性低，并对振动的衰减能力加强。瑞士 Studer 公司采用人造花岗岩 Granitan 制造高精度 S 系列磨床的床身，效果甚佳，成为专利。现在国外已有不少超精密机床的床身用人造花岗岩制造，这种新花岗岩材料可用铸造方法直接铸成比较复杂的形状，大大节省了加工量。

英国 Cranfield 公司的 OAGM 2500 大型超精密机床，床身采用焊接钢结构，中间用人造花岗岩填充，获得满意的结果。

三、滚动导轨

超精密机床导轨部件要求有极高的直线运动精度，不能有爬行，导轨耦合面不能有磨损。这一方面要求导轨有很高的制造精度，另一方面要求导轨的材料要有很高的稳定性和耐磨性。导轨的耦合形式中，滑动摩擦接触已很少采用。精密和超精密机床现在常采用的导轨有：滚动导轨、液体静压导轨、气浮导轨、空气静压导轨。

滚动导轨在一般机床和精密机床中已应用多年，近年来滚动导轨技术的提高使其应用又得到扩大。过去滚动导轨用的都为滚柱直线滚动轴承，现在又增加了再循环滚柱滚动组件和再循环滚珠滚动组件。直线运动的精度比过去大为提高，可以达到微米级精度，摩擦因数极低，仅 0.002 ~ 0.003。

1. 直线滚柱滚动轴承

这是过去长期使用的。滚柱带保持架在导轨的耦合面间做直线滚动，轴承长度根据工作行程长度决定。使用高精度滚柱和一定的预载应力时，可以得到较高的直线运动精度。

2. 再循环滚柱滚动组件

直线滚柱滚动轴承的工作长度受到轴承长度的限制。再循环滚动组件由于滚柱的再循环，它的工作行程长度可以无限，没有任何限制。

图 4-17 所示为单列滚柱再循环滚动组件的外观图和该组件使用在矩形导轨时，再循环滚柱组件的安装情况。为保证导轨的两侧面导向准确，消除间隙，用调整螺钉侧面给再循环滚动组件加一定的预载应力，如图 4-17b 所示。

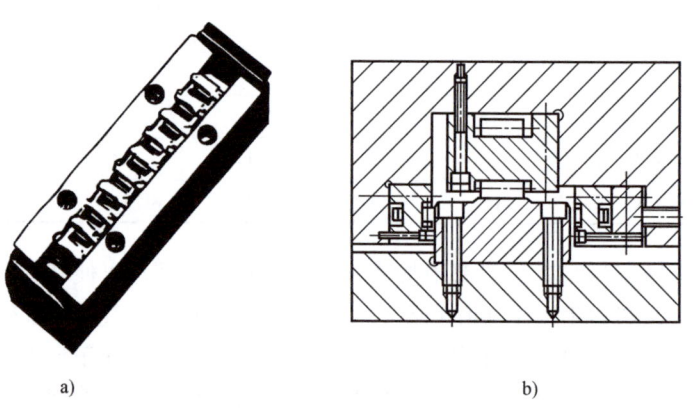

图 4-17 单列滚柱再循环滚动组件及其应用
a) 外观图 b) 安装图

此外，还有一种双列滚柱的再循环滚动组件，这种滚动组件用于机床导轨可得到良好的效果。

滚柱再循环滚动组件有较大的承载能力，摩擦因数很小，能制成较高精度，适合在精密机床和精密加工中心的导轨上使用。

滚柱的制造精度很难达到极高，且同一滚动组件中的滚柱也很难达到直径完全相同，因此高精度的精密机床和超精密机床使用再循环滚柱滚动组件不易达到很高精度。

3. 再循环滚珠滚动组件

再循环滚珠滚动组件和再循环滚柱滚动组件相比可以制成更高的精度。过去认为，滚珠滚动组件的承载能力低，现在由于滚珠的滚道制成凹圆弧截形，使承载能力大为提高。根据日本 THK 公司报道，可取滚道截面圆弧半径 r 和滚珠半径 R 之比为 $r=1.04R$，接触区受载弹性变形后形成一定面积的椭圆接触区，大大提高允许载荷。以滚珠直径 $\frac{1}{4}$in（ϕ6.35mm）时为例，在允许接触应力为 4200N/m² 时，平滚道允许载荷仅为 285N，而凹圆弧滚道的允许载荷高达 3680N，允许载荷提高了 12 倍。

当精密级滚珠再循环滚动组件用于精密导轨时，预载力不宜很大，一般为 3~4N，摩擦因数为 0.002，直线运动精度可以达到 1μm。

四、液体静压导轨

图 4-18 所示是不同结构的液体静压导轨。由于导轨运动速度不高，液体静压导轨的温度升高不严重，而液体静压导轨刚度高，能承受大的载重，直线运动精度高并且平稳，无爬行现象，所以现在有不少超精密机床使用液体静压导轨。图 4-18a 所示为平面型液体静压导轨，要求导轨的运动件上下、左右面都在静压油的作用下，可保证很高的导轨运动精度和很高的刚度。由于液体静压导轨还有一定的工作温升，两个侧向静压油腔（左右两个）集中放在左边导轨的左右侧面，这样温度变化造成的油腔间隙变化较小。这种结构的缺点是左右不对称，因此很难做到极高精度。平面型液体静压导轨优化结构，有可能制成左右对称结构，这时驱动元件（滚珠丝杠驱动、摩擦驱动或直接电动机驱动）可以放在中心位置，有利于提高导轨的运动精度。

现在很多超精密机床和导轨部件是用天然花岗岩制造的，天然花岗岩由于加工困难无法做成整体，两侧面块和两个下油腔块都需要用螺钉紧固在台面上，由于油压力的作用，很容易产生变形，导致下油腔间隙加大。要减小变形，需加大侧块的宽度，有时会造成结构设计的困难。因此，有的液体静压导轨做成花岗岩和钢的组合体，油路和节油孔做在钢件内，这样不仅解决了结构设计上的困难，并且加工制造也比较容易。该问题对后面讲的空气静压导轨也同样存在。

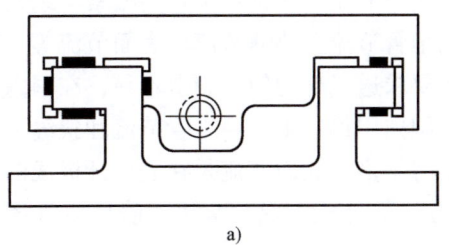
a)

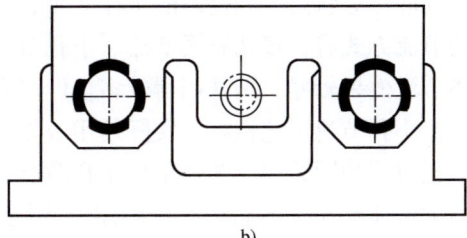
b)

图 4-18　不同结构的液体静压导轨

图 4-18b 所示为双圆柱型液体静压导轨。圆柱静压导轨本身可制成很高精度，但两个圆柱导轨要制造调整到严格平行是相当难的，因此这种结构的液体静压导轨用得不普遍。

液体静压导轨中平面型结构用得较多。

五、气浮导轨和空气静压导轨

气浮导轨和空气静压导轨在精心制造时可以得到很高的直线运动精度,运动平稳,无爬行,摩擦因数接近于零,不发热,因此在超精密机床中得到较广泛的应用。

1. 气浮导轨

当导轨上的运动部件重量很重并且压缩空气压力非常稳定时,可采用气浮导轨。气浮导轨常用平导轨,运动导轨的底平面和两侧导轨面有压缩空气,使运动部件(滑板或工作台)浮起,如图 4-19 所示。从图中的情况可看出,工作台的浮起是气浮作用,靠其自重实现平衡,但侧面是气体静压作用,属气体静压导轨。气浮导轨的刚度低于空气静压导轨,且受压缩空气压力波动的影响。在压缩空气压力高度稳定时,气浮导轨可以得到较高的直线运动精度,导轨无爬行现象,无摩擦。美国 Rank Pneumo 公司的 MSG-325 超精密车床即使用气浮导轨。

2. 空气静压导轨

空气静压导轨运动件的导轨面,上下、左右均在静压空气的约束下,因此和气浮导轨相比有较高的刚度和运动精度。图 4-20 所示为日立精工超精密机床的空气静压导轨的结构示意图。这是比较典型的空气静压导轨的结构,工作台导轨面的上下、左右均在静压作用下,移动导轨浮在中间,基本没有摩擦力。空气静压导轨不发热,没有温升,因此两个侧导轨面做在工作台的左右两端,没有因温升而造成的侧导轨面间隙的变化。空气静压导轨也有不同形式,其中平面型导轨用得较多。

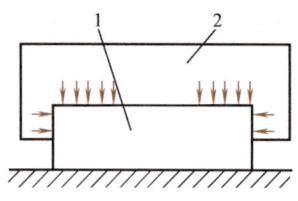

图 4-19 气浮导轨
1—床身 2—运动部件

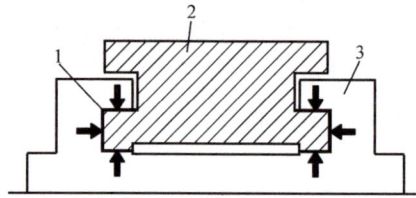

图 4-20 平面型空气静压导轨(日立精工)
1—静压空气 2—移动工作台,约 200kg 3—底座

空气静压导轨要得到良好的工作效果,静压空气的节流方式是一个重要因素。现在实际采用的节流方式有:多孔石墨节流、小孔节流、毛细管节流、狭缝节流、表面节流等。以多孔石墨节流效果较好,国外用得较多。但多孔石墨要求透气性均匀、制造不易,在国内还较少采用。小孔节流工艺性好,实际使用效果较好,国内用得较多。毛细管节流和狭缝节流原理和小孔节流相同,但工艺性不如小孔节流好,用得不多。表面节流是在表面开极浅的等压槽,增大气体高压区的面积,一般用作小孔节流方式的补充。现在常用的静压空气压力为 0.4~0.6MPa,气压再高容易产生振荡。

要使空气静压导轨刚度高、运动平稳、工作效果好,要求移动部件(工作台或滑板)有一定重量。采用小孔节流时,节流孔离排气边缘不可太近,节流孔间可用深 10~20μm、宽 1~2mm 的槽相连,以增加高压区的面积,节流孔直径、位置、孔数和耦合面间间隙等应经优化计算,使导轨的刚度高、承载能力大、运动平稳。按空气静压轴承的原理,当运动部件在正中位置，即上、下两静压气隙相等时，刚度最高。对空气静压导轨，移动部件（溜板或工作台）有相当重量，将使其偏离中间位置，刚度下降。故设计空气静压导轨时，可将下气浮面的面积设计成大于上气浮面，使相差的空气浮力正好抵消工作台的重量，从而使移动部件正好处在中间位置，即最大刚度的位置。

空气静压导轨的刚度和允许载荷的高低，主要是由空气静压导轨的设计、参数优化好坏决定的。空气静压导轨的运动精度主要由导轨的制造精度决定。现在高精密空气静压导轨可达到的直线运动精度约为 $0.1\mu m/100mm$。

当机床的空气静压导轨（床身和工作台）采用花岗岩制造时，由于花岗岩加工困难，一般都不做成整体，而做成花岗岩块用螺钉紧固在一起。应注意侧气浮面块的夹固面应有一定宽度，最好能容纳两排螺钉，以保证紧固的刚性，如图 4-21 所示，以免在压缩空气作用下，气浮压板块变形而使气隙增大。

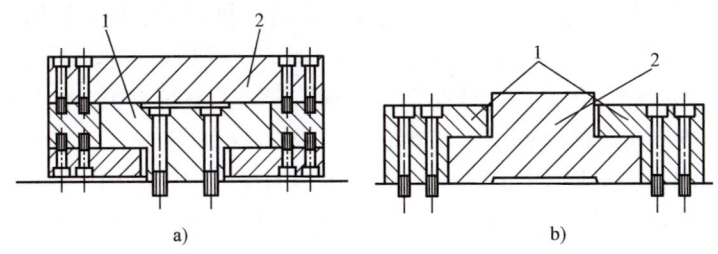

图 4-21 花岗岩空气静压导轨的结构
a) 三块式 b) 二块式
1—床身 2—运动件

3. 液体静压导轨

表 4-7 为日本几个工厂的液体静压导轨和空气静压导轨的性能对比，可在选择导轨形式时作为参考。表中未给出液体静压导轨的刚度和允许载荷，这是因为液体静压导轨的刚度和允许载荷都很高，不需要再特殊考虑。

表 4-7 日本有代表性的超精密静压导轨性能

导轨类型	液体静压导轨		空气静压导轨	
生产厂	丰田工机	不二越	日立精工	东芝机械
行程长度/mm	300	350	200	200
直线度/($\mu m/100mm$)	0.15	0.029	0.05(H) 0.015(V)	0.017(H) 0.050(V)
刚度/(N/μm)	—	—	490	294
允许负荷量/N	—	—	2940	1960

注：H——水平方向；V——垂直方向。

第五节 进给驱动系统

超精密机床的精密进给系统由精密数控系统和直线运动、回转运动执行机构组成。为加工出精度很高的非球曲面，要求数控系统为 2 轴（或 3 轴）联动并具有很高的分辨力，要求直线运动机构有很高的直线运动精度和高分辨力的位移精度。

超精密机床现在常用的直线运动机构是导轨由精密滚珠丝杠副驱动,在更高要求时采用摩擦驱动。最近直线电动机技术的发展使它的分辨力大为提高,不少新超精密机床已采用直线电动机作为进给运动的驱动元件,例如 Moore 公司 2000 年生产的 Nanotech 500FG 超精密机床,就采用直线电动机来驱动导轨做进给运动。

一、精密数控系统

对超精密机床,刀具相对于工件需做纵向(z 向)和横向(x 向)运动。因此需要有 z 向和 x 向的精密数控系统驱动。超精密机床都需要用来加工非球曲面,因此需要双坐标联动的精密数控系统。某些机床,如 Moore 公司的 M-18AG 非球面超精密车床,还增加一个精密回转工作台,使上面的金刚石刀具在加工非球曲面时,始终垂直于加工表面,以减小圆弧刃刀具误差对工件形状的影响。这时除有 z 向和 x 向精密数控系统外,还增加一个围绕垂直轴旋转的 B 轴精密数控系统,并要求三轴联动,以加工出所要求的非球曲面。

为了要加工出形状精度很高的非球曲面,要求精密数控系统有很高的分辨力,达到数控系统每脉冲在 z 向或 x 向的移动量小于 $0.01\mu m$。现在国外的几个著名的生产数控系统的公司都有分辨力很高的精密数控系统的产品,但在国内因受禁运的限制,不易买到。

精密数控系统现在使用直流伺服电动机或交流伺服电动机,用精密在线双频激光测量系统或精密光栅尺检测 z 向和 x 向的位移,反馈给精密数控系统形成闭环控制系统,以达到要求的位移精度。

最近步进电动机脉冲转角细分技术有了进一步的进展,实现了更小角度转动,提高了转角位移的分辨力。但要完全满足超精密机床精密位移分辨力的要求,步进电动机尚需继续提高。

二、滚珠丝杠副驱动

1. 精密滚珠丝杠副的结构原理

现在相当多的精密和超精密机床采用精密滚珠丝杠副(见图 4-22)作为进给系统的驱动元件。

图 4-22b 所示为精密滚珠丝杠副的结构原理图。滚珠在丝杠和螺母的螺纹槽内滚动,因此摩擦力很小。丝杠的螺纹槽经过精密磨削,可以达到较高精度。滚珠在螺母内有再循环通道,因此行程长度不受滚珠的限制。

滚珠丝杠副要求正转和反转没有回程间隙,否则数控系统控制进给将得不到要求的精度,这要求滚珠丝杠和配合的螺母有一定的预载过盈。由于丝杠的螺距有一定制造误差,故螺母在丝杠上不同位置过盈量将有变化。如预载应力太小,则有可能在丝杠的某一位置有间隙;如预载应力太大,在丝杠的某些位置可能转动不灵活。为能方便精确地调整预载应力,精密级和高精密级滚珠丝杠的螺母常做成两段组合,如图 4-22a 所示,改变中间垫片厚度可以很方便地调整它的预载应力。现在高精密级的滚珠丝杠副可以做到相邻螺距误差 $0.5 \sim 1\mu m$,积累螺距误差 $3 \sim 5\mu m/300mm$。

现在超精密机床中使用滚珠丝杠副驱动时,都有精密在线检测系统作为进给量的检测和反馈,故丝杠积累误差稍大,问题并不严重。使用滚珠丝杠副的最主要问题是:由于丝杠螺

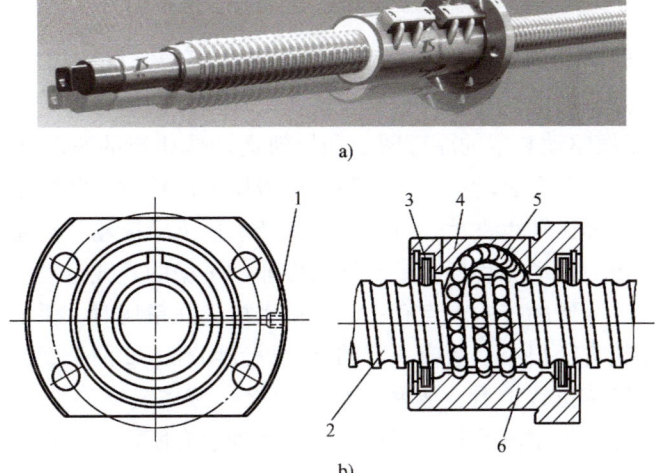

图 4-22 精密滚珠丝杠副
a) 外观图 b) 结构原理图
1—油孔 2—丝杠 3—密封圈 4—油罩 5—滚珠通道 6—螺母

距误差的影响,在进给全行程中丝杠和螺母配合的松紧程度有变化,影响进给运动的平稳性。因此,虽然现在不少超精密机床仍使用滚珠丝杠副作为进给的驱动元件,但已经开始使用摩擦驱动或直线电动机来取代滚珠丝杠副。

2. 滚珠丝杠传动副的连接

滚珠丝杠传动副中丝杠一般是和伺服电动机相连,螺母则和工作台(或溜板)相连,电动机转动时使丝杠转动,螺母带动工作台做前进或后退的直线运动(当然也可螺母固定,丝杠带动工作台运动)。超精密机床要求滚珠丝杠的径向振摆极小且丝杠的轴线和进给方向严格平行,否则将使工作台承受上下或左右的作用力,将影响导轨运动的直线性。

为减小滚珠丝杠的径向圆跳动和轴向圆跳动对导轨直线运动的影响,可以采用螺母和工作台柔性连接的办法,即螺母装在柔性的过渡连接块上再和工作台固定。柔性过渡联接块仅在导轨的直线运动方向有很大刚性,可以带动工作台前进后退;在和直线运动相垂直的方向则刚度很低,因此丝杠的径向圆跳动和振摆将被这柔性过渡连接块所衰减,大大减小它对导轨运动直线性的影响。图 4-23 所示为这种柔性的过渡连接块的结构原理图。滚珠丝杠传动副的螺母用 4 个螺钉固定在连接块的中间,它由 4 根垂直变形肋 A 悬在框架中,使螺母可做水平方向的左右移动,中间框架由 4 根水平变形肋 B 悬在

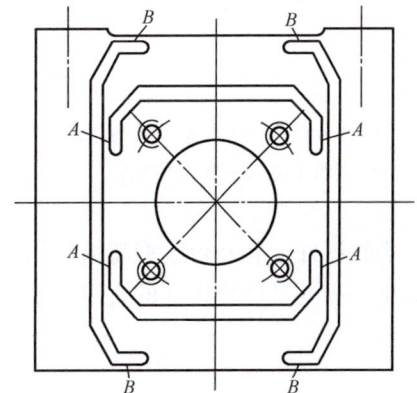

图 4-23 柔性过渡连接块

外框架中,使螺母可做垂直方向的上下移动。过渡连接块有一定厚度,使在导轨运动方向有较大刚度,不影响导轨直线运动的驱动。

三、摩擦驱动

为进一步提高导轨运动的平稳性和精度，现在有些超精密机床的导轨驱动采用摩擦驱动，经实际应用，摩擦驱动的使用效果很好，优于滚珠丝杠副的驱动。

图 4-24 所示为摩擦驱动装置的原理图。和导轨运动体相连的驱动杆夹在两个摩擦轮之间。上摩擦轮用弹簧压板压在驱动杆上，当弹簧压板压力足够时，摩擦轮和驱动杆之间将无滑动。两个摩擦轮均由静压轴承支承，可以无摩擦转动。下摩擦轮和直流电动机相连，带动下摩擦轮旋转，靠摩擦力带动驱动杆，带动导轨做非常平稳的直线运动。

这种摩擦驱动装置主要的技术难点有：①超精密机床在精切时，要求导轨的运动速度极慢，因此要求下摩擦轮直径很小，造成一定的结构设计困难；②两个摩擦轮最好都能采用静压轴承支承，但是从结构位置上看，放两套静压轴承（液体或空气）空间位置太挤，结构设计有很大困难；摩擦轮如用滚动轴承支承，则滚动轴承有摩擦，会降低摩擦驱动装置的平稳性，降低导轨直线运动的平稳性。

图 4-25 所示为另一种摩擦驱动装置的结构，这种摩擦驱动装置，只有一个和直流电动机相连的摩擦轮带动驱动杆。驱动杆下平面为气浮导轨面，由空气压力将驱动杆压紧在摩擦轮上。在这种摩擦驱动装置中，摩擦轮是由滚动轴承支承的。

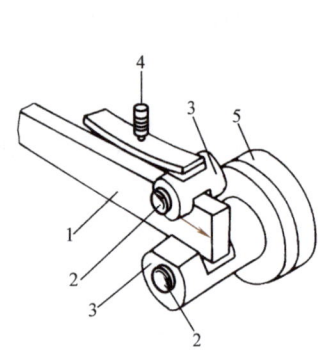

图 4-24 双摩擦轮摩擦驱动装置
1—驱动杆 2—摩擦轮 3—静压轴承
4—弹簧压块 5—驱动电动机

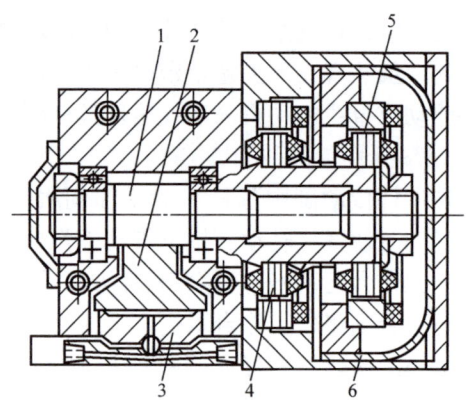

图 4-25 摩擦轮和气浮导轨支承摩擦驱动装置
1—摩擦驱动轮 2—驱动杆 3—静压支承座
4—电动机 5—测角系统 6—压盖

现在国外已有几台大型超精密机床的导轨驱动使用摩擦驱动，据报道机床导轨的直线运动非常平稳并且达到极高的直线运动精度。

四、直线电动机驱动

直线电动机是近期发展起来的新直线驱动技术，由于它具有较优良的特性，已被广泛用于需要直线运动的机构和机器中。

直线电动机的原理可以看作是将一台旋转电动机沿径向剖开，并将电动机的圆周展开成直线而形成的。其中定子相当于直线电动机的初级（固定极），转子相当于直线电动机的次级（运动极），如图 4-26a 所示。当初级通入电流后，在初次级之间的气隙中产生行波磁场，在行波磁场与次级磁体的作用下产生驱动力，从而实现运动部件的直线运动。

直线电动机将电能直接转化成机械直线运动，不需要任何中间机构将转动转换为直线运动。直线电动机驱动有如下优点：无中间环节，故无中间传动机构的间隙和误差，跟踪与定位精度高；加速度大，运动惯量小，加减速过程中快速响应特性好；推力大，运动速度大，进给行程长度不受限；速度范围大，从低速到高速可以达到 $1\mu m/s \sim 5m/s$；系统维护简单，磨损小，寿命长，可靠性好。

直线电动机是直接驱动，外在的一切扰动如工作台负载的变化以及自身的推力波动等，都直接作用于直线电动机，故必须采用良好的闭环位置伺服控制系统。通过直线位置检测反馈控制，可在很低的 $1\mu m/s$ 速度下也能保持较好的平稳性，速度波动小，无爬行，且达到很高的定位精度，完全能满足超精密切削加工光学镜面的要求。但若自动位置伺服控制不好，可能会引起系统振荡而失稳。

由于直线电动机的优良特性，现在已越来越多地被用在国内外的精密和超精密机床上，例如 Moore 公司生产的"Nanotech 450UPL"超精密机床的工作台即采用直线电动机驱动系统，图 4-26b 所示为该直线电动机驱动系统驱动工作台的示意图。

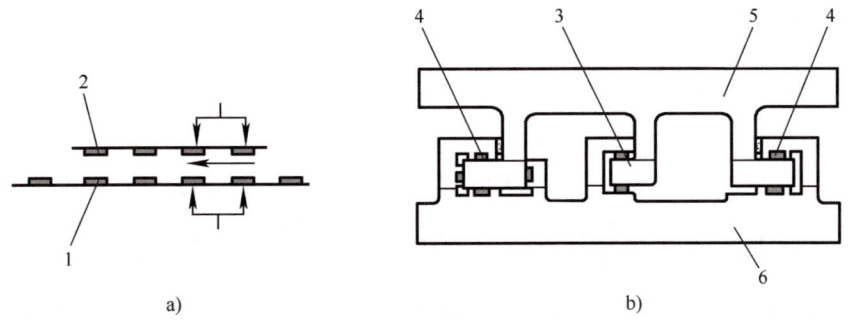

图 4-26 直线电动机的原理和应用
1—固定电极 2—运动电极 3—直线电动机 4—液体静压导轨 5—工作台 6—基座

第六节 微量进给装置

一、对微量进给装置的要求

在超精密机床和超精密加工中，为使机床微位移的分辨力进一步提高；为进行机床和加工误差的在线补偿，以提高加工的形状精度；为进行某些特殊的非轴对称表面的加工，都需要使用微量进给装置。高精度微量进给装置现在已成为超精密机床的一个重要的关键装置，重要的机床附件。现在高精度微量进给装置已可达到分辨力 $0.001 \sim 0.01\mu m$，这对实现超薄切削、实现高精度尺寸加工和实现在线误差补偿是十分有用的。

微量进给装置在超精密加工和超精密机床上已经得到了较多的实际应用。例如美国 LLL 国家实验室的 DTM-3 大型金刚石车床和 LODTM 大型光学金刚石车床；英国 Cranfield 公司的 OAGM-2500 大型超精密机床等，都已采用了电致伸缩式微量进给装置。

在超精密加工中，高精度微量进给装置上夹固金刚石刀具，要求实现精确、稳定、可靠和快速微位移。因此，一个好的精密和超精密微位移机构，应满足下列设计要求：

1）精微进给和粗进给应分开，以提高微位移的精度、分辨力和稳定性。
2）运动部分必须是低摩擦和高稳定度的，以便实现很高的重复精度。
3）末级传动元件必须有很高的刚度，即夹金刚石刀具处必须是高刚度的。
4）微量进给机构内部连接面必须是可靠连接，尽量采用整体结构或刚性连接，否则微量进给机构很难实现很高的重复精度。
5）工艺性好，容易制造。例如要实现 $0.005 \sim 0.01 \mu m$ 的微进给，微量进给机构本身各部分的精度，应是一般设备和工艺能保证的制造精度。
6）微量进给机构应具有好的动特性，即具有高的频响。
7）微量进给机构应能实现微进给的自动控制。

现在用的微量进给装置虽有多种结构形式，多种工作原理，但根据精密和超精密微量进给装置的要求，多种类型中，仅有弹性变形式和电致伸缩式微量进给机构比较成熟适用。电致伸缩微量进给装置，可以进行自动化控制，有较好的动态特性，可以用于误差在线补偿，故现在用得较多。电致伸缩微量进给装置的三大关键是：电致伸缩传感器、微量进给装置的机械结构和它的驱动电源。

二、电致伸缩传感器

1. 压电和电致伸缩传感器的材料

电致伸缩陶瓷有逆压电效应和电致伸缩效应，这是电介质在电场作用下产生变形的基本电耦合效应。电致伸缩效应的变形量与电场强度的平方成正比。电致伸缩传感器用于制造微量进给机构有很多优点：①能够实现高刚度无间隙位移；②能实现极精细的微量位移，分辨力可达 $1.0 \sim 2.5 nm$；③变形系数较大；④有很高的响应频率，其响应时间达 $100 \mu s$；⑤无空耗电流发热问题。因此，电致伸缩陶瓷微量进给机构的研究在国内外都备受重视。

过去常用的电致伸缩材料为压电陶瓷 PZT（PbZnO - PbT 陶瓷）等，具有很好的电致伸缩性能。最近美国 AVX 公司推出一种新的电致伸缩陶瓷材料，其性能要比 PZT 陶瓷材料好很多。

当电致伸缩陶瓷片一侧通正电，一侧通负电，陶瓷片在静电场作用下将伸长，当静电场的电压增加时，伸长量也增大。

压电陶瓷具有电致伸缩性能，但其伸长量和电场的极性有关。例如，当正电场时压电材料伸长，负电场时压电材料将缩短。但新的电致伸缩材料的伸长则和电场的极性无关，即无论是正电场或负电场，电压的绝对值增加时它的伸长量都将增大。现在生产中仍有不少使用压电传感器作为电致伸缩元件的。

电致伸缩陶瓷片的伸长量实际和它表面的电荷量成比例，当静压场电压升高时，电荷的密度增加，使伸长量增加。为增加总伸长量，采取很多陶瓷薄片叠在一起的办法，使各陶瓷片的伸长量叠加在一起。

2. 电致伸缩传感器的结构和性能

平时，电致伸缩陶瓷片两片成一对，中间通正电，两侧通负电。将很多对陶瓷片叠在一起，正极连在一起，负极连在一起，即组成一个电致伸缩传感器，如图 4-27 所示。

美国 AVX 公司生产的电致伸缩传感器外形有圆柱形和方柱形，该公司生产的标准电致伸缩传感器的尺寸见表 4-8。该电致伸缩传感器的主要性能指标，以外径 φ6mm、高 15mm 的传感器为例，列于表 4-9 中。

图 4-28 中给出了电致伸缩传感器在不同电压时的伸长量的关系曲线。可看到，在加上直流电压时，无论是正电压或负电压，传感器的伸长量是相同的。该曲线的中间部分线性是比较好的。

图 4-28 中同时给出了压电伸缩传感器的电压-伸长量关系曲线。可以看到，正电压时伸长，负电压时缩短。这种传感器在电压上升下降时的伸长量滞后较大，是它的缺点。

我国四川压电与声光技术研究所生产的 PZT-La 压电伸缩传感器，动态特性比较好，但耐压强度较低，同时蠕变较大尚需改进提高。

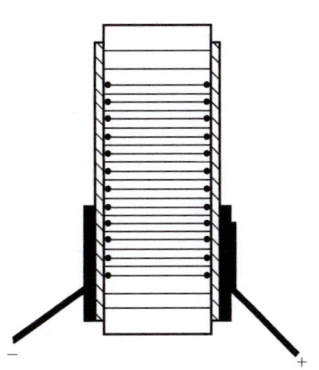

图 4-27 电致伸缩传感器工作原理

要提高电致伸缩传感器的动态特性，应减小传感器中的陶瓷片数，减小传感器的电容，但这将会减少传感器的最大伸长量。

表 4-8 美国 AVX 公司生产的电致伸缩传感器

	型号	外径	孔径	高	伸长量/μm	电容/μF		型号	长	宽	高	伸长量/μm	电容/μF
圆柱形	C060210A	6	2	10	8	2	方柱形	R020305A	2	3	5	3	0.2
	C060315A	6	3	15	12	3		R050510A	5	5	10	7	4
	C060320A	6	0	20	15	5		R060620A	6	6	20	15	6
								R101020A	10	10	20	15	15

表 4-9 典型电致伸缩传感器（φ6mm，高 15mm）的主要性能

电容	3μF	在 40℃时最大，达 5μF	使用温度	0~40℃	保持 50%的伸长量
自振频率	100Hz	在最大伸长时下降 10%	线膨胀系数	10^{-6}/℃	在使用温度内
最大伸长量	12μm	在电压为 150V 时	弹性模量	$16×10^6$	在 25℃时
承受最大压力	750N	将使最大伸长量减少 10%	最大拉伸力	350N	在 25℃时的断裂值
滞后	2%	在 40℃时将减小为 1%	响应时间	<100μs	全伸长量
蠕变	2%	24h 的最大量			

三、电致伸缩传感器微量进给装置的结构

对电致伸缩微量进给装置机械结构的要求主要是：有较高的刚度和自振频率，自振频率应为 200~500Hz；调整使用方便，应能很方便地调节电致伸缩传感器的预载力；最好是整体结构，在实现微位移时应无摩擦力；结构不要太复杂，便于加工制造。现在有多种不同结构的电致伸缩式微进给装置，下面介绍几种典型结构。

1. 日本冈崎佑一研究的微量进给装置

图 4-29 所示为日本冈崎佑一研制的一种结构。

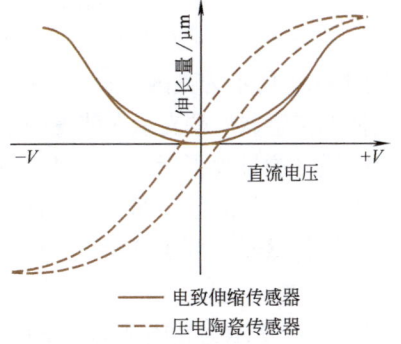

图 4-28 电致伸缩和压电陶瓷传感器的电压-伸长量关系

压电传感器后侧为固定支承，刀架体上有 4 个圆孔和台体外侧面形成薄壁变形元件，在圆孔间用三条缝开通，使前面装车刀部分和台体间能做前后弹性变形位移。当压电传感器在电压作用下伸长时，将推动前面装刀具部分向前移动实现微位移。

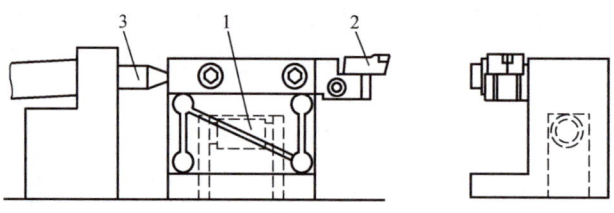

图 4-29　日本冈崎佑一的微量进给装置
1—压电伸缩传感器　2—金刚石刀具　3—测微仪

2. 美国 FTS 微量进给装置

图 4-30 所示为美国 LLL 实验室的大型光学金刚石车床 LODTM 上使用的快速电致伸缩式微量进给装置 FTS（Fast Tool Servo）。该装置的压电伸缩传感器后端支承在固定的装置本体上，刀具装在前部为锥形后部为套筒形的位移部件上，位移部件则由前后各一薄膜（弹性变形元件）支承在固定的本体上。在 FTS 体内有两个差动式电容测微传感器随时检测微位移量的数值。当压电伸缩传感器在电压作用下向前伸长时，推动前面带刀具的位移部件向前移动，实现微位移。

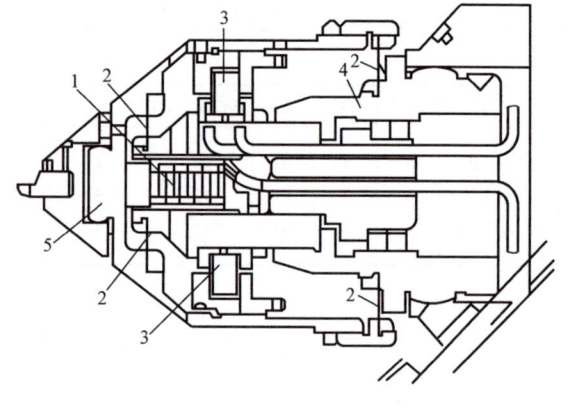

图 4-30　美国 LLL 实验室的微量进给装置
1—压电伸缩传感器　2—支承弹性膜　3—差动电容测微仪
4—基体　5—微位移部分

FTS 微位移装置与机床的控制系统相连，形成闭环控制系统，可用于误差补偿。装置的位移部分质量 380g，自振频率 1kHz。整个微位移装置的再现分辨力为 2.5nm，最大位移 ±1.27μm/100V。装置在 100Hz 以下工作时，能达到预定的性能指标。

3. 英国 Cranfield 公司微量进给装置

图 4-31 所示为英国 Cranfield 公司的大型立式超精密机床所用的电致伸缩微量进给装置。压电伸缩传感器后端支承在装置的本体上，用螺钉可以进行预载加力。该装置的位移部分由两个薄膜（弹性变形元件）支承在本体的外圆筒中。当电致伸缩传感器在电压作用下伸长时，推动带刀具的位移部分向前移动，实现微量进给。在该装置的位移部分内，装有差动式电容测微传感器，可随时检测微进给数值。

4. 新结构微量进给装置

图 4-32 所示为我国某单位设计的新结构微量进给装置。该微量进给装置本体、弹性变形元件、位移进给部分是由整体材料制成的，是一整体结构，这样可以避免装配接合面的接触刚度对微位移精度的影响。电致伸缩传感器后端有调节螺钉，可以很方便地调整预载力。为避免电致伸缩传感器两端受力不平行，后端用钢球加预载力，在预载力调整好后用锁紧螺

母将调节螺钉锁死。电致伸缩传感器在电压作用下伸长时,推动前面刀具的位移部分前进,实现微量进给。该微量进给装置刚性和自振频率均较高(经实测,微量进给机构的自振频率为 7.8kHz),结构简单,体积小,使用方便。在使用长 15mm 的 AVX 公司电致伸缩传感器时,系统分辨力 0.01μm,最大位移 5.2μm,系统在 200Hz 下正常工作,微位移稳定可靠。

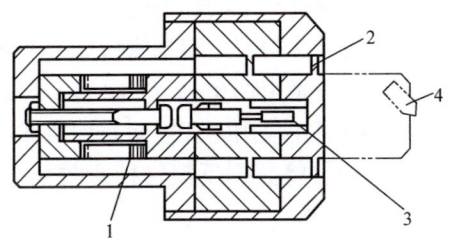 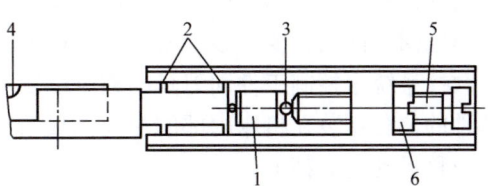

图 4-31 英国 Cranfield 的微量进给装置
1—压电伸缩传感器 2—弹性薄膜 3—差动电容测微仪 4—金刚石刀具

图 4-32 整体结构电致伸缩微量进给装置
1—电致伸缩传感器 2—支承弹性膜 3—钢球 4—金刚石刀具 5—预载螺钉 6—锁紧螺母

四、电致伸缩式微量进给装置的驱动电源

为使电致伸缩式微量进给装置具有良好的动态特性,它的驱动电源必须有很好的动态特性、高度的稳定性和极小的波纹系数。

驱动电源的输出电压、电流和动特性等应满足电致伸缩式传感器的性能要求。我国四川压电与声光技术研究所生产的 PZT-La 压电伸缩传感器最高工作电压为 DC+300V;美国 AVX 公司生产的电致伸缩传感器最高工作电压为 DC+150V(也有工作电压较高的)。根据电致伸缩传感器的工作动特性要求,驱动电源在接上电容负载后,输出电压的升高与降低应在极小的时间滞后下完成,即驱动电源应有极好的动特性。从图 4-33 可看到,当驱动电源输入为方波时,驱动电源的输出时间滞后很小,说明该驱动电源动特性良好。电致伸缩传感器在驱动电源电压的作用下,应有很短的时间响应。图 4-34 所示为图 4-32 中的电致伸缩微位移系统的动态响应和分辨率的实测结果,可看到,整个系统有较好的动特性,在 200Hz 时能正常工作,微位移分辨力达到 0.01μm。

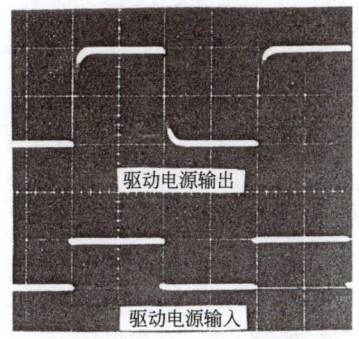 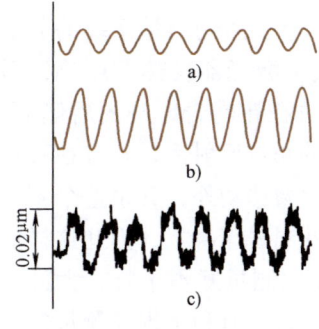

图 4-33 驱动电源的动态性能

图 4-34 电致伸缩微位移系统的动态响应
a) 驱动电源输入 (200Hz) b) 驱动电源输出
c) 系统微位移输出

第七节 机床运动部件位移的在线检测系统

一、超精密机床的在线检测系统

现在国外生产的超精密机床，都装有在线检测系统，检测机床运动部件的位移位置，并和精密数控系统组成精密反馈闭环控制系统，以保证加工的尺寸精度。超精密机床一般都要加工非球回转曲面，要求很严格的形状精度。工件的形状一般是由两坐标（z向和x向）的精密数控系统来控制工件和刀具的相对位置。精密数控系统现在采用闭环控制，即机床的运动部件的位移用装在机床内部的在线测量系统随机精确检测，将数据反馈给精密数控系统，保证位移运动的高精度。

超精密机床的在线测量系统大部分使用双路双频激光干涉测距仪，因为它有很高的测量分辨力和测量精度，使用分光镜很容易实现多路测量。超精密机床常使用的双路双频激光干涉测距仪，分辨力为 $0.01\mu m$，测量精度为 $0.1\mu m$。但高精度的双频激光干涉测量系统，例如美国 LODTM 大型超精密机床使用的专门研制的 SP125 型双频激光干涉测量仪，分辨力能达到 $0.635nm$，精度达到 $0.3nm$。双频激光干涉在线测量系统中，激光发生器产生的热量需要隔离，激光光路需要用封闭罩封闭，并要有温度补偿，所以系统比较复杂。最近高精度光栅尺（例如 Sony 公司的新产品）的测量分辨力已提高到 $0.01\mu m$ 以上，使用方便。因此新超精密机床的在线测量，已逐步改用光栅尺测量系统，使机床结构简化并且使用方便。但对精度要求更高的超精密机床，仍需要使用双频激光干涉在线测量系统。

二、美国 Rank Pneumo 公司 MSG-325 超精密机床的激光位移检测系统

美国 Rank Pneumo 公司生产的 MSG-325 超精密金刚石车床，其位移测量光路如图4-35所示，双频激光测量系统采用的是美国 HP 公司生产的 HP5501 两坐标双频激光干涉测量系统。

该机床的布局为主轴箱装在纵溜板上做 z 向运动，刀架装在横溜板上做 x 向运动。双频激光发生器发出的激光经分光镜分成两路，分别测 z 向和 x 向的位移。激光测量系统的分辨力为 $0.01\mu m$。为避免激光器发热的影响，激光器用支架支承，放在花岗岩床身的后侧面。该测量系统除移动的测量反射镜是安装在移动部件上随主轴箱和刀架移动外，其余整个测量系统是固定安装在花岗岩床身上，因此这样的机床布局，z 向和 x 向测量互不干扰，大部分测量系统可固定安装，是有利于提高测量精度的。激光测量光路的安放应尽量减少阿贝误

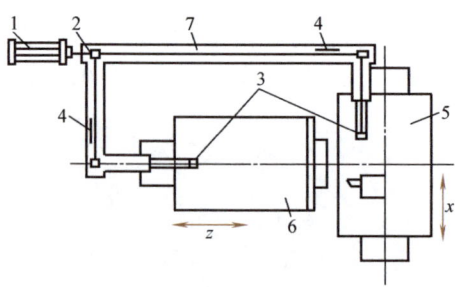

图 4-35 美国 Rank Pneumo 公司 MSG-325 超精密金刚石车床的位移激光检测系统
1—激光器 2—分光镜 3—移动棱镜 4—接收器
5—横滑板 6—纵滑板 7—封闭罩

差。大部分激光光路采用封闭结构，移动部分也用活动套管封起，使环境干扰尽量减小。这套激光位移测量系统的绝对测量精度达 $0.1\mu m$。

三、三坐标测量机用激光位移测量系统

现在世界各国生产的精密三坐标测量机,多数都装有双频激光在线位移测量系统(也逐渐改用光栅尺),测量分辨力为 0.01μm,测量精度在 0.1μm。图 4-36 所示为坐标测量机所用的三路激光位移测量系统。激光器 1 发出的激光经分光镜 2 分成三路激光,分别测 x、y、z 三个方向的运动位移。三坐标测量机装上了激光位移在线测量系统后,不仅提高了测量精度,而且可以实现测量的自动化。现代的柔性制造系统(FMS)中不少装备了三坐标测量机,实现了加工和检测的自动化。

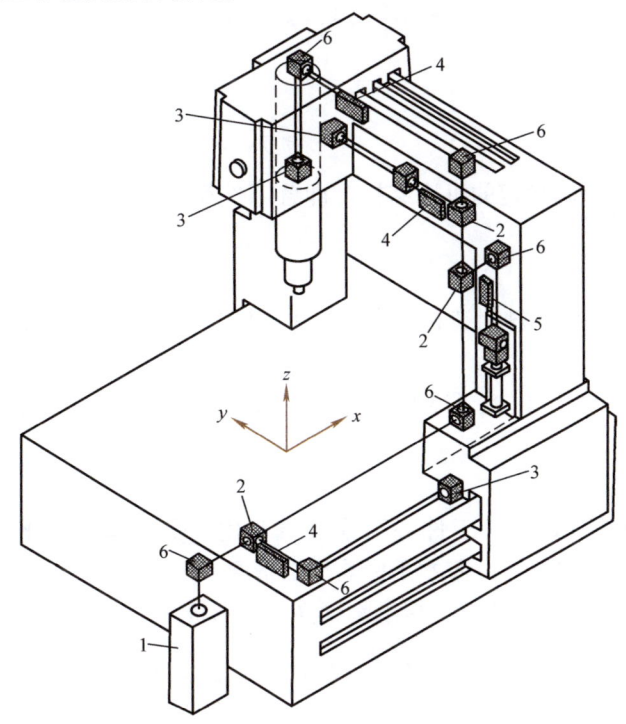

图 4-36 三坐标测量机的激光位移在线测量系统
1—激光器 2—分光镜 3—移动棱镜 4—接收器 5—参考基准 6—45°反射镜

四、美国 LLL 国家实验室 LODTM 大型光学金刚石车床激光测量系统

大型超精密机床,为避免大部件运动时歪斜产生检测误差,有时用两路(甚至 3~4 路)激光来检测部件同一方向的运动位移。美国 LLL 实验室的 LODTM 大型超精密机床,就使用 7 路双频激光来检测 x 和 z 两个方向的运动位移。从图 4-6 可看到,该机床为立车形式。大溜座(重 1.8t)在机床的横梁导轨上做水平的 x 向运动;刀座(200kg)在大溜座的导轨上做垂直的 z 向运动。用一个双频氦氖激光器作为激光源,经分光镜分成 7 路激光,其中 4 路激光用于测量在机床横梁上移动的大溜座的水平"x 向"位移。用 4 路激光测量的原因是可测出溜座水平运动时的位移、歪斜和倾斜。另外 3 路激光测量刀座的垂直"z 向"位移。用三路激光的原因也是要测出刀座垂直运动时的位移和歪斜。在机床切削工件时,7 路激光测量测得的溜板、刀架位移数值输入计算机内,经一定的数学模型公式计算,可以得到

刀尖的空间精确位置，反馈控制机床的精密数控系统，达到极高的刀尖运动位移精度，从而达到极高的加工形状精度。

这台 LODTM 大型光学金刚石车床所用的激光干涉测量系统，安放在机床横梁左侧独立的检测基架（用热膨胀系数很低的铟钢制造）上，以避免工作时横梁变形的影响。所用的激光干涉测量系统是专门研制的 SP125 型双频激光干涉测量仪，输出光功率为 15mW，当分光为 7 路激光后，每路激光仍有足够的功率。该双频激光干涉测量仪采用高稳定度的碘稳频，具有很高的频率稳定性，测量分辨力为 0.635nm，精度为 2nm。

第八节　机床的稳定性和减振隔振

一、机床的稳定性

精密和超精密机床要求高稳定的机床结构，即各部件尺寸稳定性好、刚度高、变形小、结构的抗振减振性能好。

1. 各部件的尺寸稳定性好

1）采用尺寸稳定性好的材料制造机床部件，如用陶瓷、花岗岩、尺寸稳定性好的钢材、合金铸铁等。

2）各部件经过消除应力（时效、冰冷处理、铸件缓慢冷却等方法）使部件有高度的尺寸稳定性。

2. 结构刚性高，变形小

1）当机床运动部件位置改变，工件装卸或负载变化，受力作用变化等，均将造成变形。要求结构刚度高、变形量极小，基本不影响加工精度。

2）各接触面和连接面的接触良好，接触刚度高，变形极小。

二、提高机床结构的抗振性和消除、减少机床内的振动

超精密机床使用金刚石刀具进行超精密切削时，要求机床工作极其平稳，不允许有振动，因此必须尽量减少机床内部所有的振动。为此应采取以下措施：

1）各转动部件都应经过精密动平衡，消灭或减少机床内部的振源。机床内的主要振源是高速转动的部件，如电动机、主轴等，这些转动的部件必须经过精密动平衡，使振动减小到最小；有可能产生振动的还有电动机和主轴的不同心、空气轴承的振荡、滚珠丝杠和螺母的不同心、导轨运动部件直线运动速度的变化、加工工件有偏心重量等。当发现机床有振动时，必须找出振源，加以消除，减少振动。

2）提高机床结构的抗振性。使用很大的机床床身，以降低它的自振频率。例如美国 LLL 实验室的 DTM-3 大型超精密机床使用 6.4m×4.6m×1.5m 的巨大花岗岩做床身。

如有振动产生，应找到机床结构中易于产生振动的薄弱环节，予以加强，使振动减小。

3）在机床结构的易振动部分，人为地加入阻尼，减小振动。

4）使用振动衰减能力强的材料制造机床的结构件。表 4-6 中给出了几种常用材料振动的衰减率。可以看到，铸铁对振动的衰减率高于钢材，花岗岩对振动的衰减率大大高于钢铁。人造花岗岩的振动衰减率又高于天然花岗岩。

日本夏本铸工所推出几种线膨胀系数很低的 Nobinite 铸铁新牌号，其中有些牌号具有很好的振动衰减能力。图 4-37 所示是其中的 CF-5 铸铁的振动衰减波形图，可看到要比普通铸铁 FC20 的振动衰减能力强很多。

由于花岗岩有很好的振动衰减能力和比钢铁低的线膨胀系数，现在很多超精密机床和三坐标测量机的床身和溜板已采用花岗岩制造，获得较好的使用效果。人造花岗岩的振动衰减能力又比花岗岩高不少，瑞士 Studer 公司用人造花岗岩

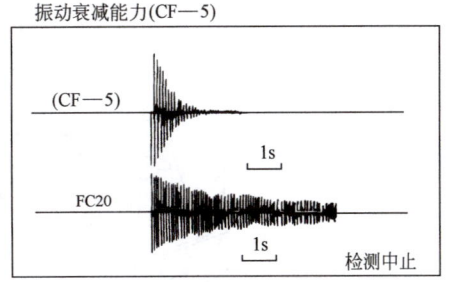

图 4-37　CF-5 铸铁的振动衰减波形图

Granitan 制造高精度 S 系列磨床的床身，效果甚佳，已成为专利，在其他工厂中推广使用。英国 Cranfield 公司的 OAGM 2500 大型精密机床，床身采用焊接钢结构，中间用人造花岗岩填充，有很好的振动衰减能力。

三、隔离振源，使用隔振沟、隔振墙和空气隔振垫，以减少外界振动的影响

1. 超精密机床应尽量远离振源

机床附近的振源，如空压机、泵等应尽量移走。实在无法移走时，应采用单独地基，加隔振材料等措施，使这些无法移走的振源所产生的振动对精加工的影响尽量减小。

美国 LLL 实验室的 LODTM 大型超精密车床使用大量的恒温水通到机床的各部分，以保持机床的恒温。为避免恒温水水泵的振动影响超精密机床，采取如下措施：水泵将恒温水打到水箱中，恒温水靠自重从水箱流到超精密机床的各有关部分，这样水泵的振动将不会通过水的振动而影响超精密机床。

2. 超精密机床采用单独地基、隔振沟、隔振墙等

为减少外界振动的干扰，地基应有足够的深度，地基周围用隔振沟，沟中使用吸振材料。过去为防止外界振动的传入，有使用弹簧将地基架起来，但弹簧的隔振频率不够低，且不能随时自动找水平，故现在用得不多。

美国 LLL 实验室的 LODTM 大型超精密车床，除机床用带隔振沟的地基外，机床装在有隔振墙的单独房间内。该隔振墙是双层的，中间有吸声材料，可以减少声波振动的影响。

3. 使用空气隔振垫（亦称空气弹簧）

现在超精密机床和精密测量平台底下都用能自动找水平的空气隔振垫，一般可以隔离 2Hz 以上的外界振动。例如 Moore 公司的 M-18AG 超精密车床和 Rank Pneumo 公司的 MSG-325 超精密车床都是在机床下用 3 个能自动找水平的空气隔振垫支承。从图 4-4 中的 Moore 车床可以看到，这种空气隔振垫可隔离频率 2Hz 以上的外界振动。美国 LLL 实验室 LODTM 大型超精密机床用 4 个很大的空气隔振垫将机床架起来，从图 4-38 中可看到，这些空气隔振垫可以自动保持机床水平。这 4 个空气隔振垫中有两个是内部相连的，受力时能自动平衡，这样用 4 个空气隔振垫可以起到三点支承一平面的效果。美国 LLL 实验室的 DTM-3 大型超精密机床使用空气隔振垫后，可以隔离频率为 1.5~2Hz 的外界振动，隔振后轴承部件的相对振动振幅仅 2nm。

图 4-4 中的 Moore 超精密机床等中小型机床的空气隔振垫一般都放在机床床身下面，而

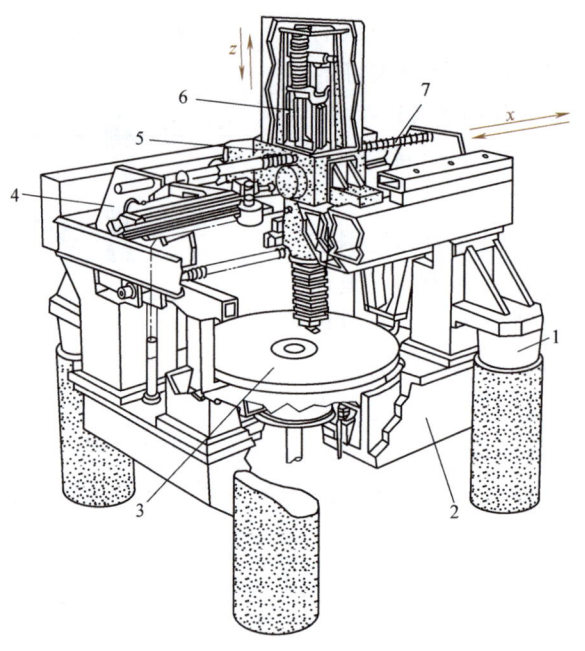

图 4-38　美国 LLL 实验室 LODTM 大型超精密机床的支承

1—隔振空气弹簧　2—床身　3—工作台（直径 1.5m）　4—测量基准架　5—溜板
6—刀座（有质量平衡）行程 0.5m　7—激光通路波纹管

图 4-38 中的 LODTM 大型超精密机床的空气隔振垫架在机床上较高的位置，空气隔振垫本身放在很高的基础上。这两种空气隔振垫不同的支承方案对机床的抗振性有较大的影响。图 4-39 是两种空气隔振垫支承机床不同方案的对比原理图。从图中可以明显看到，当空气隔振垫支承在机床较高位置时比在机床床底支承，可以明显降低机床的重心，使机床更稳定，不易产生振动。此外在机床有振动时，如支承点在机床底面，刀具切削工件位置将有较大振幅；而在高位支承，刀具切工件位置是处在中心点，振幅要小得多。刀具切工件位置是振动的敏感区，因此可以说高位支承将使机床的抗振性提高，增加机床的稳定性。

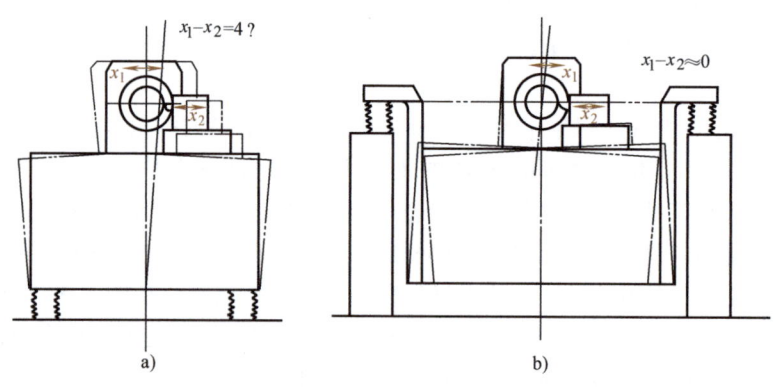

图 4-39　空气隔振垫支承位置不同对抗振性的影响

a）床底支承　b）上部支承

机床使用空气隔振垫后需要有自动找水平的控制系统，必须在机床运动部件移动重心改变时仍能保持水平。可以在机床床身上安放位置相互垂直的两个电子水平仪。当机床上的运动部件移动时，由于重心改变而导致倾斜，这时电子水平仪发生信号，由控制系统分别调整空气隔振垫的空气压力，使机床恢复水平位置。由于电子水平仪有不同的精度等级，可以根据需要选择，使机床的水平度达到要求。

超精密机床用的空气隔振垫（空气弹簧）有较大的技术难度。它要求能隔离很低频率的振动（1.5~2Hz），故空气隔振垫必须做得很软，自振频率才能很低。同时它要求不产生振荡摇摆，机床在重心改变产生倾斜时，要迅速恢复水平，不振荡，这要求空气隔振垫内有很大的阻尼。

第九节 减少热变形和恒温控制

一、温度变化对精密机床和精密加工误差的影响

据文献统计，精密加工中机床热变形和工件温升引起的加工误差占总误差的40%~70%。在一般机械加工中，磨床润滑油和磨削液每日变化10℃是常见的现象，如磨削ϕ100mm的零件，温升10℃将产生11μm的误差。为此，日本FCG32/10-NC-MACO无人化适应控制NC高速磨床就配有油温控制和自动补偿系统。精密加工铝合金零件100mm长时，温度变化1℃，将产生2.25μm的误差。若要求确保0.1μm的加工精度，环境温度就需要控制在±0.05℃范围内。

1977年，美国空军兵器研究所（AFWL）和Y-12工厂合作研制精度为0.1μm级加工直径ϕ800mm的非球曲面加工机床，要求控制机床主轴热伸长为0.05μm，机床热变形误差控制指标为0.05μm。

日本1983年成立了"纳米技术调查委员会"，于1985年7月发表超精密加工技术未来发展研究项目报告书，其中一项为"超精密温度控制系统"。

现在许多精密和超精密机床都装有高精度温控系统和热误差自动补偿装置。美国LLL实验室对机床热变形进行了基础性研究，在其实验条件下证明，相对位移量与油温成比例变化，油温变化0.056℃时，热变形为0.19μm，在温度变化0.006℃时，热变形误差为0.019μm，由此可见，要提高机床的加工精度，必须严格控制温度变化。

二、减小机床热变形的措施

1) 尽量减少机床中的热源。如机床主轴采用空气轴承代替液体静压轴承以减少发热量、使用发热量小的电动机；将发热器件放在机床床身外，如进给电动机和激光管放在机床床身外侧等。

2) 采用热膨胀系数小的材料制造机床部件。例如现在不少坐标测量机和超精密机床使用花岗岩、铟钢、陶瓷、铟钢铸铁、低线膨胀系数的铸铁等做机床的关键部件。日本夏本铸工所最近推出几种低热膨胀系数的铸铁，从图4-40中可以看到，这些新牌号的铸铁，其线膨胀系数是普通铸铁线膨胀系数的1/6~1/3。

现在已有少数机床主轴部件用铟钢、陶瓷、线膨胀系数接近于零的微晶玻璃或花岗岩制

造。超精密机床的床身和导轨用花岗岩、低线膨胀系数的铸铁制造。LLL 实验室的 LODTM 大型超精密机床中有不少关键零件，如激光测量系统的基准测量架等，用铟钢制造。

3）结构合理化使在同样的温度变化条件下，机床的热变形最小。

4）使机床长期处在热平衡状态，使热变形量成为恒定。例如某精密机床在主轴边上加一可调热源，当机床主轴最高转速发热量最大时，附加热源不工作。当主轴为某中间转速时，

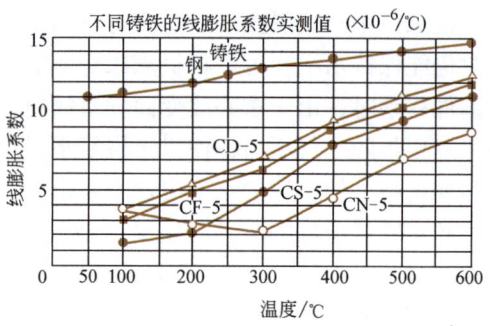

图 4-40 日本夏本铸工所的低线膨胀系数铸铁

附加热源供热，使总热量达到机床最高转速时产生的热量。当主轴不转时，附加热源产生热量最大，仍保持总热量恒定。夜间机床不用时，附加热源继续供热，使机床主轴一直处在热平衡状态，保持机床的高精度。

5）使用大量恒温液体浇淋，形成机床附近局部地区小环境的精密恒温。

精密和超精密机床要保持恒温可用大量的恒温油（或恒温水）浇淋切削区、关键部件或整个机床。例如有的精密丝杠车床和丝杠磨床的母丝杠做成带内孔的，工作时用恒温油通过丝杠内孔，使母丝杠保持恒温，从而提高了加工丝杠的螺距精度。

在使用三坐标测量机测量时，操作人员对环境温度有影响，工件和环境温度的波动变化将直接影响测量精度，造成测量误差。采用恒温油对测量机浇淋，可明显地减小温度的波动，提高测量精度。美国 LLL 实验室曾对三坐标测量机进行浇淋恒温油的对比实验。图 4-41 所示为实验时采用恒温油对三坐标测量机进行浇淋时的控制系统。此系统可控制油温在 30s 的平均值不超过 (20 ± 0.0055)℃。使用恒温油浇淋前，测量机附近的空气温度波动情况

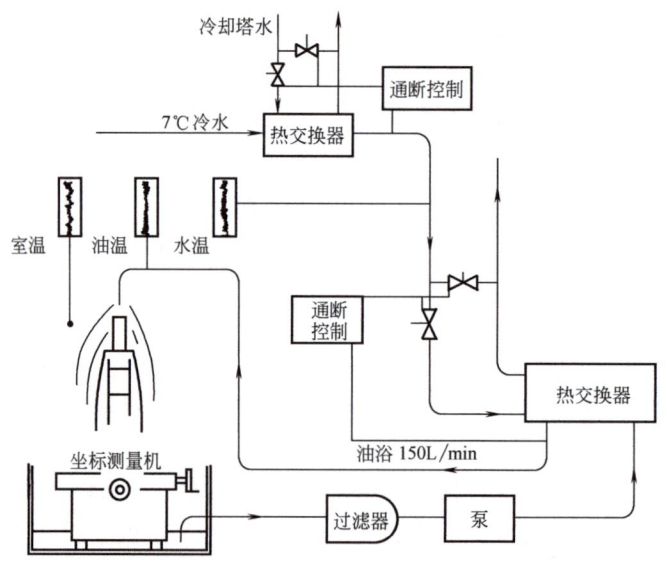

图 4-41 浇淋恒温油的温控系统

以及被测件（200mm 铝棒）尺寸的变化波动情况，如图 4-42a 所示；使用恒温油浇淋后，空气温度波动和被测件尺寸变化如图 4-42b 所示。可以看到，使用恒温油浇淋后，测量机附近的局部小环境内，空气温度的变化要小得多，在平均温度（20℃）的上下波动，由于温度稳定，被测的 200mm 铝件的尺寸变化很小，尺寸基本稳定，由热变形引起的尺寸测量误差很小。超精密机床希望尽可能地减少热变形，因此要求极严格的恒温控制。很多现代的超精密机床都采用大量恒温油浇淋整个机床的措施。例如美国 Moore 公司的 M18AG 超精密车床有粗细不等的很多油管，如蛛网般通到机床的各部分，浇淋充分的恒温油，使机床保持恒温。

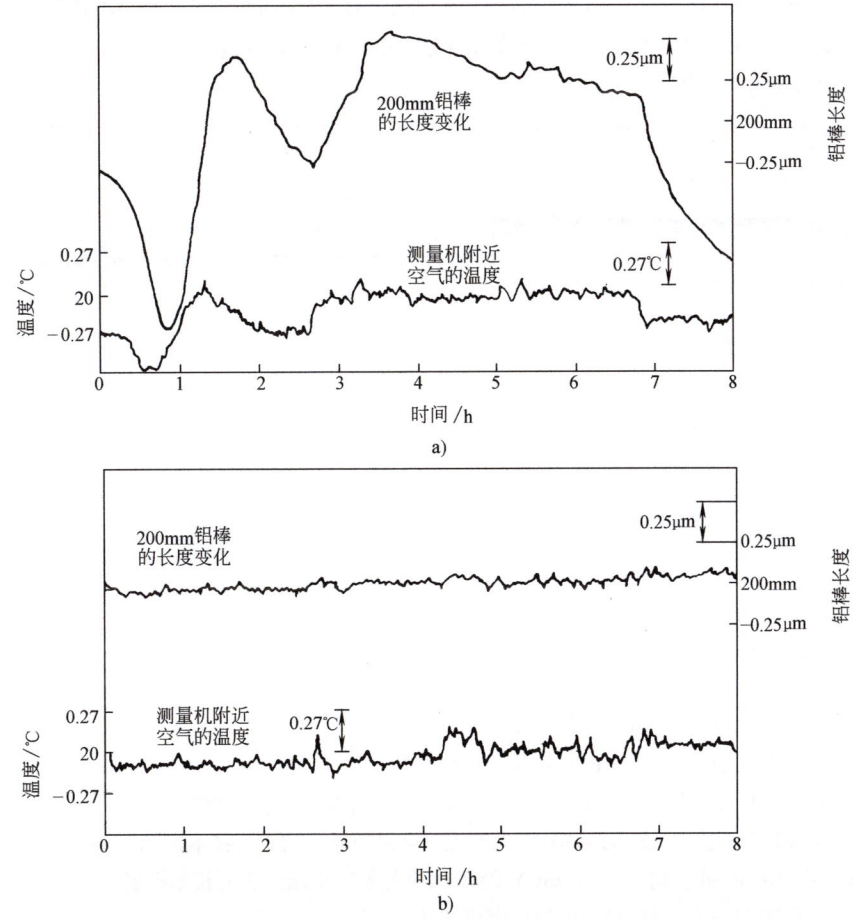

图 4-42 使用恒温油浇淋前后，测量机附近空气温度波动和被测件（200mm 铝棒）尺寸变化
a）未用油浇淋 b）用油浇淋

三、美国 LLL 实验室 LODTM 大型超精密车床的恒温控制

美国 LLL 实验室放置超精密车床的恒温室，一般是用铝质框架和绝热塑料护墙板做成的。操作者和机床间有透明塑料窗帘隔开，这样可以防止周围空气侵入，可使机床附近局部空间恒温更为稳定。

安装 LODTM 机床的恒温室内，通入循环的恒温空气，空气流量 90m³/min。通风用离心式风机的 19kW 电动机是该封闭系统内最大的热源。使用两级水冷式热交换器，用测热传感器测量进入的空气的温度，反馈控制热交换器的水流量，空气温度可控制在 ±0.005℃ 的变化范围内。图 4-43 所示是 LODTM 机床周围的典型空气温度测量记录，可说明该机床环境温度的高度稳定程度。

LODTM 机床的重要部件的温度是直接用恒温水流来控制的。主轴的径向和推力轴承都是带夹层的，可以通过恒温水流；横梁上的铟钢检测基架也是中空的，可以通过恒温水流。进入机床的恒温水，流量为 6.3L/s。通过热交换器，改变冰冷水的流量，可以使恒温水的温度变化控制在 (20±0.0005)℃ 内。图 4-44 所示为所用恒温水的典型水温测量记录，可见到水温波动变化极小。恒温水是从水箱靠重力流入机床，而不是用泵压入的，这样可避免泵的振动通过恒温水流而传到机床。

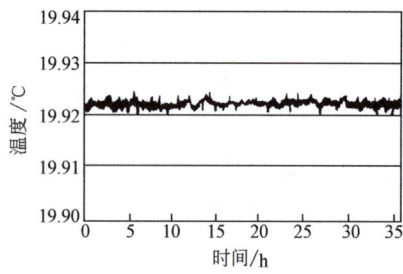 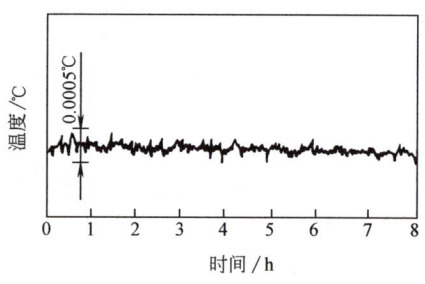

图 4-43　LODTM 机床周围的典型空气温度测量记录　　　图 4-44　LODTM 机床用恒温水的典型水温测量记录

 复习思考题

4-1　试述精密和超精密机床的国内外发展概况。
4-2　试述我国发展超精密机床的概况。
4-3　以美国为例，说明超精密机床的发展过程。
4-4　能代表超精密机床最高水平的是哪几台超精密机床？
4-5　试述美国 LLL 实验室生产的 DTM-3 大型超精密车床的主要技术性能。
4-6　试述美国 LLL 实验室生产的 LODTM 大型光学金刚石车床的主要技术性能。
4-7　试述英国 Cranfield 公司生产的 OAGM 2500 大型超精密机床的主要技术性能。
4-8　举实例说明发展高效专用多功能超精密机床的必要性。
4-9　为什么超精密机床大部分都采用空气轴承？它有哪些优缺点？
4-10　空气静压主轴轴承有哪些常用的结构形式？它有哪些优缺点？
4-11　超精密主轴有哪些驱动方式？各自的优缺点是什么？
4-12　超精密车床有哪几种总体布局？各自的优缺点是什么？
4-13　简述精密和超精密机床使用的床身和导轨材料，并说明各自的优缺点。
4-14　简述精密和超精密机床的导轨结构形式，并说明各自的优缺点。
4-15　试述滚珠丝杠驱动系统的结构和优缺点。

4-16 试述超精密机床中使用的摩擦驱动机构的原理、结构和优缺点。
4-17 试述超精密机床中使用的直线电动机驱动的原理和优缺点。
4-18 精密加工对微量进给装置的性能要求是什么？
4-19 试述压电和电致伸缩传感器的结构和主要性能。
4-20 介绍几种典型的压电式或电致伸缩式微量进给装置的原理、结构和性能。
4-21 介绍一种两坐标部件位移的激光在线检测系统。
4-22 介绍一种三坐标部件位移的激光在线检测系统。
4-23 提高机床结构的抗振性和减少机床内部振动有哪些办法？
4-24 精密和超精密机床的隔振防振措施有哪些？
4-25 试述温度变化对精密机床和精密加工误差的影响。
4-26 减少机床热变形的措施有哪些？
4-27 美国LLL实验室对大型超精密车床如何进行恒温控制？达到什么水平？

第五章　精密加工中的测量技术

第一节　精密加工中的测量技术概述

一、精密加工对测量技术的要求

精密测量是精密加工中的重要组成部分，精密加工的精度和表面质量要依靠测量精度来保证。精密加工机床设备和零件的精度和表面质量的检测要求有：

1）尺寸精度，精加工现在可达到微米级和纳米级精度。

2）几何精度，含直线度、平面度、垂直度、圆度、回转误差、角精度、自由曲面的形状误差等。

3）表面粗糙度，含表面波度等中频加工误差。

4）表面变质层，含金相组织的变化、表面层残留应力等。

测量精度一般应比被测件的精度高一数量级。由于技术发展，现在加工精度不断提高，这就需要新的测量方法和更高精度的测量仪器。精密测量的基础技术和常用测量仪器过去已经学过，本章仅讲述和精密加工有关的并有特点的测量技术。

二、精密测量技术的新发展

由于技术发展，特别是尖端技术的发展，要求加工精度不断提高，这就需要更高的测量精度，使测量技术面临新的挑战。近年来新技术在精密测量中的应用，使测量技术有很大发展，主要在以下几方面：

1. 极高精度测量方法和测量仪器的发展

近年发展了多种高精度和新原理的测量方法和仪器，如测量长度时能达到 0.1nm 级的双频激光测量系统和 X 射线干涉仪等，测量表面微观形貌达 0.1nm 级的扫描隧道显微镜和原子力显微镜等，测量角度达到 0.01″的精密测角仪等。

2. 软件功能的完善和测量功能的扩展

现在微电子技术、计算机技术已广泛应用在精密测量中，新测量仪器都有很强的软件功能，使一些复杂的测量结果经数据处理后可以很直观地显示在计算机屏幕上，并打印出来。例如测量表面平面度，测量数据处理后，可以得出平面度的三维曲线图和数据结果。测量自由曲面，数据处理后不仅可直观地给出该曲面的宏观形状轮廓，也可同时给出该曲面各处的表面粗糙度值，明显扩大了仪器的测量功能。

3. 精密在线自动测量技术的发展

在批量和大量生产中使用多种在线专用的自动量仪，有些能自动监控加工尺寸，有些还能反馈控制加工尺寸，不仅提高了测量精度和效率，而且保证了加工精度。新的三坐标测量机都有精密数控系统，可以自动完成复杂零件的全部测量，已是 FMS 中常用的测量装备，并能反馈控制零件加工尺寸。

三、长度基准

我国长度标准采用米制。

米制是 18 世纪法国最早提出的，当时把法国敦寇克港到西班牙巴塞罗那之间的子午线长度定为 1 000 000m。1875 年 5 月 20 日巴黎召开的国际米制会上确定米为国际长度基准，制成"国际米的原器"（用 90% 的铂和 10% 的铱制造，在 0℃ 测量），各国可复制"米原器"作为各国长度基准，但需定期复检。

由于复制的"米原器"复检困难，1960 年 10 月 14 日在巴黎通过用氪 Kr^{86} 在真空中的波长作为长度基准：$1m = 1\ 650\ 763.73 \times Kr^{86}$ 的波长。

1983 年第 17 届国际计量大会上，通过新的、更稳定、测量更准确的国际长度基准，即

$$1m = 光在真空中在 \frac{1}{299\ 792\ 458}s\ 内行走的长度$$

以上是国家的米制基准。省部级计量站或行业集团的长度基准，即标准米定义的长度测量基准由国家计量院（NIM）核准标定，再依次进行市区或企业计量站的长度基准传递。

四、纳米级精度和表面粗糙度的测量技术

纳米级测量技术包括尺寸和位移的纳米级精度测量，表面形貌和粗糙度的纳米级测量。这时常规的量仪已不易达到要求的测量分辨力和测量精度，现在纳米级测量技术主要的应用和发展方向如下：

1. 接触法测量

接触法测量主要是用测头或探针检测。现在虽有高分辨力的测头式测微仪和触针式纳米级表面粗糙度测量仪，但因前者测量尺寸范围小，后者容易损伤被测表面，故使用受到限制。

2. 光干涉测量技术

光干涉测量技术是利用光的干涉条纹，以提高测量分辨力。可以使用白光，但为提高测量分辨力，常用波长很短的激光或 X 射线作为光源。光干涉测量法测量尺寸范围大，可用于纳米级精度的长度、形貌和位移的精确测量，也可用于表面显微形貌和表面粗糙度的测量。用这种原理的测量方法有双频激光干涉测量、激光外差干涉测量、激光移相干涉测量（如美国 WYKO 公司 NT8000 型非接触式激光干涉形貌测量仪等）、超短波长（如 X 射线等）干涉测量等。这类测量方法是现在纳米级尺寸精度和表面粗糙度的主要测量方法，并有发展前途。

3. 扫描探针测量技术

扫描探针测量技术的原理是用极尖的探针对被测表面进行不接触扫描，利用隧道电流或原子力测出试件表面的三维微观立体形貌。用该原理的测量方法有扫描隧道显微镜（STM）、

原子显微镜（AFM）、磁力显微镜（MFM）、激光力显微镜（LFM）和光子扫描隧道显微镜（PSTM）等。这类测量方法的分辨力和测量精度可达 0.1nm 以上，但测量范围很小。适用于精密测量极小尺寸和极小面积的微观表面形貌（粗糙度）。

综上所述，现在纳米级精度的尺寸、形貌和位移的测量，较好的是光干涉测量法，其优点是测量精度高，测量尺寸范围大，非接触测量。这类量仪有双频激光干涉测量仪、Taylor Hobson 公司 CCI2000 型表面测量干涉仪、美国 WYKO 公司 NT8000 型非接触式激光干涉形貌测量仪等。

表面粗糙度是超精密加工表面质量的最重要指标之一，我国标准 GB/T 3505—2009 表面粗糙度指标主要有 Ra、Rz、取样长度等。硬度较高的零件测表面粗糙度，可用 Taylor Hobson 公司 Talyscan 3D、Talysurf-6 等触针式扫描测量仪。较好的测表面粗糙度的方法是用光学干涉测量法，如 WYKO 公司的移相干涉显微镜 WYKO TOPO 等，该公司的激光移相干涉形貌测量仪 WYKO NT8000 可测出自由曲面的表面粗糙度。扫描探针测量法因测量范围小，只用于极小面积的表面粗糙度检测分析，不适用于一般的表面粗糙度检测。

超光滑表面有其特殊性，这种表面的表面粗糙度的评价理论正在研究，因为有时同一超光滑表面使用不同原理仪器测量，会得到差别很大的表面粗糙度值。

五、精密测量的环境条件

要获得精确可靠的测量结果，除了要有精密的测量仪器和正确的测量方法外，还必须有稳定和合适的测量环境条件。

1. 恒温条件

由于各种工程材料都有热膨胀，恒温是精密测量的必要条件。标准测量温度是 20℃，计量室可根据测量精度确定允许的温度波动。但加工车间很难控制到要求的恒温温度。当加工车间内不是标准温度（20℃），并且往往被测零件温度高于室温时，测出的零件尺寸需要考虑零件实际温度变化造成的测量尺寸误差，在测量结果中给予修正。表 5-1 是几种常用的工程材料的线膨胀系数，可根据零件材料和实际温度计算出尺寸变化。

表 5-1 几种工程材料的线膨胀系数

材料	线膨胀系数/[μm/(100mm·℃)]	材料	线膨胀系数/[μm/(100mm·℃)]
铝	2.214	铸铁	1.08
青铜	1.782	TiC	0.594
钢	1.116	钢钢	0.27

2. 隔振条件

进行精密测量时要避免振动引起的测量误差。应尽可能采取各种减振隔振措施。如在加工车间内机床上测量，应停止机床转动，并将零件从夹紧状态松开，去除夹紧变形和机床振动，再进行测量。

3. 气压、自重、运动加速度等环境条件

当测量达到极高精度时，一些平时不考虑的问题也会影响测量精度。例如 1m 长的钢棒在真空中的长度较在大气中大 0.3μm，故如气压有明显变化，将造成测量误差。100mm 长的钢棒垂直放置时，由于自重而使材料产生压缩变形，长度约缩短 0.002μm。故在高空或海底测量的长度值将有误差。运动物件有加速度时，因受力而使尺寸测量有误差。

4. 其他环境条件

湿度的变化对超精密测量也存在一定的影响。较大的湿度会影响带有气浮轴承圆度仪的正常长期使用，造成轴系材料的锈蚀，从而影响测量精度；磁场与电场波动会影响纳米测量仪器的测量精度，产生不可忽视的测量噪声；空气扰动会对激光干涉仪器测量长度产生一定不良影响。

第二节　生产单位的长度基准和测量基准平台

一、量块——生产单位的长度基准

一般的生产单位都以量块作为实用的长度基准。

我国的量块标准分为00、0、1、2、3和校准级K共6种精度等级，可根据测量精度选用合适的精度等级。

在使用中应将各级精度的量块检定出其长度的实际值，使用时取检定所得量块实际长度，将检定量块长度实际值的测量极限误差作为误差处理。例如，标称长度为30mm的量块，经检定其实际长度为30.000 12mm，测量极限误差为±0.000 15mm，使用时按30.000 12mm计，其误差值为±0.000 15mm。很显然，这样使用量块，其测量精度高于原来等级的精度。但应注意，这量块不能认为已提高了一级精度，因量块的其他精度指标（如测量面的平面度误差、两测量面的平行度等）并未提高。使用量块时，需要将几块量块拼合成要求的尺寸。每两量块间的拼合面有油膜，将使长度增加6nm左右。为提高量块测量精度，应使用最少量块数拼合出要求的尺寸。

二、工厂自己专用的长度基准

一些精加工的工厂，使用量块作为长度基准不能满足测量精度要求，但可以使用经国家检定的自己的长度基准。

美国穆尔公司（Moore Special Tool Co）是国际著名的精加工工厂，该厂建立自用的长度基准的经验值得借鉴。该公司开始时使用矩形量块作为长度基准，但存在如下问题：①两端测量面不平行；②两端测量面和侧面不垂直，因而不能水平安放使用，如垂直放则由于自重造成长度缩短；③测量面平面度不好。经多次返修，受结构限制达不到精度要求。1955年购进H形截面的精密线纹尺，但两端刻线间距离读数（用显微镜）的重复精度不高，约在0.5μm左右，很难提高。最后该厂采用圆柱端面规作为长度基准。外圆柱面可磨到很高圆柱度，水平放在V形架内，可旋转以校验端面和外圆柱面的垂直度，容易达到两端面的高度平行。两端面间长度经测长和检测，重复精度很高。该圆柱形端面母基准规（16in，18in和480mm）先后经国际权度局（BIPM）、英国国家物理研究所（NPL）、美国国家标准与技术研究院（NIST）等鉴定，一致认可精度达到0.1μm。

穆尔公司制成长度母基准规后又制成步距规。英制的步距规每一步距的增量为1in（全长18in和16in），米制的步距规每一步距的增量为30mm（全长480mm）。全长步距的误差不超过0.05μm。使用步距规的优点是，可以避免使用量块时的量块拼合造成的积累误差。

三、平台——测量基准

中小工件平时都放在测量平台上进行检测，故测量平台实际上是测量的基准面，对它应有严格的精度要求。

1. 测量平台的选用

1）现在标准的平台有不同的精度等级。标准平台有 00、0、1、2 级。测量平台应采用 00 或 0 级。因为平台是多种测量的基准，直接影响测量精度。正确选用和保持平台表面处于良好状态，对获得精确的测量结果十分重要。

2）现在生产中使用的平台的测量表面多数为矩形，长宽比约为 4:3。用三块平台轮流相互刮研，达到完全接触，即认为已获得良好的平面。高精度的基准平台应采用正方形台面，平面度达到 $0.6\mu m$。矩形平台三块对研，有可能产生一种扭曲面，仍能互相全面接触；方形平台对研时转过 $90°$ 即可避免这种扭曲。

3）平台的结构。过去平台都采用平板下加加强筋。这种结构刚度不很高，不能满足高精度测量要求。现在的测量平台多数都采用箱式结构，有加强筋支承，这种结构的刚性大大提高，因而保证了高精度的测量。

4）测量平台的材料。测量平台有的用铸铁制造，也有的用花岗岩制造，这两种材料各有其优缺点。铸铁平台已有长久的使用历史，它具有一定的耐磨性、较好的短期稳定性，长期稳定性取决于它的稳定处理，受潮会长锈但不变形，碰撞时表面会出毛刺。花岗岩平台耐磨性好，长期稳定性好，受潮会产生变形但不生锈，碰撞时表面可能出小坑，但不出毛刺，故不影响测量。可根据实际条件来选用测量平台的材料。

2. 测量平台的支承

中小尺寸的测量平台都采用三点支承。

大尺寸的平台质量较大（例如 $1200mm \times 1200mm$ 的平台质量约为 $1150kg$），如采用三点支承，则支承点间距离大，平台将因自重及加上的较重被测件而变形。平台变形将影响测量精度。大型测量平台常采用多点支承法。例如，在原来平台的 3 个支承点上，各放一个能浮动的三爪支承架，上面再放测量平台。这样，大型平台有了 9 个受力支承点，各支承点均能均衡受力，但实际上仍是应用了三点支承一平面的原理。由于各支承点间距离大大缩小，平台受力的变形减小很多，明显提高了测量精度。

3. 测量平台本身的精度检验

测量平台（特别是铸铁平台）使用后，因磨损和变形会使精度下降，因此需要定期复检测量平台表面的平面度。

常用的平台检测是用三块平台轮流对研，找出凸起处进行刮研，直到接触斑点分布均匀。对高精度测量平台检测平面度可用电子水平仪、自准直光管或双频激光干涉仪，测出平台各处的水平倾角，经过数据处理，可以得到平台各处平面度误差的具体数值。

第三节　直线度、平面度和垂直度的测量

一、直线度的测量

1. 零件表面直线度的检测

在被检测长度较短时，可用刀口形直尺（或三棱、四棱平尺）检测。根据光隙大小测量表面的直线度。该方法简单直观，检测精度可达 1～3μm，但检测精度与检验员的经验有关。

当检测长度较长时，可采用分段检测其水平倾角，经数据处理而得到表面的直线度。精确检测表面倾角可用电子水平仪、自准直光管或激光小角度检测仪。图 5-1 所示为用自准直光管或激光检测直线度的原理。从图可看到，自准直光管或激光头固定安放，反射镜或激光小角度测量反射镜放在被检测表面，测出倾角后，将反射镜移一定距离再测，这样测得不同位置的倾角。将不同位置测得的倾角叠加，如图 5-2 所示，该表面测量方向的直线度即可用作图法或计算法求出。用电子水平仪检测时，即可用电子水平仪代替反射镜，测量方法同前。

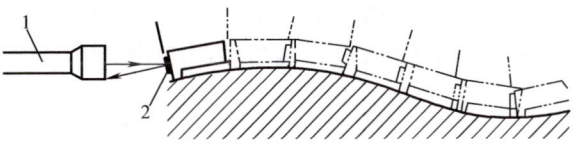

图 5-1　用自准直光管或激光检测表面直线度

1—自准直光管或激光头　2—反射镜

用这种方法测量时，应注意反射镜每次移动距离应小于反射镜座的长度，否则有可能产生图 5-3 的情况，不能测出正确的结果。如反射镜座较短时，可将反射镜放在一定长度的桥板上，检测时移动桥板即可。

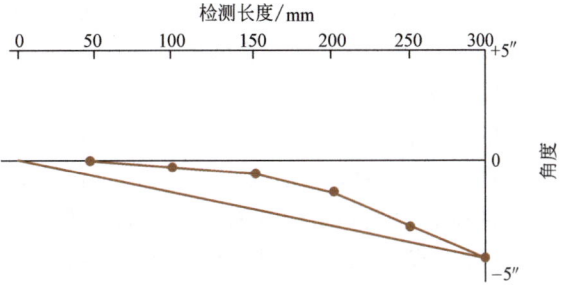

图 5-2　直线度测量结果示意图

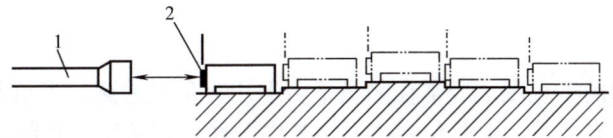

图 5-3　反射镜每次移动距离过大时造成测量误差

1—自准直光管或激光头　2—反射镜

2. 直线运动的直线度检测

机床导轨等经常需要检测其运动的直线度。最简单的检测方法是在溜板（运动导轨）上安放高精度平尺，用测微仪检测其直线运动的直线度误差，如图 5-4 所示。

在直线运动的精度很高时，用上述方法测得的直线度误差实际上包含了运动的直线度误差和平尺本身的直线度误差。为提高测量精度，可用上法先检测一次，然后将平尺在原位翻转（例如原来测量面向左，翻转后测量面向右）再测一次，两次测量结果同位置相加，则

平尺本身的误差正负相消,余下的误差即为直线运动的直线度误差。

直线运动的直线度误差现在可以用激光测量。可将激光小角度测量反射镜放在运动导轨上,用激光即可测出该直线运动不同位置的运动倾角,数据处理后即得到该直线运动的直线度误差。这种方法便于实现检测自动化,现在的激光测量仪配备有相应的数据处理软件,检测后在计算机屏幕上可直接显示运动直线度误差曲线,并可打印出具体数值。现国外不少机床厂规定,机床的出厂精度检验都使用激光测量。

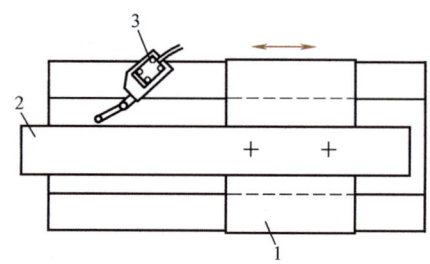

图 5-4 直线运动的直线度检测
1—溜板(运动导轨) 2—高精度平尺
3—测微仪

二、平面度测量

平面度测量常遇到的有两种情况:①小面积高精度的平面度测量,常用光学平晶观察其干涉条纹形状而测出其平面度误差,这种测量方法如图 5-5 所示;②面积较大时,平面度检测可将被测表面划定不同方向的直线若干条,检测其直线度,综合后即得到该表面的平面度误差。

图 5-6a 所示为用激光测量表面的平面度情况。沿直尺移动反射镜 3 即测出该方向的直线度。在测不同方向不同位置的直线度时,激光头不需移动,只需转动或增加反射镜就可改变激光的光路位置。综合直线度误差的测量结果,即可得到平面度误差。图 5-6b 所示为检测平台最后得到的平面度误差图形。现在的激光测量仪备有数据处理软件,检测后可以直接在计算机屏幕上显示与图 5-6b 类似的图形,并可打印各点的误差值。用自准直光管或电子水平仪检测平面度,方法基本相同。

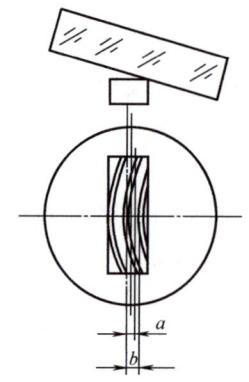

图 5-5 用光学平晶检测平面度

三、垂直度检测

零件中两平面间的垂直度,经常在测量平台上用直角尺检测,直角尺本身的垂直度要求很高。常用的直角尺有 L 形、T 形和圆柱形。其中圆柱形直角尺容易制成很高精度,常用作基准直角尺。这种圆柱形直角尺先将外圆磨成精密圆柱形(没有锥度),然后放在 V 形架内转动,检测并研磨端面,使端面和外圆高度垂直,垂直放在测量平台上即可使用。

L 形和 T 形直角尺,很难用同样的直角尺互检制成准确的直角,而必须用高精度的基准直角尺来检测它。但是用圆柱形直角尺和 L 形直角尺的互检很容易将角度误差测出。图 5-7 是检测情况,在第一位置,圆柱形直角尺和 L 形直角尺的顶端有光隙 δ_1;将 L 形直角尺翻转(第二位置),如光隙仍在顶端且 $\delta_1 = \delta_2$,则说明圆柱形直角尺角度准确,误差全在 L 形直角尺。因光隙在顶端,L 形直角尺的角度小于 90°。如果在第二检测位置,光隙变到直角尺根部且 $\delta_1 = \delta_2$,则角度误差全在圆柱形直角尺。如果 $\delta_1 \neq \delta_2$,则圆柱形直角尺和 L 形直角

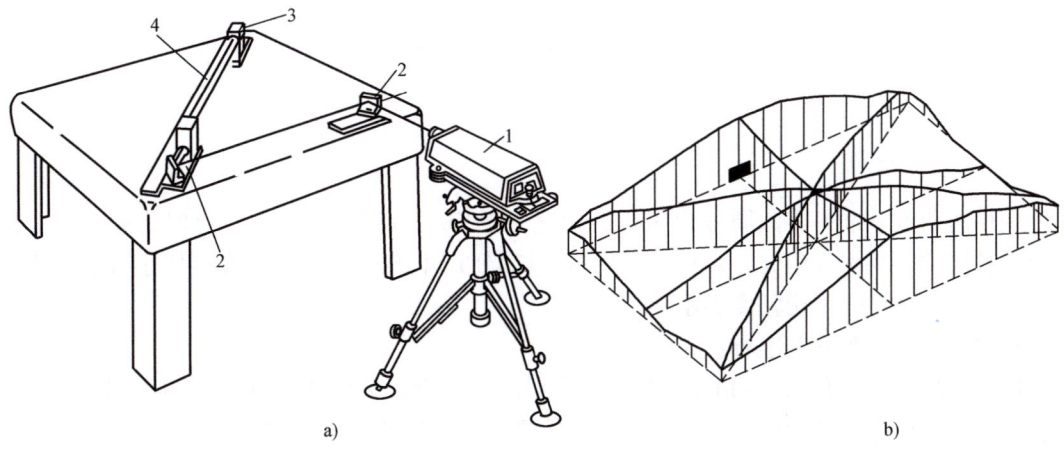

图 5-6 用激光检测平面度
a）用激光检测平面度示意图　b）平面度检测结果图形
1—激光头　2—反射镜　3—激光小角度测量反射镜　4—直尺

尺的角度都有误差。测出误差后，即可进行研修，提高直角尺精度。

由于 L 形和 T 形直角尺不易制成很高精度，实际使用时在某些情况下可采用直角尺翻转法，提高测量精度。图 5-8 所示为用 T 形直角尺测十字溜板垂直度时的情况。如图所示，直角尺第一位置测得导轨的垂直度误差为 $-1.25\mu m$，直角尺翻转后的垂直度误差为 $+0.25\mu m$。去掉直角尺误差后的垂直度误差为 $\Delta = \frac{1}{2}[-1.25-(+0.25)]\mu m = -0.75\mu m$，根据直角尺长度可算出十字溜板的垂直度误差的角度值。从上面的检测结果也可得知直角尺的误差为 $-0.5\mu m$。

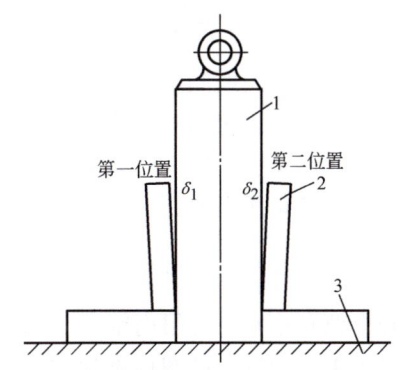

图 5-7 圆柱形直角尺和 L 形直角尺的互检
1—圆柱形直角尺　2—L 形直角尺
3—测量平台

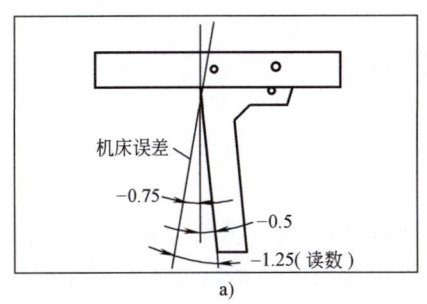 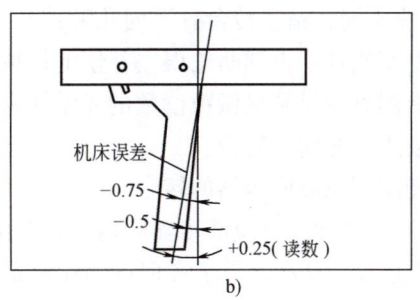

图 5-8 用直角尺翻转法提高测垂直度时的精度
a）直角尺第一次位置　b）直角尺翻转后

第四节 角度的测量

一、角度基准

现用的角度标准是将圆周分为 360°，每度分为 60′，每分分为 60″。有时为避免和时间的分、秒混淆，也称为角分、角秒。采用 60 进制使用不方便，故有时直接用小数点值而不化成分与秒。角度也可用弧度表示。

精密测量中的角度基准有：

1）角度块规。可用数块角度块规贴合成要求的角度。角度块规现在使用不多，原因是组合后有累积误差，且角度块规本身的角度检测要用其他的原始基准。

2）多面体。在配合自准直光管使用后，精度高，现在被承认可作角度基准。

3）多齿分度盘。现在精密 1440 齿分度盘精度可以达到 0.05″~0.1″，读数的重复精度 0.02″，每转 1 齿增量为（1/4）°，配合自准直光管用作角度基准，使用方便并且可靠。

二、正弦工作台测角度

正弦工作台在角度测量中用得较多，因为它价格便宜，使用方便，有一定的测角精度。正弦工作台的工作原理如图 5-9 所示，其中 L 已知，检测时使用的量块高度为 H，则 α 角可用下式计算，即

$$\sin\alpha = \frac{H}{L}$$

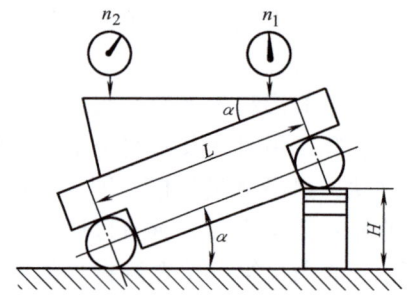

图 5-9 正弦工作台工作原理

正弦工作台测角不易获得很高精度，原因：①两圆柱中心距 L 的偏差、两圆柱的圆柱度误差、两圆柱轴线的不平行、量块尺寸 H 的偏差、测量平台的平面度误差等都很难减到很小；②当 α 角达到 45°后测量误差已很大，α 角再加大，测量误差将急剧加大。

三、精密转台测量角度

精密转台在角度测量中用得很普遍，根据需要可以制成水平轴或垂直轴结构。根据使用的测角方法不同，精密转台有下列几种：

1）精密蜗杆副再加凸轮误差补偿的机械式转台。
2）有圆刻度尺和显微镜读数的光学转台。
3）使用圆光栅的转台。
4）使用圆感应同步器的转台。

使用圆光栅和圆感应同步器的精密转台由于测角精度高（分辨力 0.1″，测角精度 0.3″~0.5″），读数数字显示，易于实现自动化测量，故现在已是精密转台的主要品种。这类转台的旋转驱动机构和角度测量系统是分离的，因此测量系统不存在磨损问题。要使转台获得高精度，除圆光栅和圆感应同步器本身的制造精度要求很高外，还要求转台的回转轴有极高的回转精度。现在转台的轴承常采用精密滚针轴承、密珠轴承等，装配时有小量的过盈预载。

装配时圆光栅和圆感应同步器应尽量和旋转轴同心,否则将造成较大的测角误差,例如主轴轴线偏 1.2μm 时,在 200mm 直径处将产生 2.58″角度误差。

四、精密多齿分度盘测角度

1. 精密多齿分度盘的工作原理和结构

精密多齿分度盘是一种机械式圆分度器,它具有自动定心、重复性好、无角位移空程、操作简便、使用寿命长等特点。特别是其分度精度很高(可达 0.05″~0.1″),较其他精密转台的精度提高了一个数量级。美国穆尔公司生产的 1440 齿分度盘,因精度高、质量可靠,常被用作角度基准和精密角度测量。

多齿分度盘的结构由两个直径、齿数和齿形都相同的,精度很高的上、下端面齿盘组成,如图 5-10 所示。多齿分度盘的齿数常用的有 360、720、1440 几种,它们的分齿增量分别是 1°、0.5°、0.25°。工作时,上、下齿盘在一定的轴向力下强迫啮合,所有齿产生一定变形后全部都接触,由于圆周封闭的特点,产生齿距误差的抵消均化作用,使偏差总和接近于零,保证端齿盘有很高的分度精度。多齿分度盘工作时,下齿盘固定不动,上齿盘抬起,旋转需要的角度后降下与下齿盘啮合,根据转过的齿数多少达到精确分度的要求。

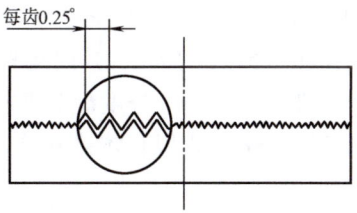

图 5-10 1440 齿精密多齿分度盘

2. 精密多齿分度盘的小角度分度器

精密多齿分度盘的明显局限性是,即使是齿数最多的 1440 齿分度盘,也只能测量 0.25°倍数的角度,而不能测尾数更小的角度。附加小角度分度器,解决了带小尾数的角度测量问题。小角度分度器的最大旋转量为 ±0.25°,旋转角的分辨力为 0.1″,配合 1440 齿分度盘的读数,可以测量 0~360°内分辨力为 0.1″的任意角度。

小角度分度器的结构原理如图 5-11 所示。它采用细牙的精密千分丝杠来获得移动的高放大倍数(约为 1400:1)。千分丝杠是和下齿盘相连的,其端面用恒压弹簧顶紧在固连于底座的硬质合金小轮上,千分丝杠转 3 转时下齿盘旋转 15′。千分丝杠靠直径 100mm 刻度盘的手轮转动,刻度盘上加游标使读数的分辨力达到 0.1″。

小角度分度器的千分丝杠走的是直线,而硬质合金轮的相对运动轨迹是圆弧,理论上将造成一定的非线性。平时调整好的位置是中点,故实际使用的转动角度为 ±0.125°,因旋转半径较大,故误差很小,可忽略不计。穆尔公司生产的小角度分度器装在 1440 齿分度盘后,1440 齿分度盘的

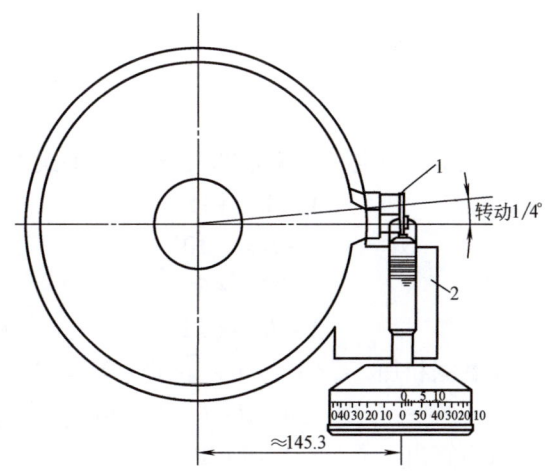

图 5-11 小角度分度器的结构原理
1—固连在底座上的硬质合金轮 2—装在下齿盘上的小角度分度器组件

分齿精度仍保持不变（0.1″）。小角度分度的实际精度约为0.3″，读数分辨力为0.1″。

3. 多齿分度盘的标定

（1）使用精度更高的测角仪器对多齿分度盘进行标定　美国穆尔公司有经国家鉴定的特高精度基准多齿分度盘，可以用来对其产品的多齿分度盘进行标定。对于有小角度分度器的1440齿分度盘，则需用质数齿的基准多齿分度盘（其角增量不是整数）来对它进行标定。这些方法虽好，但对多数使用多齿分度盘的单位无条件使用。

（2）利用两个多齿分度盘互检标定　利用圆周360°封闭的原理，用两个多齿分度盘互检标定。用两个多齿分度盘互检时，将两个多齿分度盘叠放（两轴线尽量重合），顶上放自准直光管的反射镜，将自准直光管对准调零，如图5-12a所示。将多齿分度盘2转过A角（A角名义值应是360°能等分的，如90°、60°等），再将多齿分度盘1逆转名义值相同的X角，如图5-12b所示，这时用自准直光管记录下误差值（误差为$X-A$）；再将分度盘2转同样名义值的B角，分度盘1仍逆转X角，再记录下误差值；这样继续检测直到多齿分度盘2已转完360°。现以具体数值说明数据处理方法。

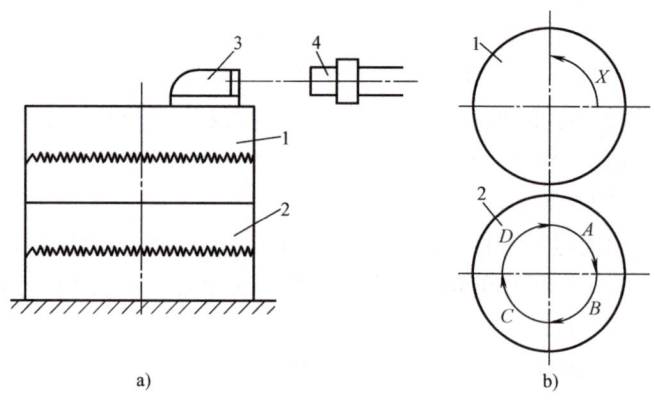

图5-12　两个多齿分度盘互检标定原理
1—多齿分度盘1　2—多齿分度盘2　3—反射镜　4—自准直光管

例如检测时名义转角为90°，检测结果误差值如下：

$$X - A = +15'$$
$$X - B = -10'$$
$$X - C = +5'$$
$$X - D = +22'$$

将四组数据相加　　$4X - (A + B + C + D) = 32'$
　　因　　　　　　　$A + B + C + D = 360°$
　　故可算出　　　　$X = 90°8'$
　　同时可算出　　　$A = 89°53'$，$B = 90°18'$，$C = 90°3'$，$D = 89°46'$

经过不同位置的多次互检，可以分别标定出这两个多齿分度盘的误差值。

第五节　圆度和回转精度的测量

一、圆度的测量方法和圆度误差的评定

1. 圆度的测量方法

由于各种精密机械、精密仪器的轴系有很高的旋转精度要求，这类轴系的高精度轴和孔，不但有严格的尺寸公差要求，而且有很高的形状公差要求。控制圆度误差是保证形状公差的核心内容，因此圆度测量是精加工中的关键技术。

现在机械制造业中测量圆度的方法有：

1）直径法。测不同方向的直径，但对具有奇数棱的零件不能适用。

2）圆周界限量规。用塞规和环规测量，主要是保证尺寸公差，对圆度误差有一定的限制作用，但不能测出圆度误差。

3）在顶尖上旋转法。测量精度受到顶尖和顶尖孔精度的影响。

4）V形法。零件放在V形内，零件相对于测头转动测量。

5）三点测头法。测点相隔120°进行测量。

6）圆度仪法。使用高精度回转轴和测头，相对运动形成一个理想圆和工件外形比较，测出其圆度误差。

7）三点法（或两点法）在线测量，进行误差分离，测出工件的圆度误差。

上述1）~5）的测量方法，只适用于精度不高时的测量；高精度轴和孔的圆度，现在主要用圆度仪测量，可测出圆度误差的具体数值。

2. 圆度误差的定义和图形表示

1）定义圆度是一个复杂问题，世界上提出了种种定义，我国几何公差标准采用"公差带概念"确定圆度的定义。圆度误差指包容同一正截面实际轮廓且半径差最小的两同心圆间的距离，例如这两圆的半径差 Δr，圆度公差带即指这两同心圆间区域。

2）根据圆度误差的特性，可以将被测的外圆轮廓以富氏级数表示。在极坐标中，任一 θ 角位置的向量半径 $\rho(\theta)$ 为

$$\rho(\theta) = r_0 + \sum_{i=1}^{\infty} C_i \sin(i\theta + \alpha_i)$$

式中　C_i——富氏系数；

　　　α_i——初始位置。

可看到，r_0 是常数项，是相对于坐标原点的半径为 r_0 的平均圆。级数中第二项 $C_1 \sin(\theta + \alpha_1)$ 为一次谐波，反映了安装偏心的影响，$C_2 \sin(2\theta + \alpha_2)$ 为二次谐波，反映了椭圆度误差。如果去掉常数项 r_0 和反映偏心的一次谐波以及反映表面粗糙度的高次谐波分量，轮廓曲线反映的圆度误差 $\Delta r(\theta)$ 为

$$\Delta r(\theta) = \sum_{i=2}^{n} C_i \sin(i\theta + \alpha_i)$$

当圆度误差的二次谐波最大时，零件实际轮廓呈椭圆形；如三次谐波最大时，零件显出三边棱圆形。

3）用圆度仪测出的圆度误差，采用极坐标记录出圆度偏差曲线，如图 5-13 所示。该圆度偏差曲线只表示被测件轮廓在给定的放大倍数下的相应相位的偏差，不表示圆的直径。同样的圆度偏差，在放大倍数不同时画出的圆度偏差曲线图，形状就有很大不同，放大倍数越大时，曲线图就越呈星形，如图 5-13 所示。

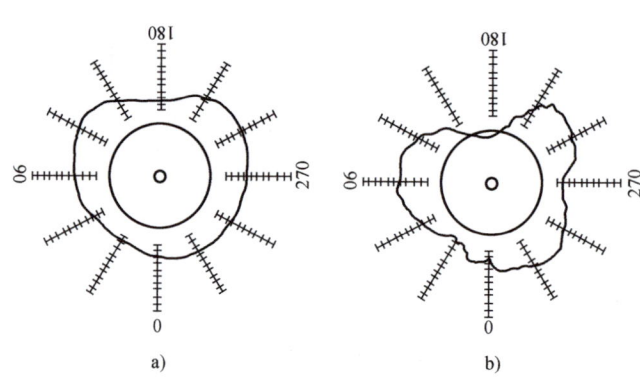

图 5-13　圆度仪记录的圆度偏差曲线
a）放大倍数较小时　b）放大倍数较大时

3. 圆度误差的评定

圆度误差有不同的评定方法。同一检测所记录下来的圆度偏差曲线，用不同的评定方法得到的圆度误差值不同，有时差值达到 10%～20%。圆度误差现有 4 种评定方法：

（1）最小外接圆法　先求出包容实际轮廓曲线且半径为最小的外接圆，然后再画出和它同心且半径最大的内接圆，这两圆的半径差即为圆度误差，如图 5-14a 所示。这种评定方法适用于轴类，因为它工作时起作用的是外接圆。

（2）最大内接圆法　先求出内切于实际轮廓且半径为最大的内接圆，然后再画出和它同心且半径最小的外接圆，两圆的半径差即为圆度误差，如图 5-14b 所示。这种评定方法适用于孔类，因它工作时起作用的是内接圆。

（3）最小包容区域圆法　该方法也称最小半径差法，它是以包容实际轮廓且半径差为最小的两个同心圆的半径差为圆度误差，如图 5-14c 所示。这种评定方法得到的圆度误差要比前两种方法得出的小，因此零件最容易合格。但该方法使用电算比较麻烦。

（4）最小二乘方圆法　它是以最小二乘方法求得轮廓图形的中线——平均圆作为基础圆，再作同心的轮廓外切圆和内切圆，该外切和内切圆的半径差即是圆度误差，如图 5-14d 所示。用这方法得到的圆度误差值要比前两种方法求得的小，但比最小包容区域圆法求得的稍大。这种方法求得的平均圆及圆度误差能反映被测轮廓的综合情况，且容易实现电算，因此从理论上看是一种比较合理的方法。

二、圆度仪及其测量精度分析

1. 圆度仪的工作原理及类型

从几何角度看，如果一个动点绕一个定点运动，且距定点的距离不变，则动点的运动轨迹为一圆。依照此原理，用一个精密回转轴系上的一个点（测微装置测头）所产生的标准圆与被测轮廓进行比较，就可求得圆度误差。这种具有精密轴系测量圆度误差的仪器即是圆度仪。

圆度仪有两种结构形式。一种是测头随主轴（以下简称测量轴）旋转，被测件固定在工作台面上不动，如图 5-15 所示。在固定工作台上有调心工作台，以便调整工件对测量轴的偏心和倾斜度。由于被测件装在固定工作台上，检测重量大和有偏心重量的零件时，不会

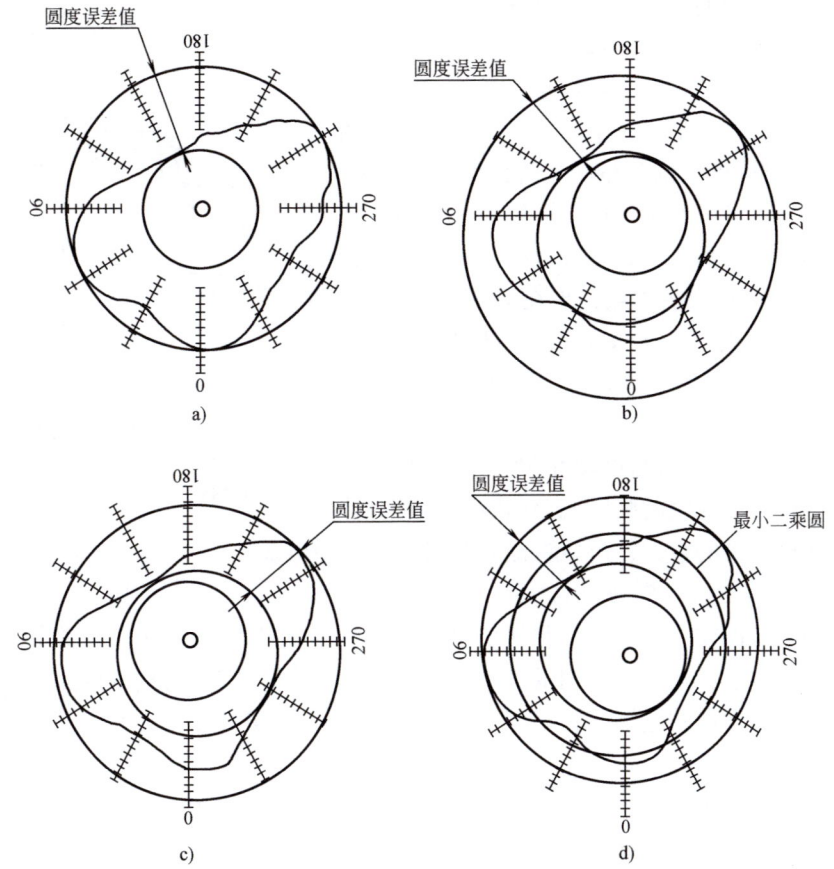

图 5-14 圆度误差的评定方法

a) 最小外接圆法 b) 最大内接圆法 c) 最小包容区域圆法 d) 最小二乘方圆法

影响测量轴的精度,也不会造成测量轴的磨损或损坏。该类型的圆度仪可以制成较高精度。英国 Taylor Hobson 公司的 TALYROND 3、TALYROND 73 型和我国上海机床厂的 HYQ-014A、中原量仪厂的 DQR-1 型圆度仪都属于这种结构。测量轴旋转式圆度仪测圆度时效果很好;但受结构限制,测量中要使测头或工件做垂直或水平运动很困难,因此不宜用于测量圆柱度、同轴度、平面度和垂直度。

圆度仪的另一种结构形式是测头固定不动,被测件随旋转工作台转动而进行测量,如图 5-16 所示。在旋转工作台上装有调心工作台,以便调整工件对旋转工作台的偏心和倾斜度。新的圆度仪的调心工作台能自动调整到零件偏心量小于 1μm。旋转工作台式圆度仪可以测圆度、同轴度、垂直度

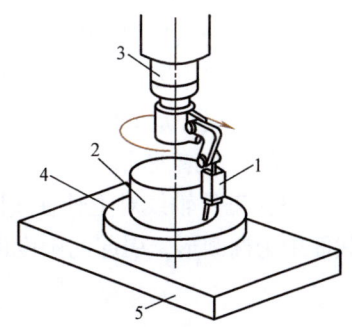

图 5-15 测头随主轴旋转式圆度仪
1—测头 2—被测件 3—测量主轴
4—调心工作台 5—固定工件台

和轴向圆跳动量。旋转工作台的主要缺点是,工件重量大或是有偏心重量时会影响工作台的回转精度。近年来由于设计和制造水平的提高,液体静压和空气静压轴承的旋转工作台,不仅有极高的回转精度,同时又有很大的承载能力和很大的角刚度,已逐渐解决了装有工件而

影响工作台回转精度的问题。最新型的旋转工作台式圆度仪都加上了平行于工作台轴线的高精度垂直导轨，和垂直于工作台轴线的高精度水平导轨，使测头在测量过程中能做精确的垂直或水平运动（见图5-16）。这种新型圆度仪的测量功能就大大地扩大了，不仅可测圆度，而且可测圆柱度、同轴度、端面的平面度、端面和轴线的垂直度、轴线直线度等。由于旋转工作台式圆度仪的这些优点，现在应用日益广泛。Taylor Hobson 公司的 Talycenta、Talyrond 300 型和北京机床研究所的 JCS-042 型圆度仪都属于这种结构形式。

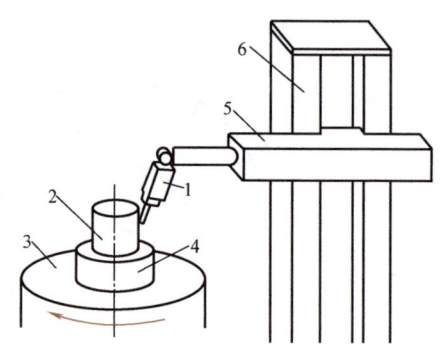

图5-16　旋转工作台式圆度仪
1—测头　2—被测件　3—旋转工作台
4—调心工作台　5—水平导轨
6—垂直导轨

现在的圆度仪都有和圆度测量同步转动的记录器，采用极坐标画出封闭的圆度偏差曲线；同时有计算机采集和处理测得的数据，可以将最后结果数据打印出来。

2. 影响圆度仪测量精度因素的分析

（1）主轴回转误差　圆度仪测量法的基础是高精度的主轴（测量轴或旋转工作台轴），主轴回转误差将直接反映为圆度测量误差，故主轴的回转精度就代表了圆度仪的精度和圆度仪的水平。现在圆度仪的主轴回转精度一般为 $0.05\mu m$，部分高精度圆度仪的主轴回转精度为 $0.025\mu m$。

（2）工件轴线和主轴轴线偏心引起的误差　工件安装偏心 e 在误差数字记录中将是偏心量的一次谐波项，圆度误差 Δ_1 为

$$\Delta_1 \approx \frac{e^2 \sin\varphi}{2R}$$

式中　φ——被测点的相位；
　　　R——工件平均半径。

在记录图中因误差放大 K 倍，不同相位时误差值不同，将造成图形畸变。

为消除偏心造成的误差，除测量时调整工件尽量减小偏心量外，在数据处理时应消去反映偏心的一次谐波项。

（3）工件轴线对主轴轴线倾斜引起的误差　当工件的圆柱表面有倾斜角 θ 时，在被测截面中为椭圆形，引起的圆度误差 Δ_2 值在数字记录中将是二次谐波项，Δ_2 值为

$$\Delta_2 \approx \frac{1}{2}R\theta^2$$

上式中未考虑测头形状产生的额外误差。

要提高圆度测量的精度，应减小工件轴线的倾斜。

（4）测头形状和测头半径变化引起的误差　圆度仪使用的测头端部形状有针形、球形、斧形和圆柱形。

针形测头测量误差最小，测量结果中还包含表面粗糙度，其缺点是容易将工件表面划伤。球形测头可选用适当的半径，测量时可消除表面粗糙度的影响，并减少工件表面划伤。在工件硬度低和要消除螺旋形刀痕影响时，可选用斧形或圆柱形测头，还可避免工件划伤和

消除表面粗糙度的影响，但这时将使工件轴线倾斜造成的误差 Δ_2 值加大。

要消除测量中表面粗糙度的影响，还可使用电子滤波法，排除表面粗糙度反映的高频波的影响。

（5）测量力的影响　测量力的选择原则是要保证测头和工件表面接触稳定，同时不致划伤（产生塑性变形）被测表面。测量力一般在 0.005~0.2N；工件材料软，测头曲率半径小时测量力取小值，材料硬（硬度≥20HRC）和测头曲率半径大时测量力取大值。

（6）测头偏位引起的误差　测头如不对准工件中心将产生测量误差。如测头的偏位角在 10°内，测量误差在 2% 以内。测小件时应特别注意测头的对中，否则很可能造成较大的测量误差。

三、圆度的在线测量

近年来发展了圆度在线测量方法，零件不必从机床上取下就可在线测量其圆度，该方法还解决了无大型圆度仪无法测量大零件圆度的困难。

这种测量方法的原理是要消除测量值内包含的主轴回转误差：零件卡在机床上转动，用三个测微仪在同一平面和一定的相位处测零件的径向圆跳动，该径向圆跳动包含零件的圆度误差和机床主轴的回转误差，基于三点法误差分离原理而获得零件的圆度误差。这种测量方法在下文测量主轴回转精度时还要讲述。

这种圆度的在线测量方法有较多优点，应扩大其生产应用。

四、主轴回转精度的测量

1. 用高精度钢球测主轴的回转精度

制造和使用精密机床和精密仪器，主轴回转精度的测量都是极为重要的。

回转精度在 0.5~1μm 的精密主轴，可以使用高精度标准钢球（圆度在 0.05~0.1μm）来检测其回转精度。将高精度钢球卡在主轴的端部，尽量调整使其同心，然后用测微仪测出其径向圆跳动，如图 5-17 所示。测出的径向圆跳动包含机床主轴的回转误差和钢球的圆度误差。由于钢球圆度误差比主轴回转误差小得多，可以忽略不计，故测出的径向圆跳动值，就是机床的回转误差。

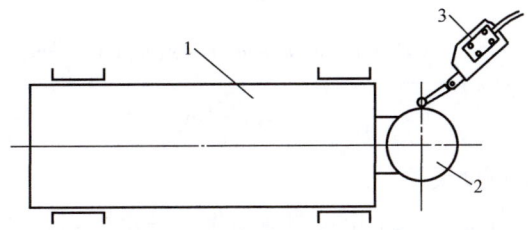

图 5-17　用高精度钢球测主轴回转误差

1—主轴　2—高精度钢球　3—测微仪

2. 用三点法误差分离原理测精密主轴的回转误差

主轴回转精度达到 0.1μm 以下时，主轴回转误差和钢球圆度误差已是同一个数量级，前面的钢球测主轴回转误差法已不能使用。这种高精度主轴的回转误差可用三点法误差分离原理来测量。三点法一般以离散采样方式，通过误差分离计算，同时得到工件圆度误差和主轴的回转误差。

三点法测试原理如图 5-18 所示。A、B、C 三个测微仪安置在同一测量平面内，其夹角为 φ_1 和 φ_2，三个传感器的轴线交于 O 点，以 O 为原点，A 测微仪轴线为 x 轴，建立直角坐标系 Oxy，x 轴为加工的敏感方向。$S(\theta)$ 为被测工件的轮廓形状误差。O_1 为主轴回转中心，则 O_1 的坐标为 $x(\theta)$ 和 $y(\theta)$。测微仪 A、B、C 的输出信号分别为 $A(\theta)$、$B(\theta)$ 和 $C(\theta)$，则可得如下关系

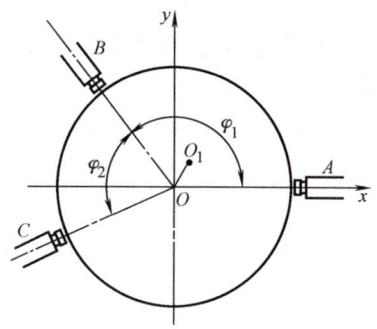

图 5-18 三点法测主轴回转误差的原理

$$\begin{cases} A(\theta) = S(\theta) + x(\theta) \\ B(\theta) = S(\theta + \varphi_1) + x(\theta)\cos\varphi_1 + y(\theta)\sin\varphi_2 \\ C(\theta) = S(\theta + \varphi_1 + \varphi_2) + x(\theta)\cos(\varphi_1 + \varphi_2) + y(\theta)\sin(\varphi_1 + \varphi_2) \end{cases} \quad (5\text{-}1)$$

将式（5-1）中的 $x(\theta)$、$y(\theta)$ 消去，即得到三点法误差分离基本方程

$$A(\theta) + C_2 B(\theta) + C_3 C(\theta) = S(\theta) + C_2 S(\theta + \varphi_1) + C_3 S(\theta + \varphi_1 + \varphi_2) \quad (5\text{-}2)$$

式中　$C_2 = -\sin(\varphi_1 + \varphi_2)/\sin\varphi_2$

$C_3 = \cos\varphi_1/\sin\varphi_2$

令 $D(\theta) = A(\theta) + C_2 B(\theta) + C_3 C(\theta)$ 为组合信号，代入式（5-2）得

$$D(\theta) = S(\theta) + C_2 S(\theta + \varphi_1) + C_3 S(\theta + \varphi_1 + \varphi_2) \quad (5\text{-}3)$$

令 n 为工件转 1 周检测读数点数，$\theta = \dfrac{2\pi}{n}k$，$\varphi_1 = \dfrac{2\pi}{n}m_1$，$\varphi_2 = \dfrac{2\pi}{n}m_2$，将式（5-3）离散化得

$$D(k) = S(k) + C_2 S(k + m_1) + C_3 S(k + m_1 + m_2)$$

由于 $S(k)$、$D(k)$ 是周期序列，故对两边进行离散傅里叶变换，并利用离散傅里叶变换的时延、相移特性求得 $S(k)$。

将 $S(k)$ 代入式（5-1），即可分别求得任意时刻主轴回转运动误差的 x、y 向分量

$$x(k) = A(k) - S(k)$$

$$y(k) = \dfrac{CB(k) - S(k + m_1) - x(k)\cos\dfrac{2\pi}{n}m_1}{\sin\dfrac{2\pi}{n}m_1}$$

同理也可求出工件廓形的圆度误差。

三点法测量中正确选择 φ_1 和 φ_2 角对测量结果有一定影响。由于这种方法计算比较复杂，常采用一定的计算简化，应注意不要因简化计算而使计算结果失真。

第六节 激 光 测 量

1. 激光测量的应用范围

激光测量在机械制造中应用日益广泛，它可以有很多测量用途，不仅可以测量长度、小角度、直线度、平面度、垂直度等，而且可以测量速度、位移、振动、表面微观形貌、表面宏观廓形等。激光测量可以用于动态测量、在线测量，很容易实现测量的自动化。此外，激光测量还适用于大尺寸的测量。

激光测量可以达到很高的测量精度，常用的双频激光测量系统测长度时分辨力达到 $0.01\mu m$，采用空气参数补偿后测量精度达 $0.1\mu m$ 以上。采用特殊稳频的高精度激光测量系统，测长度时分辨力达 $0.7mm$，测量精度达 $2nm$。

2. 单频激光测量原理

图 5-19 所示为单频激光干涉测量系统。氦氖激光管 1 产生的激光经透镜组后成为平行光束，经反射镜 4 到分光镜 5 将激光分为两路，一路到装在被测件 8 上的移动反射棱镜 7 而反射回来，另一路激光经反射镜 4 到固定反射棱镜 9 而反射回来。这两路反射回来的激光通过分光镜 5 而汇合形成干涉。移动反射棱镜 7 随被测件 8 运动，使该路的光程变化，变化造成干涉条纹亮暗变化，被测件每移动 $\lambda/2$（λ 为激光波长），干涉条纹亮暗变化一周期。相位板 6 用于

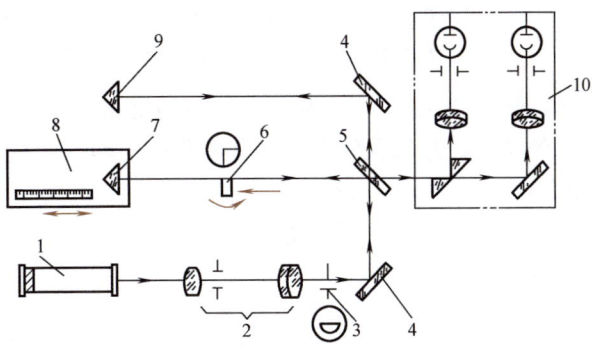

图 5-19　单频激光干涉测量系统原理图
1—氦氖激光管　2—透镜组　3—半圆光阑　4—反射镜
5—分光镜　6—相位板　7—移动反射棱镜　8—被测件
9—固定反射棱镜　10—干涉测量器

获得两路相位差为 90°的干涉条纹信号的细分和辨向。该两路相差 90°的干涉信号通到干涉测量器 10 最后成为具有长度单位当量的脉冲，显示出被测件的移动距离。半圆光阑 3 是为防止返回激光回到激光管而设立的，使激光管工作稳定。

当激光的频率和幅值改变时，将影响到单频激光干涉测量系统的精度，因此环境（气压、湿度、温度、气流等）变化都将影响测量精度。

3. 双频激光测量原理

双频激光干涉测量系统受环境干扰的影响比单频激光测量系统要小很多，使测量精度大为提高，因而这种测量系统得以广泛地生产应用。

图 5-20 是双频激光干涉测量系统的原理图。氦氖激光管 1 输出的激光在轴向强磁场 2 的作用下分裂成频率为 f_1 和 f_2、旋向相反的两束圆偏振光。这两束圆偏振光经 1/4 波片成为垂直和水平两个方向的线偏振光，经透镜组 4 成为平行光束。f_1 与 f_2 的频率差 Δf（$\Delta f = f_1 - f_2$）为 $1.2 \sim 1.8MHz$，Δf 与氦氖激光频率（$\approx 4.74 \times 10^{14} Hz$）相比是极小的。激光 f_1 和 f_2 经过分光镜 5 分成两路：反射的一路光（约 4%~10%）经干涉测量器 7 获得 Δf 的拍频信号作为参考信号；其余大部分激光到偏振分光镜 6，这时垂直面的线偏振光 f_1 全部反射，经固定反射棱镜 M_1 而反射回来。水平面的线偏振光 f_2 全部透过偏振分光镜 6，经移动反射棱

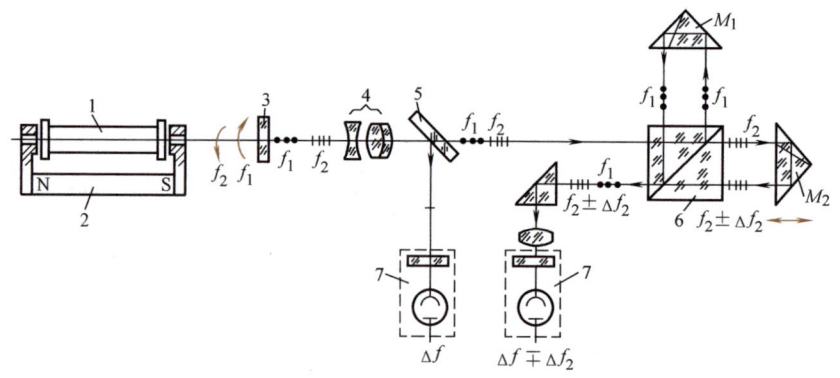

图 5-20 双频激光干涉测量系统的原理图
1—氦氖激光管 2—轴向强磁场 3—1/4 波片 4—透镜组 5—分光镜 6—偏振分光镜
7—干涉测量器 M_1—固定反射棱镜 M_2—移动反射棱镜

镜 M_2 而反射回来。由于移动反射棱镜随被测件移动,频率 f_2 将变成 $f_2 \pm \Delta f_2$,这两路反射回来的激光经过偏振分光镜 6 又汇合在一起,经反射镜而进入干涉测量器 7 而获得 $f_1-(f_2\pm\Delta f_2)=\Delta f\mp\Delta f_2$ 的拍频信号,和前面的 Δf 参考信号比较,可以获得 $\pm\Delta f_2$ 的具有长度单位当量的交流电信号。由于变化量 Δf_2 是一种频率调制信号,中心频率 Δf 与被测件移动速度无关,可用高放大倍数的窄带交流放大电路,故测量灵敏度高且稳定。由于测量时用的是频率差 Δf,环境变化将使 f_1 和 f_2 同时变化,但其差值 Δf 则变化不大,故双频激光测量受环境干扰影响要比单频激光测量时小很多。

4. 激光测小角度原理

激光可用于测量小角度,其原理如图 5-21 所示。双频激光 f_1、f_2 进入偏振分光镜 1 后,垂直的线偏振光 f_1 全部反射,经反射镜 2 到测小角度双反射棱镜 3 的上棱镜而反射回去,由于双反射棱镜 3 的移动,反射回去的激光频率为 $f_1\pm\Delta f_1$。另一路水平的线偏振光 f_2 完全透过偏振分光镜到测小角度双反射棱镜 3 的下棱镜而反射回去,由于反射镜 3 的移动,反射回去的激光频率为 $f_2\pm\Delta f_2$。这两路反射回去的激光经偏振分光镜 1 后汇合。如果测小角度双反射棱镜 3 只是平移而没有倾斜,则 $\Delta f_1=\Delta f_2$,最后读数没有显示;如果测小角度双反射棱镜 3 倾斜 α 角,则经上棱镜与下棱镜反射的激光光程将不等,这时 $\Delta f_1\neq\Delta f_2$,最后读数将显示 $2\Delta l$ 的长度信号。双棱镜的距离 D 为定值,α 角值很小,故 α 角即可求出

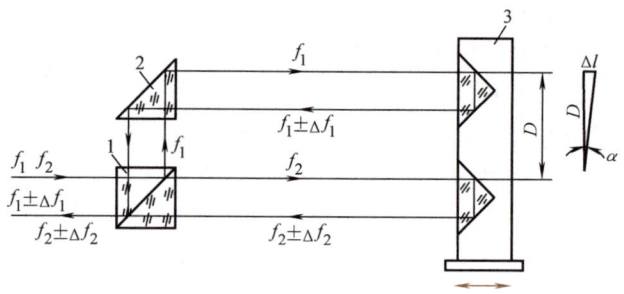

图 5-21 双频激光测小角度原理
1—偏振分光镜 2—反射镜 3—测小角度双反射棱镜

$$\alpha\approx\tan\alpha=\frac{\Delta l}{D}$$

5. 多路激光长度测量

经常遇到需要几路激光同时进行测量,如数控超精密车床两个运动方向需用两路激光同

时测量，坐标测量机三个运动方向需用三路激光同时测量。将一路激光用分光镜分为几路激光技术极为简单。图 5-22 所示为使用三路激光测量的 x-y 工作台。氦氖激光头 1 发出的激光经分光镜 2，一部分反射另一部分透过而分成两路激光。如果作为测量参考的激光束需要的能量为总能量的 10%，其他三路各为 30%，则分光镜 2 反射 40%，透过 60%；反射的激光经过分光镜 3 时，反射 25% 作为测量参考光束用，透过 75% 作为 x 向位移测量用；分光镜 2 透过的激光部分通过分光镜 4 时反射 50%，透过 50% 作为测量 y 向位移的两路激光。测量 y 向位移用两路激光测量，目的在于监测工作台在水平面内的旋转误差，提高测量精度。分光镜的反射和透过部分的比例可按需要选用，以适应不同的工作需要。

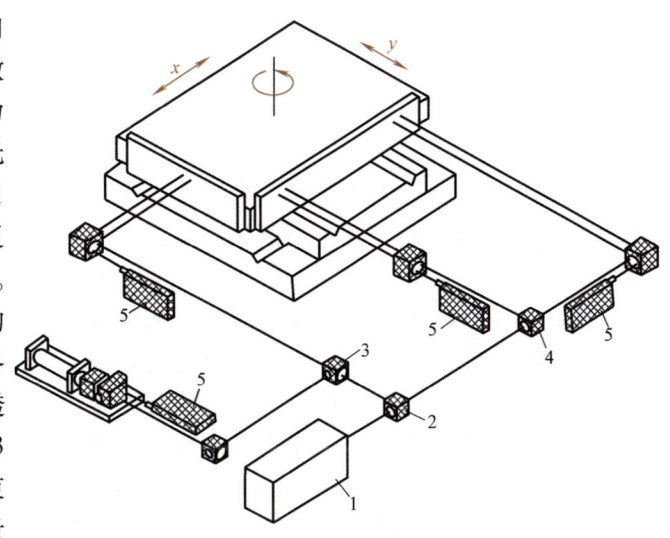

图 5-22　使用三路激光测量的 x-y 工作台

1—激光头　2、3、4—分光镜　5—干涉测量器

6. 激光测量中的空气参数补偿和提高激光测量精度

双频激光测量受环境干扰的影响虽已较单频激光测量时小很多，但对测量精度仍有相当大的影响。环境条件主要是温度、气压、湿度和气流变化。为提高精度，采用激光光路真空封闭或管路封闭，采用空气参数补偿。空气参数补偿是在测量环境下用精度较高的测温传感器、压力传感器和湿度计测出具体的温度、气压和湿度，计算出它们对激光测量造成的误差值，在激光测量结果中给予修正（现在使用计算机，这误差可以直接自动修正）。如果环境条件较差时，这误差值可能较大，故空气参数补偿在要求较高测量精度时是十分必要的。表 5-2 所示为美国 HP 公司提供的同一激光测量系统在有、无空气参数补偿时的测量误差值，可看到，加空气参数补偿后测量精度大大提高。双频激光测量系统有空气补偿后，测量精度可以达到 ±0.1μm。

表 5-2　较差环境条件下空气参数补偿对激光测量误差的影响（测长 200mm）

误差项目	有空气参数补偿 /±μm	无空气参数补偿 /±μm
激光波长误差	0.004	0.004
补偿误差	0.028	1.8
行程终止误差	0.014	0.90
电测误差	0.005	0.005
光学非线性	0.0022	0.0022
余弦误差	0.01	0.01
合　计	±0.067	±2.725

高精度激光测量除了改进激光光路、电路和测量方法，减少测量误差外，很关键的问题

是激光频率的稳定,现在用的激光测量系统中采用的稳频方法,不能满足高精度测量的要求。美国 LODTM 大型光学金刚石车床使用的 SP125 氦氖激光器使用碘原子稳频器,使激光频率稳定性达到 10^{-9}。该激光测量系统的测量分辨力为 0.625nm,测量精度为 2nm。

7. 使用光纤的激光长度测量系统

日本东京精密公司生产了使用光纤的激光长度测量系统,如图 5-23 所示。激光测量系统中使用光纤传输激光,激光在光纤内不受环境变化的影响,可提高测量精度。这样激光头可以随意放置,没有传输激光的固定封闭管路,给使用者带来极大方便,很受欢迎。但使用光纤传输双频激光还存在很大的技术难题,相互垂直的两个线偏振激光 f_1 和 f_2,经过光纤传输后出来时,这两个线偏振激光 f_1 和 f_2 的偏振面已经不是相互垂直,因此不能用偏振分光镜加以分离。故双频激光不能用光纤传输。日本生产的光纤传输的激光测量系统使用的是单频激光,因激光是在光纤内传输,故不易受环境条件变化的影响。据该公司自己称,光纤传输的单频激光测量系统可以达到双频激光测量系统同样的测量精度。

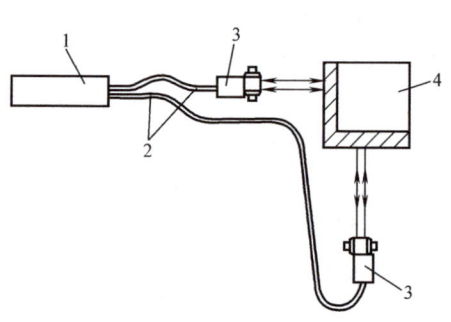

图 5-23 使用光纤的激光测量系统
1—激光头 2—光纤 3—干涉测量器
4—X-Y 工作台

8. 激光测量表面粗糙度和表面形貌

过去有使用激光照射试件表面,根据激光反射率而测出表面粗糙度,但该方法的测量结果受加工痕迹和工件材料的影响,测量结果不可靠,该方法现已较少使用。

现在用激光测量表面粗糙度和表面形貌使用扫描法,即对被测表面进行逐点扫描而测出表面各点的高度。因激光测量不仅有很高的测量分辨率,同时有很大测程,因此不仅可测出表面粗糙度,同时还可测出表面形貌。用激光测量表面粗糙度和表面形貌,有接触测量和非接触测量两种方法,分别叙述如下:

(1) 接触式激光干涉形貌测量 接触式激光干涉形貌测量原理如图 5-24 所示。从激光器 1 发射的激光束经过分光镜片后分成两路,一路经固定的参考镜 2 反射,另一路经固定在测针臂上的反射镜 3 (移动反射镜) 反射,两路激光产生干涉,干涉条纹的相位和移动反射镜 3 的位移成正比。测量工作时,金刚石测针进行水平扫描,测针将随被测表面廓形高低而进行垂直移动,测针臂上的移动反射镜 3 也进行相应地垂直位移,使激光干涉相位随之产生相应的变化。在测针对表面扫描后,可得到相对应于该表面廓形的激光干涉条纹图。通过相应的计算机软件处理,就可得到被测表面的形貌和表面粗糙度。

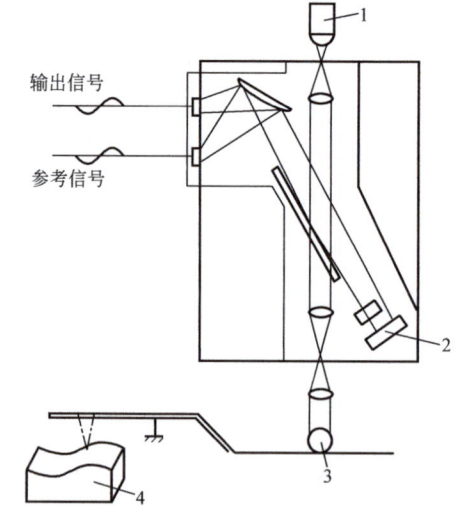

图 5-24 接触式激光干涉形貌测量原理
1—激光器 2—参考镜 3—反射镜
4—被测工件

接触式激光干涉形貌测量方法,具有较高的测量分辨力和较大的量程(例如 Form Talysulf PGI1240 型的垂直方向测量分辨力 0.8nm,量程 20mm)。这类仪器结构较简单,价格不很贵,但扫描速度较慢,被测表面有台阶时有较大误差,且较软的被测表面将被金刚石测针划伤。

(2) 非接触式激光干涉形貌测量 非接触式激光干涉形貌测量原理如图 5-25 所示。从激光器发射的激光束经过分光镜片后分成两路,聚焦成极细激光束,一路激光照射到工件表面的固定参考点,另一路激光在被测表面进行水平扫描,将随被测表面廓形高低而产生相位变化,两路激光产生干涉,干涉条纹的相位将随廓形高低而变化。对表面进行扫描,可得到相对应于该表面廓形的激光干涉条纹图像。

这种非接触式激光干涉形貌测量方法,扫描速度快,可实现自动化测量,无磨损,不会划伤被测表面,测量分辨力高,测量范围大。例如 Wyko NT8000 型非接触式激光干涉形貌测量仪,测量分辨力为 0.1nm,测高量程 8mm,在低分辨率测量时,测量范围更大。但这种测量方法对被测表面的清洁度要求较高,对于反射性较差和倾角较大的表面将有较大测量失真。

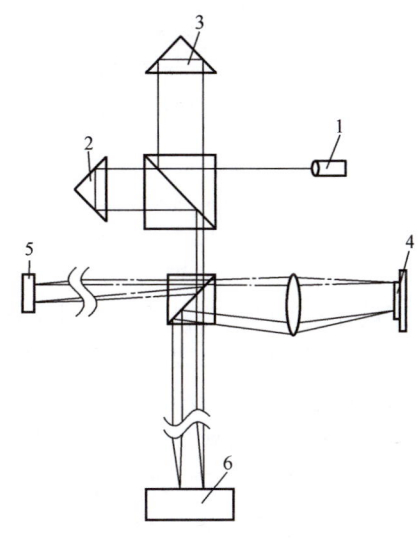

图 5-25 非接触式激光干涉形貌测量原理
1—标准棱镜 2—调节棱镜 3—半导体激光器
4—CCD 面阵探测器 5—参考镜 6—被测工件

使用激光干涉形貌测量仪因测量分辨力很高,使测出的表面轮廓图形是包含了表面形貌和表面粗糙度(微观形貌)的综合图形。

第七节 自由曲面的测量

一、自由曲面测量的过程

随着尖端技术和国防工业的发展,自由曲面特别是光学自由曲面(主要指光学曲面,含球面、非球回转表面、抛物面等)应用日益广泛,精密自由曲面的测量成为重要技术问题。自由曲面的测量都是使用坐标法,用精密形貌测量仪测出表面廓形上各点的坐标尺寸,再将测量结果转化为三维立体彩色图形。图 5-26 所示就是将激光干涉形貌测量结果进行计算机图形处理得到三维立体彩色图形的过程。根据需要,也可对测量结果的各离散点进行一定的拟合或插值计算实现曲面重构,得出曲面的数学(设计)模型。

二、自由曲面测量结果的评定

自由曲面测量结果的评定,将因自由曲面性质不同而异。自由曲面可分为已知设计模型(CAD 模型)和未知设计模型两类,两者的测量评定方法略有不同。

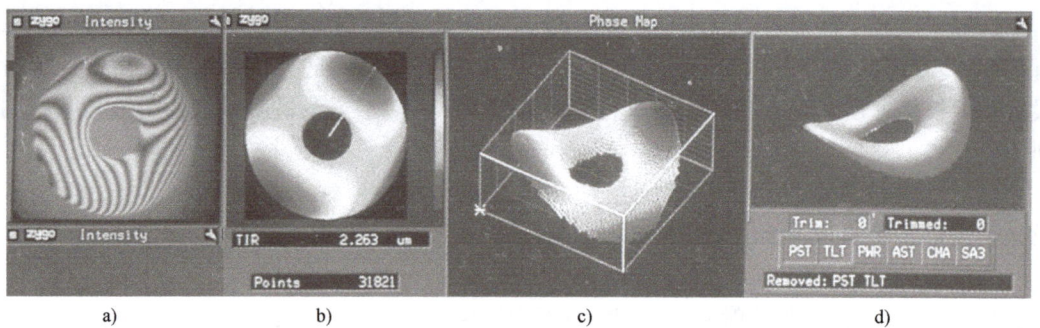

图 5-26　激光干涉形貌测量结果的计算机图形处理

a) 测得的干涉条纹图　b) 高度的平面彩色图　c) 高度的立体坐标图　d) 立体彩色外观图

1. 已知设计模型自由曲面测量结果的评定

当设计模型已知时，可将得到的测量面和理论曲面经过一定的坐标变换，达到最佳匹配，选择一定的评定参数，即可进行形貌误差评估。该方法的关键在于利用坐标变换使离散测量面与理论曲面在最小二乘条件下最大可能地重合，使所有测量点到基准面的距离误差最小。当系统误差被有效消除后，即可获得可靠的评定结果。

为使测量表面能更好地拟合，有人提出使实测曲面与理论曲面的特征点、特征线和特征面完全重合而达到"最佳匹配"状态的计算方法。还有人提出"参数曲面形状"误差计算的迭代逼近的计算方法。这些方法虽可减小测量面的拟合误差，但因计算复杂，使用得不多。

2. 未知设计模型自由曲面测量结果的评定

对于未知设计模型的自由曲面，需要首先重构基准曲面来实现测量面的误差评定。曲面（基准面）重构是 CAD、CAM、逆反工程等领域中的热点问题。传统的曲面重构采用参数化方法，根据拓扑结构的不同，有基于三角域和四边域两种参数表示法，如 Bezier 曲面、B-Spline 曲面、NURBS 曲面等，此外，还提出不少新的曲面重构方法。复杂自由曲面的重构是一个有较大难度的问题。得到重构的基准曲面后，与测量面进行比较，得出测量面的误差评定。

3. 自由曲面测量面的表面粗糙度评定

激光干涉形貌测量仪的测量分辨力很高，测出的自由曲面的表面轮廓图形是包含了表面形貌和表面粗糙度（微观形貌）的综合图形，因此不能像测平面那样直接根据被测表面的微观廓形作为其表面粗糙度的评定，而需要将该表面的基准自由曲面进行分离，然后才能得到能作为表面粗糙度评定的表面微观廓形。这理论基准自由曲面可以是已知的设计模型自由曲面，也可以是重构的自由曲面。在微观廓形分离时，需先确定波度和粗糙度的长度界限，从而设定表面滤波时的参数。原始测量表面将其基准形貌曲面分离后，得到的微观廓形表面即是粗糙度表面，可用普通表面粗糙度评定方法进行评定。图 5-27 所示为测量自由曲面时表面粗糙度的评定实例，其中图 5-27a 所示为用激光干涉形貌测量仪测得的原始测量面，图 5-27b 所示为该自由曲面的理论基准曲面，图 5-27c 所示为测得的原始测量面经理论基准曲面分离后得到的可进行表面粗糙度评定的微观廓形表面。

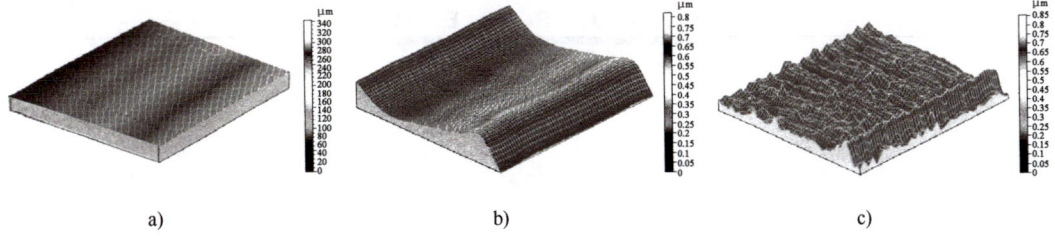

图 5-27　测量自由曲面时粗糙度的评定

a) 测得的原始测量面　b) 理论基准曲面　c) 经分离后的粗糙度表面

复习思考题

5-1　试述精密加工中测量技术的新发展。

5-2　试述精密加工表面粗糙度主要测量方法及其优缺点。

5-3　试述精密测量需要的环境条件。

5-4　我国采用的长度标准是什么？现在国际上用的长度基准是什么？

5-5　如何正确使用量块以达到较高的测量精度？

5-6　精加工工厂如何选用自己的长度基准？

5-7　铸铁和花岗岩测量平台比较，有哪些优缺点？

5-8　简述直线度和直线运动精度的检测原理和方法。

5-9　简述平面度的检测原理和方法。

5-10　简述零件垂直度的检测方法。

5-11　试述使用圆光栅和圆感应同步器的精密转台的主要优点和它能达到的测量精度。

5-12　试述精密多齿分度盘的测角原理、主要优点和能达到的测角精度。

5-13　试述精密多齿分度盘的小角度分度器的测量原理、结构和测角精度。

5-14　试述用两个多齿分度盘互检标定的原理和方法。

5-15　圆度有哪些测量方法？

5-16　试述圆度误差的评定方法。

5-17　圆度仪有哪两种结构形式？各自的优缺点如何？

5-18　试述主轴回转精度的测量原理和方法。

5-19　试述单频激光测量长度的原理和现在较少使用的原因。

5-20　试述双频激光测量长度的原理。为何它比单频激光测量的精度高？

5-21　试述激光测小角度的原理。

5-22　试述激光测量中使用空气参数补偿的必要性和加补偿后的效果。

5-23　使用光纤传输的激光测量系统有哪些优点？存在什么问题？

5-24　试述接触式激光干涉测量表面形貌和表面粗糙度的原理。

5-25　试述非接触式激光干涉测量表面形貌和表面粗糙度的原理。

5-26　简述精密自由曲面的测量过程。

5-27　简述已知设计模型的自由曲面测量结果的评定原理。

5-28　简述未知设计模型的自由曲面测量结果的评定原理。

5-29　简述测量精密自由曲面时的粗糙度的评定原理。

第六章 在线检测与误差补偿技术

第一节 概 述

一、保证零件加工精度的途径

保证零件加工精度的途径有两条：一条是靠所用的机床来保证，即机床的精度要高于工件所要求的精度，这是所谓的"蜕化"原则，也称为"母性"原则。例如要加工精密齿轮就需要有高精度的齿轮加工机床，如高精度滚齿机、高精度插齿机和磨齿机等。不少制造厂为了保证所生产产品的质量，想方设法购买或自行研制精密机床。但制造精密机床和超精密机床在技术上难度很大，耗资也很大，随着精度的不断提高，技术难度和耗资也越来越大，甚至达到不可能的程度。这就使人们提出另一条思路，即在精度比工件要求较低的机床上，利用误差补偿技术，提高加工精度，使加工精度比机床原有精度高，这是"进化"原则，也称为"创造性"原则。因此近年来，误差补偿技术受到重视，发展很快。

从提高加工精度的角度来看，也有两条途径：一条是误差的隔离和消除，即找出加工中误差产生的根源，采取相应措施，使误差不产生和少产生，如加工理论误差可采取建立正确的运动关系和数学模型来消除，其中典型的例子是在超精密车床的传动系统中，采用齿轮传动会造成传动不稳性，影响加工精度，因此多采用带传动。又如加工时，机床精度不够高，可采用精度更高的机床，从而减小了机床精度的影响。另一条途径是误差的补偿，它立足于用相应的措施去"钝化"、抵消、均化误差，使误差减小，是一种"后天"措施，不是"先天"措施。随着加工精度的提高，要提高加工精度的难度就越来越大，采用误差补偿技术的意义也越来越重要，因此，在精密加工和超精密加工中，误差补偿技术已成为重要的手段之一。

二、加工精度的检测

要进行误差补偿，首先要进行精度检测，精度检测的环境（即场地）与误差补偿的关系比较密切，从精度检测所处的环境来看，精度检测可分为：离线检测、在位检测和在线检测。

1. 离线检测

工件加工完毕后，从机床上取下，在机床旁或在检测室中进行检测，这就是离线检测。

一般情况下，加工后的检测，如不加以说明，都是指的离线检测。

离线检测只能检测加工后的结果，不一定能反映加工时的实际情况，也不能连续检测加工过程中的变化，但检测条件较好，不受加工条件的限制，可充分利用各种测量仪器，因此，测量的精度比较高。

目前，精密加工和超精密加工的精度越来越高，表面粗糙度值越来越小，已进入纳米级阶段，因此对检测的要求越来越高。对小尺寸的测量，电容式传感器测头的分辨力可达 0.1nm（量程 5μm）、频响 >10kHz、线性误差小于 0.1%；光电子纤维光学传感器测头的分辨力可达 0.5nm（量程 30μm）、线性误差为 5%；扫描隧道显微镜（STM）的分辨力可达 0.01nm（量程 20nm）。对于大尺寸的测量，外差式激光干涉仪的分辨力可达 1.25nm（量程 ±2.6m）；高精度氦氖激光干涉仪的分辨力可达 0.1nm（量程 2m）；光栅尺的分辨力可达 10nm（量程 1m）。对表面粗糙度的测量已不能满足于接触式测量，出现了光学纤维传感器等非接触式测量仪器。检测情况与误差补偿的关系十分密切，若检测精度高，且稳定可靠，则误差补偿的效果越好。

2. 在位检测

工件加工完毕后，在机床上不卸下工件的情况下进行检测，称为在位检测。这时所用的检测仪器可事先装好在机床上备用，也可临时进行安装使用。

在位检测也只能检测加工后的结果，不一定能反映加工时的实际情况，同时也不能连续检测加工过程的变化，但可免除离线检测时由于定位基准所带来的误差，如加工时所用的定位基准与检测时所用的定位基准不重合，工件上定位基准的制造误差所造成的定位基准位移等。因此，与离线检测相比，其检测结果更接近实际加工情况。另外，如果检测后发现工件某些尺寸不合格，还可以进行返修（当然应有足够余量），而在离线检测情况下，很可能因为再次装夹所造成的误差而使得余量不够。所以在精密加工和超精密加工时，在位检测的应用比较广泛，但要仔细考虑检测仪器的选用、安装和检测方法，如果要借用机床本身的运动，则要考虑机床的运动精度，并在数据处理时能分离它们所造成的检测误差。由于在精密加工和超精密加工中所用机床的精度比较高，在位检测不失为一种好方法。

3. 在线检测

工件在加工的同时进行检测，称为在线检测，也有的称为主动检测、动态检测。

1）能够连续检测加工过程中的变化，了解在加工过程中的误差分布和发展，从而为实时误差补偿、预报误差补偿和控制创造了条件。

2）检测结果能反映实际加工情况，如工件在加工过程中的热变形情况就可以通过在线检测来得到，而离线检测只能测量工件在冷态下的精度。

3）在线检测由于是在加工过程中进行的，会受到加工过程中的一些条件限制，如检测传感器的安置，切削液和切屑的状况，传感器的性能（灵敏度、频响、稳定性、抗干扰能力等）及尺寸等都会影响在线检测的可行性和测量结果的正确性。因此，在线检测的难度一般较大。

4）在线检测大都用非接触传感器，对传感器的性能要求较高，如测量工件圆度的电容传感器、测量工件直线度和机床导轨直线度的激光干涉仪、测量机床温度场分布和变化的红外传感器及热象仪等。非接触测量不会破坏已加工表面，这对精密和超精密加工是十分重要的，对离线检测、在位检测也是如此。但在在线检测时，由于检测时间长，接触式检测会造成测头磨损、接触状态不稳定等问题。

5) 在线检测一般是自动运行，形成在线检测系统，包括误差信号的采集、处理和输出，与误差补偿控制系统的连接。因此它往往不是一种单纯的检测方法。

从检测对象来分，在线检测有两种类型：

1) 直接检测系统。该系统直接检测工件的加工误差，并补偿之，是一种综合检验的方式，检测装置的安装位置、加工中的切削液、切屑和振动的影响等，都是比较难以处理的问题。误差信号的采集和处理也比较复杂，但其优点是直接反映了加工误差。

2) 间接检测系统。该系统检测产生加工误差的误差源，并进行补偿，如对机床主轴的回转运动误差进行检测和补偿，以提高工件的圆度；又如对螺纹磨床的母丝杠的热变形进行检测和补偿，以提高被加工螺纹的螺距精度。这种在线检测系统相对来说简单些，因为它与加工状况和环境的关系不大。

三、误差补偿技术

1. 误差补偿概念

在机械加工中出现的误差采用修正、抵消、均化、"钝化"等措施使误差减小或消除，就是误差补偿的概念。在装配过程中，也可利用误差补偿来提高装配精度。

在丝杠车床上为了提高螺距精度，常采用机械修正装置，它是通过杠杆将修正尺和母丝杠的螺母联接起来。修正尺上的修正曲线使母丝杠的螺母做附加微小转动，从而使刀架产生附加微小位移来补偿母丝杠的螺距误差，如图 6-1 所示，这是修正法，或称校正法。

为了提高丝杠车床主轴的回转精度，在装配时人为地选择前后轴承的偏心量和偏心方向，如果选择前轴承的偏心量小于后轴承的偏心量，且两者的偏心在同方向，则可将偏心误差抵消一部分，从而提高了主轴的回转精度，如图 6-2 所示，这是抵消补偿。

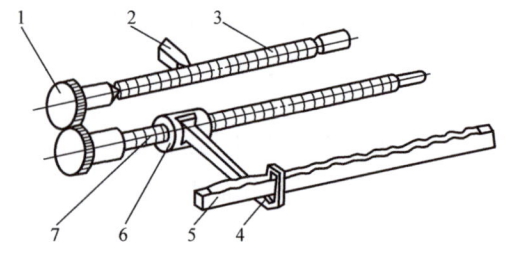

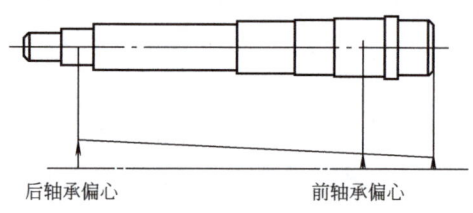

图 6-1 丝杠车床母丝杠螺距误差的修正
1—配换齿轮 2—螺纹车刀 3—工件 4—杠杆
5—修正尺 6—母丝杠螺母 7—母丝杠

图 6-2 车床主轴径向圆跳动误差的抵消调整

多齿分度盘俗称鼠牙盘，是用两个齿数较多并相等的三角形端面齿的齿盘来分度的，其关键零件是上、下两个齿盘，采用四点易位对角研磨法进行终加工。研磨时，上齿盘上下运动与下齿盘产生研磨运动，两盘之间有研磨剂，在这过程中，上齿盘以正转 180° 后反转 90° 的顺序转位，其位置为 0°－180°－90°－270°－180°－360°－270°－90°－0°，八次为一循环，一次循环后，上齿盘相对下齿盘转动一个齿，再进行下一个循环，直至全部齿转完，如图 6-3 所示。这种研磨方式是使齿距误差充分均化，可得到很高的分度精度，是一种误差补偿方式。在使用多齿分度盘进行分度时，也由于误差均化而获得很高的分度精度。

在进行车削加工时，由于导轨在垂直面上的纵向直线度会造成刀尖中心高位置的变化，从而影响工件的加工精度。如图6-4a所示，当刀具安装在水平方向位置，若刀尖位置下降 h 值时，工件在半径上尺寸会增大 ΔR，其关系为

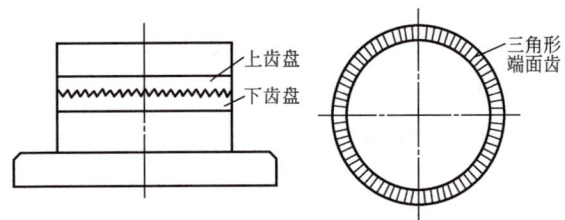

图6-3 多齿分度盘齿距误差的均化

$$(R + \Delta R)^2 = h^2 + R^2$$
$$h^2 - 2R\Delta R - \Delta R^2 = 0$$

因 ΔR 一般很小，忽略 ΔR^2 项，可得

$$\Delta R = h^2/(2R)$$

若将刀具安装在垂直方向位置，如图6-4b所示，当刀尖位置下降 h 时，工件在半径上尺寸会直接减小 h 值。可见刀具安装在水平方向位置时，刀尖位置下降不处于误差敏感方向，ΔR 与 h 是二次方的关系，影响较小。刀具安装在垂直方向位置时，刀尖位置下降正是处于误差敏感方向，影响较大。因此使误差出现在与误差敏感方向相垂直的地方就会减小其影响，这时使误差"钝化"，与误差敏感方向相垂直的方向称为误差迟钝方向。误差"钝化"也是一种误差补偿的方式。

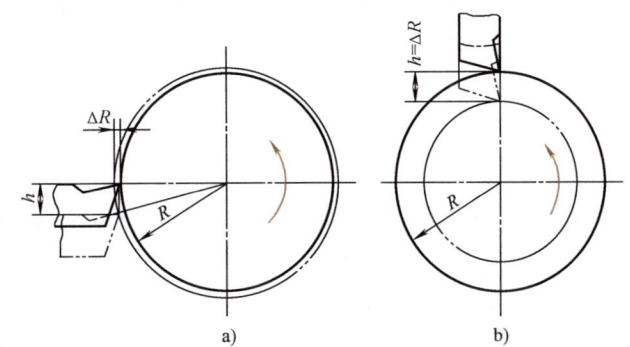

图6-4 车削时导轨在垂直面上的纵向直线度所造成加工误差的"钝化"
a）刀具置于误差迟钝方向　b）刀具置于误差敏感方向

在测量精密轴系径向圆跳动时，常在其主轴上安装一个标准球，通过测量标准球的径向圆跳动作为该轴系的径向圆跳动。实际上，其检测结果包含了标准球的形状误差。对于精密轴系来说是不容忽视的，因此要将这部分误差分离出去，通常是在测量后通过数据处理来进行，这就是误差分离技术，它具有广泛的应用范围，常常是误差补偿系统中的一个组成部分，也被认为是误差补偿的一种形式。

从上述的几种情况可知，误差修正、抵消、均化、"钝化"、分离等都是误差补偿的各种形式或方法。误差修正、误差校正通常是误差补偿的同义词，这是从误差补偿这一术语的广义角度来论述的。但从狭义的角度来分析，误差修正（校正）是指对测量、计算、预测所得的误差进行修正（校正）；误差分离是指从综合测量所得的误差中分离出所需的单项误差；误差抵消是指两个或更多个误差的相互抵消；而误差补偿应该是指对一定尺寸、形状、位置相差程度（差值）的补足，本章所论述的误差补偿主要是指这一种。

2. 误差补偿的类型

误差补偿可根据不同的特征来分类。

(1) 实时与非实时误差补偿　在加工过程中，实时进行误差检测，并随后紧接着进行误差补偿，就是实时误差补偿，也就是在线检测误差补偿，又称为动态误差补偿。其特点是：

1) 误差补偿精度较高。

2) 不仅可以补偿系统误差，而且可以补偿随机误差。因为在动态过程中误差值变化迅速，补偿在时间上总有滞后，对于随时间变化的变值系统误差（不能用数学模型表达的）和随机误差，不能全部补偿。

3) 实现补偿的技术复杂，实施环境有限制，甚至有些情况不能进行实时误差补偿。

4) 实施费用较高。

非实时误差补偿只能补偿系统误差，又称为静态误差补偿。

(2) 软件与硬件误差补偿　计算机技术的发展使得误差补偿可采用软件的形式进行，例如在数控机床的随动进给系统中，所采用的滚动丝杠尽管有消除间隙结构，但总会有反向间隙（死区），如果其数值是稳定的，可通过增加脉冲数来进行补偿，以提高伺服（随动）进给系统的精度。在闭环数控系统中，进给运动的移动量是由检测装置以脉冲计数方式反馈到数控装置的比较器中，与原来的指令脉冲数进行比较，当两者相等时，进给运动停止。这些都是软件补偿的实例，可见它是通过计算机对所建立的数学模型进行运算后，发出运动指令，由数控伺服（随动）系统完成误差补偿动作。前述的丝杠车床母丝杠螺距误差补偿，采用修正尺来修正，是一种硬件补偿。因此，软件补偿与硬件补偿的区分是看补偿信息是由软件产生的还是由硬件产生的。

软件补偿的特点如下：

1) 有较高的动态性能，补偿值可随工作状态的变化而即时变化，即具有柔性。

2) 补偿信息通过计算机对所建立的数学模型进行运算后产生，因此要有计算机控制系统，一般都是数控系统。

3) 补偿系统机械结构简单、经济，工作方便可靠。

(3) 单项与综合误差补偿　综合误差补偿是指同时补偿几项误差，如在精密车床上同时对工件的圆度和圆柱度进行误差补偿。显然，综合误差补偿比单项误差补偿要复杂，但效率高、效果好。

(4) 单维与多维误差补偿　多维误差补偿是在多坐标上进行误差补偿，如在三坐标测量机上同时对三个坐标进行误差补偿，其难度和工作量都比较大，是近几年来发展起来的误差补偿技术。

此外，误差补偿还可以根据误差的类型来分类，如系统误差补偿和随机误差补偿，原始误差补偿和加工误差补偿等。原始误差是指造成加工误差的误差源，如原理误差、装夹误差、工艺系统的精度等。

3. 误差补偿过程及其系统组成

误差补偿的过程如下：

1) 反复检测误差出现的状况，分析其数值和方向，寻找其规律，找出影响误差的主要因素，确定误差项目。

2）进行误差信号的处理，去除干扰信号，分离不需要的误差信号，找出工件加工误差与在补偿点补偿量之间的关系，建立相应的数学模型。

3）选择或设计合适的误差补偿控制系统和执行机构，以便在补偿点实现补偿运动。

4）验证误差补偿的效果，进行必要的调试，保证达到预期要求。

误差补偿系统的一般组成如下：

1）误差信号的检测。它是误差补偿控制的前提和基础，由误差检测系统来完成。误差检测系统应根据误差补偿控制的具体要求来设计，它所检测的项目、采用的检测仪器以及检测精度要求等均与误差补偿的要求有密切关系。误差信号检测的可行性和正确性直接影响误差补偿的成功与否。

2）误差信号的处理。由误差检测系统所测得的误差信号，其中必然包含着某些频率的噪声干扰信号，也会有几种误差信号混合在一起，这就需要进行一些处理，分离不需要的信号，提取所需要的误差信号，并能够满足误差补偿的要求。误差信号处理的关键是要有足够的处理能力和处理速度，一般都采用快速高精度运算方法、高速处理器和性能优良的微型计算机来进行误差信号处理，并能进行在线处理。

3）误差信号的建模。建模就是要找出工件加工误差与在补偿作用点上补偿控制量之间的关系，称为误差模型。由于通常都有数学关系，故可统称数学模型。在精密和超精密加工中，影响加工精度的因素很多，有些因素属于系统误差，其误差信号的处理和建模比较方便；但有些因素属于随机误差，其误差信号的处理和建模比较困难，工作量大。同时，由于误差信号的采集、处理、运算总需要一定的时间，会造成误差补偿控制与误差检测之间的时间滞后。当前，出现了随机过程建模方法，即把加工过程看成是一个随机动态过程，用时间序列分析方法建立其误差模型，它不仅可以描述当时加工过程的误差值，而且可以预测未来加工过程的误差值，从而弥补了误差补偿控制与误差检测之间的时间滞后，为在线误差检测与补偿创造了条件。

4）补偿控制。根据所建立的误差模型，并根据实际加工过程，用计算机计算欲补偿的误差值，输出补偿控制量。对于数控系统，补偿控制量就是正负脉冲数。

5）补偿执行机构。它是具体执行补偿动作的，设置在补偿点上。由于补偿是一个高速动态过程，要求位移精度和分辨力高，频响范围宽，结构刚度好，因此补偿执行机构多用微进给机构来完成。微进给机构又称为微位移机构，有机械、电磁、压电等多种结构，可根据具体要求设计。值得注意的是补偿执行机构应与它配合使用的驱动控制电源作为一个系统来考虑。

图 6-5 是误差补偿系统的组成示意图。

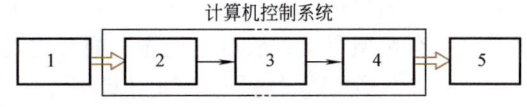

图 6-5 误差补偿系统的组成示意图

1—误差信号检测 2—误差信号处理 3—误差信号建模
4—补偿控制 5—补偿执行机构

4. 误差补偿技术的发展

在精密和超精密加工中，误差补偿技术显示了它的作用和效果，得到了飞速发展和广泛应用。但在误差补偿技术上，存在着两种截然不同的观点。一种观点认为机械产品的精度应靠零件和装配的精度来保证，这是硬功夫，是实实在在的精度，是稳定的，有持久性，对误差补偿采取全面否定的态度。另一种观点认为机械产品的精度要求越来越高，靠机械加工和装配来保证越来越困难，成本也越来越高，而且受到了当前制造水平的限制，利用误差补偿技术可以很方便地将产品的精度在现有水平上提高一步，有事半功倍之效，对误差补偿持肯定态度。实际上不必将此两种观点对立起来，因为误差补偿应该在一定制造精度的水平上进行，而且受到不少条件的限制，所以第二种观点并没有否定第一种观点，它是第一种观点的补充。

误差补偿技术在精密和超精密加工中已经取得了显著成效，但大多是非实时误差补偿，当前正在进行在线检测与误差补偿的研究，它是精密制造技术、计算机技术、微位移技术、传感技术等多种技术密集的高新技术。

目前，在线检测与误差补偿正沿着以下几个方向发展：

(1) 预报型补偿　由于误差的检测与补偿之间总有一段时间上的滞后，不能形成真正的实时补偿。在动态数据系统（Dynamic Data System，DDS）建模方法的基础上，创立了预报补偿控制（Fore-casting Compensatory Control，FCC）技术，它利用在线随机建模理论、先进的传感技术、计算机技术、微位移技术等，可以对随机误差进行建模和预报，对动态误差进行实时补偿。实际上，它是时间序列分析、预报与控制在制造技术中的应用。

(2) 综合型补偿　当前的误差补偿技术及其补偿控制系统大多应用在单一加工过程，如车、铣、磨、镗等中，而且是针对工件的尺寸误差、形状误差和位置误差中的单项误差进行补偿控制。现已开展对工件尺寸、形状和位置误差同时进行综合补偿，其中包括对尺寸、形状和位置一种误差中的多项误差进行综合补偿，如圆度和圆柱度的同时补偿；另外，也在加工中心等多功能机床上进行多工种补偿。

第二节　在线检测与误差补偿方法

一、形状位置误差的在线检测

形状位置误差的在线检测与补偿是制造技术中获得广泛应用的领域，其中有圆度、圆柱度、同轴度等外圆、孔类形状位置误差的在线检测与补偿，直线度、平面度等平面类形状位置误差的在线检测与补偿，还有齿轮、花键、丝杠等成形、分度、等距、均布等类形状位置误差的在线检测与补偿等。由于外圆、孔、平面形状位置误差的在线检测与补偿相对来说比较简单，又有典型意义，故对它们做一简要论述。

1. 外圆、孔类形状位置误差的测量方法

外圆、孔类形状位置误差主要是针对超精密主轴系统的回转误差，它将直接影响工件的圆度，现在，不仅进行回转误差的静态测量，而且十分重视回转误差动态测量方法的研究。根据国际生产工程学会（CIRP）发表的"关于回转轴性能的描述和测定"，其主导思想是将测量信号中的测量基准圆误差和轴的回转误差分离开来，现在都是遵循这一基本理论和基本方法来进行测量。为此提出了三点法和转位法两种常用的误差分离方法。

(1) 三点法　用三点法来分离精密主轴检测中的基准圆误差和回转误差的原理已在第五章第五节中"主轴回转精度的测量"中论述过。

三点法误差分离主要用于测量工件圆度误差，而且工件加工圆度误差与机床主轴回转误差为同一数量级的情况，可基于上述的测量方程式建立圆度误差分离数学模型来求解。现在，三点法又扩展到用于圆柱度、直线度等测量中。在进行圆柱度测量时，可将运动分解为工件绕其轴线的转动和测量架沿工件轴线方向的直线运动，这样从传感器所测得圆柱体各截面的轮廓误差便可得到整个圆柱体的形貌。

三点法只有在主轴回转完整一周后，才能求得其回转误差，因此，它虽是一种在线检测方法，但不能用于实时控制。

（2）转位法 图6-6表示了转位法的测量原理，它采用圆光栅测量角度位置，用测微仪（测头传感器）测量工件形状误差和回转轴系运动误差，起点电路提供一个作为角度位置的起始点信号。分离工件和轴系误差的转位法有三种。

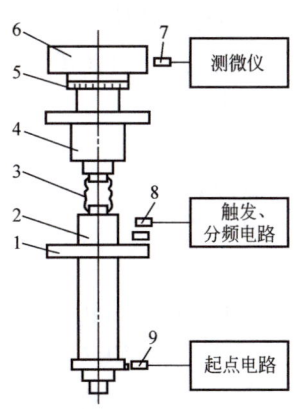

图 6-6 转位法测量原理
1—圆光栅 2—辅助轴 3—波纹管式柔性联轴节 4—被测轴系
5—调偏心及转位工具 6—工件
7—测头 8—光栅读数头
9—微动开关

1）反转法。测量时只做一次转位，即工件与测头传感器均相对于轴系回转180°，共测得两组数据

$$V_1(\theta_i) = M_1(\theta_i) + S(\theta_i) \tag{6-1}$$

$$V_2(\theta_i) = -M_2(\theta_i) + S(\theta_i) \tag{6-2}$$

式中 $V_1(\theta_i)$、$V_2(\theta_i)$——测头传感器两次所测得的两组信号；

$M_1(\theta_i)$、$M_2(\theta_i)$——两次测得的回转轴系运动误差；

$S(\theta_i)$——测头传感器所测得信号中工件形状误差部分；

i——采样点序号；

θ_i——采样点角度位置。

由于反转法测量时，工件与测头传感器同时相对于轴系回转180°，若整个检测装置的检测重复性好，则 $M_1(\theta_i) = M_2(\theta_i) = M(\theta_i)$，可得

$$S(\theta_i) = [V_1(\theta_i) + V_2(\theta_i)]/2 \tag{6-3}$$

$$M(\theta_i) = [V_1(\theta_i) - V_2(\theta_i)]/2 \tag{6-4}$$

这样就将工件形状误差与轴系回转误差分离开来。

反转法简单方便，但不能用于实时控制，也不能用于轴向运动误差的测量。

2）闭合等角转位法。闭合等角转位法又称多位法、转位互比法、步距法。每次转位时，测头不动，工件相对于轴系转 α 角，共测 m 个位置，$m\alpha = 360°$，可得 m 组数据

$$V_i(\theta) = M_i(\theta) + S(\theta + i360°/m) \tag{6-5}$$

式中 $V_i(\theta)$——测头传感器在某个位置所测得的一组信息；

$M_i(\theta)$——测头传感器在某个位置所测得的一组回转轴系运动误差；

$S(\theta + i360°/m)$——测头传感器在某个位置所测得的一组信号中工件形状误差部分；

i——测量位置序号，$i = 1 \sim m$。

当 m 很大时，$S_i(\theta)$ 的平均值可忽略不计，可得回转轴系平均运动误差 $M(\theta)$ 为

$$M(\theta) = [\Sigma V_i(\theta)]/m \tag{6-6}$$

闭合等角转位法可用于测量径向和轴向运动误差，这种方法不动测头，容易保证转位准确，操作方便。但由于 m 很大，测量工作量很大，且不能测得高次谐波，也不能用于实时控制。

3) 对称转位法。这种方法是在 0° 位置测完后，测头不动，工件相对于轴系各做一次 $+\beta$、$-\beta$ 转位角，$+\beta$ 转位角与 $-\beta$ 转位角方向相反，可取转位角 β 等于采样间隔角 θ，一共可得到 3 组数据

0° 位置 $\qquad V_0(\theta_i) = M(\theta_i) + S(\theta_i)$ (6-7)

$+\beta$ 位置 $\qquad V_2(\theta_i) = M(\theta_i) + S(\theta_{i+1})$ (6-8)

$-\beta$ 位置 $\qquad V_1(\theta_i) = M(\theta_i) + S(\theta_{i-1})$ (6-9)

式中 $\quad i$——采样序号，$i = 1 \sim n$；

$V_0(\theta_i)$、$V_2(\theta_i)$、$V_1(\theta_i)$——测头传感器分别在 0°、$+\beta$、$-\beta$ 位置所测得的信号；

$M(\theta_i)$——测头传感器所测得回转轴系运动误差；

$S(\theta_i)$——测头传感器所测得信号中工件形状误差部分。

一般取 $\beta = \theta$，而且满足 $n|\beta|/180°$ 为整数，同时 n 与 β 互质。

检测中，在 0°、$+\beta$、$-\beta$ 位置只是工件相对于轴系做正、反方向转位，测头相对于轴系位置未变。若检测装置重复性好，则在 3 个位置上所测回转轴系运动误差应相等，均为 $M(\theta_i)$。

由于 $\beta = \theta$，故在 $+\beta$ 位置上所测工件形状误差应为 $S(\theta_{i+1})$，而在 $-\beta$ 位置上所测工件形状误差为 $S(\theta_{i-1})$。

由式 (6-7)、式 (6-9) 可得

$$V_1(\theta_{i+1}) - V_0(\theta_i) = M(\theta_{i+1}) - M(\theta_i) = M_1(\theta_{i+1} - \theta_i) \quad (6\text{-}10)$$

由式 (6-7)、式 (6-8) 可得

$$V_0(\theta_{i+1}) - V_2(\theta_i) = M(\theta_{i+1}) - M(\theta_i) = M_2(\theta_{i+1} - \theta_i) \quad (6\text{-}11)$$

上两式由 $\pm\beta$ 转位所得，等号一边虽相等，但实测数据不同，取平均值

$$M(\theta_{i+1} - \theta_i) = [M_1(\theta_{i+1} - \theta_i) + M_2(\theta_{i+1} - \theta_i)]/2 \quad (6\text{-}12)$$

由此可得一般式

$$M(\theta_{i+1} - \theta_i) = \left[\sum_{i=1}^{n} M_1(\theta_{i+1} - \theta_i)/n + \sum_{i=1}^{n} M_2(\theta_{i+1} - \theta_i)/n\right]/2 \quad (6\text{-}13)$$

从式 (6-10)、式 (6-11) 可得

$$M(\theta_{i+1} - \theta_i) = [V_0(\theta_{i+1}) - V_0(\theta_i) + V_1(\theta_{i+1}) - V_2(\theta_i)]/2 \quad (6\text{-}14)$$

对称转位法可用于测量径向和轴向运动误差，操作方便，但检测工作量较大，也不能用于实时控制。

2. 平面类形状位置误差的测量方法

平面类形状位置误差主要是针对超精密机床的导轨直线度、工作台的台面直线度和平面度等。在测量中的关键问题之一也是如何分离工件形状误差和机床直线运动误差，常用的方法有反转法、平移法、两点法和三点法等。

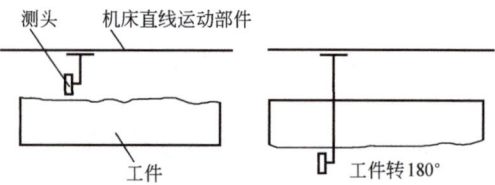

图 6-7 反转法测量

(1) 反转法　图 6-7 所示为反转法的工作原理，测量分两次进行，在第二次测量时，工件转过 180°，这样得到两组数据

$$V_1(x_i) = M_1(x_i) + S(x_i) \quad (6\text{-}15)$$

$$V_2(x_i) = -M_2(x_i) + S(x_i) \qquad (6\text{-}16)$$

式中 $V_1(x_i)$、$V_2(x_i)$——测头两次所测得的两组信号；

$M_1(x_i)$、$M_2(x_i)$——两次测得的机床直线运动误差；

$S(x_i)$——测头所测信号中工件形状误差部分；

i——采样点序号；

x_i——采样点 x 方向直线位置。

若检测装置重复性好，可认为

$$M_1(x_i) = M_2(x_i) = M(x_i)$$

可得

$$S(x_i) = [V_1(x_i) + V_2(x_i)]/2 \qquad (6\text{-}17)$$

$$M(x_i) = [V_1(x_i) - V_2(x_i)]/2 \qquad (6\text{-}18)$$

这种方法简单方便，由于测量需进行两次，不能用于实时控制。对于垂直方向的形状位置测量可视具体情况而定。

(2) 平移法 图 6-8 所示为平移法的工作原理，测量分两次进行，在第二次测量时，工件平移一个步距 S，这样得到两组数据

$$V_1(x_i) = M(x_i) + S(x_i) \qquad (6\text{-}19)$$

$$V_2(x_i) = M(x_i) + S(x_{i+1}) \qquad (6\text{-}20)$$

由于只是工件相对于测头移动了一个步距，若机床和检测装置重复性好，可认为

$$M_1(x_i) = M_2(x_i) = M(x_i)$$

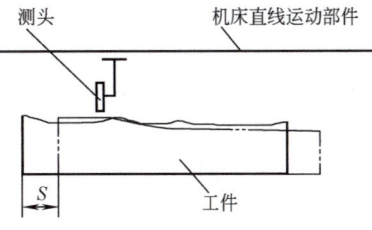

图 6-8 平移法测量

可得

$$S(x_i) - S(x_{i+1}) = V_1(x_i) - V_2(x_i) \qquad (6\text{-}21)$$

这种方法简单方便，但不能用于实时控制，且测量误差会产生累积。

(3) 两点法 如图 6-9 所示，取步距 S 为两测头的间距进行测量，则为两点法。若将机床直线运动部件的角运动误差 $\varepsilon(x_i)$ 忽略不计，则可得到与平移法相同的两个方程式 (6-19)、式 (6-20)。

这种方法当所选步距越小，则机床直线运动部件的角运动误差的影响越小，但随着步距数的增大，测量误差的累积也增大。由于测量是在一次测量中两测头同时读数，故可用于实时控制。

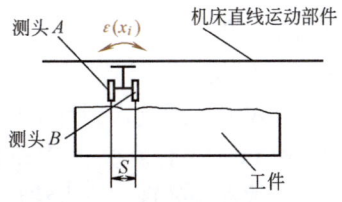

图 6-9 两点法测量

(4) 三点法 如图 6-10 所示，用间距为步距 S 的三个测头进行测量，则可考虑机床直线运动部件角运动误差 $\varepsilon(x_i)$，这时可得到 3 组方程

$$A(x_i) = M(x_i) + S(x_{i-1}) + \varepsilon(x_i) \qquad (6\text{-}22)$$

$$B(x_i) = M(x_i) + S(x_i) \qquad (6\text{-}23)$$

$$C(x_i) = M(x_i) + S(x_{i+1}) - \varepsilon(x_i) \qquad (6\text{-}24)$$

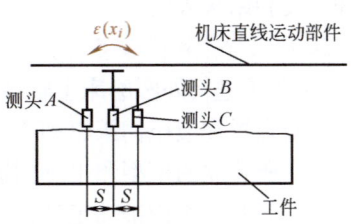

图 6-10 三点法测量

将式（6-22）与式（6-24）相加后减去 2 倍的式（6-23），可得

$$A(x_i) + C(x_i) - 2B(x_i) = S(x_{i-1}) + S(x_{i+1}) - 2S(x_i) \tag{6-25}$$

令 $S(0) = S(x_i) = 0$，可由上式算出其他的 $S(x)$。

三点法可避免机床直线运动部件角运动误差的影响，它可用于实时控制。这种方法的困难是要把三点调到一条直线上，因为这三个点形成一个测量基准，如果三点不在一条直线上，则势必形成一个圆弧，就会出现调整误差 δ。若步距数为 n，由此造成的误差将与 $n^2\delta$ 成正比，因此这种方法不适于用在步距数较多的情况。三个测头的调整可利用一个标准平面预先调好，由于这种方法能够用于在线检测中并可实时控制，故有较好的应用前景。

二、在线检测与误差补偿系统的应用实例

1. 车削工件圆度和圆柱度的误差补偿

图 6-11 是在超精密车床上进行圆度和圆柱度随机误差补偿控制的实验系统，该系统主要由机床主轴回转误差实时测量系统、建模与预报、主从控制系统、驱动电源及电致伸缩微进给机构组成。测量系统中，由带有微调机构的扇形测量架和底座组成测量装置，沿扇形测量架的圆周方向装有 3 个电容测头 A、B、C，沿其轴线装有另一电容测头 D。4 台电容测微仪的输出信号经 4 路采样保持（S/H）、

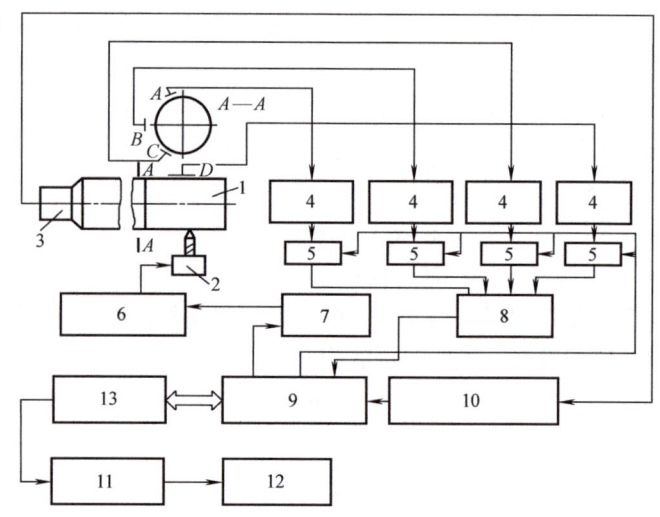

图 6-11 车削工件圆度和圆柱度的误差补偿

1—工件　2—补偿执行机构　3—光电码盘　4—电容测微仪
5—S/H　6—驱动电源　7—D/A　8—A/D　9—高速信号
处理器　10—分频电路　11—信号处理　12—建模预报　13—微机

模数转换（A/D）后读入到计算机系统，装在车床主轴后端的光电码盘产生同步脉冲及采样脉冲。由 PC/XT 计算机、TMS32010 高速信号处理器构成的数据采集主从系统完成误差信号的采集、数据预处理、三点法误差分离计算、数据建模和预报，以及存储、绘图和打印等工作。误差补偿执行机构是一个电致伸缩式微进给刀架，其静刚度为 41.7N/μm，自振频率为 7.95kHz，位移范围为 5.2μm，线性度为 0.3%，位移分辨力优于 0.025μm，阶跃响应特性很好。实验结果表明，工件圆度误差平均减小 40%，工件圆柱度误差平均减小 23%。

2. 磨削工件圆度的误差补偿

图 6-12 是进行外圆磨床主轴径向圆跳动误差补偿控制的实验系统，该系统主要由微处理器、检测装置和液压伺服驱动系统组成。微处理器通过时间序列分析方法，进行误差在线建模，根据所建立的模型预报外圆磨床主轴在补偿点上的径向圆跳动误差补偿运动值，通过控制液压伺服驱动机构推动工件沿砂轮径向进给，进行工件圆度的补偿控制磨削。检测装置由传感器 5、基准盘 3、圆感应同步器 4 组成。补偿加工后，工件圆度误差由 0.74μm 减小

到 0.375μm，由于采用的是液压伺服补偿机构，其频响只有 30Hz。

3. 镗削工件内孔圆柱度的误差补偿

图 6-13 是镗削工件内孔圆柱度误差补偿系统。造成工件内孔圆柱度误差的主要原因是镗杆径向圆跳动误差和直线运动的直线度误差。由激光器 6 发出的激光束作为基准光线照射在装在镗杆上的棱镜 3 上，棱镜反射光线位置的变动就反映了镗杆的运动误差，用一只 x-y 双向光传感器 7 检测棱镜反射光线位置的变动，所测得的信号经测量系统 8 分析处理后传给计算机系统建模，然后预报出镗杆在镗刀各个切削位置的误差补偿运动，通过驱动控制压电陶瓷补偿执行机构进行内孔镗削补偿加工。补偿后的内孔圆柱度误差减少了 56%～64%。

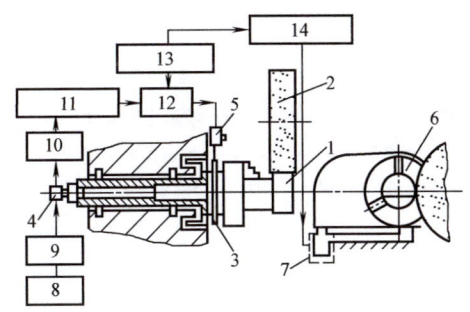

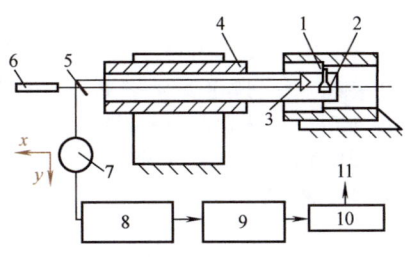

图 6-12　磨削工件圆度的误差补偿

1—工件　2—砂轮　3—基准盘　4—圆感应同步器
5—传感器　6—自定心卡盘　7—驱动系统
8—电源　9—放大调解　10—相调器　11—解调器　12—放大器　13—微处理器　14—控制器

图 6-13　镗削工件内孔圆柱度误差补偿系统

1—镗刀　2—补偿执行机构　3—棱镜　4—主轴轴系
5—分光镜　6—激光器　7—x-y 双向光传感器
8—测量系统　9—建模与预报　10—控制器
11—至压电陶瓷补偿执行机构

4. 立铣工件直线度的误差补偿

整个误差补偿系统由在线测量系统、微机建模与预报系统、补偿驱动系统等组成，如图 6-14 所示。工件直线度的在线测量系统由发出两束激光束的激光器 10、两只触针式光传感器 4 和一根作为基准直线的精密直线尺组成，采用两点法直接测量。所测数据经补偿计算机系统处理后，进行随机数据建模。由于测量位置和铣刀切削位置不同，存在时间滞后，故采用超前预报。根据预报误差控制电液伺服驱动系统，使铣床主轴带动铣刀做上下运动而进行补偿，该系统使直线度误差减少了 80%。

5. 数控立铣工件平面度的误差补偿

如图 6-15 所示，该实验系统由激光平面度误差在线测量、液压精密定位和微机控制三部分组成。平面工件 1 被装夹在夹具 4 上，夹具装夹在工作台上，夹具内装有一套平面度误差测量系统 12，一束激光束 9 作为测针，另一束激光束 7 用于产生三束反射光线，采用三点法直接测量。两台步进电动机 5、6 分别带动工作台沿切削方向和进给方向移动，由相应的软件控制。测量所得数据经测量系统分析处理后传给计算机系统建模，并进行预报，驱动液压伺服执行机构对工件进行平面度误差补偿，可将平面度误差减少 80% 左右。

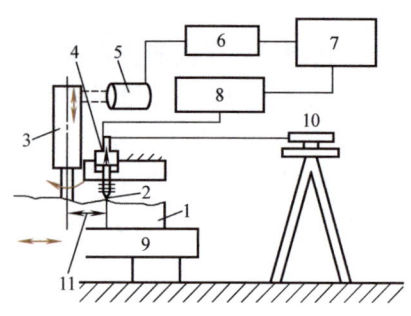
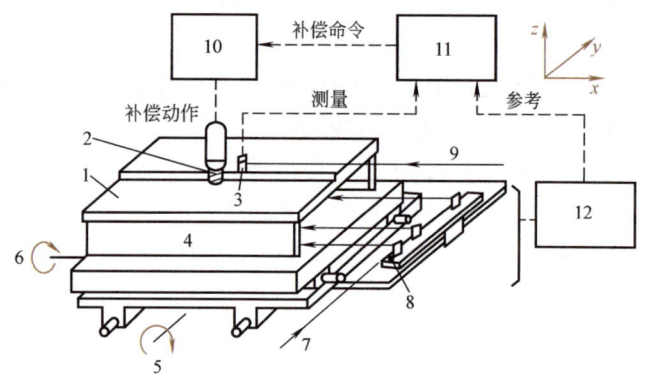

图 6-14 立铣工件直线度的误差补偿
1—工件 2—测针 3—切削主轴 4—光传感器 5—驱动系统 6—控制器 7—建模与预报 8—测量系统 9—机床工作台 10—激光器 11—测量滞后

图 6-15 数控立铣工件平面度的误差补偿
1—工件 2—刀具 3—测针 4—夹具 5—步进电动机 1 6—步进电动机 2 7—激光束 1 8—支承 9—激光束 2 10—伺服驱动器 11—微机 12—平面度误差测量系统

6. 精密丝杠螺距的误差补偿

图 6-16 所示为精密丝杠螺距的误差补偿系统，该系统由微机 1、微处理器 2、测量系统、补偿执行机构 4 所组成。光电码盘 3 每转发出一定数量脉冲（如 2048 个、1024 个）测量主轴的回转位置，线性位移传感器 6（如光栅等）测量溜板相应于主轴回转位置的位移，将此两组数据送入微处理器 2 进行在线分析处理，得出车床母丝杠 5 的螺距误差数据，再送入微机 1 进行建模，通过微处理进行预报控制，驱动压电陶瓷车削补偿执行机构 4 作为螺距误差补偿，其单个螺距误差可减少 89%，累积螺距误差可减少 99%，可见效果显著。

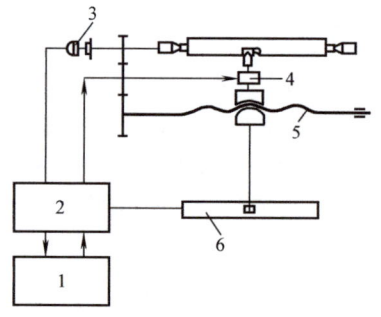

图 6-16 精密丝杠螺距的误差补偿系统
1—微机 2—微处理器 3—光电码盘 4—补偿执行机构 5—车床母丝杠 6—线性位移传感器

第三节　微位移技术

一、微位移系统及其应用

微位移系统一般由微位移机构、检测装置和控制系统所组成，其目的是要实现小行程（一般小于毫米级）、高灵敏度和高精度（一般为亚微米、纳米级）的位移。微位移机构是实现微位移的执行机构，其核心部分是微位移器件，由于其原理、方案、结构的不同，微位移机构多种多样；检测装置用来测量微位移的移动量及其精度，在闭环系统中作为反馈信号；控制系统用来控制整个系统的工作，通过控制策略实现需求的技术性能指标。通常，微位移系统多以微动工作台的形式出现。

随着精密和超精密加工的发展，微位移系统的应用越来越广泛，大致有以下几方面：

(1) 微进给 在精密和超精密加工中,利用微位移机构来实现准确的微进给量或微吃刀量,以保证加工精度。在精密机床中,利用微位移机构来实现精密对刀。

(2) 误差补偿 微位移系统作为误差补偿系统中的补偿执行机构,提高加工精度。在精密机床、仪器中,通常采用粗精相结合的两套进给系统,构成两个工作台来实现大行程的高精度位移,其中粗进给系统所形成的粗工作台实现高速大行程,而精进给系统所形成的微动工作台对粗工作台的运动进行误差补偿,从而达到高精度的位移。

(3) 精密调整 在精密机械、仪器中,经常有精密对准、精密调整等问题,例如调整浮动间隙、调整焦距、对准坐标原点等,均可借助于微位移机构。

二、微位移机构的类型

目前,微位移机构发展很快,种类很多,从其原理来看,可分为机械、液压、电动三大类,其原理、简图、特点见表6-1。

表6-1 微位移机构和器件

类别	原理	简图	特点	类别	原理	简图	特点
机械	凸轮		定位精度1~2μm 行程大	机械	薄壁弹性元件		定位精度±0.2μm 稳定、无摩擦、无间隙、无爬行 应用广泛
	斜面		定位精度0.1μm 行程大		柔性铰链		定位精度±0.05μm 分辨力1nm 稳定、无摩擦、无间隙、无爬行 应用广泛
	精密丝杠螺母副		定位精度0.3μm 行程很大 制造精度要求高	液压	弹性薄膜		定位精度±0.5μm 需要液压系统 稳定、可靠
	差动丝杠螺母副		定位精度0.1μm 行程大 结构复杂 应用广泛	电动	电热变形		定位精度0.5μm 有发热问题,需考虑冷却
	杠杆		定位精度1~2μm 结构简单 应用广泛		电磁控制		定位精度0.2μm 行程大 结构简单,易于实现控制 应用广泛

（续）

类别		原理	简图	特点	类别		原理	简图	特点
电动	电磁	磁致伸缩	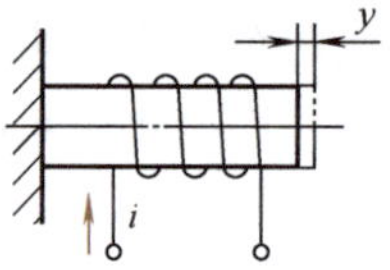	定位精度 $0.5\mu m$ 有发热问题，需考虑冷却	电动	机电耦合效应	铁电晶体 压电效应	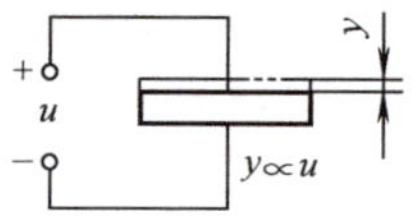	定位精度 $0.01\mu m$ 分辨力 $0.015\mu m$ 变形量小
	机电耦合效应	电致伸缩	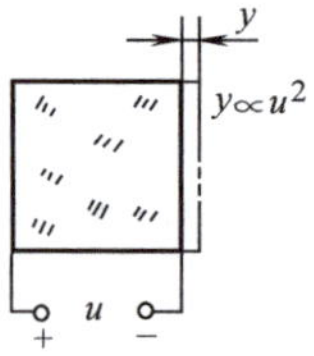 $y\propto u^2$	定位精度 $0.01\mu m$ 变形量与外电压成平方关系 结构紧凑			压电晶体	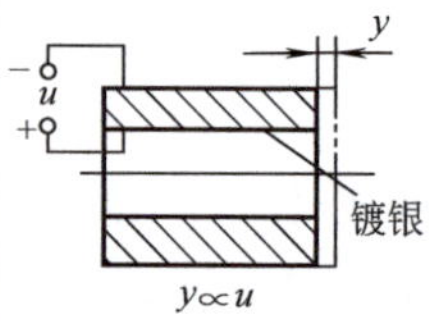 $y\propto u$ 镀银	定位精度 $0.01\mu m$ 分辨力 $0.1nm$ 变形量小 应用广泛

1. 机械类微位移机构

这类微位移机构主要是利用一些巧妙的机械结构来实现微位移，典型的结构有凸轮、斜面、精密丝杠螺母副、差动丝杠螺母副、杠杆、精密齿轮齿条和蜗杆副、弹性变形件等。其共同的特点是精度不能太高、结构复杂、制造技术难度大，但性能比较稳定、价格便宜、使用方便，应用十分广泛。

弹性变形件是一种很有应用前景的微位移器件，它可制作成薄片、铰链、伸缩管、扭摆等形式，可实现单坐标或双坐标位移，图 6-17 表示了柔性铰链结构形状，单轴柔性铰链是一维的，双轴柔性铰链是二维的，两者的截面形状均有圆形和矩形两种。柔性铰链是做绕轴有限角位移复杂运动的弹性支承，广泛应用于制作微动工作台的弹性导轨、支承，其微位移精度较高。

2. 液压类微位移机构

液压类微位移机构多采用液压为动力、弹性膜片为弹性变形元件实现微位移，因此是一种机械液压复合式的微位移机构。由于它需要一套液压装置，因此多用于一些已具有液压系统的设备中，如液压机床、静压主轴等。在薄膜反馈的静压轴承中，薄膜的微位移就是这类微位移机构的典型实例。

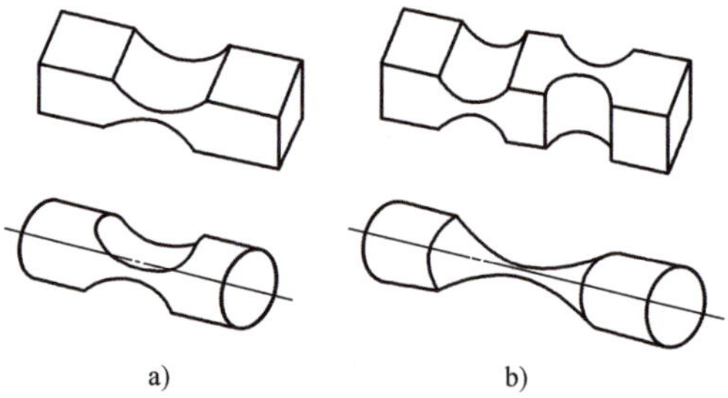

图 6-17 柔性铰链结构形状
a) 单轴柔性铰链　b) 双轴柔性铰链

3. 电动类微位移机构

电动类微位移机构实际上是机电结合来实现微位移的，它又可分为电热、电磁、机电耦合效应（电致伸缩、压电效应）等多种。

电热式是利用电热转换，使材料受热伸长来实现微位移，根据这一原理可制成电热伸缩筒或电热伸缩棒等微位移器件。

电磁式是利用电磁力、（电）磁致伸缩等原理来实现微位移，相应有电磁控制、磁致伸缩等类型的微位移机构或器件。

电致伸缩、压电式微位移机构是应用材料的电致伸缩现象、压电效应来实现微位移，可制作相应的电致伸缩器件、压电效应器件而用于各种场合。

在设计微位移工作台时，往往采用多种微位移机构和器件的复合结构，以保证其性能。

三、典型微位移工作台

1. 平行弹性导轨微位移工作台

利用弹性材料制作微位移元件，有高精度、高稳定性、无摩擦、无间隙和无爬行等特点。它可作为位移元件、传感元件、测量元件、柔性铰链和弹性导轨等，应用十分广泛。

弹性导轨一般由一些薄壁弹性元件（如膜片、膜盒等）和支承元件、联接元件等组成。图 6-18 所示即为由平行弹性导轨构成的微位移工作台，该弹性导轨由两个平行的弹簧片组成，微动工作台支承其上。

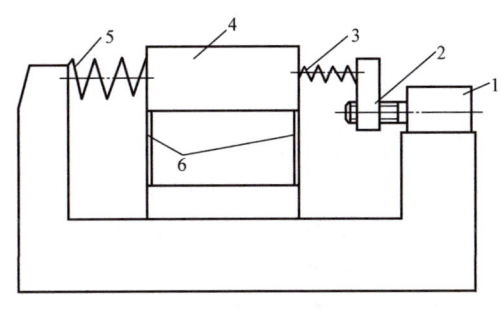

图 6-18　由平行弹性导轨构成的微位移工作台
1—步进电动机　2—丝杠螺母　3、5—弹簧
4—微动工作台　6—平行弹簧片

微动工作台的微位移利用两个刚度相差很大的弹簧 3 和 5 所形成的位移差来得到。若设步进电动机的输入位移为 x_1，微动工作台的输出位移为 x_2，两个弹簧的刚度分别为 k_A、k_B，则可得

$$x_2 = x_1 \frac{k_B}{k_A + k_B} \tag{6-26}$$

如果 $k_A \gg k_B$，则可得到微位移输出。例如，当 $k_A:k_B = 99:1$ 时，缩小比为 1/100，这时从步进电动机输入 $10\mu m$ 位移，可得到 $0.1\mu m$ 的微动输出。

这种微位移工作台结构简单，但所承受的外力、移动导轨部分的摩擦力将直接影响定位精度，另外对于步进输入状态，容易产生过渡性振荡，对动态精度不利，要增加阻尼环节来改善。

2. 电磁控制微位移工作台

图 6-19 表示了一种电磁控制微位移工作台，工作台用 4 根链条或金属丝悬挂起来，其两个水平方向的一端各用两个弹簧固定，另一端各安装了一套电磁铁及铁磁体，铁磁体装在工作台的端面上。通过改变电磁铁线圈的电流来控制电磁铁对铁磁体的吸引力，从而克服弹簧的作用力，使工作台产生微位移。

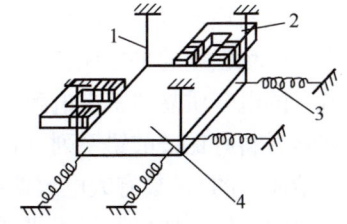

图 6-19　电磁控制微位移工作台
1—链条（或金属丝）　2—电磁铁
3—弹簧　4—微动工作台

设微动工作台在某方向移动 x 值时，此时工作台应保持平衡，若忽略工作台移动时的摩擦力（如悬挂系统、导轨等处的），则电磁铁的吸引力 F 应等于弹簧的拉力 F_S，电磁铁的吸引力 F（单位为 N）为

$$F = B^2 A/(2\mu) \tag{6-27}$$

式中　B——磁通密度（T）；

A——磁极截面积（m^2）；

μ——磁导率（H/m）。

弹簧的拉力 F_S（N）为

$$F_S = kxg \tag{6-28}$$

式中　k——弹簧的刚度（N/m）；
　　　g——重力加速度（m/s²）；
　　　x——工作台移动距离（m）。

由上两式可得

$$x = B^2 A/(2\mu kg) \tag{6-29}$$

可见工作台移动的距离与磁通密度的平方成正比，改变通过电磁铁线圈的电流，便可以改变磁通密度，就可控制工作台的位移。由于磁通密度与通过线圈的电流和线圈圈数成正比，因此工作台移动的距离与通过电磁铁线圈的电流和线圈圈数乘积的平方成正比。

当电磁铁线圈通入电流后，随着电流的逐渐增大，工作台位移加大，气隙越来越小，磁通增大，吸引力也增大，当达到一临界值时，工作台上的铁磁体将与电磁铁相撞。为了解决这一问题，可将工作台位移达到初始间隙的 1/3，使磁通达到饱和。在此气隙内，磁通密度几乎与通过线圈的电流和线圈圈数的乘积成线性关系。

电磁控制微位移工作台结构简单，控制系统易于实现，行程大，驱动力也较大，位移分辨力可达 $0.1\mu m$，因此应用比较广泛，有单坐标、双坐标甚至多坐标的电磁控制微位移工作台实例。

3. 磁致伸缩微位移工作台

从物理学得知，将某些材料放置于磁场中，会产生尺寸和形状变化，这种现象称为磁致伸缩效应。铁磁材料、铁铝合金有正伸长特性，镍有负伸长特性，而钴、钴合金（钴钢）等视材料组织成分不同可有正或负伸长特性。利用磁致伸缩材料可制作磁致伸缩器件，改变磁场强度就可控制伸长率。利用磁致伸缩器件便可构成微位移机构和微位移工作台。

由于在磁致伸缩的同时有热效应现象出现，材料会发热，使用时要考虑冷却问题，另一方面，其精度也会受到影响，因此在应用上尚不够广泛，难以用在超精密微位移中。

4. 电致伸缩微位移工作台

从物理学得知，电介质在外电场的作用下，由于感应极化的作用而产生应变，其应变大小与电场强度的平方成正比，而其应变方向与电场方向无关，这种现象称为电致伸缩效应。所有的电介质晶体都有电致伸缩效应，改变电场强度就可以控制应变大小。比较成熟的电致伸缩材料有铌镁酸铅系列（PMN，它是由 PbO、MgO、Nb_2O_3、TiO_2、$BaCO_3$、ZrO 等按比例烧结而成的）、具有大电致伸缩效应的弛豫铁电体、具有大电致伸缩效应和良好温度稳定性的双弛豫铁电体以及我国研制的 La:PZT（铅、锆、钛）铁电陶瓷系列等。

利用电致伸缩材料可制成电致伸缩器件，最早将材料制成 $\phi 25.4mm$、厚 2mm 的圆片，10 片叠粘在一起，外接 2.9kV 电压，可得 $13\mu m$ 位移，分辨力为 1nm。我国研制 WTDS-1 型电致伸缩微位移器，45mm 长；外加电压 300V，可产生 $25\mu m$ 的位移，分辨力为 $0.08\mu m/V$，推力大于 100N；该器件工作电压低，位移量大，分辨力高，再现性（位置重复性）好，无剩余变形和老化现象，迟滞现象小，热膨胀系数低。

电致伸缩器件具有结构紧凑、体积小、分辨力高、无发热现象、控制简单等特点，已广泛应用于各种微位移工作台中。

5. 压电效应微位移工作台

(1) 压电效应　电介质受到机械应力作用时，会产生电极化（表面产生电荷），电极化的大小（电荷密度）与施加的机械应力成正比，电极化的方向随应力的方向而改变，这种现象称为正压电效应，简称压电效应。压电效应和电致伸缩效应统称为机电耦合效应。

电介质在外电场作用下，将产生应变，应变大小与电场大小成正比，应变的方向与电场的方向有关，当电场的方向改变时，应变的方向也随着改变，这种现象称为逆压电效应，微位移器件正是应用了逆压电效应。

(2) 压电材料　压电材料有铁电晶体和压电晶体两类。常用的铁电晶体为铁电陶瓷，其变形量大，但压电性不如压电晶体好，故在压电装置中应用较少。

常用的压电材料是压电晶体，不是所有的晶体都有逆压电效应，只有无对称中心的晶体才有。常用的压电晶体材料有钛酸钡压电陶瓷、锆钛酸铅系压电陶瓷（PZT），它们都是多晶固溶体，还有新型高分子材料聚偏二氟乙烯（PVDF）等，用在微位移上的大多是锆钛酸铅系压电陶瓷，其灵敏度高，机电耦合系数大，材料性能稳定性好，相变温度高（300℃），可用作高温压电元件。压电晶体材料中还有压电单晶，如石英，多用于制作传感元件。目前，压电陶瓷的最大缺点是变形量小。

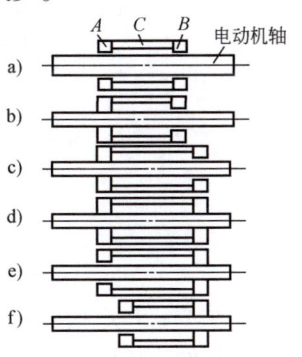

图6-20　尺蠖式压电陶瓷电动机
a) 原始非工作状态　b) 器件A夹紧电动机轴　c) 器件C伸长
d) 器件B夹紧电动机轴　e) 器件A松开　f) 器件C收缩恢复原状
A、B—径向伸缩压电器件
C—轴向伸缩压电器件

(3) 压电微位移器件　压电晶体可制成管状、片状等压电微位移器件，并应用它们构成微位移机构及工作台。管状压电器件是用管形压电陶瓷件，在其内管壁镀银形成电极，施加外电压后管端伸缩而实现精密微位移。片状压电器件呈圆片状，两端面镀银形成电极，由于单片的微位移太小，一般都是多片串叠粘接使用。

(4) 尺蠖式压电陶瓷电动机　如图6-20所示，尺蠖式压电陶瓷电动机由三个单独控制的管状陶瓷压电器件组成，其中器件A、B做径向伸缩，以便夹紧和松开电机轴，而器件C做轴向伸缩，使电动机轴产生轴向位移，实现步进直线运动。

图6-20中所示的六个工作状态分别为：

a) 原始非工作状态。

b) 器件A加电压后直径缩小夹紧电动机轴。

c) 器件C加电压后轴向伸长推动器件A并使电动机轴向某一轴向方向做步进运动。

d) 器件B加电压后直径缩小夹紧电动机轴。

e) 器件A不加电压后恢复原状松开电动机轴。

f) 器件C不加电后轴向收缩恢复原状。

第一循环使电动机轴轴向移动一步，加电压的顺序反向，电动机反向移动。这种电动机步进量为0.5~5μm，移动速度可达1~50μm/s，行程很大。但其性能与压电陶瓷器件的伸缩精度、稳定性、器件与电动机轴的夹紧可靠程度以及夹紧时对定位位置的影响（即夹紧时是否会移动定位位置）等有关。

(5) 两坐标电致伸缩微位移工作台　如图6-21所示，在一块板材上，采用柔性铰链形成两个四连杆机构,分别在 A、B 处安装两个电致伸缩微位移器,当在电致伸缩微位移器上施加电压时,四连杆机构受力变形,可获得 x、y 两方向的微位移 δ_x、δ_y。该微位移工作台尺寸为 130mm×100mm×20mm,行程可达 10μm,定位精度 ≤ ±0.03μm,可用于微电子制版设备中的微动补偿。

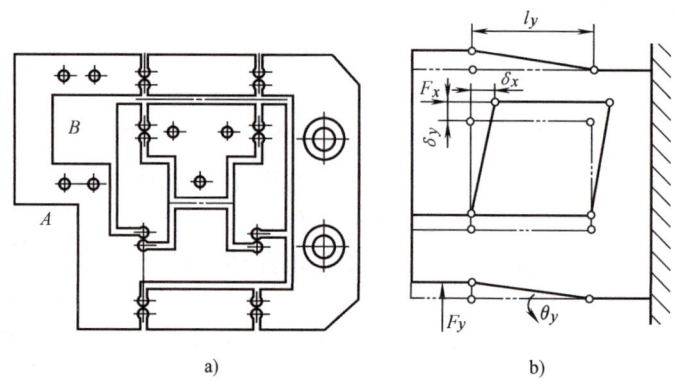

图 6-21 两坐标电致伸缩微位移工作台
a) 结构简图 b) 原理图

(6) 三坐标压电微位移工作台 图 6-22 为由压电器件构成的三坐标微位移工作台全貌,它由两坐标粗动工作台和三坐标微动工作台构成。粗动工作台由直流伺服电动机驱动,采用了聚四氟乙烯的滑动 - 滑动导轨,定位精度为 ±5μm。粗动工作台与微动工作台之间由 4 个柔性支柱相连,每个柔性支柱的两端各有一个柔性铰链,形成弹性导轨,如图 6-23 所示。该微位移工作台的技术指标为:x、y 行程为 ±8μm,定位精度 ±0.05μm,θ 行程为 ±0.55×10^{-3}rad。

微动工作台是靠 3 个管状压电器件得到 x、y 方向移动及绕 z 轴转动的微位移。管状压电器件如图 6-24 所示,其两端有输出端,输出端上有柔性铰链,中间是一个由压电晶体制成的压电管,管上连有导线,管的两端有陶瓷层与输出端绝缘。当通过导线外加 600V 直流电压时,可得到变形量 18μm。3 个管状压电器件的布置如图 6-22 和图 6-25 所示,可见只要控制 3 个管状压电器件上的外加电压,便可得到 3 个坐标上的微位移。

设 3 个管状压电器件的变形量

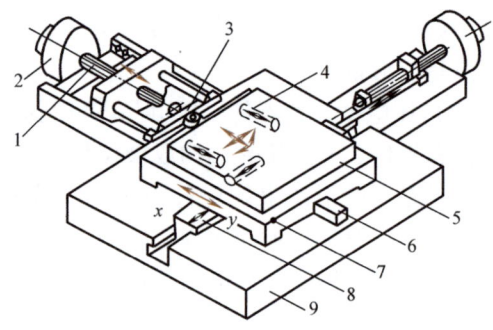

图 6-22 三坐标压电微位移工作台
1—滚珠丝杠 2—直流伺服电动机 3—滚轮框架
4—管状压电器件 5—微动工作台 6—y 向导轨
7—粗动工作台 8—x 向导轨滑块 9—基座

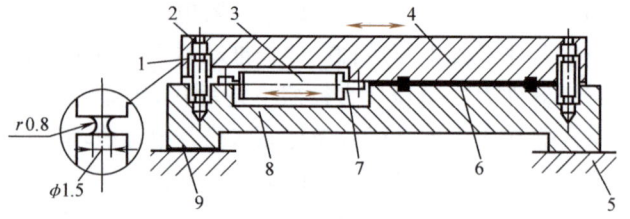

图 6-23 柔性支柱弹性导轨
1、7—柔性铰链 2—柔性支柱 3—管状压电器件
4—微动工作台 5—基座 6—硅油层
8—粗动工作台 9—聚四氟乙烯层

分别为 Δx、Δy_1、Δy_2，则 x 方向的微位移为 Δx，y 方向的微位移为 $\Delta y = (\Delta y_1 + \Delta y_2)/2$，绕 z 轴的转动为 $\Delta \theta_c = (\Delta y_1 - \Delta y_2)/L$，如图 6-25 所示。

微位移工作台的种类很多，可利用各种微位移器件、导轨结构，设计成各种结构形式来满足不同需求。但从共同的要求来看，都应具有足够高的精度、一定的工作行程和频响范围，有一定的运动速度、线性位移特性，无间隙、无爬行和有良好的制动性能，同时应控制方便、稳定可靠和有良好的抗干扰能力。

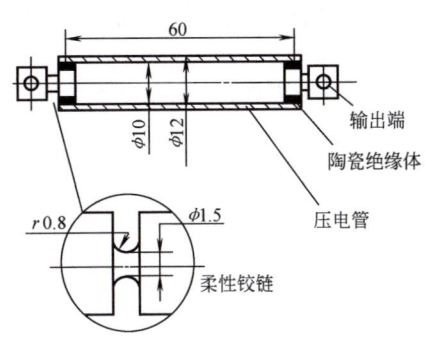

图 6-24 管状压电器件

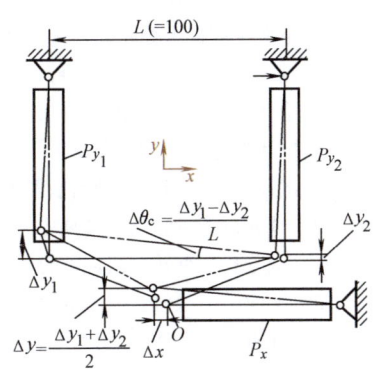

图 6-25 管状压电器件布局图

（7）多坐标微位移工作台　采用并联机构形成并联平台，可得到多坐标的微位移工作台，图 6-26a 所示为其原理，图 6-26b 为其结构，该并行机构由 6 根杆将上、下两平台连接起来，通过变化这 6 根杆的长度，就可得到三个方向的移动 x、y、z 和绕 x、y、z 三个轴的转动 α、β、γ。杆的长短变化可通过交流伺服电动机带动滚珠丝杠螺母副结构、压电晶体等结构来实现，现在还可以通过圆柱形直线电动机来直接传动，没有传动的中间环节，因此为一种零传动装置，具有高精度和高速度。图 6-26 所示采用压电晶体结构，其 x、y、z 轴移动为 10μm，精度为 ±0.01μm；α、β 转动为 0.012°，精度为 ±0.02″；γ 转动为 0.024°，精度为 ±0.04″，频响为 200Hz，输出力为 10N。

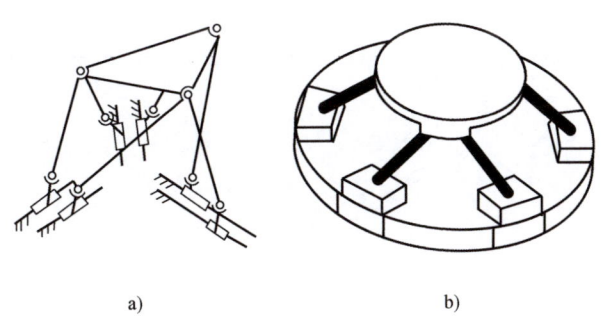

a)　　　　　　b)

图 6-26 多坐标微位移工作台
a) 原理　b) 结构

复习思考题

6-1 从提高加工精度的角度来看，试论述误差的隔离和消除、误差的补偿两条途径的实质和特点。

6-2 试阐述离线检测、在位检测和在线检测的含义，并分析其特点。

6-3 试论述进行在线检测的条件。

6-4 试述误差补偿的概念及其各种形式。

6-5 举例说明误差修正、误差校正、误差抵消、误差均化、误差"钝化"、误差分离等概念。

6-6 试述软件误差补偿与硬件误差补偿的特点及其相互间的关系。

6-7 论述综合误差补偿、多维误差补偿、预报型误差补偿的含义和意义。

6-8 试述误差补偿的过程。

6-9 试述误差补偿系统的组成及各组成部分的作用。

6-10 试分析三点法误差分离方法的特点和应用。

6-11 试分析三种转位法误差分离原理及其在误差测量中的应用。

6-12 平面类形状位置误差的测量中，利用哪些方法来分离误差？它们在原理上有哪些共同点？

6-13 分析图 6-11 中车削工件圆度和圆柱度误差补偿的原理和特点。

6-14 通过在线检测与误差补偿系统应用实例（图 6-11～图 6-15）总结在线检测与误差补偿的特点。

6-15 试述微位移系统的作用及其组成。

6-16 分析各种微位移机构和器件的性能、特点及其应用场合。

6-17 分析平行弹性导轨微位移工作台的特点及其应用。

6-18 分析电磁控制微位移工作台的特点及其应用。

6-19 分析电致伸缩微位移工作台的特点及其应用。

6-20 分析压电效应微位移工作台的特点及其应用。

6-21 试比较电致伸缩材料和压电材料的特点。

6-22 如何应用柔性铰链形成的连杆机构来获得微位移？

6-23 如何应用变形量小的压电陶瓷元件来制作长行程的微位移机构？

6-24 如何利用 3 个管状压电器件来实现 x、y 方向移动和绕 z 轴转动的微位移？请参考图 6-25 布局自行设计。

第七章　精密研磨与抛光

研磨与抛光加工是历史最久、应用广泛而又在不断发展的表面微去除加工方法。古代研磨与抛光用于磨光擦光宝石、铜镜等，近代用于加工最精密的零件，如量块、硅基片、透镜、反射镜和棱镜等零件。最近的发展趋势是加工对象从加工金属、玻璃等转化为用于 X 射线光学元件（反射镜、透镜、分光镜等）、电子工业的各种功能陶瓷元器件材料的加工。

在现代微电子、信息、光学等领域，为实现功能陶瓷和晶体材料的应有功能，精密研磨与抛光加工必不可少。例如半导体集成电路硅、锗、砷化镓基片，铁氧体磁头，宝石红外窗口，压电水晶振子基片，声表面波器件的铌酸锂基片、激光反射镜，光学玻璃棱镜及大型天体望远镜透镜等均需要用精密研磨与抛光加工来实现。精密研磨与抛光加工涉及的材料有金属材料，硅、砷化镓等半导体材料，蓝宝石、铌酸锂等光电子材料，压电材料，磁性材料，光学材料等。

第一节　研　　磨

研磨加工通常是指利用硬度比被加工材料更高的微米级磨粒，在硬质研磨盘作用下产生的微切削和滚轧作用实现被加工表面的微量材料去除，使工件的形状、尺寸精度达到要求值，并降低表面粗糙度值、减小加工变质层的加工方法。

一、研磨加工机理

1. 硬脆材料的研磨

在硬脆材料的研磨过程中，被加工材料的去除是依靠磨粒的滚轧作用或微切削作用。磨粒作用的模型如图 7-1 所示。磨粒作用在有凸凹和微裂纹的表面上，随着研磨加工的进行，一部分磨粒由于研磨压力的作用压入研磨盘中，用露出的磨粒尖端刻划工件表面进行微切削加工，另一部分磨粒则在工件与研磨盘之间滚动，产生滚轧效果。由于硬脆材料的抗拉强度比抗压强度小，在磨粒作用下，硬脆材料加工表面的拉伸应力最大部位产生微裂纹。当纵横交错的裂纹扩展并互相交叉时，受裂纹包围的部分就会发生脆性破裂并崩离出小碎块来形成切屑，从而达到表面

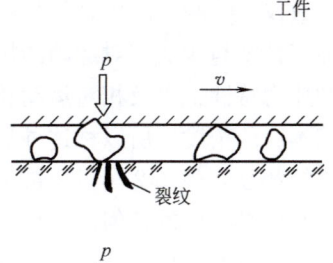
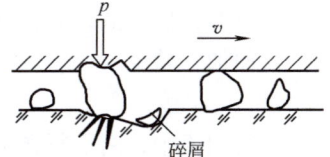

图 7-1　磨粒作用的模型

去除的目的。这就是硬脆材料研磨时切屑生成和表面形成机理的基本过程。可见滚轧作用是由工件和研磨盘之间的游离磨粒产生的，微切削作用是由嵌入研磨盘表面的固着磨粒产生的，所以硬脆材料研磨过程实际上是游离磨粒与固着磨粒共同作用的结果。研磨过程中，磨粒的状态取决于研磨盘材料和加工载荷。

如把包含裂纹区域的最小半径定义为裂纹的长度，并且认为表面及内部的裂纹长度是大体相等的，则载荷越大，在水平方向扩展的裂纹长度越长。图7-2所示为熔融石英玻璃表面在立方压头作用下产生裂纹的SEM照片。

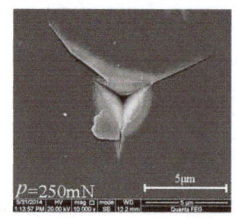

图7-2 熔融石英玻璃表面的立方压头裂纹SEM照片

研磨硬脆材料时，重要的是控制产生裂纹的大小和均匀程度。一方面，要保证加工时表面不发生大的损伤，另一方面，为提高加工效率，必须促进微小的破碎。通过选择磨粒的粒度及控制粒度的均匀性，可避免产生特别大的加工缺陷。

2. 金属材料的研磨

金属材料的研磨在加工机理上与脆性材料的研磨有很大的不同。研磨时，磨粒的研磨作用可看作是相当于普通切削和磨削的切削深度极小时的状态。但是，由于是使用游离状态的磨粒，故难以形成连续的切削，磨粒与工件仅是断续的研磨动作。

金属材料的研磨，其特点之一是没有裂纹。但研磨铝、铜等软质材料时，磨粒会被压入工件材料内，表面质量受到影响。研磨刀具或量块等硬质淬火钢材料时，由于工件组织非常细密，故使用1μm左右的微小氧化铬磨料和采用铸铁研具进行研磨，可获得表面粗糙度值达$Ra0.02\mu m$的镜面，也能进行高精度形状尺寸的加工。

二、研磨加工的特点

研磨加工的主要特点如下。

1. 微量切削

由于工件与研具之间有众多磨粒分布，故单个磨粒所受载荷很小，控制适当的加工载荷范围，就可得到小于1μm的切削深度，实现工件材料的微量切削。

2. 按进化原理成形

当研具与工件接触时，在非强制性研磨压力作用下，能自动地选择局部凸出处进行加工，故仅切除两者凸出处的材料，从而使研具与工件相互修整并逐步提高精度。超精密研磨的加工精度与构成相对运动的机床运动精度几乎是无关的，主要是由工件与研具间的接触性质和压力特性，以及相对运动轨迹的形态等因素决定的。在合适条件下，加工精度就能超过机床本身的精度，所以称这种加工为进化加工。为了获得理想的加工表面，要求：①研具与工件能相互修整；②尽量使被加工表面上各点的加工痕迹与研磨盘的相对运动轨迹不重复，以减小研具表面的几何形状误差对工件表面形状所引起的"复印"现象，同时减小划痕深度，减小表面粗糙度值；③在保证研具具有理想几何形状的前提下，采用浮动的研磨盘，可以保证表面加工精度。

3. 多刃多向切削

在研磨加工中，由于每颗磨粒形状不完全一致，以及分布的随机性，磨粒在工件上做滑动和滚动时，可实现多方向切削，并且全体磨粒的切削机会和切削刃破碎率均等，可实现自动修锐。通过提高工件与磨粒的接触面积、接触压力及相对移动距离，减小磨粒圆锥半顶角，可提高加工效率；通过减小磨粒粒径、工件与磨粒的接触压力和磨粒体积率，以及增大工件的屈服强度、磨粒圆锥半顶角和磨粒率，可减小表面粗糙度值。

第二节 抛 光

抛光加工通常是指利用微细磨粒的机械作用和化学作用，在软质抛光工具或化学加工液、电/磁场等辅助作用下，为获得光滑或超光滑表面，减小或完全消除加工变质层，从而获得高表面质量的加工方法。

抛光在磨料和研具材料的选择上与研磨不同。抛光通常使用的是 $1\mu m$ 以下的微细磨粒，抛光盘用沥青、石蜡、合成树脂和人造革、锡等软质金属或非金属材料制成，可根据接触状态自动调整磨粒的切削深度，减缓较大磨粒对加工表面引起的划痕损伤，提高表面质量。目前，磨粒加工的去除单位已在纳米甚至是亚纳米数量级，在这种加工尺度内，抛光过程中伴随着化学反应现象，加工中的化学作用变得不可忽视。在加工中如能有效地利用工件与磨粒、工件与加工液及工件与研具之间的各种化学作用，既可提高加工效率，又可获得无损伤加工表面。

对硬脆材料的研磨，当磨粒小到一定的粒度，并且采用软质材料研磨盘时，由于磨料与研磨盘的特性的不同而引起研磨与抛光的差异，工件材料的去除机理及表面形成机理就发生变化。应该指出的是，在某些情况下，例如使用半硬质材料研磨盘时，研磨与抛光难以区分，两个术语时有混用。

一、抛光机理

由于抛光过程的复杂性和不可视性，往往是用通过特定的实验条件下获得的实验结果来说明抛光的机理。对于脆性材料的抛光机理，归纳起来主要有如下解释：

抛光是以磨粒的微小塑性切削生成切屑为主体而进行的。在材料切除过程中会由于局部高温、高压而使工件与磨粒、加工液及抛光盘之间存在着直接的化学作用，并在工件表面产生反应生成物。由于这些作用的重叠，以及抛光液、磨粒及抛光盘的力学作用，使工件表面的生成物不断被除去而使表面平滑化。

采用工件、磨粒、抛光盘和加工液等的不同组合，可实现不同的抛光效果。工件与抛光液、磨料及抛光盘间的化学反应有助于抛光加工。

二、微小机械去除与化学作用

抛光加工面的表面粗糙度是机械、化学等作用产生切屑而形成的痕迹，而存在于加工变质层中的弹塑性变形及微小裂纹，可认为是所供给生成切屑的机械能的一部分产生的。因此，为保证加工质量，在抛光加工中，应采用使表面粗糙度值小和加工变质层小的切屑生成条件。

设想材料去除的最小单位是一层原子，最基本的材料去除是将表面的一层原子与内部的原子分开。事实上，完全除去材料一层原子的加工是极困难的。机械加工必然残留有加工变质层，并且随着工件材料性质及加工条件的不同，加工变质层的深度也不同。由于抛光加工中还伴随着化学反应等复杂现象,因此,材料去除层的厚度为从一层原子到数层原子乃至数十层原子几种状态的复合。

目前,抛光加工中材料的去除单位已在纳米甚至是亚纳米级,在这种加工尺度内,加工周围气氛的化学作用就成为抛光加工不可忽视的一部分。图7-3是物理作用与化学作用复合的加工方法。表7-1是利用加工中的化学现象的化学机械抛光应用实例。例如,光学玻璃的抛光中,氧化物磨粒的机械作用产生软质变质层,使得材料的去除率提高。硅片的化学机械抛光,加工液在硅片表面生成水合膜,可以使加工变质层的发生减少。因此,在加工过程中的化学反应结果对材料的去除及减少加工变质层是有利的。蓝宝石的干式化学机械抛光时采用石英玻璃抛光盘,以及干燥状态下的 0.01μm 直径的 SiO_2 磨粒来抛光。磨粒与蓝宝石之间发生界面固相反应,生成富铝红柱石(Mullite),然后通过玻璃抛光盘的摩擦力将其从蓝宝石表面剥离,实现表面粗糙度为亚纳米级的无损伤抛光加工。

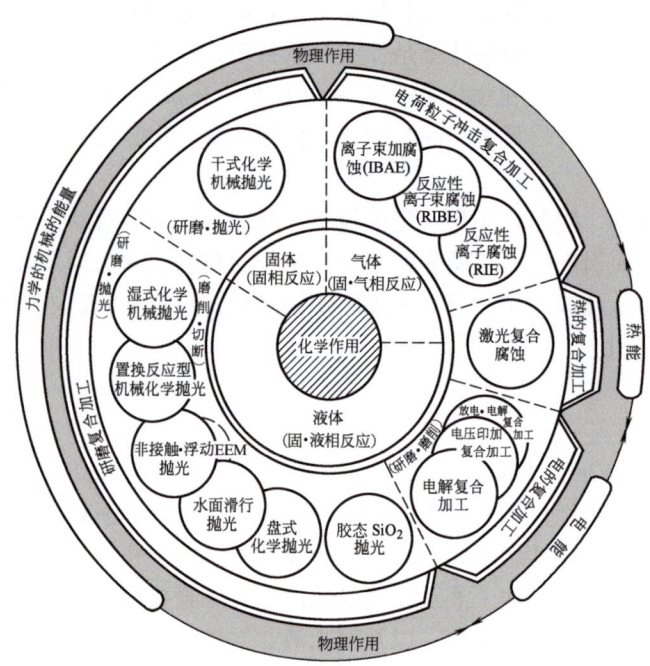

图7-3 物理作用与化学作用复合的加工方法

表7-1 化学机械抛光应用实例

加工对象	抛光盘材质	研磨剂及加工周围气氛
蓝宝石基片	石英玻璃	SiO_2 粉,干式
	杉木	过热水蒸气中(250~300℃)
蓝宝石凹球面	工具钢	SiO_2 粉,干式
金刚石薄膜	铸铁	氢气(730℃以上)
水晶基片	锡、铜等	Fe_3O_4、CeO_2、SiO_2 粉,干式
Si 基片	人造革	$BaCO_3$ 粉、SiO_2 粉、KOH 水溶液
单晶、多晶碳化硅	含有 Cr_2O_3 粉的树脂	干式或湿式

第三节 精密研磨与抛光的主要工艺因素

一、工艺因素及其选择原则

精密研磨与抛光加工的主要工艺因素包括加工设备、研具、磨粒、加工液、工艺参数和加工环境等，见表7-2，这些因素决定了最终加工精度和表面质量。加工环境的控制可参照本书第九章，其余因素的选择原则如图7-4所示。

表7-2 精密研磨与抛光加工的主要工艺因素

工艺因素		实 例
加工设备	加工方式	单面研磨、双面研磨
	运动方式	旋转、往复摆动
	驱动方式	手动、机械驱动、强制驱动、从动
研具	材料	硬质、软质（弹性、黏弹性）
	形状	平面、球面、非球面、圆柱面
	表面状态	有槽、有孔、无槽
磨粒	种类	金属氧化物、金属碳化物、氮化物、硼化物
	性能	硬度、韧性、形状
	粒径	几十微米~几十分之一微米
加工液	水性	酸性~碱性、表面活性剂
	油性	表面活性剂
工艺参数	工件、研具相对速度	1~100m/min
	加工压力	0.01~30N/cm²
	加工时间	≤10h
加工环境	温度	室温±0.1℃
	尘埃	利用洁净室、净化工作台

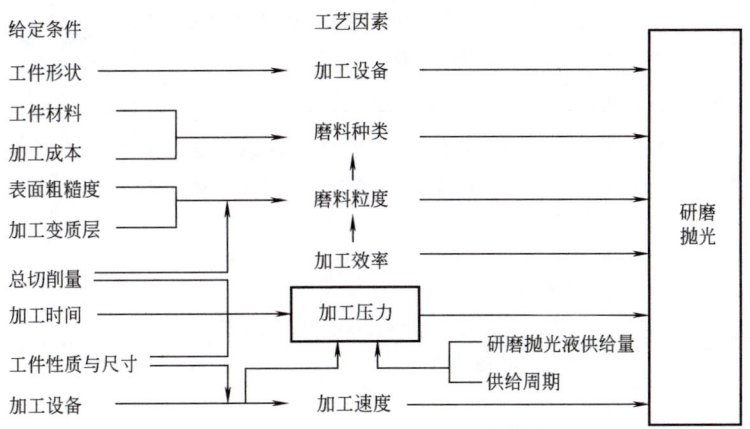

图7-4 工艺因素的选择原则

二、研磨与抛光设备

常用的研磨与抛光设备见表7-3,其中典型的单面研磨/抛光设备如图7-5所示,为带修整环型抛光机。加工时将被加工面以一定的负载压于旋转的圆形研具上。工件本身跟着旋转,运动轨迹的随机性使加工表面的去除量均匀。同时,工件对研具的反作用,也使研具表面磨损。为避免加工精度恶化,在工件外侧配置旋转的修整环,使研具表面的磨损得以均匀修整。另一种应用最普遍的双面研磨/抛光设备如图7-6所示,可利用这种设备加工高精度平行平面、圆柱面和球面。加工时工件放在齿轮状薄壁形保持架的载物孔内,上下均有研磨盘。为在工件上得到均匀不重复的加工轨迹,工件保持架齿面与设备的内齿轮和太阳轮同时啮合,工件既有自转又有公转,做行星运动。上研磨盘将载荷传递给工件,且具有一定的浮动,以避免两个研磨盘不平行造成工件上下两个加工面不平行。

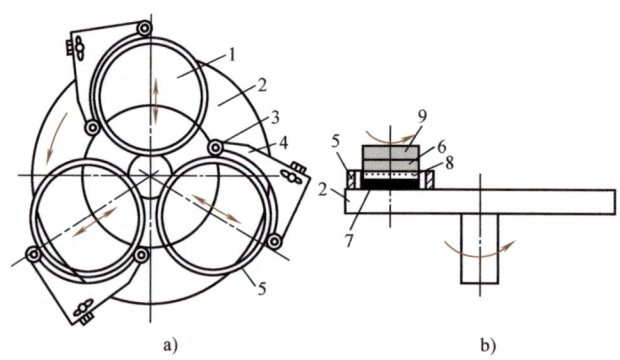

图 7-5　修整环型抛光机原理示意图
a)结构图　b)原理图
1—载物孔　2—研具　3—滚动轴承　4—修整环保持架(可调)
5—修整环　6—基盘　7—工件　8—黏结剂　9—砝码载荷

表 7-3　研磨抛光机的种类与用途

单面/双面	运动方式	电动机数	驱动轴数	特　征	主　要　用　途
单面加工机	修整环型	1	1	工件在保持架内自转,研磨盘旋转抛光单一平面	晶体、金属、陶瓷
单面加工机	行星运动型	1	2	将工件放入太阳轮与内齿轮之间的环状保持架内,保持架带动工件做行星运动	同上
单面加工机	行星运动型	2	2	将工件放入太阳轮与内齿轮之间的环状保持架内,保持架带动工件做行星运动	同上
双面加工机	2方向型	1	2	上、下研磨盘不动,太阳轮与内齿轮转动	同上
双面加工机	2方向型	2	2	上、下研磨盘不动,太阳轮与内齿轮转动	同上

(续)

单面/双面	运动方式		电动机数	驱动轴数	特 征	主要用途
双面加工机	3方向型	固定型	2	3	内齿轮固定，上、下研磨盘与太阳轮转动	晶体、金属、陶瓷、铝、玻璃、硅、化合物
			3	3		
	上平板固定型		2	3	固定上研磨盘，下研磨盘与太阳轮、内齿轮转动	同上
			3	3		
	4方向型		2	4	传动上、下研磨盘，太阳轮，内齿轮4个轴，4个电动机独立传动，工件上、下面的研磨长度可以完全一致	同上
			3	4		
			4	4		
	摇摆动型		3	3/4/5	上、下平板任一为摆动型，则载体就有摆动型，就可以做出与行星运动不同的轨迹	同上
			4	4/5		
球面加工机	摆动型		1~4	1~4	多用于球面、非球面镜片研磨，玻璃研磨	镜片、玻璃

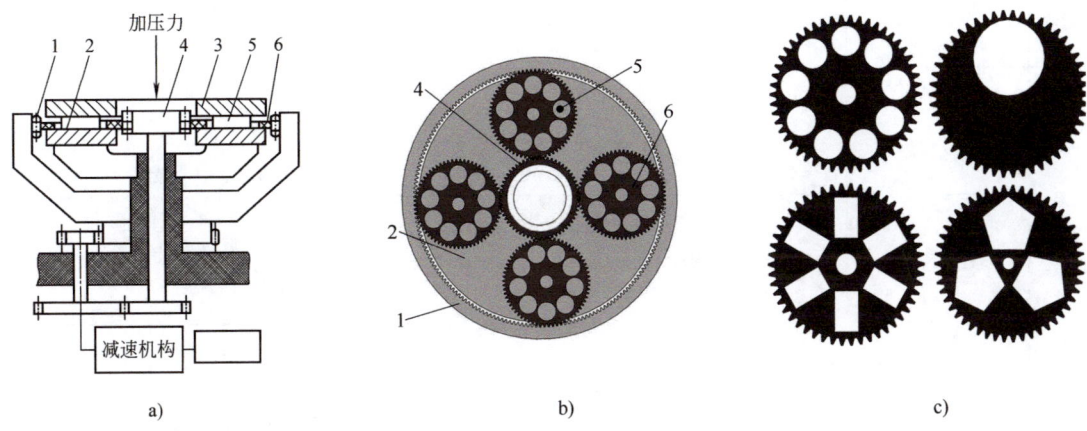

图7-6 双面研磨/抛光设备及其保持架简图

a) 设备结构示意图 b) 工件保持架和内齿轮、太阳轮啮合 c) 不同形状工件的保持架

1—内齿轮 2—下研磨盘 3—上研磨盘 4—太阳轮
5—工件 6—保持架

  不论是单面还是双面研磨抛光加工，工件与研具的相对运动轨迹对工件面形精度有重要影响，对其基本要求如下：①工件相对研具做平面平行运动，能使工件上各点具有相同或相近的研磨行程；②工件上任一点尽量不出现运动轨迹的周期性重复；③研磨运动平稳，避免曲率过大的运动转角；④保证工件走遍整个研具表面，使研磨盘得到均匀磨损，进而保证工件表面的平面度精度；⑤及时变换工件的运动方向，使研磨纹路复杂多变，有利于减小表面粗糙度值并保证表面均匀一致。常用的运动轨迹有：次摆线、外摆线和内摆线轨迹等。

  虽然复杂运动轨迹的重复性较小，但运动轨迹的重复仍是不可能完全避免的。这样，研具表面形状就会在一定程度上"复印"到工件表面上。为消除抛光运动轨迹重复对试件平面精度的影响,除要求所采用的工件-研具相对运动方式具有较少的轨迹重复次数外,还应保证研具具有较高的面形精度。为此,研磨/抛光机上通常专门配备有研具的高精度平面修整装置。

三、研磨盘与抛光盘

常用的研磨盘、抛光盘材料及其部分使用实例见表7-4。常用的研磨盘材料有铸铁、玻璃、陶瓷等。研磨盘是用于涂覆或嵌入磨料的载体,使磨粒发挥切削作用,同时又是研磨表面的成形工具。研磨盘本身在研磨过程中与工件是相互修整的,研磨盘本身的几何精度按一定程度"复印"到工件上,故要求研磨盘的加工面有很高的几何精度。对抛光盘的要求主要有:①材料硬度一般比工件材料低,组织均匀致密,无杂质、异物、裂纹等缺陷,并有一定的磨料嵌入性和浸含性;②结构合理,有良好的刚性、精度保持性和耐磨性,其工作表面应具有较高的几何精度;③排屑性和散热性好。

表7-4 研磨盘及抛光盘材料及部分使用实例

分　类		对　象　材　料	部分使用实例
硬质材料	金属	铸铁、碳钢、工具钢	一般材料研磨 金刚石抛光
	非金属	玻璃、陶瓷	化合物半导体材料研磨
软质材料	软质金属	Sn、Pb、In、Cu 焊料	陶瓷抛光
	天然树脂	松脂、焦油、蜜蜡、树脂	光学玻璃抛光 光学结晶体抛光
	合成树脂	硬质发泡聚氨酯 PMMA、聚四氟乙烯 聚碳酸酯、聚氨酯橡胶	光学玻璃抛光 一般材料抛光
	天然皮革	麂皮	金属抛光
	人工皮革	软质发泡聚氨酯 氟碳树脂发泡体	硅晶片抛光 化合物半导体材料抛光
	纤维	非织布(毛毡) 织布(尼龙、棉)、纸	金属材料抛光 一般材料抛光
	木材	桐、杉、柳	金属模具抛光

为了获得良好的研磨表面,有时需在研具表面上开槽。槽的形状有放射状、网格状、同心圆状和螺旋状等。槽的形状、宽度、深度和间距等要根据工件材料性质、形状及研磨面的加工精度来选择。在研具表面开槽有如下的效果:①可在槽内存储多余的磨粒,防止磨料堆积而损伤工件表面;②在加工中作为向工件供给磨粒的通道;③作为及时排屑的通道,防止研磨表面被划伤。

近年来,兴起了一种固着磨料研磨技术,其研磨盘是将金刚石或立方氮化硼磨料与铸铁粉末混合后,烧结成小薄块,或用电铸法将磨粒固着在金属薄片上,再用环氧树脂将这些小薄块粘贴在基盘上而制成。固着磨料研磨盘适用于精密研磨陶瓷、硅片、水晶等脆性材料,研磨盘表面精度保持性好，研磨效率高。

除金刚石等抛光采用硬质抛光盘外，其他材料的抛光均采用软质抛光盘。抛光盘面形精度及其精度保持性是高精度抛光的保障。虽然软质抛光盘抛光表面的加工变质层和表面粗糙度值都很小，但抛光盘易磨损，面形精度保持性较差，会使试件产生"塌边"现象，所以，在要求高的平面度或棱角等形状精度时，可以使用铜或锡等软质金属作为抛光盘。当要求很小的表面粗糙度值时，常采用聚氨酯或毡等黏弹性抛光布。为确保抛光加工的高精度，可采取以下措施：①尽可能用耐磨损变形的抛光盘；②及时更换已磨损变形严重的抛光盘；③修正磨损变形。可利用在设备上的修整机构来修整抛光盘的形状，也可利用标准平板与抛光盘对研修整。

四、磨粒

磨粒按硬度不同可分为硬磨粒和软磨粒两类。研磨、抛光使用的磨粒见表7-5。研磨用磨粒需具有下列性能：①磨粒形状、尺寸均匀一致；②磨粒能适当地破碎，使切削刃锋利；③磨粒熔点要比工件熔点高；④磨粒在加工液中容易分散。对抛光用磨粒，还要考虑与工件材料作用的化学活性。加工对象不同，选用的磨粒也不同，如果磨粒硬度过大，会在加工表面产生较深的划痕或裂纹；相反地，如果磨粒硬度过小，则磨粒较容易崩碎，加工状态不稳定。通常研磨加工使用磨粒的硬度为工件材质的2倍左右。有时使用两种以上磨粒的混合物，可以获得最佳的加工效果。氧化铈是玻璃抛光中常用的磨粒，具有高加工效率。但氧化铈磨粒的粒度很难做到像氧化铝磨粒那样微细。石英玻璃、硅片的抛光通常使用SiO_2胶体。抛光陶瓷材料时多选用金刚石磨粒，特别是硬度为1000HV以上的陶瓷。金刚石磨粒价格昂贵，为提高利用率，多用油状或水溶性糊状物刷在抛光盘上，并使之均匀分布。钢系列金属材料的抛光多选用氧化铝（Al_2O_3）、碳化硅（SiC）、氧化铬（Cr_2O_3）等磨粒。

表7-5 研磨、抛光使用的磨粒

名称	化学式	结晶系	颜色	莫氏硬度	密度/（g/cm³）	熔点/℃	适用
氧化铝（α晶）	$\alpha\text{-}Al_2O_3$	六方	白～褐	9.2～9.6	3.94	2040	研磨、抛光
氧化铝（γ晶）	$\gamma\text{-}Al_2O_3$	等轴	白	8	3.4	2040	抛光
碳化硅	SiC	六方	绿、黑	9.5～9.75	2.7	(2000)	研磨
碳化硼	B_4C	六方	黑	9以上	2.5～2.7	2350	研磨
金刚石	C	等轴	白	10	3.4～3.5	(3600)	研磨、抛光
三氧化二铁	Fe_2O_3	六方等轴	赤褐	6	5.2	1550	抛光
氧化铬	Cr_2O_3	六方	绿	6～7	5.2	1990	抛光
氧化铈	CeO_2	等轴	淡黄	6	7.3	1950	抛光
氧化锆	ZrO_2	单斜	白	6～6.5	5.7	2700	抛光
二氧化钛	TiO_2	正方	白	5.5～6	3.8	1855	抛光
氧化硅	SiO_2	六方	白	7	2.64	1610	抛光
氧化镁	MgO	等轴	白	6.5	3.2～3.7	2800	抛光

五、加工液

通常研磨抛光加工液由基液（水性或油性）、磨粒、添加剂三部分组成，作用是供给磨粒、排屑、冷却和润滑。对加工液有以下要求：①能有效地散热，以避免研具和工件表面热变形；②黏性低，以提高磨料的流动性；③不会污染工件；④化学物理性能稳定，不因放置或温升而分解变质；⑤能较好地分散磨粒；⑥对环境污染影响小。

研磨和抛光时常伴随有发热，工件和研具因温度上升而发生变形，难以进行高精度研磨，在局部的磨粒作用点上还会产生相当高的温度，使加工变质层深度增加。适当地供给加工液，可以保证研具有良好的耐磨性和工件的形状精度及较小的工件加工变质层。添加剂的作用是防止或延缓磨料沉淀，并对工件发挥化学作用，以提高研磨抛光的加工效率和质量。

六、工艺参数

加工速度、加工压力、加工时间以及研磨液和抛光液的浓度是研磨与抛光加工的主要工艺参数。在研磨抛光设备、研具和磨料选定的条件下，这些工艺参数的合理选择是保证加工质量和加工效率的关键。

加工速度是指工件与研具的相对速度。加工速度增大使加工效率提高。但当速度过高时，由于离心力作用，使加工液甩出工作区，加工平稳性降低，研具磨损加快，从而影响研磨抛光的加工精度。一般粗加工多用较高速、较高压力。精加工多用低速、较低压力。

将研具单位面积上的研磨痕数量与留存的磨料粒子数量之比称为磨料作用率。磨料作用率与加工压力之间的关系如图 7-7 所示。由图可见，随着加工压力的增加，磨料作用率增加。亦即，单颗磨粒作用在工件表面上的力增加，使得在工件表面上产生的裂纹长度增加，进而使工件表面去除率增加。在一定范围内，增加加工压力可提高研磨抛光效率。但当压力大到一定值时，由于磨粒破碎及工件与研具的接触面积增加，实际接触点的接触压力不成正比增加，研磨抛光效率提高并不明显。

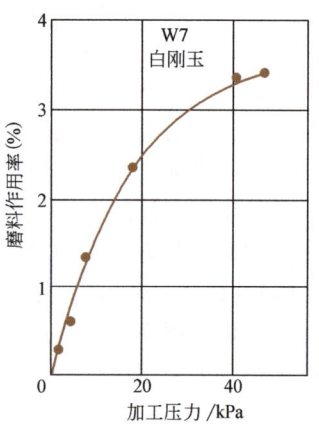

图 7-7 磨料作用率与加工压力之间的关系

加工压力 p_0（MPa）的计算公式如下：

$$p_0 = \frac{F}{NA} \tag{7-1}$$

式中　F——工件被加工表面所承受的总压力（N）；
　　　N——每次研磨抛光的工件总数；
　　　A——单个工件实际接触面积（mm²）。

即使采用同样的磨粒，但加工压力减小将对减小表面粗糙度有利，例如在功能陶瓷材料最终抛光阶段仅靠工件自重进行悬浮抛光，可获得极好的表面质量。

研磨抛光液的浓度也对加工质量和加工效率有重要影响。当浓度增加时，参与研磨抛光加工的有效磨粒数增加，材料去除率增加。但当浓度过高时，磨粒的堆积和阻塞会引起加工效率的降低，同时也会引起加工质量的恶化。

第四节 精密研磨抛光新技术

为了保证用各种功能陶瓷材料制成的电子和光学元件的性能,采用多种原理或方式开发了一系列的无加工变质层、无表面损伤(不扰乱晶体的原子排列)的镜面超精密抛光方法(见表7-6)。此外,还出现了半导体材料的化学机械抛光、电化学抛光、超声波振动抛光以及磨石抛光等技术。随着对抛光技术研究的不断深入,必将会出现加工质量更高、更实用的抛光方法。

表7-6 镜面超精密抛光方法

抛光方法	化学机械抛光	化学抛光	水合抛光	无污染抛光	水面滑行抛光	悬浮抛光	弹性发射加工	磁流体抛光	电泳抛光	磁性磨料抛光
加工介质	软质磨粒	化学溶液	过热水蒸气	纯水	化学溶液	软质磨粒	软质磨粒	磁流体	磨料	磁性磨料

一、无损伤抛光

晶体材料的无损伤表面抛光技术是以不破坏极薄表层结晶结构的加工单位进行材料微量切除加工的方法。可以按加工状态,将无损伤抛光看作是机械和化学综合作用的方法,它们的不同组合形成了各种抛光法。这些方法可分为:机械微量去除抛光、化学抛光、化学机械复合抛光。机械微量去除,只限定于磨粒作用区域的机械抛光。其抛光效果取决于晶体和磨粒的硬度、磨粒形状、抛光盘保持抛光剂的性能等物理特性。化学抛光(化学腐蚀抛光、盘式化学抛光),是在软质抛光盘上用化学液进行腐蚀抛光。其最大优点是没有变形损伤层,但缺点是有腐蚀破坏层,需要特殊工序将化学腐蚀剂及表面腐蚀破坏层去除。对于多孔材料,如铸铁、烧结材料,化学腐蚀液和化学腐蚀层会进入一定的表层深度,清除极为不易。化学机械复合抛光中有借助机械能的作用,引起晶体表面发生物理化学变化,产生固相反应的干式化学机械抛光,也有在机械作用的同时再施加化学作用,借助加工中的摩擦热和局部应力应变,并由加工液促进化学作用的湿式化学机械抛光。

在图7-8中,机械作用是微量去除作用和摩擦作用,包含电解作用的化学作用是溶解作用和皮膜形成作用。例如,用于不锈钢镜面加工的电解复合抛光,用硝酸钠水溶液,通过电解作用形成非导体化学膜,然后用固着磨料和游离磨料的擦划作用进行加工。更为极端的是,完全不使用磨料的化学抛光法,如 P-MAC 抛光(Progressive Mechanical and Chemical Polishing),其机械作用通过抛光盘的摩擦获得,材料的去除是通过抛光液的化学溶解作用进行的。P-MAC 抛光可在一次加工中自动实现由机械作用向化学作用的转移,最终阶段的抛光液层的腐蚀效果可使加工面完全没有加工变质层。这种方法用于 CaAs 基片的镜面加工时,使用溴甲醇抛光液可以获得 $Ra0.0003\mu m$ 的表面粗糙度值。

用磨料进行抛光时,为使机械作用小,使用软质的抛光盘是非常重要的。在使用沥青盘及合成树脂盘抛光时,盘面的沥青及合成树脂都可看成是磨料的夹具,更软的极限物质应当是水或气体。弹性发射加工(Elastic Emission Machining,EEM)及浮动抛光可以把液体看成是磨料的夹具,这可以把抛光的机械作用限制在最小。

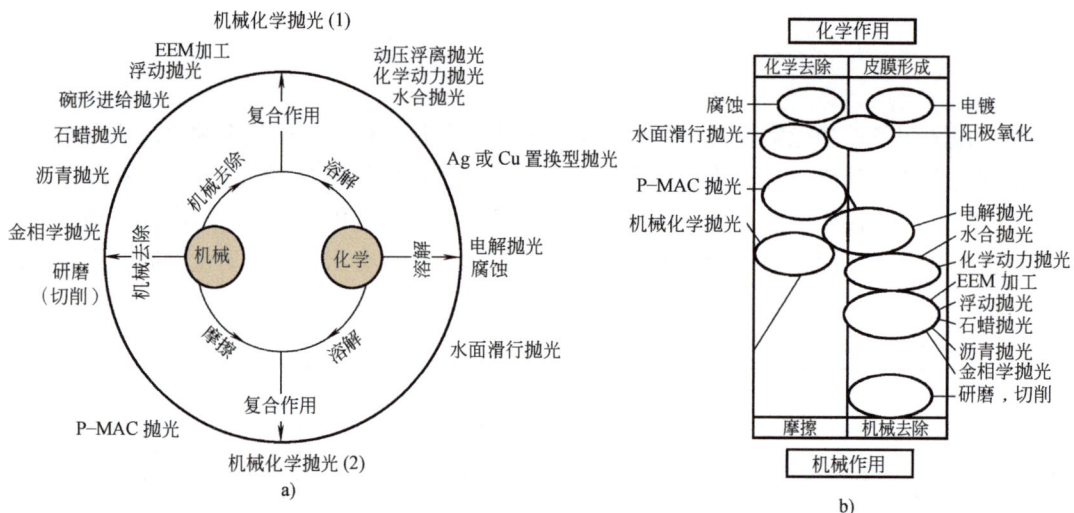

图 7-8 各种抛光法的加工原理分类
a) 按机械去除、溶解、摩擦分类　b) 按化学去除、皮膜形成、摩擦、机械去除分类

二、非接触抛光

非接触抛光是指使工件与抛光盘在抛光中不发生接触,仅用抛光液中的微细粒子冲击工件表面,以获得加工表面完美结晶结构和精确形状,去除量为几个到几十个原子级的抛光方法。以 EEM 为例,如图 7-9 所示,在微细粒子悬浮液中,使聚氨酯球加工头边回转边向工件表面接近,微细粒子以接近水平的角度与被加工材料碰撞,完成加工。微细粒子的作用区域十分微小 ($\phi 1 \sim \phi 2$mm),在接近材料表面处产生最大的切应力,既不使基体内的位错、

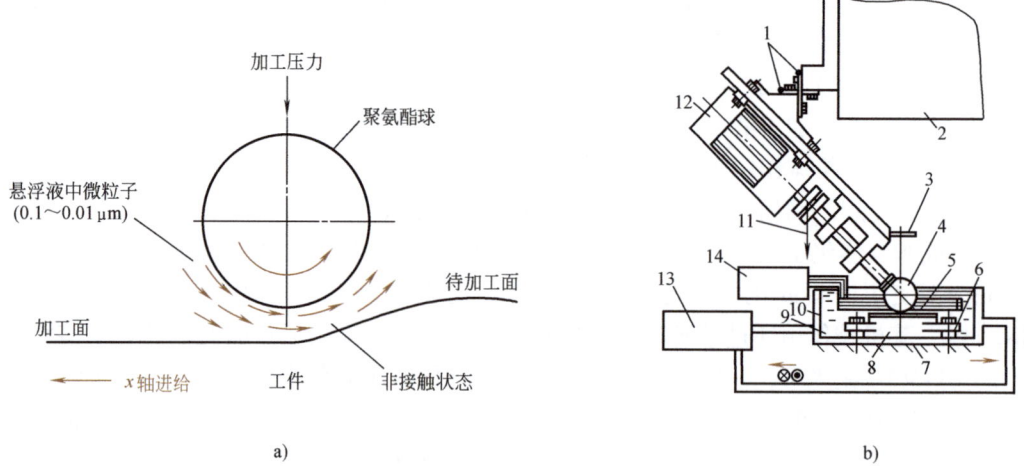

图 7-9 EEM 加工原理示意图
a) EEM 加工的磨粒运动　b) EEM 装置示意图
1—十字弹簧　2—数控主轴箱　3—加载杆　4—聚氨酯球　5—工件
6—垫块　7—数控工作台　8—夹具　9—抛光液和磨料　10—容器
11—重心位置　12—变速电动机　13—循环膜片泵　14—恒温系统

缺陷等发生移动（塑性变形），又能产生微量的弹性破坏来进行去除加工。如果对聚氨酯球的加工头和工作台采用数控装置，则能进行曲面加工。基于同样加工原理的还有振动式 EEM 法和送风循环式 EEM 法。

非接触抛光既可用于功能晶体材料抛光（注重结晶完整性和物理性能），也可用于光学零件的抛光（注重表面粗糙度及形状精度）。

三、界面反应抛光

过去，硬脆电子功能陶瓷材料的加工基本上是利用硬质磨粒的机械压入研磨盘、在工件表面挤压刻划作用为主的研磨和抛光。通常在工件表面留有加工变质层。为了消除加工变质层，一般采用化学抛光和电解抛光加工，但又会造成形状精度降低。因此，必须开发新的抛光法，以实现功能陶瓷的高精度、高质量抛光加工。

在工件与磨料的摩擦界面上的机械能一部分转化为热能，使界面真实接触部位处于高温高压状态，处于这种状态的界面是不稳定的，各物质之间很容易互相渗透，化合物很容易产生和分解。这种界面反应一般称为机械化学反应。如果将反应生成物控制在工件表层极小的深度内，因其加工单位很小，就可以在不伤及母材情况下使其脱落，可以获得一般机械加工绝对达不到的超精密表面。这就是一边反应生成易于去除的局部软质异物，一边进行加工的界面反应去除抛光方法。

可用于抛光加工的界面反应现象有机械化学固相反应和水合反应现象，相应的抛光方法称为化学机械抛光和水合抛光。界面反应抛光是目前功能陶瓷元器件基片精密加工的主要方法。此外，对蓝宝石、水晶、硅等都表明了使用这种新方法的可能性。

这些新方法与传统的抛光法相比在加工机理上是完全不同的。由于不必使用黏弹性抛光盘，因此加工的平面度得以提高。由于利用了化学反应，故所形成的加工变质层极小。

四、电、磁场辅助抛光

电场和磁场辅助抛光加工（Field-assisted Fine Finishing，FFF，或场致抛光）是通过控制电、磁场的强弱来控制磨粒对工件的作用力进行抛光的加工方法。磁场辅助抛光主要包括磁性磨粒加工、磁流体抛光和磁流变加工三种。磁性磨粒加工、磁流变加工将在下一节介绍。磁流体抛光有悬浮式和分离式两种，前者将磨粒混入磁流体中，通过磁流体在磁场作用下的"浮置"作用进行抛光；后者的磨料不混入磁流体中，而是利用磁流体向强磁场方向移动的特性，通过橡胶板等弹性体挤压磨料来对工件进行抛光。电场辅助抛光主要是指电泳抛光，它利用胶体粒子在电场作用下产生的电泳现象进行抛光。

第五节　曲面研磨抛光技术

研磨抛光还大量应用于曲面的最后精加工，各种光学透镜和反射镜最后的精加工一般都使用研磨抛光，以便能加工出 $Ra0.01\sim0.002\mu m$ 镜面。手工研磨抛光效率很低，且不易保证曲面的几何精度，国外已发展了多种精密曲面抛光机床。这类精密曲面抛光机床都有精密的在线测量系统，在机床上检测加工工件的几何精度，根据测出的误差继续进行抛光加工。加工出的曲面镜，不仅表面是优质的镜面，同时具有很高的几何精度。美国为加工大型光学反射镜专门研制了大型精密 6 轴数控抛光机。图 7-10 所示为日本 Canon 公司研制的一台大型数控精密抛光机。该抛光机的工作台可做 x 和 y 方向运动，并可旋转，抛光头可自动控制向下的加工量。工件在机床前部进行抛光加工后，可以移到机床后面，该处有精密测头，可以测量工件的几何形状精度。测头的 z 向垂直运动有空气导轨和光学测量系统，可保证其测量运动精度。机架和机座用低膨胀铸铁制造，整台机床由空气隔振垫支承，以防止振动。

近年来，出现的新的曲面研磨抛光方法有：磁性磨粒加工、磁流变加工、气囊抛光、应力盘抛光等几种。

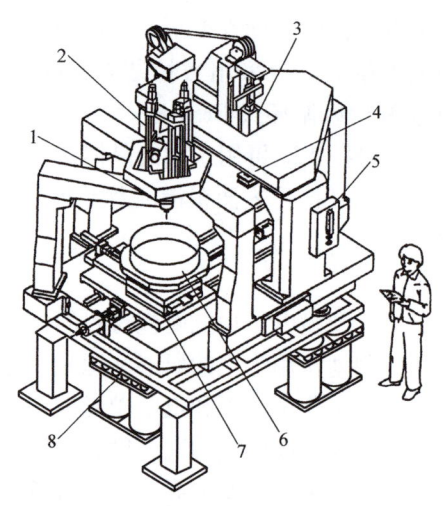

图 7-10 数控精密抛光机（Canon 公司）
1—抛光头 2—抛光头升降机构 3—z 向空气导轨
4—测头 5—z 向光学测量 6—工作台面
7—$xy\theta$ 工作台 8—空气隔振垫

一、磁性磨粒加工（Magnetic Abrasive Finishing，MAF）

磁性磨粒加工是利用磁性磨粒（由磨粒与磁性铁粉经混合、烧结再粉碎至一定粒度制成）对工件表面进行研磨抛光的加工方法。加工时在工件和磁极间充满磁性磨粒，如图 7-11 所示，磁性磨粒在磁场作用下沿磁力线形成"磁刷"，通过工件和磁极的相对运动完成加工。磁性磨粒加工的特点可概括如下：①可加工表面几乎不受工件几何外形限制，可研磨抛光平面、圆柱面、圆管内表面、外圆球面、复杂曲面、缩颈气瓶内表面（内圆球面）等多种型面；②对设备精度和刚度要求不高，没有传统精密设备的振动或颤动等问题；③磨粒与

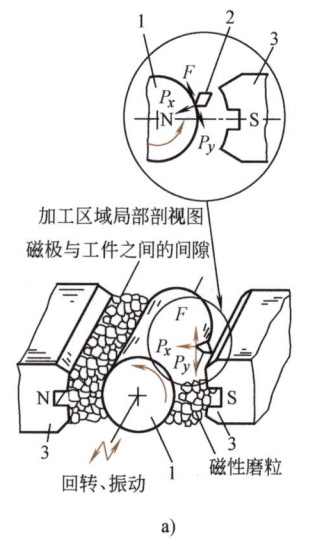

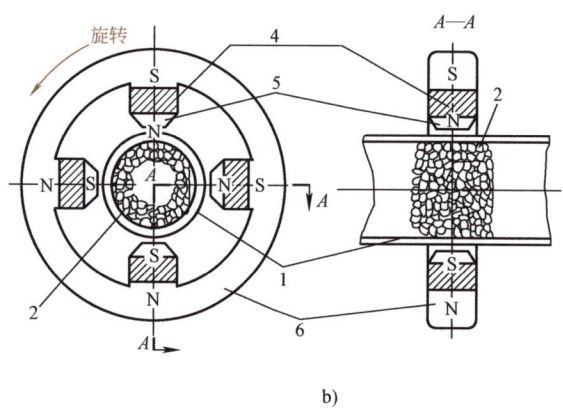

图 7-11 磁性磨粒加工原理图
a）加工圆柱面 b）加工圆管内表面
1—工件 2—磁性磨粒 3—磁极 4—固定磁铁 5—旋转磁铁 6—圆形轭

工件表面之间并非刚性接触,所以即使有少数大磨粒存在或工件表面偶然出现不均匀硬点,也不会因为切削阻力突然改变而划伤工件表面;④加工中磁性磨粒的切削刃不断更换,具有自锐功能;⑤加工压力可由励磁电流控制磁场强度决定,整个加工过程可做到全自动化;⑥可使工件表面产生残留压缩应力,提高工件的抗疲劳强度。但主要问题是,磁性磨粒的制备过程复杂,因而成本高昂,使该方法的应用受到一定限制。

二、磁流变加工 (Magnetorheological Finishing,MRF)

磁流变加工利用磁流变液(由磁性颗粒、基液和稳定剂组成的悬浮液)在磁场中的流变特性对工件进行研磨抛光加工。磁流变液的流变特性可以通过调节外加磁场强弱来控制。磁流变加工设备如图 7-12 所示。磁流变液由喷嘴喷洒在旋转的抛光轮上,磁极置于抛光轮的下方,在工件与抛光轮所形成的狭小空隙附近形成一个高梯度磁场。当抛光轮上的磁流变液被传送至工件与抛光轮形成的小空隙附近时,高梯度磁场使之凝聚、变硬,成为黏塑性的 Bingham 介质(类似于"固体",表观黏度系数增加两个数量级以上)。具有较高运动速度的 Bingham 介质通过狭小空隙时,在工件表面与之接触的区域产生很大的剪切力,从而使工件的表面材料被去除,而离开磁场区域的介质重新变成可流动的液体。

磁流变抛光方法可以认为是以磁流变抛光液在磁场作用下,在抛光区范围内形成的具有一定硬度的"小磨头"对工件进行抛光。"小磨头"的形状和硬度可以由磁场实时控制。磁流变抛光是一种柔性抛光方法,不产生亚表面损伤层,加工效率高,表面粗糙度值小,能够实现复杂表面的抛光加工;在其他工艺参数保持不变的条件下,通过控制磁场分布形状和加工区域的驻留时间,可以实现确定量抛光。

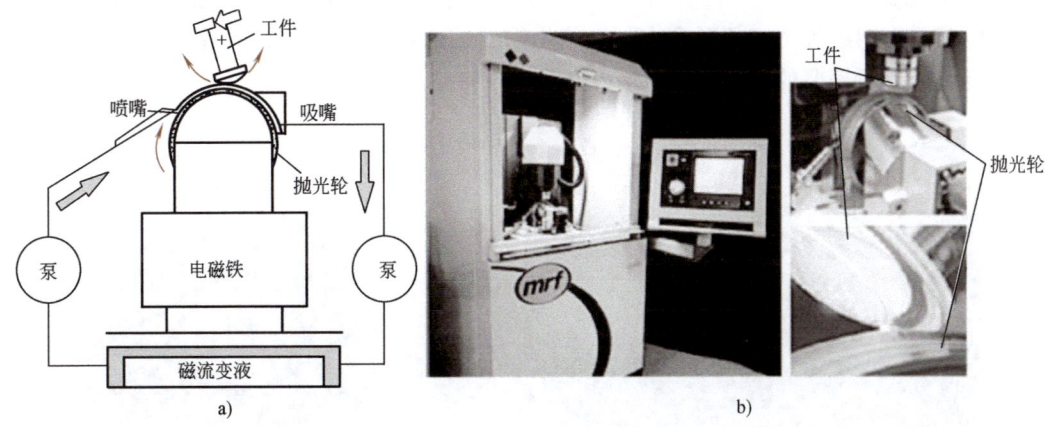

图 7-12 磁流变加工设备
a) 系统原理图 b) 加工装备图

三、气囊抛光 (Ballonet Tool Polishing)

近年来,精密光学镜片的抛光普遍采用计算机控制光学表面成形技术(Computer—Controlled Optical Surfacing,CCOS),其基本思想是利用一个比被加工元件小得多的抛光工具,根据光学表面面形检测的结果,由计算机控制加工参数和加工路径,从而完成加工。气囊抛光即此类技术中的一种,如图 7-13 所示。它使用的抛光工具是特制的柔性气囊,气囊的外形为球冠，外面粘贴专用的抛光模，如聚氨酯抛光垫、抛光布等。将其装于旋转的工作部件上，形成封闭的腔体，腔内充入低压气体，并可控制气体的压力。抛光头本身旋转形成抛光运动。工件可以旋转，并可做 x、y、z 向的数控联动。在工件为回转体表面时，工件旋转并做 x、z 向的数控联动；在工件为自由曲面时，工件不旋转而做 x、y、z 向的数控联动。为使抛光头气囊表面的抛光膜磨损均匀，在抛光时，抛光头做一定的摆动（但气囊球面的中心位置不变）。气囊抛光方法适合平面、球面、非球面，甚至自由曲面的抛光（质量控制）和修整（面形控制）。

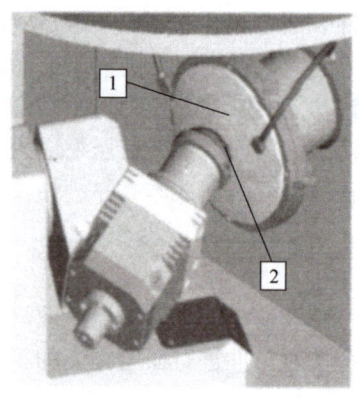

图 7-13　曲面的气囊抛光
1—气囊抛光头　2—工件

四、应力盘抛光（Stressed-lap Polishing）

生产中用的计算机控制小工具抛光技术的整个加工过程是一个闭环控制过程，对局部误差的修正非常有效，但加工非球曲面时容易产生局部的中高频残差（加工后的面形可以看成是要求面形与低、中、高频残差的叠加），对最终光学系统的质量产生影响。为此出现了应力盘抛光方法，该方法采用大尺寸弹性盘为工具基盘，在周边可变应力的作用下，盘的面形可以实时地变形成所需要的面形，与非球面工件的局部面形相吻合，进行研磨抛光加工。应力盘抛光技术具有优先去除表面最高点或部位的特点，具有平滑中高频差的趋势，可以很好地控制中高频差的出现，有效地提高加工效率。

应力盘面形控制的一种实现方式如图 7-14 所示，应力盘周围装有 12 个驱动器和连杆装置，12 个驱动器分为四组，每三个构成一组组成等边三角形分布，每个驱动器装有着力点和测力传感器，四组等边三角形合力可以产生需要的弯矩和转矩。在 12 个变力矩的作用下，应力盘能够产生所需要的变形。

图 7-14　应力盘抛光设备及应力盘实现方式
a）应力盘抛光外观图　b）应力盘结构图

 复习思考题

7-1 试述研磨加工的机理和特点。
7-2 试述抛光加工的机理和特点。
7-3 试述研磨、抛光时加工表面产生变质层的机理和减少变质层的办法。
7-4 精密研磨、抛光时主要工艺因素有哪些?
7-5 研磨精密平面时,应使用怎样的研磨机床和研具?应有怎样的研磨运动?
7-6 简述无损伤抛光方法。
7-7 简述弹性发射加工方法。
7-8 简述化学机械抛光。
7-9 简述电场和磁场辅助抛光方法的原理及其应用。
7-10 简述曲面研磨抛光方法、原理及适用范围。

第八章 微细加工技术

第一节 微细加工技术的出现

一、制造技术自身加工的极限

当今,现代制造技术的发展有两大趋势,一是向着自动化、柔性化、集成化、智能化等方向发展,使制造技术形成一个系统,进行设计、工艺和生产管理的集成,统称为制造系统自动化;二是寻求制造技术极小尺度、极大尺度和极端功能的极限,而微细加工技术是指制造微小尺寸零件的加工技术。

精密加工和微细加工是有着密切联系的,它们都是现代制造技术的前沿,微细加工是属于精密加工范畴内的。现代制造技术的发展很快,不仅出现了微细加工技术,而且出现了超微细加工技术。当前,可以认为微细加工主要指1mm以下的微细尺寸零件,加工精度为 0.01~0.001mm 的加工,即微细度为 0.1mm 级的亚毫米级的微细零件加工;而超微细加工主要指 $1\mu m$ 以下的超微细尺寸零件,加工精度为 $0.1~0.01\mu m$ 的加工,即微细度为 $0.1\mu m$ 级的亚微米级的超微细零件加工。今后的发展是要进行微细度为 1nm 以下的毫微米(纳米)级的超微细加工。

二、微细加工出现的历史背景

1. 精密机械仪器仪表零件的微细加工

科学技术的发展使设备不断趋于微型化,以适应工业、国防和社会生活的需要。现代的钟表、计量仪器、医疗器械、液压、气压元件、陀螺仪、光学仪器、家用电器等都在力求缩小体积、减轻重量、降低功耗、提高稳定性。特别是航空航天事业的发展,宇航工业的崛起,对许多设备、装置提出了微型化的要求,因此出现了许多微小尺寸零件的加工。例如,红宝石(微孔)轴承、微型齿轮、微型轴、金刚石针、微型非球面透镜、金刚石压头、金刚石车刀、微型钻头等都需要用微细加工方法来制造,微细加工越来越得到广泛应用。

现代科学技术的发展,已经形成了一门新兴的学科,即微小机械学,利用微细加工所制造的微小机械,已用于医疗、生物工程中,有着广阔的应用前景。图 8-1 所示为放大了 600 倍的利用微细加工手段所制造的微型电动机,其轴径为 0.1mm,利用静电回转,转速为 1200r/min。图 8-2 为放大了 300 倍的微型齿轮,其外径为 $125\mu m$。典型的微小机械有微型电动机、微型泵、各种微型传感器等，可用于测量血压、血液中的 pH 值等。

图 8-1 微型电动机

图 8-2 微型齿轮

2. 电子设备微型化和集成化的需求

计算机技术、微电子技术和航空航天等技术的发展，对电子设备微型化和集成化的需求越来越高。同时，各种电子设备已广泛在工业、农业、交通运输、国防以及家庭等各个方面使用，其功能日益完善，结构越来越复杂，要求体积小、重量轻、成本低、可靠性高，这只有通过微型化和集成化才能实现。

电子设备微型化和集成化的关键技术之一是微细加工。微细加工不仅包含了传统的机械加工方法，而且包含了许多特种加工方法，如电子束加工、离子束加工、化学加工、光刻等；同时加工的概念不仅包含分离加工，而且包括了结合加工和变形加工等。

3. 集成电路的制作技术

集成电路是电子设备微型化和集成化中的重要元件，微细加工技术的出现和发展与集成电路有密切关系，许多微细加工方法是在集成电路需求的基础上提出的，微细加工名称的提出也是与此有关的。

第二节 微细加工的概念及其特点

一、微细加工的概念

微细加工技术是指制造微小尺寸（尺度）零件的生产加工技术。从广义的角度来说，微细加工包含了各种传统精密加工方法和与传统精密加工方法完全不同的新方法，如切削加工、磨料加工、电火花加工、电解加工、化学加工、超声波加工、微波加工、等离子体加工、外延生长、激光加工、电子束加工、离子束加工、光刻加工、电铸加工等。从狭义的角度来说，微细加工主要是指半导体集成电路制造技术，因为微细加工和超微细加工是在半导体集成电路制造技术的基础上形成并发展的，它们是大规模集成电路和计算机技术的技术基础，是信息时代、微电子时代、光电子时代的关键技术之一。因此，其加工方法多偏重于指集成电路制造中的一些工艺，如化学气相沉积、热氧化、光刻、离子束溅射、真空蒸镀以及整体微细加工技术。整体微细加工技术是指用各种微细加工方法在集成电路基片上制造出各种微型运动机械，即微型机械和微型机电系统。

微小尺寸加工和一般尺寸加工是不同的，其不同点主要表现在以下几方面。

1. 精度的表示方法

一般尺寸加工时，精度是用其加工误差与加工尺寸的比值（即精度比率）来表示的，如现行的公差标准中，公差单位是计算标准公差的基本单位，它是公称尺寸的函数，公称尺寸越大，公差单位也越大，因此，属于同一公差等级的公差，对不同的公称尺寸，其数值就不同，但认为具有同等的精确程度，所以公差等级就是确定尺寸精确程度的等级。

在微细加工时，由于加工尺寸很小，精度就必须用尺寸的绝对值来表示，即用去除的一块材料的大小来表示，从而引入加工单位尺寸（简称加工单位）的概念，加工单位就是去除的一块材料的大小。所以，当微细加工 0.01mm 尺寸零件时，必须采用微米加工单位进行加工；当微细加工微米尺寸零件时，必须采用亚微米加工单位来进行加工，现今的超微细加工已采用纳米加工单位。

2. 微观机理

以切削加工为例，从工件的角度来看，一般尺寸加工和微细加工的最大差别是切屑大小不同。一般加工时，由于工件较大，允许的背吃刀量就比较大。在微细加工时，从强度和刚度上都不允许有大的背吃刀量，因此切屑很小。当背吃刀量小于材料晶粒直径时，切削就得在晶粒内进行，这时晶粒就作为一个一个的不连续体来进行切削。一般金属材料由微细的晶粒组成，晶粒直径为数微米到数百微米。一般切削时，背吃刀量较大，可以忽视晶粒本身大小而作为一个连续体来看待，可见一般加工和微细加工的微观机理是不同的。

3. 加工特征

一般加工时多以尺寸、形状、位置精度为加工特征，在精密加工和超精密加工时也是如此，所采用的加工方法偏重于能够形成工件的一定形状和尺寸。微细加工和超微细加工却以分离或结合原子、分子为加工对象，以电子束、离子束、激光束三束加工为基础，采用沉积、刻蚀、溅射、蒸镀等手段进行各种处理。这是因为它们各自所加工的对象不同。

二、微细加工的特点

随着半导体器件、金属印制电路、微型机械、光通信和集成电路技术的发展，对更加精细图形和更高精度尺寸、形状的加工要求越加强烈，使微细加工和超微细加工不断发展，成为精密加工领域中一个极重要的关键技术，当前有如下几个特点。

1. 微细加工和超微细加工是一个多学科的制造系统工程

微细加工和超微细加工与精密加工和超精密加工一样，已不再是一种孤立的加工方法和单纯的工艺过程，它涉及超微量分离、结合技术，高质量的材料，高稳定性和高净化的加工环境，高精度的计量测试技术以及高可靠性的工况监控和质量控制等。

2. 微细加工和超微细加工是一门多学科的综合高新技术

微细加工和超微细加工技术的涉及面极广，其加工方法包括分离、结合、变形三大类，遍及传统加工工艺和非传统加工工艺范围。

3. 平面工艺是微细加工的工艺基础

平面工艺是制作半导体基片、电子元件和电子线路及其连线、封装等一整套制造工艺技术，它主要围绕集成电路的制作，现正在发展立体工艺技术，如光刻-电铸-模铸复合成形技术（LIGA）等。

4. 微细加工和超微细加工与自动化技术联系紧密

为了保证加工质量及其稳定性，必须采用自动化技术来进行加工。

5. 微细加工技术和精密加工技术的互补

微细加工属于精密加工范畴，但其自身特点十分显著，两者相互渗透，相互补充。

6. 微细加工检测一体化

微细加工的检验、测试的配置十分重要，没有相应的检验、测试手段是不行的，在位检测和在线检测的研究是非常必要的。

第三节 微细加工机理

微细切削时，为保证工件尺寸精度要求，其最后一次的表面切除层厚度必须小于尺寸精度值。同时，由于工件尺寸小，从材料的强度和刚度上考虑，切屑必须很小，因此背吃刀量可能小于材料的晶粒大小，切削就在晶粒内进行，这时称为微切削去除。

一、切削厚度与材料剪切应力的关系

在微切削时，切削往往在晶粒内进行，因此，切削力一定要超过晶体内部的分子、原子结合力，其单位面积的切削阻力（N/mm^2）将急剧增大，这样一来，切削刃上所承受的剪切应力就急速地增加并变得非常大，从而在单位面积上会产生很大的热量，使切削刃尖端局部区域的温度极高，因此要求采用耐热性高、高温硬度高、耐磨性强、高温强度好的切削刃材料，即超高硬度材料，最常用的是金刚石等。

二、材料缺陷分布对其破坏方式的影响

材料微观缺陷分布或材质不均匀性，可以归纳为以下几种情况：

(1) 晶格原子（$\leqslant 10^{-6}$mm） 在晶格原子空间的破坏就是把原子一个一个地去除。

(2) 空位和填隙原子（$10^{-6} \sim 10^{-4}$mm） 在晶粒结构中存在着空位和填隙原子是点缺陷。点缺陷空间的破坏就是以点缺陷为起点来增加晶格缺陷的破坏。晶体中存在的杂质原子也是一种点缺陷。

(3) 晶格位移和微裂纹（$10^{-4} \sim 10^{-2}$mm） 晶格位移和微裂纹是位错缺陷，它在晶体中呈连续的线状分布，故又称为线缺陷。位错就是有一列或若干列原子发生了有规律的错排现象。位错缺陷空间的破坏是通过位错线的滑移或微裂纹引起晶体内的滑移变形。在晶体内部，一般情况下大约$1\mu m$的间隔内就有一个位错缺陷。

(4) 晶界、空隙和裂纹（$10^{-2} \sim 1$mm） 它们的破坏是以面缺陷为基础的晶粒间破坏。

(5) 缺口（1mm以上） 缺口空间的破坏是由于拉应力集中而引起的破坏，也是一种面缺陷。

在微切削时，当应力作用的区域在某个缺陷空间范围内，则将以与该区域相应的破坏方式而破坏。各种破坏方式所需的加工能量也是不同的。图8-3为材料微观缺陷分布的情况。表8-1列出了典型微细去除加工时材料各种微观缺陷空间破坏的加工能量。加工能量可用临

界加工能量密度 δ（J/cm^3）表示，它是当应力超过材料弹性极限时，在去除相应的空间内，由于材料微观缺陷而产生破坏的加工能量密度。加工能量还可用单位体积切削能量 ω（J/cm^3）表示，它是指在产生该加工单位切屑时，消耗在单位体积上的加工能量。在以原子、分子为加工单位的情况下，通常可把两者看成是相等的。以原子、分子为加工单位时的微细加工就是把原子、分子一个一个地去除，这时不管用什么加工方法，其所需临界加工能量密度相当

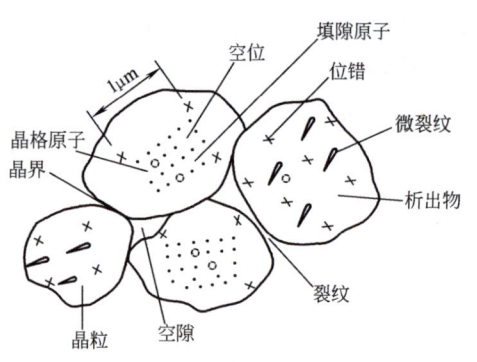

图 8-3 材料微观缺陷分布

于材料的结合能量与活化能量的总和，大致相等。但对于蒸发和溅射去除，尚需加上一定的动能，故其加工能量要多一个数量级。

表 8-1 临界加工能量密度　　　　　　　　　　　　　　　　　　　　（单位：J/cm^3）

加工单位/mm 加工机理	材料微观缺陷	10^{-7}	10^{-6}	10^{-4}	10^{-2}	1
		晶格原子	空位和填隙原子	晶格位移和微裂纹	晶界、空隙和裂纹	
化学分解、电解		$10^4 \sim 10^3$				
脆性破坏				$10^4 \sim 10^2$		
塑性变形（微量切削、抛光）					$10^3 \sim 1$	
熔化去除		$10^4 \sim 10^3$				
蒸发去除		$10^5 \sim 10^4$				
离子溅射去除、电子刻蚀去除		$10^5 \sim 10^4$				

三、各种微细加工方法的加工机理

微细加工的方法很多，方法不同，加工机理各异。

要进行微细度为微米级的微细加工，就需要用比它小一个数量级的尺寸作为加工单位，即要用加工单位为 0.1mm 的微细加工方法来加工。要进行微细度为纳米级的超微细加工，就需要用比它小一个数量级的尺寸作为加工单位，即要用加工单位为 0.1nm 的微细加工方法来进行加工。显然，这就是原子、分子加工单位的微细加工方法。表 8-2 列出了多种加工方法的机理，有分解、蒸发、扩散、溅射、沉积、注入等。从加工机理来看，微细加工可分为分离、结合、变形三大类。分离加工又称去除加工，其机理是从工件上去除一块材料，可以用分解、蒸发、扩散、切削等手段分离。结合加工又可称为附着加工，其机理是在工件表面上附加一层别的材料。如果这层材料与工件基体材料不发生物理化学作用，只是覆盖在上面，就称为附着，也可称为弱结合，典型的加工方法是电镀、蒸镀等。如果这层材料与工件基体材料发生化学作用，生成新的物质层，则称为结合，也可称为强结合，典型的加工方法有氧化、渗碳等。变形加工又可称为流动加工，其机理是通过材料流动使工件产生变形，其特点是不产生切屑，典型的加工方法是压延、拉拔、挤压等。长期以来，对变形加工的概念停留在大型、低精度的认识上，实际上微细变形加工可以加工极薄（板厚为几微米）或极

细（丝径为几微米）的成品材料。

表 8-2 各种微细加工方法的加工机理

加工机理		加工方法
分离加工 （去除加工）	化学分解（气体、液体、固体） 电解（液体） 蒸发（真空、气体） 扩散（固体） 熔化（液体） 溅射（真空）	刻蚀（光刻）、化学抛光、软质粒子机械化学抛光 电解加工、电解抛光 电子束加工、激光加工、热射线加工 扩散去除加工 熔化去除加工 离子束溅射去除加工、等离子体加工
结合加工 （附着加工）	化学附着 化学结合 电化学附着 电化学结合 热附着 扩散结合 熔化结合 物理附着 注入	化学镀、气相镀 氧化、氮化 电镀、电铸 阳极氧化 蒸镀（真空蒸镀）、晶体生长、分子束外延 烧结、掺杂、渗碳 浸镀、熔化镀 溅射沉积、离子沉积（离子镀） 离子溅射注入加工
变形加工 （流动加工）	热表面流动 黏滞性流动 摩擦流动	热流动加工（气体火焰、高频电流、热射线、电子束、激光） 液体、气体流动加工（压铸、挤压、喷射、浇注） 微粒子流动加工

第四节　微细加工方法

一、微细加工方法分类

微细加工方法和精密加工方法一样，可以分为切削加工、磨料加工、特种加工和复合加工四类，而且从方法上来说，微细加工和精密加工有许多方法是共同的，没有什么分别，例如金刚石刀具切削，在精密加工中为金刚石刀具精密切削或超精密切削，在微细加工中则为金刚石刀具微细切削或超微细切削。同一加工方法，既是精密加工方法，也是微细加工方法，即既可以用于精密加工中，也可以用于微细加工中。当然，有一些加工方法主要用于微细加工中，如光刻、镀膜、注入等。表 8-3 列出了一些常用的微细加工方法。对于微细加工，由于加工对象与集成电路关系密切，故采用分离加工、结合加工、变形加工这样从机理来分类较好。

对于分离加工，与精密加工相同，又分为切削加工、磨料加工（分固结磨料和游离磨料）、特种加工和复合加工。

对于结合加工，又可分为附着、注入、接合三类。附着指附加一层材料；注入指表层经处理后产生物理、化学、力学性质变化，可统称为表面改性，或材料化学成分改变，或金相组织变化；接合指焊接、粘接等。

表8-3 常用微细加工方法

分类	加工方法	精度/μm	表面粗糙度 Ra/μm	可加工材料	应用范围
分离加工	切削加工 等离子体切割			各种材料	熔断钼、钨等高熔点材料，合金钢，硬质合金
	微细切削	1~0.1	0.05~0.008	有色金属及其合金	球、磁盘、反射镜，多面棱体
	微细钻削	20~10	0.2	低碳钢、铜、铝	钟表底板，油泵喷嘴，化纤喷丝头，印制电路板
	磨料加工 微细磨削	5~0.5	0.05~0.008	黑色金属、硬脆材料	集成电路基片的切割，外圆、平面磨削
	研磨	1~0.1	0.025~0.008	金属、半导体、玻璃	平面、孔、外圆加工，硅片基片
	抛光	1~0.1	0.025~0.008	金属、半导体、玻璃	平面、孔、外圆加工，硅片基片
	砂带研抛	1~0.1	0.01~0.008	金属、非金属	平面、外圆
	弹性发射加工	0.1~0.01	0.025~0.008	金属、非金属	硅片基片
	喷射加工	5	0.05~0.02	金属、玻璃、石英、橡胶	刻槽、切断、图案成形、破碎
	特种加工 电火花成形加工	50~1	2.5~0.02	导电金属、非金属	孔、沟槽、狭缝、方孔、型腔
	电火花线切割加工	20~3	2.5~0.16	导电金属	切断、切槽
	电解加工	100~3	1.25~0.06	金属、非金属	模具型腔、打孔、套孔、切槽、成形、去毛刺
	超声波加工	30~5	2.5~0.04	硬脆金属、非金属	刻模、落料、切片、打孔、刻槽
	微波加工	10	6.3~0.12	绝缘材料、半导体	在玻璃、石英、红宝石、陶瓷、金刚石等上打孔
	电子束加工	10~1	6.3~0.12	各种材料	打孔、切割、光刻
	离子束去除加工	0.1~0.001	0.02~0.001	各种材料	成形表面、刃磨、割蚀
	激光去除加工	10~1	6.3~0.12	各种材料	打孔、切断、划线
	光刻加工	0.1	2.5~0.2	金属、非金属、半导体	刻线、图案成形
	复合加工 电解磨削	20~1	0.08~0.01	各种材料	刃磨、成形、平面、内圆
	电解抛光	10~1	0.05~0.008	金属、半导体	平面、外圆孔、型面、细金属丝、槽
	化学抛光	0.01	0.01	金属、半导体	平面
结合加工	附着加工 蒸镀			金属	镀膜、半导体器件
	分子束镀膜			金属	镀膜、半导体器件
	分子束外延生长			金属	半导体器件
	离子束镀膜			金属、非金属	干式镀膜、半导体器件、刀具、工具、表壳
	电镀（电化学镀）			金属	电铸型、图案成形、印制电路板
	电铸			金属	喷丝板、栅网、网刃、钟表零件
	喷镀			金属、非金属	图案成形、表面改性
	注入加工 离子束注入			金属、非金属	半导体掺杂
	氧化、阳极氧化			金属	绝缘层
	扩散			金属、半导体	掺杂、渗碳、表面改性
	激光表面处理			金属	表面改性、表面热处理
	接合加工 电子束焊接			金属	难熔金属、化学性能活泼金属
	超声波焊接			金属	集成电路引线
	激光焊接			金属、非金属	钟表零件、电子零件
变形加工	压力加工			金属	板、丝的压延、精冲、拉拔、挤压，波导管
	铸造（精铸、压铸）			金属、非金属	衍射光栅 集成电路封装，引线

对于变形加工，主要指利用气体火焰、高频电流、热射线、电子束、激光、液流、气流和微粒子流等的力、热作用使材料产生变形而成形，是一种很有前途的微细加工方法。

二、微细加工的基础技术

从上述微细加工的分类中可以看出，许多加工方法都与电子束、离子束、激光束（统称为三束）加工有关，它们是微细加工的基础，现分别阐述其原理和方法。

1. 电子束加工

（1）电子束的热效应及其加工　电子束加工是利用电子束的高能量密度进行钻孔、切槽、光刻等工作。电子是一个非常小的粒子（半径为 2.8×10^{-12} mm），质量很小（9×10^{-29} g），但其能量很高，可达几百万电子伏（eV）。电子束可以聚焦到直径为 $1 \sim 2\mu m$，因此有很高的能量密度，可达 $10^9 W/cm^2$。高速高能量密度的电子束冲击到工件材料上时，在几分之一微秒的瞬时，入射电子与原子相互作用（碰撞），在发生能量转换的同时，有些电子向材料内部深入，有些电子发生弹性碰撞被反射出去，成为反射电子。在电子与原子的碰撞中，使原子振动产生发热现象，虽然还产生二次电子、荧光、X 射线等，占用了一部分能量，但可以认为几乎所有的能量都变成了热能。由于电子束的能量密度高、作用时间短，所以其产生的热量来不及传导扩散就将工件被冲击部分局部熔化、汽化、蒸发成为雾状粒子而飞散，这就是电子束的热效应。电子束加工主要就是靠电子束的热效应现象。高能电子束具有很强的穿透能力，穿透深度为几微米甚至几十微米，如工作电压为 50kV 时，加工铝的穿透深度为 $10\mu m$，而且以热的形式传输到相当大的区域。电子束的加工过程可用图 8-4 所示模型来说明。

电子束照射在工件表面上的功率密度 q 有如下关系

$$q = UI/(\pi r)^2 \tag{8-1}$$

式中　q——功率密度（W/cm^2）；
　　　U——工作电压（V）；
　　　I——电流（A）；
　　　r——电子束斑半径（cm）。

例如，设 $U = 150kV$，$I = 10mA$，$r = 0.01cm$，则电子束照射在工件表面的功率密度 q 约为 $5 \times 10^6 W/cm^2$，足以使任何材料汽化和蒸发，如钨的熔化温度高达 3410℃，汽化所需功率密度仅为 $0.1 \times 10^6 W/cm^2$，可见电子束的能量是非常高的。

利用电子束的热效应可进行钻孔、切槽、焊接、淬火等工作。要说明电子束的这些加工方法，就必须分析在照射时材料表面的温度分布，如图 8-5b 所示。设工件为半无限大物体，热学常数为定值，在电子束连续照射无限长时，其中心部分达到热平衡温度，称饱和温度

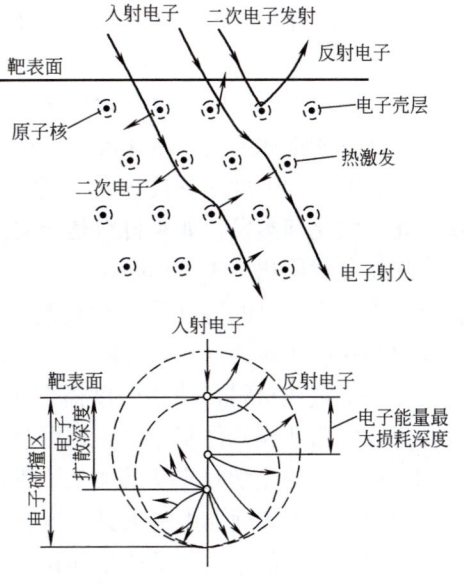

图 8-4　电子束加工过程模型

θ_0,其关系式为

$$\theta_0 = \phi / (\pi \lambda r) \tag{8-2}$$

式中 θ_0——饱和温度(℃);
ϕ——电子束输入热流量(W);
λ——材料热导率[W/(m·K)];
r——电子束斑半径(m)。

上式中,λ 的温度单位表示温度差和温度间隔,故1K =1℃。

从温度分布图 8-5 中可以看出,经过 t_c 时间后,工件被照中心部分的温度将上升到饱和温度的 0.84,而在离中心两倍束斑半径的地方,温度上升很少,只有饱和温度的 0.08,这样就可以做到只使电子束照射区(2r)蒸发,而其他地方保持较低的温度。时间 t_c 称为基准时间,其关系式为

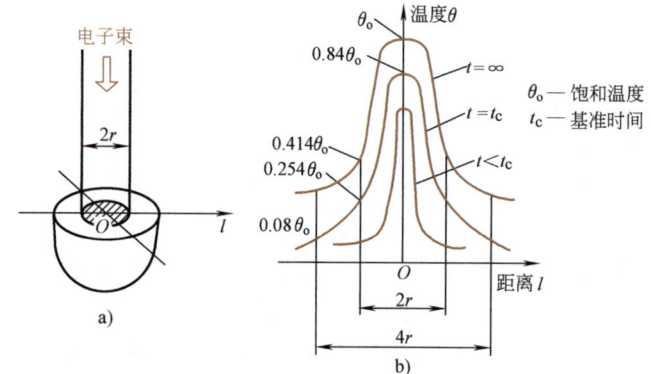

图 8-5 电子束照射下材料表面的温度分布
a)工件模型 b)温度分布

$$t_c = \pi r^2 \rho c / \lambda \tag{8-3}$$

式中 t_c——电子束照射基准时间(s);
ρ——材料密度(kg/m³);
c——材料比热容[J/(kg·K)],该单位可转换为 W·s/(kg·K)。

电子束加工所需的功率密度和照射基准时间与工件材料有关,如设电子束斑半径为 0.01cm,则加工铜时要求功率密度为 $1.4 \times 10^6 \text{W/cm}^2$,照射基准时间为 0.3ms;加工玻璃时要求功率密度为 $3.6 \times 10^6 \text{W/cm}^2$,照射基准时间为 0.55ms。

图 8-6 表示了利用电子束热效应进行的各种加工。图 8-6a 是在低功率密度照射时,电子束中心部分的饱和温度在熔化温度附近,这时蒸发缓慢且熔化坑较大,可用作电子束熔凝处理,提高表面的硬度和强度,是一种表面改性技术。图 8-6b 是用中等功率密度照射时,出现熔化、汽化和蒸发,如果材料是透明的,可以看到一些气泡状的东西,这些气泡在照射完后会保持原状固化。中等功率密度照射可用于电子束焊接。图 8-6c 是用高功率密度照射时,电子束中心部分的饱和温度远远超过蒸发温度,由于气泡内的压力大于熔化层表面张力,使材料从电子束的入口处排除出去,并有效地向深度方向加工,这就是电子束打孔的情况,对于一般金属材料,功率密度需要 $10^6 \sim 10^9 \text{W/cm}^2$。高功率密度电子束除打孔、切槽外,在集成电路薄膜元件制作中,利用蒸发可获得高纯度的沉积薄膜。

(2)电子束的化学效应及其加工 用功率密度相当低的电子束照射高分子材料时,即使几乎不会引起材料表面温度的上升,也会由于入射电子和高分子相碰使其分子链切断或重新聚合,从而使材料的相对分子质量和化学性质产生变化,这就是电子束的化学效应。利用这一效应可进行电子束光刻。

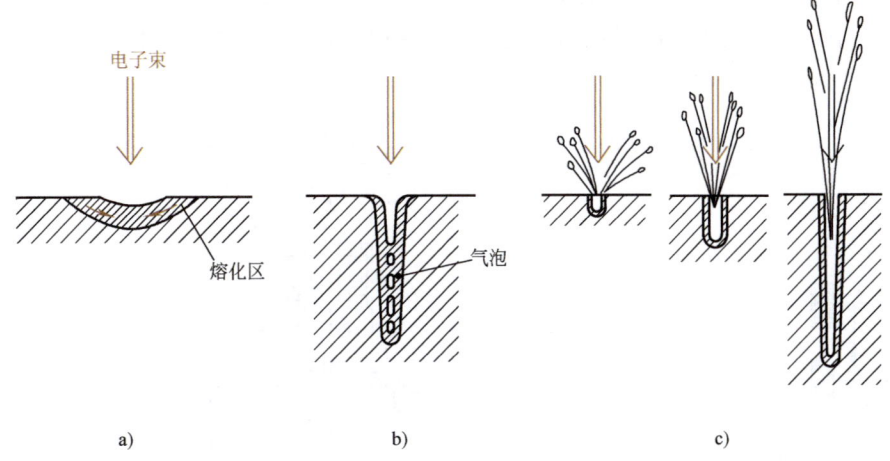

图 8-6　利用电子束热效应的加工

a) 低功率密度照射　b) 中等功率密度照射　c) 高功率密度照射

在电子束光刻中，电子束主要用来曝光。它有两种方式，一种为电子束扫描曝光，另一种是电子束投影曝光。

1) 电子束扫描曝光。它是利用图形发生器，将聚焦在 1μm 以内的电子束在 0.5~5mm 的范围内自由扫描，在光致抗蚀剂上绘制图形。这种方法称为"写图"，它主要用于掩膜或基片的图形制作。常用的光致抗蚀剂有聚甲基丙烯酸甲酯（PMMA），当加速电压为 20kV 的电子束以电通密度为 $10^{-8}C/cm^2$ 的剂量照射到厚度为 0.3~1μm 的聚甲基丙烯酸甲酯胶上时，胶中相对分子质量为 10 万的大分子就会被切割成相对分子质量为原来的 1/20 左右的分子。由于照射处和未照射处的相对分子质量不同，因此按规定图形扫描曝光，就在光致抗蚀剂涂层上产生潜像。选择合适的显影液，由于相对分子质量不同而溶解速度不一样，潜像就会显示出来。由于分子的体积很小，故能在上述光致抗蚀剂上制成最小尺寸为 0.1~1μm 的图形，质量、效率均很高。图 8-7 为较常用的电子束扫描曝光系统的框图。除电子束的基本系统外，还有测定工件位置的激光系统、扫描用的数-模转换系统和束流位置的对准系统等。

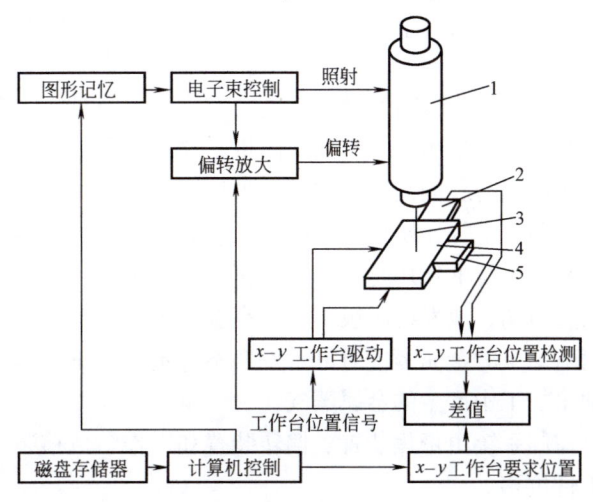

图 8-7　电子束扫描曝光系统框图

1—电子束头　2—y 向激光干涉仪　3—电子束
4—工作台　5—x 向激光干涉仪

2) 电子束投影曝光。它是利用电子束作为光源，使它通过原版，再以 1/10~1/5 的比例缩小投影到光致抗蚀剂上进行图形的曝光。这种方法的原理是缩小投影复印，故又称为电子束复印。其优点是图形精度高（图形分辨力可达 0.5μm）、速度快、生产率高、成本低，可在基片或掩膜上复印。图 8-8 表示了一种缩小投影型电子曝光装置。

(3) 电子束加工装置　电子束加工装置主要由电子枪系统、真空系统、控制系统和电源系统等组成，如图 8-9 所示。

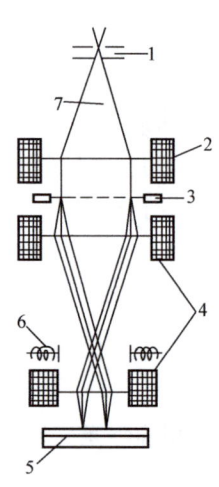

图 8-8　缩小投影型电子曝光装置
1—电子枪　2—照射透镜　3—掩膜版
4—缩小投影透镜　5—工件
6—位置对准　7—电子束

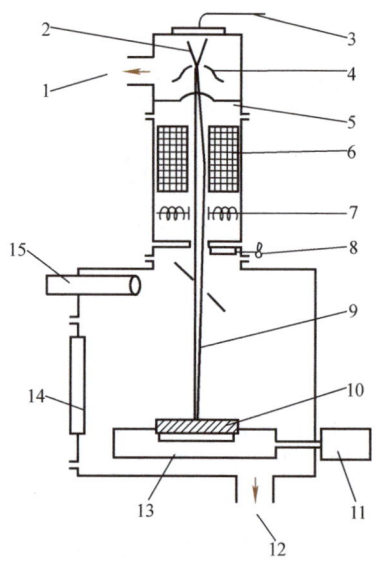

图 8-9　电子束加工装置
1、12—抽真空　2—阴极　3—加速电压　4—控制栅极　5—加速阳极
6—束流聚焦控制线圈　7—束流位置控制　8—更换工件时用的
截止阀　9—电子束　10—工件　11—驱动电动机
13—移动工作台　14—工件更换盖及观察窗　15—观察镜

电子枪用来发射高速电子流，它在真空条件下，利用电流加热阴极 2 发射电子束，经控制栅极 4 初步聚焦后，由加速阳极 5 加速。阴极可用纯钨、钨钽、硼化镧等材料制成。控制栅极为中间有孔的圆筒，在其上加比阴极较负的偏压，起束流强度控制和初步聚焦的作用。在加速阳极上加比阴极为正的高压，起吸引和加速电子流的作用。

真空系统的作用是抽真空，真空度为 $1.33 \times (10^{-2} \sim 10^{-4})$ Pa，因为在真空中电子才能高速运动，故发射阴极不会在高温下被氧化，同时也防止被加工表面和金属蒸气氧化。为了消除加工时金属蒸气对电子发射不稳定的影响，电子束加工多采用开式真空系统，即不断地抽出加工中产生的金属蒸气。

控制系统由聚焦装置、偏转装置和工作台位移装置等组成，控制电子束束径大小、方向和工件位移。

电源系统提供稳压电源、各种控制电压及加速电压。

(4) 电子束加工的特点及其应用　电子束加工与其他加工方法相比，有许多特点。

1) 束径小、能量密度高。电子束能够极其微细地聚焦，束径可达 $100 \sim 0.01 \mu m$ 范围。同时，最小束径的电子束长度可达其束径的几十倍，故能适于深孔加工。

2) 被加工对象范围广。电子束加工靠热效应和化学效应，热影响范围可以很小，又是在真空中进行，加工处化学纯度高，故适于加工各种硬、脆、韧性金属和非金属材料、热敏材料、易氧化金属及合金、高纯度半导体材料等。由于在加工时工件上很少产生应力和变形,故适于加工易变形零件。

3)加工速度快、效率高。

4)控制性能好,易于实现自动化。可通过磁场或电场对电子束的强度、束径、位置进行迅速、准确的控制,且自动化程度高。易于加工图形、圆孔、异形孔、盲孔、锥孔、弯孔及狭缝等。

电子束加工的应用范围很广,可用于打各种孔、切槽、焊接、光刻、表面改性等。它既是一种精密加工方法,又是一种重要的微细加工方法。近年来,出现了多脉冲电子束照射等技术,使电子束加工有了更进一步的发展。

2. 离子束加工

(1)离子束的力效应及其溅射现象　离子束加工是在真空条件下,将氩(Ar)、氪(Kr)、氙(Xe)等惰性气体通过离子源产生离子束,经加速、集束、聚焦后,射到被加工表面上以实现各种加工的方法。

原子由原子核和围绕原子核运动的各层轨道上的电子组成,呈中性。原子电离后成为离子,失去外层电子的原子变成带正电荷的正(阳)离子,获得多余电子的原子变成带负电荷的负(阴)离子。可见离子的重量远远大于电子的质量,如一个氩离子的质量是电子重量的7.2万倍,离子在电场中的加速过程比电子慢,速度也较低,但一旦加速后,具有远远高于电子的动能,高达10keV量级,因此离子束加工是通过弹性碰撞,轰击工件表面,其穿透能力很强。一个具有1keV能量的离子,其穿透深度通过电子衍射条纹估算为5μm。加工时被加工表面层不产生热量,不引起机械应力和损伤。因此离子束加工是通过其力效应来进行的,与电子束加工有所不同。

质量大、动能高的离子冲击工件表面时,将产生弹性碰撞,将能量传递给工件材料的原子、分子,其中一部分能量使原子、分子产生溅射,被抛出工件表面,这称为离子束溅射现象,其余能量将转变为材料晶格的振动。

离子碰撞过程可用图8-10所示的模型来说明,有以下几种情况:

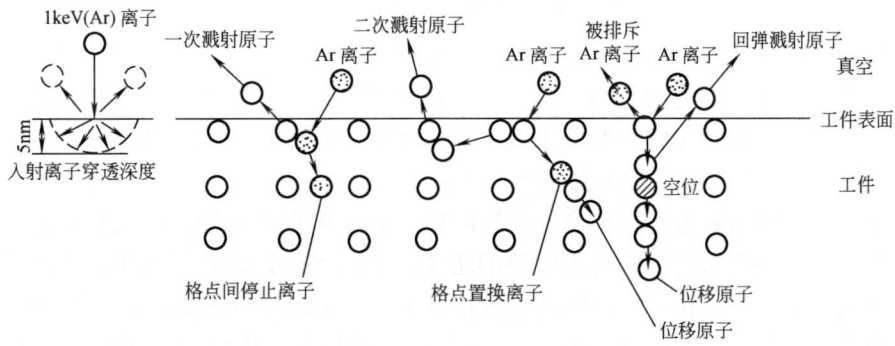

图8-10　离子碰撞过程模型

1)一次溅射。由离子直接碰撞工件表面层材料中的原(分)子,使该原(分)子分离出工件表面。

2)二次溅射。由离子碰撞材料中的原(分)子,这个原(分)子又去碰撞别的原(分)子,而使后来被撞的原(分)子分离出工件表面。

3)回弹溅射。有些受到离子碰撞的原(分)子,又去碰撞别的原(分)子,但自己却被反弹出工件表面外。这种情况是反向溅射或背散射。

4)排斥离子。有些离子在碰撞原(分)子时,自己反被弹出工件表面外,成为被排斥的离子。可见这种情况下没有溅射去除作用。

5)置换离子。离子撞击工件表面时被留于表面层材料中,成为置换离子。这种情况也无溅射去除作用。

现以最简单的直线弹性碰撞为例,在一次碰撞中所传递的动能可用下式表示,即

$$E = 4E_0 m_0 m / (m_0 + m)^2 \quad (8-4)$$

式中 E——传递给原(分)子的能量(eV);

E_0——入射离子能量(eV);

m_0——入射离子质量(u);

m——被撞击的原(分)子质量(u)。

由上式可知,当 $m_0 \approx m$ 时,$E \approx E_0$,溅射效果最好。现举一例子来具体说明,若用相对原子质量分别为40、89、131 的 Ar、Kr、Xe 作为加工用的离子,对玻璃材料 SiO_2 进行溅射加工,由于 Si 的相对原子质量为28,O_2 的相对分子质量为 $16 \times 2 = 32$,那么,如果以 Si 原子和 O_2 分子的形式溅射去除,则选用 Ar 的加工效率将最好,因为 Ar 的相对原子质量与 Si 的相对原子质量和 O_2 的相对分子质量比较接近。

图 8-11 表示了上述例子中三种离子的能量与溅射率的关系,溅射率是指被一个入射离子所去除的原子或分子数,可以看出,Ar 的溅射率最高,Kr 次之,Xe 最低。同时还可以看出,随着离子能量的增加,溅射率可以达到饱和,甚至还有逐渐下降的趋势,这是由于当离子能量较小时,入射离子与工件表面原子、分子的碰撞以直接弹性碰撞为主,处于溅射去除为主的状态。随着离子能量的增加,溅射率增高。但当离子能量超过一定值后,入射离子会深入到工件材料内部一定深度,在那里进行能量交换,速度有所降低,碰撞的概率增加,由此而产生的非弹性碰

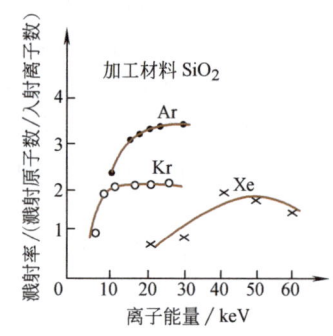

图 8-11 离子能量与溅射率

撞增加,所以溅射率达到饱和状态。如果采用高能离子轰击工件表面,则打进材料中的离子,其电荷可能被中和,变成置换原子或成为晶格间的填隙原子而被残留在工件表层材料中,这就是离子注入的情况。这时溅射率可能会有所下降。

离子束的入射角与溅射率也有关,由图 8-12 中的实验曲线可知,当入射角为 0°(即与表面垂直)时,溅射率最低。随着入射角的增加,溅射率逐渐增加。图中还表示了入射角与相对溅射速度的关系。相对溅射速度是指相对于离子束的单位面积电流(A/cm^2),在加工表面垂直方向上的加工速度(cm/s),加工速度用单位时间内的加工深度或体积来表示。图中,离子束的单位面积电流,即电流密度,其单位用 A/cm^2 表示,加工速度用单位时间内的深度表示,单位为 cm/s。可见在入射角近 60°时,相对溅射速度最大。在实际加工时,选择入射角是十分重要的,不仅要考虑溅射率、相对溅射速度,而且要考虑表面粗糙度等问题。

(2)离子束加工方法 离子束加工方法有离子束溅射去除加工、离子束溅射镀膜加工、离子束注入加工和离子束曝光等。

1) 离子束溅射去除加工。离子束溅射去除加工可简称为离子束去除加工，其加工原理是利用离子溅射，主要是一次溅射和二次溅射，它是一种最典型的原子、分子加工单位的微细加工方法和超精密加工方法。图8-13a 是离子束去除加工装置，它由双等离子体离子源、双真空室、聚焦装置、工作台、电源等组成。首先把 Ar、Kr、Xe 等惰性气体充入低真空（1.3Pa）的离子室中，通过阴极 2 与阳极 5 之间的低气压直流电弧放电，使之在阳极以上的空间被电离，成为等离子体。中间电极 3 的电位比阳极 5 低，两者都由软铁制成，和电磁线圈 4 形成很强的轴向磁场，所以以中间电极为界，在阴极和中间电极、中间电极和阳极之间形成两个等离子体区。前者的等离子体密度较低，后者在非均匀强磁场的压缩下，在阳极孔处形成了高密度的等离子体。经过控制电极 7 和引出电极 8，只将正离子拉出呈束状并加速，从阳极小孔进入高真空区

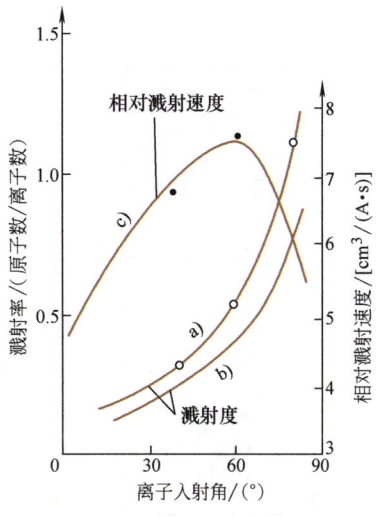

图 8-12 离子入射角和溅射率
a)、c) —10keV Ar 离子加工 BK-7 玻璃
b) —50keV Ar 离子加工 SiO_2 玻璃

（1.3×10^{-6}Pa），再通过静电透镜所构成的聚焦装置 10 聚成高密度细束的离子束，轰击工件表面。工件装在工作台摆动装置或回转装置上，可进行双坐标直线位移、绕垂直轴的转动和绕水平轴的摆动。离子束溅射去除加工可用于非球面透镜的成形、金刚石刀具和压头的刃磨、大规模集成电路芯片图形的刻蚀等，可加工金属和非金属材料。所谓离子铣、离子磨（离子减薄）、离子研磨抛光等都是离子束溅射去除的具体形象加工方法。

图 8-13b 是离子束溅射去除加工非球面透镜的原理图，该装置装在图 8-13a 中的工作台上，既有 x、y、z 三坐标移动，又有绕 x 轴的摆动和绕 z 轴的旋转，摆动角度为 θ，旋转速度为 ψ。所要加工的轴对称非球面透镜毛坯为凸面半径为 R 的近似球面透镜，毛坯安装时，应使其球面中心与摆动轴重合，其光轴与旋转轴重合，图中所示旋转轴已不在 z 轴上。

设（ξ，η，ζ）为在透镜毛坯上固定坐标系中表示加工点的坐标，其中 ζ 为光轴（旋转轴），ξ、η 为与之垂直的坐标轴；（x，y，z）为空间固定坐标系中加工点的坐标；D 为加工深度，为所要求的非球面透镜和透镜毛坯各加工点在 ζ 轴上的差。可以看出，每个加工点的位置可同时用（x，y，z）和（ξ，η，ζ）两种坐标表示。

从图中可知，加工点处的离子束入射中心角为 θ_0，此时离子束的轴线偏移摆动轴的距离为 e，$e = R\sin\theta_0$，而每个加工点的入射角为 φ，$\varphi = \arctan(\sqrt{x^2 + y^2}/z)$。如果在摆动面上使离子束的轴线偏移摆动轴适当距离，则无论怎样摆动或旋转透镜都可使离子束对所加工透镜中心的入射角不变化。

2) 离子束溅射镀膜加工。离子束溅射镀膜加工是一种原子、分子级的附着加工，所以有时又称为离子束溅射附着加工。用被加速的离子从靶材上打出原子和分子，并将它们附着到工件表面上形成镀膜。镀膜材料置于靶位上，靶面与离子束的方向成一定角度，工件被镀表面与溅射原子、分子方向垂直，如图 8-14 所示。由于离子束溅射出来的中性原子、分子有相当大的动能，所以这种镀膜比蒸镀、电镀有较高的附着力，效率也比较高。而且它又是一种干式镀，因此应用广泛，如在钟表壳上离子镀氮化钛，呈金黄色，又美观又耐磨；在刀

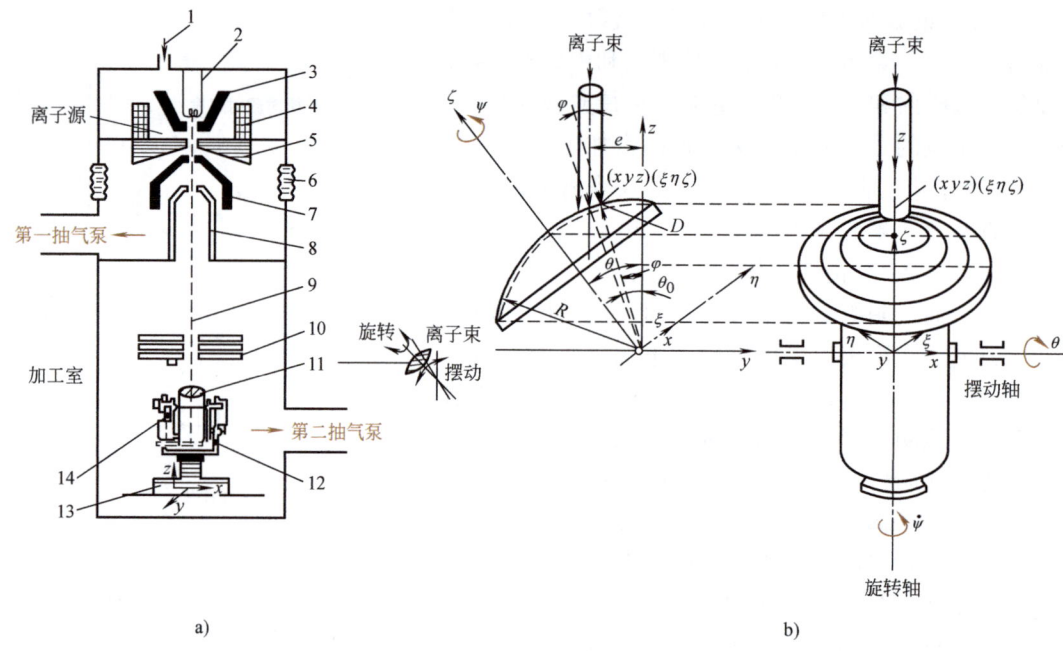

图 8-13　离子束去除加工装置及加工非球面的原理
a) 离子束去除加工装置　b) 离子束加工非球面原理
1—惰性气体入口　2—阴极　3—中间电极　4—电磁线圈　5—阳极　6—绝缘子
7—控制电极　8—引出电极　9—离子束　10—聚焦装置　11—工件
12—摆动装置　13—工作台　14—回转装置

具、工具上离子镀氮化钛，可提高寿命 1～2 倍。溅射镀膜可在金属、非金属（如纸、聚四氟乙烯塑料等）上制作金属化合物薄膜、合金薄膜和氧化薄膜等。

3) 离子束注入加工。离子束注入加工就是将所要注入的元素进行电离，并将正离子分离和加速，形成具有数十万电子伏特的高能离子流，轰击工件表面，离子因动能很大，被打入表层内，其电荷被中和，成为置换原子或晶格间的填隙原子，被留于表层中，使材料的化学成分、结构、性能产生变化。离子注入可用于半导体材料掺杂、金属材料改性等方面，如在单晶硅中注入磷或硼等杂质，已用于晶体管、集成电路、太阳能电池等制作中。金属材

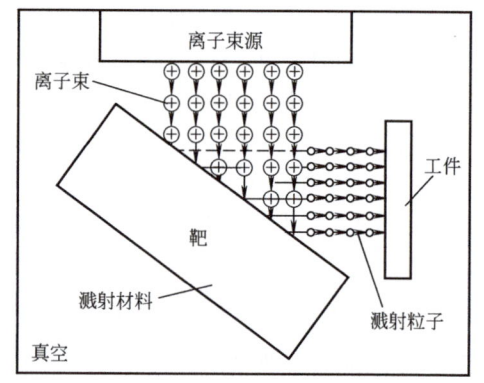

图 8-14　离子束溅射镀膜加工原理

料改性是一种表面处理，如将氧离子注入铁中，形成 Fe_3O_4，可增加耐酸性；将氮离子注入高速钢刀具切削刃处，可提高刀具寿命；将铌离子注入锡中，形成 Nb_3O_4，可得超导表面等。

4) 离子束曝光。离子束曝光的优点是有高灵敏度和分辨力。由于离子质量远大于电子，在基片上产生背散作用小，引起的邻近效应也小，因此能够对线宽小于 $0.1\mu m$ 的精密微细

图形曝光。同时，由于离子直径、质量比电子大，射入抗蚀剂后受到的阻力也大，离子在抗蚀剂层内的射程也短，离子能量能被抗蚀剂充分吸收，这就提高了抗蚀剂的灵敏度。在抗蚀剂相同时，离子束曝光的灵敏度比电子束曝光的灵敏度要高一个数量级以上，由此曝光时间可大为缩短。因此离子束写图和复印是很有前途的。

（3）离子束加工装置　离子束加工装置与电子束加工装置基本类似，由离子源、真空系统、控制系统、电源等部分组成。

离子源又称离子枪，其作用是产生离子束。将惰性气体充入真空室中，利用高频放电、高速电子撞击、电弧放电等方法，使惰性气体被电离为等离子体，并在强电场作用下将正离子从离子源出口孔引出成束。所谓等离子体是由数量相等的正离子与负电子所组成的混合体，呈中性，在物理学上称为除固、液、气三态外的物质第四态。

离子源有多种类型，以适应不同的用途，离子产生的方式也各有不同，可通过放电、高速电子撞击、高温、强光、放射线照射等方法将中性原子电离。常用的离子源主要有双等离子体型、离子簇射（流）型和高频等离子体型等。

1）双等离子体离子源。它是利用阴极和阳极间的直流电弧放电，使氩、氪、氙等惰性气体在阳极小孔以上的低真空中离子化。其结构原理如图 8-15 所示，双等离子体的形成过程如图 8-16 所示。双等离子体的意思是指以中间电极为界，形成两个等离子体区。这种离子源可获得高密度的等离子体，电离效率可达 50%～90%，使用非常广泛。图 8-13 所示就是这种离子源的离子束去除加工装置。

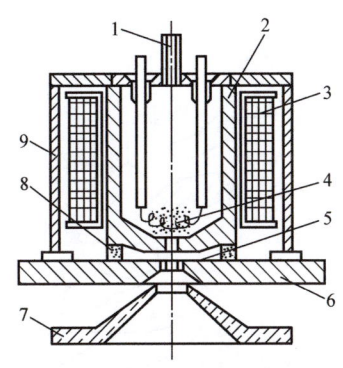

图 8-15　双等离子体离子源结构原理

1—气体入口　2—中间电极　3—电磁线圈　4—阴极
5—阳极（钼）　6—阳极板（软铁）　7—引出电极
（不锈钢）　8—绝缘环　9—导磁环（铁）

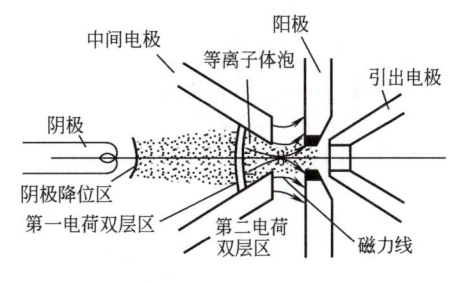

图 8-16　双等离子体的形成过程

2）离子簇射（流）型离子源。离子簇射（流）型离子源又称为考夫曼型离子源，如图 8-17 所示，由热阴极灯丝 2 发射电子，在阳极 9 的吸引下，电子向下方的阴极 7 移动，同时受电磁线圈 4 的磁场偏转作用做螺旋运动前进。惰性气体 Ar 由入口 3 进入电离室 10，受高速电子的撞击而被电离成离子。由阴极 7、阳极 9 和电子抑制栅 8 三个电极片组成静电透镜，三个极片上有几百个相互对准的小孔，离子便由孔中通过，而电子却被挡回去，从而形成平行束流而引出，所以也称为离子流装置，它是一种大口径、大容量的离子源，离子流直径可达 50～300mm，密度比离子束低些，但均匀稳定，广泛用于集成电路的刻蚀。

3) 高频等离子体离子源。高频等离子体离子源简称高频离子源，它是利用高频振荡器在放电室中产生高频电磁场，以加速自由电子与惰性气体原子进行碰撞，使之电离而产生等离子体。其特点是可以获得金属离子、化学性质活泼的气体离子。与其他离子源相比，其束流强度较低。

（4）离子束加工的特点及其应用　离子束加工在微细加工和精密加工中是一种最有前途的原子、分子加工单位的加工方法。其特点可归纳如下。

1) 加工精度和表面质量高。离子束加工是靠微观力效应，被加工表面层不产生热量，不引起机械应力和损伤。离子束束径可达 $1\mu m$ 以内，加工精度可达纳米级。

2) 加工材料广泛。可对各种材料进行加工。由于加工原理是力效应，故对脆性、半导体、高分子等材料都可加工。由于加工是在真空下进行的，故适于加工易氧化的金属、合金和半导体材料等。

3) 加工方法丰富多样。离子束加工可进行去除、镀膜、注入等，利用这些加工原理出现了多种多样的具体方法，如成形、刻蚀、减薄、曝光等，在集成电路制作中占有极其重要的地位。

4) 控制性能好，易于实现自动化。

5) 应用范围广泛。可根据加工要求选择离子束的束径和能量密度，直径小、能量密度大的离子束用于去除加工；直径大、能量密度较低时适于镀膜、刻蚀；而直径大、能量强的离子束适于注入加工。其应用范围如图 8-18 所示。

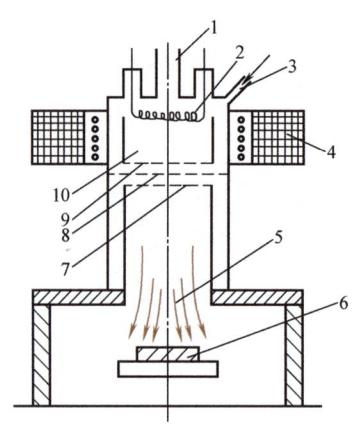

图 8-17　离子簇射（流）型离子源

1—真空抽气口　2—热阴极灯丝　3—惰性气体入口
4—电磁线圈　5—离子束流　6—工件　7—阴极
8—电子抑制栅　9—阳极　10—电离室

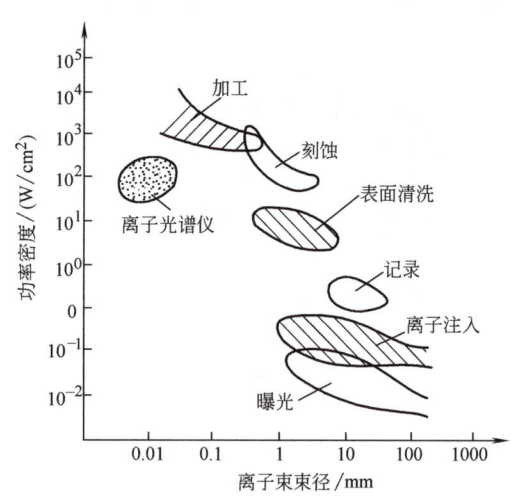

图 8-18　离子束加工的应用范围

3. 激光束加工

（1）激光的产生过程及其特性　激光是一种光，它是通过原子受激辐射发光和共振放大而形成的。

原子由原子核和电子组成。电子绕原子核转动而具有动能；电子被原子核吸引而具有势能。两种能量的总和为原子的内能。由于外界的作用，使电子与原子核的距离增大或缩小，则原子的内能也随之增大或减小。因此原子具有一些不连续分布的能级,电子在最靠近原子核的轨道上转动时是稳定的,这时原子所处的能级为基态。当有外界能量传入时,如光照射,则电子运行轨道半径扩大,原子内能增加,被激发到能量更高能级,这时称为激发态或高能态。每种原子都有自身的基态和不连续分布的多级高能态。被激发到高能级的原子是不稳定的,总是力图回到低能级去。原子从高能级到低能级的过程称为跃迁。当原子跃迁时,其能量差则以光的形式辐射出来,这就是原子发光,是自发辐射的光,又称荧光。如果在原子跃迁时受到外来光子(具有一定能量以光速运动的粒子)的诱发,原子就会发射一个与入射光子的频率、相位、传播方向、偏振方向完全相同的光子,这就是受激辐射的光。

原子被激发到高能级后,会很快跃迁回低能级,它停在高能级的时间称为原子在该能级的平均寿命。氦、氖、氩原子,钕离子和二氧化碳分子等在外来能量的激发下,使处于高能级的原子数大于低能级的原子数,这种状态称为粒子数反转。这时,在外来光子的刺激下,产生受激辐射发光,这些光子通过谐振腔的作用放大,受激辐射越来越强,光速密度不断增大,形成了激光。图 8-19 表示了粒子数反转的建立和激光形成。现以红宝石(含 0.05% 的 Cr^{3+} 的 Al_2O_3 人工晶体)为例,当红宝石受脉冲氙灯照射时,处于基态 E_1 的铬离子大量被激发到 E_3 状态,由于 E_3 状态寿命极短,很快地跃迁到寿命较长的亚稳态 E_2,产生自发辐射,实现了 E_2 对 E_1 能级的粒子数反转,这时若有能量为 $E_2 - E_1$ 大小的光子诱发,就会产生 E_2 对基态 E_1 的受激辐射跃迁而形成激光。

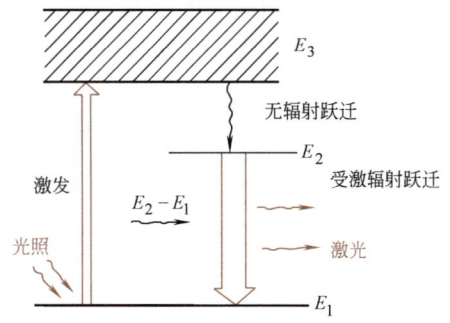

图 8-19 粒子数反转的建立和激光形成

激光除具有普通光的反射、折射、绕射和干涉等共性外,还有一些特有的特性:
1) 强度高、亮度大。
2) 单色性好,波长谱线宽度狭窄。
3) 相干性好,相干长度长。
4) 方向性好,发散角可达 0.1mrad,光束直径可聚到 0.01mm。
激光的上述四个特点是相互联系的。

(2) 激光加工的机理 当能量密度极高的激光束照射在加工表面上时,一部分从材料表面反射,另一部分透入材料内,其光能被吸收,并转换为热能,使照射区域的温度迅速升高、熔化、汽化和熔融溅出而去除材料,如打孔、切割、电阻微调、动平衡等。可以说,激光加工的机理是热效应。

激光加工的机理与具体的加工方法和被加工材料等有关,如激光焊接时只要求将材料加热到熔化程度而不要求去除;激光热处理只要将材料加热到相变温度。一般非金属材料的反射率比金属低得多,故吸收的激光能量也多。有机材料一般具有较低的软化点和熔点,有些有机材料在吸收了激光能量后,内部分子产生激烈振荡,致使靠聚合作用而形成的大分子被解聚,部分材料变成气态,如激光切割有机玻璃时就是这样;在激光加工硬塑料、木材、皮革等有机材料时会产生高分子沉积和加工边缘碳化。陶瓷、玻璃等无机非金属材料,光能吸收率高,但热导性差,激光加工时易产生热应力、裂纹,甚至破碎;但石英材料由于热膨胀系数很小，激光切割和焊接就不成问题。

分析激光加工过程可知，影响加工的主要因素有激光照射焦面上的能量分布、发射角、焦距、最小束径、被加工材料等。

图 8-20 是激光照射焦面上能量分布情况，将波长为 λ、束径为 d、输出面上功率为 P 的平行光线，用焦距为 f 的透镜聚焦，则能得到同心圆状的衍射像。由衍射理论可知，在这个焦点平面上，其能量分布是不均匀的，在束径中心，即焦点上的辐照度 E_o 可用下式表示

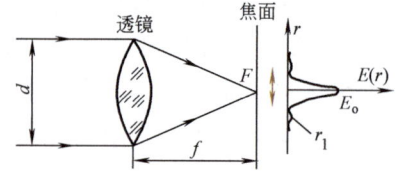

图 8-20 激光照射焦面上的能量分布

$$E_o = \frac{\pi}{4} \frac{d^2}{\lambda^2 f^2} P \tag{8-5}$$

即离中心越远，则辐照度越弱。

从图中所示能量的分布状态可以看出，使得辐照度第一次为零的分布半径为 r_1，它可由下式得到

$$r_1 = 1.22 \frac{\lambda f}{d} \tag{8-6}$$

可见在半径 r_1 的圆面积上集中了全部光通量的 84.6%。由式（8-6）可得到激光照射聚焦时在焦面上的束径为

$$d_1 = 2.44 \frac{\lambda f}{d} \tag{8-7}$$

考虑到发射角 θ 的影响，如图 8-21 所示，则束径为

$$d_1 = f\theta \tag{8-8}$$

$$\theta = 2.44 \frac{\lambda}{d} \tag{8-9}$$

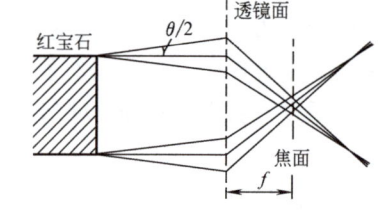

图 8-21 发射角与束斑直径

由于激光有非常好的相干性、单色性、方向性，从激光器发出的全部光通量虽然不大，但进入谐振腔的光都是以固定波长向固定方向发射，因此聚焦后就能获得非常大的功率密度，如红宝石激光聚焦时，其焦点上的功率密度可达 10^9W/cm^2，如果将金属材料放在焦点上，则其表面温度将被加热到 10^4℃。

(3) 激光加工方法　激光微细加工方法很多，应用范围广泛，可归纳为激光去除加工、激光表面改性和激光焊接等几类，具体的加工方法有打孔、切割、微调、动平衡、刻蚀、固态相变、合金化、涂覆、熔凝、焊接、激光存储（光盘）等。

1）激光打孔。利用激光束可对各种材料加工小孔和微孔，最小孔径达几微米，深度可达直径的 50 倍。激光打孔的过程是热现象综合的结果，孔的形成过程如图 8-22 所示。激光打孔时用高功率密度脉冲激光源，影响加工质量的因素有激光束的参数（能量、脉宽）、波形、焦距、偏焦量（指工件表面与透镜焦平面的偏离量）、脉冲次数、被加工材料等。典型激光打孔的例子有油泵喷嘴小孔、化纤喷丝板小孔、碳化钨劈刀引线小孔等。

考虑了激光聚焦因素后，激光打孔时，其孔径 d 与深度 h 可用下式估算

$$d = 2\left[\frac{3E}{\pi(L_B + 2L_m)}\right]^{1/3} \tag{8-10}$$

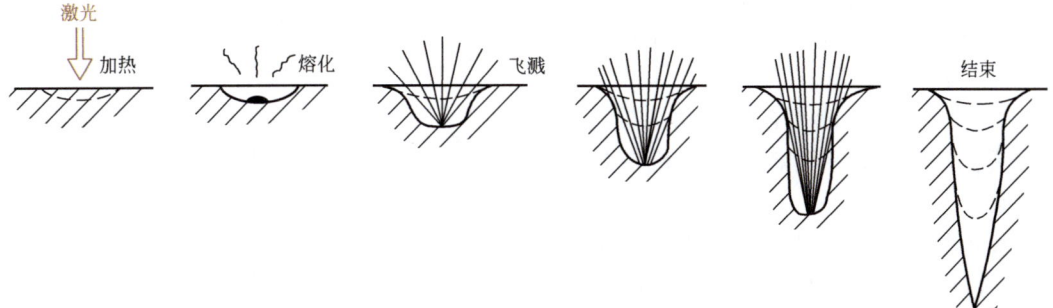

图 8-22 激光打孔时孔的形成过程

$$h = \left[\frac{3E}{\pi\tan^2\varphi(L_B + 2L_m)}\right]^{1/3} \tag{8-11}$$

式中 E——激光脉冲能量（J）；

L_B——材料汽化热比能（J/cm³）；

L_m——材料熔化热比能（J/cm³）；

φ——光束照射材料表面时的发散半角，当材料处于透镜焦平面时，$\varphi=0°$。

上两式只能作为实际使用时的参考。

2）激光切割。激光切割常用二氧化碳气体激光器，采用连续或脉冲方式，所切割的切缝窄，边缘质量好，几乎无切割残渣，切割速度高，可切割金属、玻璃、石英、木材、布匹、纸张等各种材料，还可用于半导体材料的划片。

3）激光微调。激光微调主要用于调整电路中某些元件的参数，以保证电路的技术指标。当前是指对电阻的微调。在微电子电路中，一般多采用薄膜电阻和厚膜电阻两种电阻，前者厚度为数十纳米至数微米，常用钽或镍铬合金，通过真空蒸镀制作，后者厚度为数微米至数十微米，主要用钯、钌、氧化铊等，由浆料印制法制作。两种电阻在微调前的阻值偏差可达 5%~25%，而很多电路却要求<1%。传统的微调方法是用机械磨蚀（对厚膜）和电火花蚀除（对薄膜），精度和效率均较低。

激光微调电阻可采用两种方法，一是对电阻进行无损伤照射，使膜的结构变化，从而改变阻值；二是对电阻进行高能量照射，使部分电阻膜汽化去除，从而减小导电膜的截面来增加阻值。目前后一种加工方法用得较多。激光微调精度一般为 0.05%，可达 0.02% 或更小。由于是在非机械接触下工作，故适合于加工硬脆材料。激光微调速度快、效率高、无污染，易于动态测量，实现自动化。

4）激光表面改性。利用激光对材料表面进行处理可改变其物理结构、化学成分和金相组织，从而改善材料表面的物理、力学、化学性质，如硬度、耐磨性、耐疲劳性、耐蚀性等，称为激光表面改性技术。现在，激光表面改性方法有激光固态相变硬化（也叫激光淬火）、合金化、涂覆、熔凝等。激光合金化是在廉价材料的表面上添加新的合金元素，用高能激光辐照使基体表层与合金元素融合形成新的合金层，提高表面硬度和耐磨性，增加的合金元素可以有 Cr、Ni、W、Ti、Mo 等。激光熔凝又称"上光"，它是利用高能量密度的激光束照射金属表面，使表层发生快速熔化，并造成熔化表层和基体之间很大的温度梯度，激光照射离去后，熔化表层快速冷却而凝固，形成极细的晶体结构，可以减少金属表层的化学偏析、熔合其缺陷或裂纹，提高了硬度、强度和耐蚀性，对铸造零件表面改性和焊缝的改性效果十分显著。

5) 激光存储。激光存储是利用激光进行视频、音频、文字资料、计算机信息等的存取。

激光光盘的制作可分为原版录制和复制两个过程，其制造工艺过程如图 8-23 所示。在原版录制时，将镀有薄金属膜的玻璃圆盘旋转，经调制的激光束相应地沿着玻璃圆盘的半径方向缓慢地由内向外移动，激光束便相应地熔化金属层，使图像与声音记录下来。因此，其加工机理是用激光热效应，是激光去除加工。选用玻璃作为基盘是因为玻璃质地均匀，经精密磨削、精密研磨、化学清洗可消除表面缺陷，然后进行真空蒸镀约 0.1μm 厚的金属膜备用。信息是以在金属膜上打出小坑的形式记录下来，坑宽约 0.4μm，坑深约 0.1μm。信息轨迹是一条螺距为 1.6～1.8μm 的螺旋线。

光盘存储与磁盘存储相比，有存储密度高、数据存取速度快（达 0.1s 左右）、存储寿命长（非接触存储，存储介质表面上有保护层）的优点。其记录方式有回放专用式（相当于只读存储器）、一次写入式

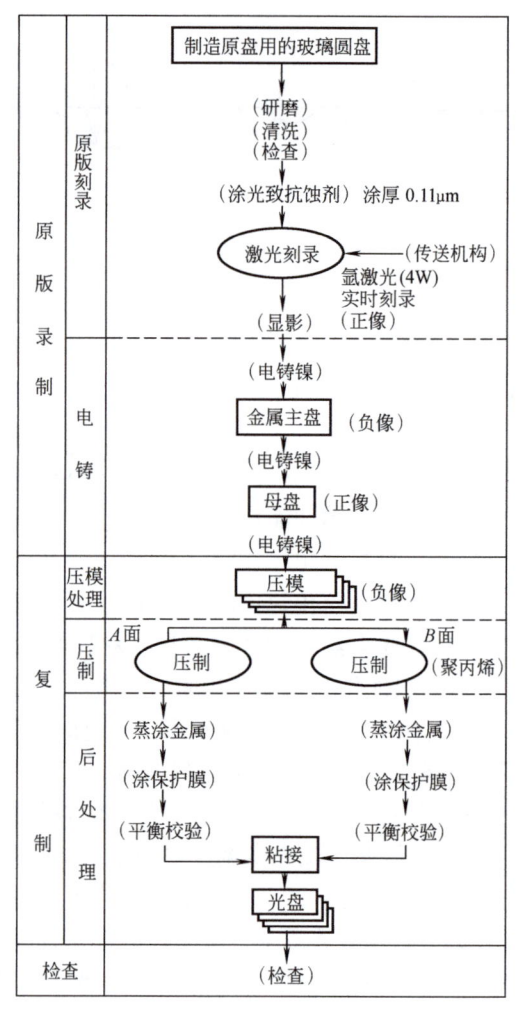

图 8-23 激光光盘的制造工艺过程

（相当于可编程序存储器）、可擦除式（相当于可抹、可编程序存储器和随机存储器）。光盘的信息记录通常是采用双态信号的方式来进行，即在光盘上记录一系列"有"与"无"或"高"与"低"等两种互不相同的状态。光盘的记录方式有改变信息面几何结构和改变信息面物理性质两类，每一类光盘又根据双态信号形式的不同有不同的记录形式，如图 8-24 所示。

(4) 激光加工设备　激光加工设备主要由激光器、电源、光学系统和机械系统等组成，图 8-25 是一台 YAG 激光加工机的结构简图。

1) 激光器。激光器又称激光发生器，其种类很多。激光器的作用是把电能转变为光能，产生所需要的激光束。根据产生激光的材料种类不同，激光可分为固体激光、气体激光、液体激光和半导体激光。作为激光加工机，目前主要用固体激光和气体激光，实用的激光器及其性能见表 8-4。

固体激光器由工作物质、光泵、滤光管、滤光液、冷却水、聚光器和谐振腔等组成，如图 8-26a 所示。常用的工作物质有红宝石、钕玻璃、掺钕钇铝石榴石（YAG）等。光泵的

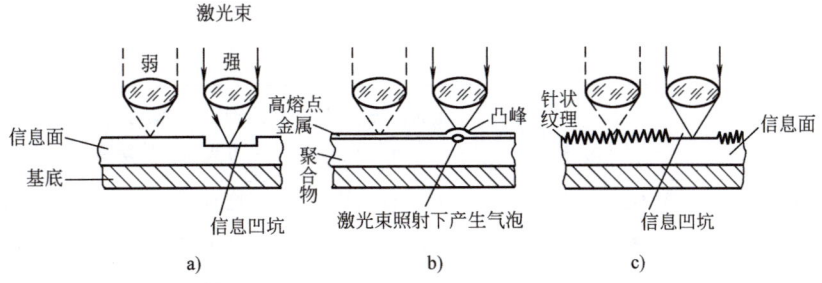

图 8-24 改变信息面几何结构的光盘记录形式
a) 凹坑型　b) 起泡型　c) 纹理型

作用是使工作物质产生粒子数反转，目前对上述工作物质都是用氙灯作为光泵，脉冲工作状态的氙灯有脉冲式和重复脉冲式两种，前者只能每隔几十秒工作一次，后者可以每秒工作几次至十几次，但需要水冷却。由于氙灯发出的光波中有一些紫外线成分，对钕玻璃、掺钕钇铝石榴石等有害，使激光器的效率下降，故用玻璃套管和重铬酸钾溶液来吸收。聚光器的作用是把氙灯发出的光能聚集在工作物质上，对它的要求是效率高，能把氙灯发出的80%左右的光能集中在工作物质上，而且聚光均匀、散热好、内壁反射率高、结构紧凑，常用的有球形、圆柱形、椭圆柱形和紧包裹形等（见图8-26b），其中圆柱形因制造方便，用得较多，其内壁一般要抛到表面粗糙度 Ra 值达 $0.025\mu m$，并蒸镀金膜或银膜。谐振腔又称光学共振腔，它使受激辐射光在输出轴方向上多次往复反射，互相激发，连锁反应，起放大和改善激光的作用。谐振腔的结构是在工作物质的两端各放一块相互平行的反射镜，其中一块做成全反射，另一块做成部分反射，激光就由此端输出。正确设计反射率和谐振腔长度，就可得到光学谐振，从而得到单色性和方向性很好的激光。

气体激光器的工作物质有氦–氖、二氧化碳等，它是将一定比例的氦–氖混合气体或二氧化碳–氮–氦等气体封入抽真空的玻璃管中，管的两端各装一块反射镜，形成谐振腔，在端部封入电极，通入千伏以上高电压，产生气体放电。大功率激光器可以做成折叠式，图8-27是两种二氧化碳激光器的结构示意图。

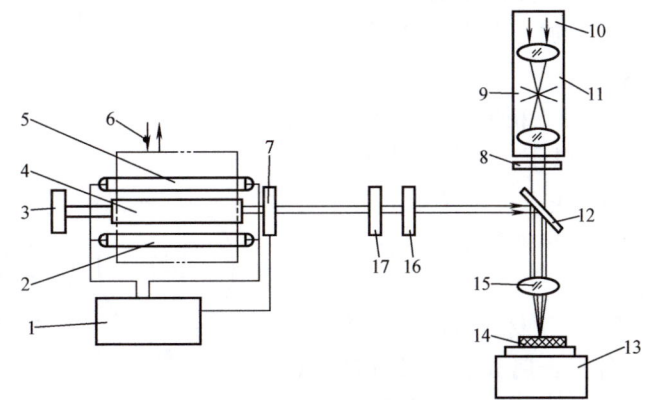

图 8-25 YAG 激光加工机的结构简图
1—电源及控制部分　2、5—氙灯　3—反射镜　4—YAG棒
6—冷却水　7—快门　8—保护滤色镜　9—十字线
10—光源　11—显微镜　12—分光镜　13—工作台
14—工件　15—聚光镜　16—输出镜　17—光阑

2）电源。电源为各个系统提供能源，其中主要是根据加工工艺要求，为各类激光器提供所需要的能量。由于各类激光器的工作特点不同，电源的种类很多，如固体激光器电源有连续和脉冲两种。常用的固体激光器脉冲电源由调压、升压、整流、充放电、触发器及一些辅助电路所组成。总的来说，激光器电源应包括电压控制、时间控制、触发器、储能电容器

等几部分。

表8-4 激光器及其性能

种类	工作物质	基体	激活离子	激光波长/μm	发散角/(°)	输出方式	输出能量或功率	主要用途
固体	红宝石	Al_2O_3	Cr^{3+}	0.6943	$10^{-2} \sim 10^{-3}$	脉冲	几至几十焦耳	打孔、焊接
	钕玻璃	玻璃	Nd^{3+}	1.065		脉冲		打孔、焊接
	掺钕钇铝石榴石（YAG）	$Y_3Al_5O_{12}$	Nd^{3+}	1.065		脉冲		打孔、切割、微调、刻蚀、焊接
						连续	$10^2 \sim 10^3$ W	
气体	二氧化碳	CO_2-He-N_2	CO_2	10.63		脉冲	几焦耳	切割、微调、焊接、表面改性
						连续	几十至几千瓦	

3）光学系统。光学系统是影响激光加工质量的重要因素之一，其作用是把激光引入聚焦物镜并聚焦在加工工件上，它由激光聚焦系统、观察描准系统和显示系统组成。

4）机械系统。它是整个激光加工设备的总成，要求高精度、高刚度、易调整，其组成包括基座、精密坐标工作台和机电传动控制装置等。激光加工设备多采用数控系统来实现自动化。

（5）激光加工的特点及其应用。激光加工的特点非常突出，归纳有：

1）加工精度高。激光束径可达1μm以下，可进行超微细加工，同时它又是非接触工作方式，力、热变形非常小，易保证高加工精度。

2）加工材料范围广。激光可加工各种金属和非金属材料。对陶瓷、玻璃、宝石、金刚石、硬质合金、石英等难加工材料用激光加工非常有效。对于一些透明材料，也可通过色化或打毛等措施后进行加工。

3）加工性能好。激光加工可

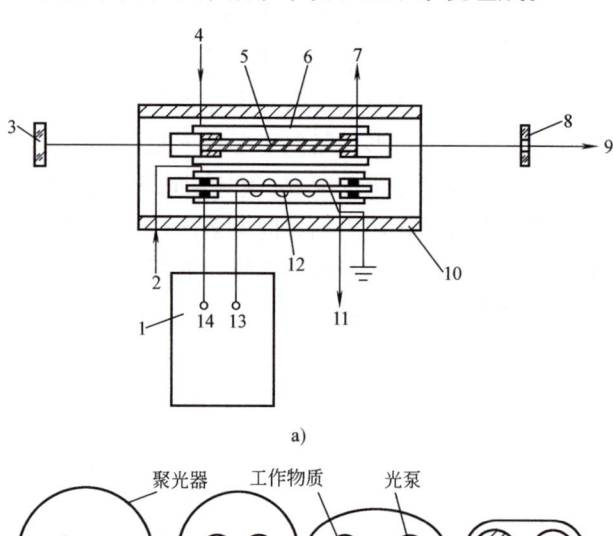

图8-26 固体激光器结构示意图
a）固体激光器总体结构 b）聚光器结构
1—电源 2、4、7、11—冷却水 3—全反射镜 5—工作物质
6—玻璃套管 8—部分反射镜 9—激光束
10—聚光器 12—氙灯 13—触发器 14—电容组

以将工件离开加工机进行。不需要真空环境，也不需要进行特殊防护。可透过玻璃等透明材料进行加工，对某些特殊情况（如真空）下加工比较方便。不需要工具，可通过调整光束大小、能量、脉冲宽度等参数进行打孔、切割、焊接等不同工作。

4）加工速度快、效率高。

5）价格昂贵。

激光加工的应用范围非常广泛，图 8-28 集中表现了其各种加工方法中的所需能量和脉冲宽度，它是一种非常有前途的精密加工和微细加工方法。

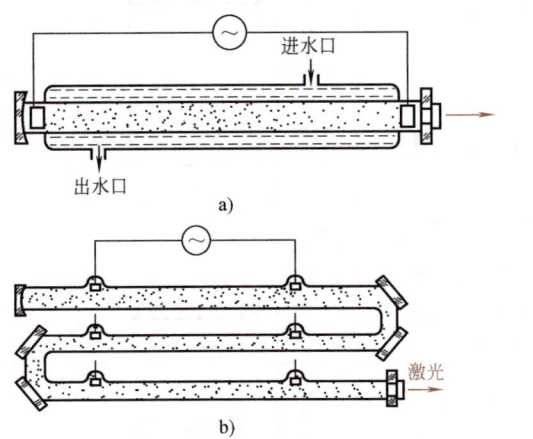

图 8-27 二氧化碳激光器的结构示意图
a）普通式 b）折叠式

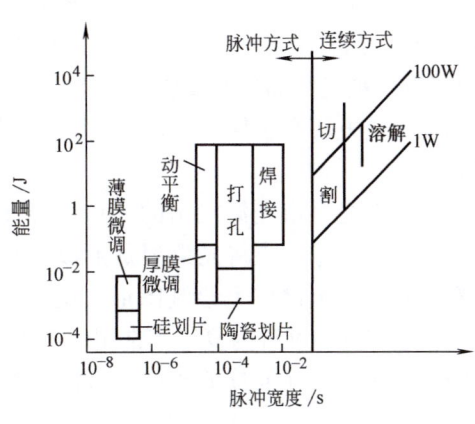

图 8-28 激光加工的各种应用

三、光刻加工技术

光刻加工又称光刻蚀加工，它是刻蚀加工的一种，刻蚀加工简称刻蚀。当前，光刻加工技术主要是针对集成电路制作中得到高精度微细线条所构成的高密度微细复杂图形。

光刻加工可分为两个加工阶段。第一阶段为原版制作，生成工作原版或工作掩膜，为光刻加工时用；第二阶段为光刻过程，强调了光刻，同时将原版制作和光刻过程统称为光刻加工。

1. 原版制作

原版制作过程如图 8-29 所示，有以下一些主要工序。

（1）绘制原图　原图一般要比最终要求的图像放大几倍到几百倍，它是根据设计图样，在绘图机上，用刻图刀在一种叫红膜的材料上刻成的。红膜是在透明或半透明的聚酯薄膜表面涂覆一层可剥离的红色醋酸乙烯树脂保护膜而制成的，刻图刀将保护膜刻透后，剥去不需要的那一部分保护膜而形成红色图像，即为原图。

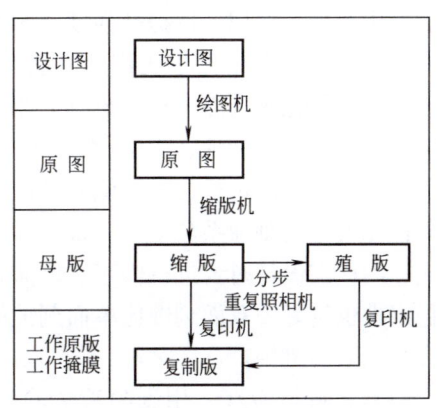

图 8-29 原版制作过程

（2）缩版、殖版制作　将原图用缩版机缩成规定的尺寸，即成缩版，视原图放大倍数有时要多次重复缩小才能得到缩版。如果要大量生产同一形状制品，可用缩图在分步重复照相机上做成殖版。

（3）工作原版或工作掩膜制作　缩版、殖版可直接用于光刻加工，但一般都作为母版保存。从母版复印形成复制版，作为光刻加工时的原版，称工作原版或工作掩膜（版）。

原版的制作是光刻加工技术的关键,其尺寸精度、图像对比度、照片的浓淡等将直接影响光刻加工的质量。

2. 光刻过程

光刻加工过程如图 8-30 所示,其主要工序如下:

(1) 涂胶 把光致抗蚀剂(光刻胶)涂覆在氧化膜上的过程称为涂胶。它又可分为正性胶和负性胶(显影图中被光照部分的胶层被去除,形成"窗口")。常用的涂胶方法有旋转(离心)甩涂、浸渍、喷涂和印刷等。

(2) 曝光 由光源发出的光束,经掩膜在光致抗蚀剂涂层上成像,或将光束聚焦形成细小束径通过扫描在光致抗蚀剂涂层上绘制图形,统称为曝光。前者称为投影曝光,又称为复印,常用的光源有电子束、X 射线、远紫外线(准分子激光)、离子束等;从投影方式上可分为接触式、接近式、反射式等,前述的原版就是用于投影曝光。后一种曝光称为扫描曝光,又称为"写图",常用的光源有电子束、离子束等。

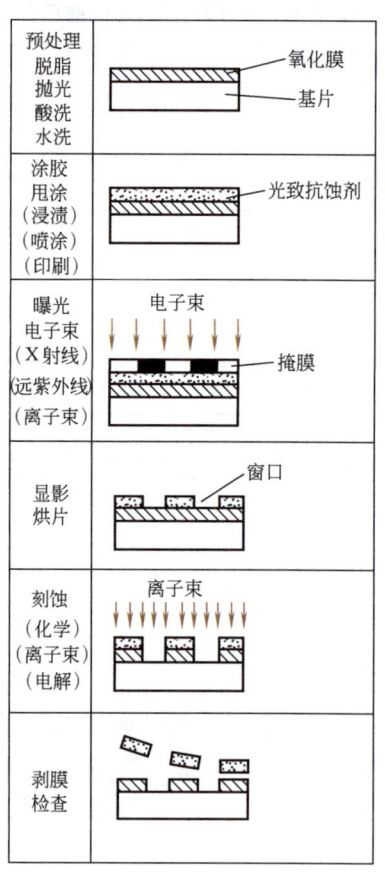

图 8-30 光刻加工过程

(3) 显影与烘片 曝光后的光致抗蚀剂,其分子结构产生化学变化,在特定溶剂或水中的溶解度也不同,利用曝光区和非曝光区的这一差异,可在特定溶剂中把曝光图形呈现出来,这就是显影。有的光致抗蚀剂在显影干燥后,要进行 200~250℃ 的高温处理,使它发生热聚合作用,以提高强度,叫做烘片。

(4) 刻蚀 利用化学或物理方法,将没有光致抗蚀剂部分的氧化膜去除,称为刻蚀。刻蚀的方法很多,有化学刻蚀、离子刻蚀、电解刻蚀等。在光刻中强调了用离子束刻蚀。刻蚀不仅沿厚度方向,而且也沿横向进行,称为侧面刻蚀,如图 8-31 所示。若以 ω 表示侧面刻蚀量,以 h 表示刻蚀深度,则刻蚀系数 $C_f = h/\omega$。由于有侧面刻蚀现象,使刻蚀成的窗口比光致抗蚀剂窗口大,因此在设计时要进行修正。侧面刻蚀越小,刻蚀系数越大,制品尺寸精度就越高,精度稳定性也越好。双面刻蚀比单面刻蚀的侧面刻蚀量明显减小,时间也短,当加工贯通窗口时多采用双面刻蚀。

(5) 剥膜与检查 用剥膜液去除光致抗蚀剂的处理为剥膜。剥膜后洗净修整,进行外观、线条尺寸、间隔尺寸、断面形状、物理性能和电学特性等检查。

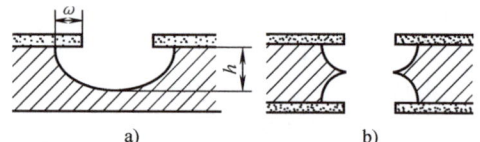

图 8-31 侧面刻蚀现象
a) 侧面刻蚀 b) 双面刻蚀

四、立体复合工艺

过去集成电路多采用平面工艺,由于微

机械的发展需求,出现了立体结构,从而产生了立体加工技术,如沉积和刻蚀多层工艺技术和光刻-电铸-模铸复合成形技术(LIGA)等。

1. 沉积和刻蚀多层工艺技术

沉积和刻蚀都是半导体加工中的平面工艺,利用沉积和刻蚀的多层交替工艺方法,可以制作立体结构。

图 8-32 表示了利用顺序交叉进行沉积和刻蚀的多层工艺方法,制作一个多晶硅铰链的例子,以多晶硅为结构层材料,以磷硅酸盐玻璃(PSG)为牺牲层材料,最后去除所有磷硅酸盐玻璃层,即可得到可转动的多晶硅转臂。

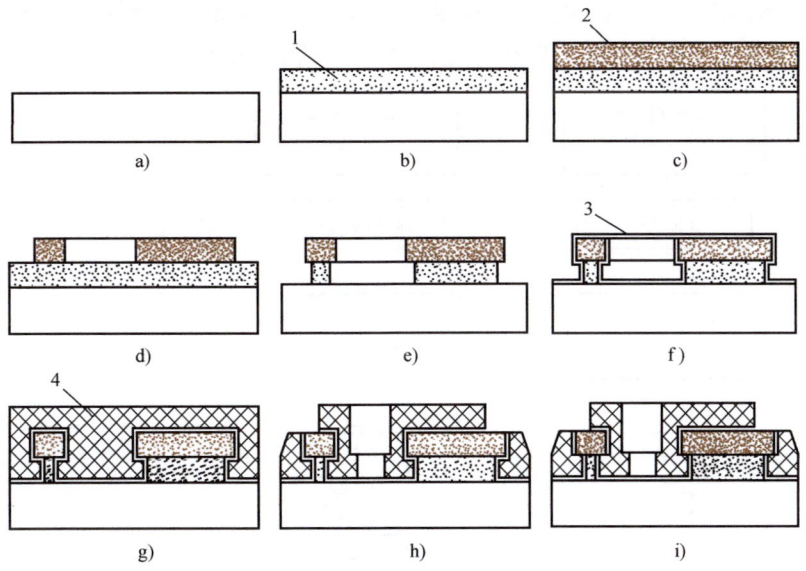

图 8-32 多晶硅铰链的制作

a) 硅基片 b) 沉积磷硅酸盐玻璃层 c) 沉积多晶硅层 d) 刻蚀轴承外环
e) 刻蚀轴承外环支承面 f) 全部层面覆盖磷硅酸盐玻璃薄层 g) 沉积多
晶硅 h) 刻蚀转臂 i) 蚀除 2、4 层之间的磷硅酸盐玻璃薄层

多晶硅铰链的制作过程如下:

1)首先在硅基上沉积一层磷硅酸盐玻璃,是为层 1。
2)在层 1 的磷硅酸盐玻璃上沉积多晶硅层,是为层 2。
3)用离子束刻蚀将多晶硅层 2 加工成环状,作为轴承外环。
4)用刻蚀方法蚀除层 1 上的磷硅酸盐玻璃,形成轴承外环的支承面。
5)将全部层面覆盖磷硅酸盐玻璃薄层,是为层 3,其厚度即为以后的转动间隙。
6)用化学沉积法沉积多晶硅,形成一定的厚度和形状,是为层 4,该层为转臂的毛坯。
7)用离子束刻蚀将层 4 加工成要求的转臂形状。
8)用氢氟(HF)水溶液蚀除第 2、4 层多晶硅之间的磷硅酸盐玻璃,转臂即可自由转动。

从而形成了多晶硅铰链,是一个立体的可动结构。

2. 光刻-电铸-模铸复合成形技术(LIGA)

(1)光刻-电铸-模铸复合成形加工机理 半导体加工技术基本上属于表面加工技术,所制作的机械结构多是二维的，目前，三维立体结构发展迅速，因此出现了高深宽比的刻蚀工艺，其中最具代表性的技术是光刻-电铸-模铸复合加工（LIGA），它是20世纪80年代中期德国W. Ehrfeld教授等人发明的，是德语Lithographie Galvanoformung Abformung的简称，是由深度同步辐射X射线光刻、电铸成形和模铸成形等技术组合而成的综合性技术。它是X射线光刻与电铸复合立体光刻，反映了高深宽比的刻蚀技术和低温融接技术的结合，可制作最大高度为1000μm、槽宽为0.5μm、高宽比大于200μm的立体微结构，加工精度可达0.1μm，可加工的材料有金属、陶瓷和玻璃等。

（2）光刻-电铸-模铸复合成形加工方法　光刻-电铸-模铸复合成形加工可分为光刻-电铸-模铸复合成形加工和准光刻-电铸-模铸复合成形加工，如图8-33所示，光刻-电铸-模铸复合成形加工主要由光刻、电铸成形和模铸成形三个工艺过程组成。

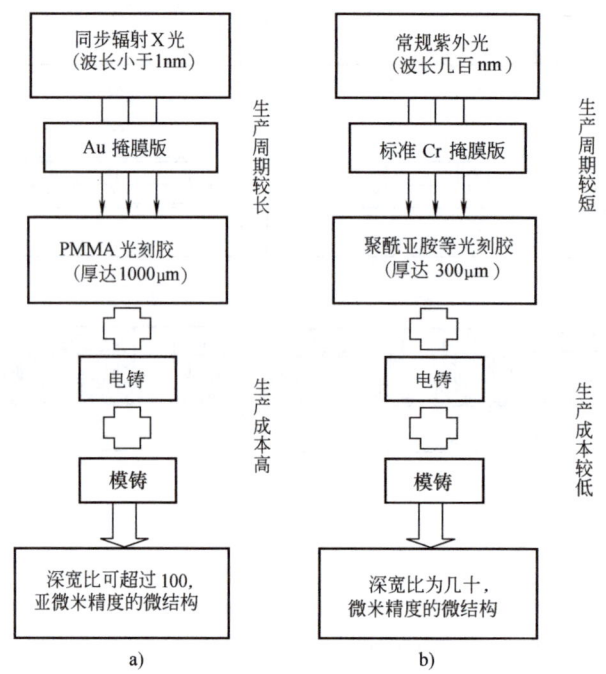

图8-33　光刻-电铸-模铸复合成形加工和准光刻-电铸-模铸复合成形加工
a）光刻-电铸-模铸复合成形加工　b）准光刻-电铸-模铸复合成形加工

1）X射线光刻-电铸-模铸复合成形加工。通常光刻都采用深层同步辐射X射线，除具有波长短、分辨力高、穿透力强等优点外，还可进行大深焦的曝光，减少了几何畸变；辐射强度高，便于利用灵敏度较低而稳定性较好的抗蚀剂（光刻胶）来实现单涂层工艺；可根据掩膜版和抗蚀剂性质选用最佳曝光波长；曝光时间短；生产率高。但其加工时间比较长，工艺过程复杂，价格昂贵，并要求有层厚大、抗辐射能力强和稳定性好的掩膜基底。

2）紫外光准光刻-电铸-模铸复合成形加工。目前，出现了准光刻-电铸-模铸复合成形加工，采用深层刻蚀工艺，利用紫外光来进行光刻，可制造非硅材料的高深宽比微结构，并可与微电子技术有较好的兼容性，虽不能达到光刻-电铸-模铸复合成形加工的高水平，但加工时间比较短，成本低，已能满足许多微机械的制造要求。

（3）光刻-电铸-模铸复合成形技术的典型工艺过程　图8-34表示了光刻-电铸-模铸复

合成形技术的典型工艺过程。

1）涂覆感光材料。在金属基板上涂覆一层所要求厚度为 0.1~1mm 的聚甲基丙烯酸甲酯（PMMA）等 X 射线感光材料。

2）曝光和显像。放置工作掩膜版，用同步辐射 X 射线对其曝光（见图 8-34a），由于 X 射线具有良好的平行性、显影分辨率和穿透性，对于数百微米厚的感光膜，其曝光精度可高于 1μm。经显像后可在感光膜上得到所要求的结构（见图 8-34b）。

3）电铸。在感光膜的结构空间内电铸镍、铜、金等金属，即可制成微小的金属结构（见图 8-34c）。

4）去除感光膜。用化学方法洗去感光膜便可得到所要求的金属结构（见图 8-34d）。

5）制作成品。以金属结构作为模具，即可制成成形塑料制品，例如用这种方法可制造深度为 350μm、孔径为 80μm、壁厚为 4μm 的蜂窝微结构。

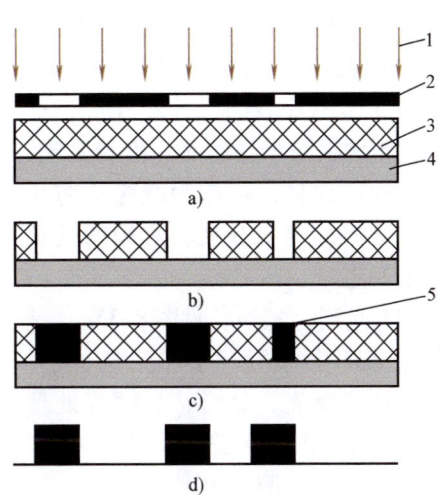

图 8-34　光刻-电铸-模铸复合成形技术（LIGA）
a）涂覆感光膜、曝光　b）显像
c）电铸　d）去除感光膜
1—同步辐射 X 射线　2—工作掩膜版　3—聚甲基丙烯酸甲酯　4—金属基板　5—电铸镍

光刻-电铸-模铸复合成形技术的特点是能实现高深宽比的立体结构，突破了平面工艺的局限。虽然光刻成本较高。但可在一次曝光下制作多种结构，应用面较广，对大量生产意义较大。

五、集成电路制作技术

集成电路一般是按集成度与最小线条宽度来分类，集成度是指在规定大小的一块单元芯片上所包含的电子元件数。集成电路要求在微小面积的半导体材料上能容纳更多的电子元件，以形成功能复杂而又完善的电路。电路微细图案中的最小线条宽度是提高集成度的关键技术，同时也是集成电路水平的一个标志，表 8-5 表示了各类集成电路的集成度和最小线条宽度，线宽越小，对微细加工的要求就越高，微细加工的难度就越大。

表 8-5　各类集成电路的集成度和最小线条宽度

参数与性能 分　类	单元芯片上的 单元逻辑门电路数	单元芯片上的 电子元件数	最小线条宽度 /μm
小规模集成电路（SSI）	<10~12	<100	≤8
中规模集成电路（MSI）	12~≤100	100~<1000	≤6
大规模集成电路（LSI）	>100~<10^4	1000~<10^5	6~3
超大规模集成电路（VLSI）	≥10^4	≥10^5	2.5~≤0.1

1. 集成电路的主要工艺技术

集成电路的主要工艺有外延生长、氧化、光刻、选择扩散和真空镀等。

（1）外延生长　外延生长（见图 8-35a）是在半导体晶片表面沿原来的晶体结构轴方向上生长一薄层单晶层，以提高晶体管的性能，外延层厚度一般在 10μm 以内，其电阻率与厚度由所制作的晶体管性能决定。外延生长的常用方法是气相法（化学气相沉积）。

（2）氧化　氧化（见图8-35b）是在半导体晶片表面生成氧化膜，这种氧化物薄膜与半导体晶片附着紧密，是良好的绝缘体，可作为绝缘层防止短路和电容的绝缘介质。常用的是热氧化法工艺。

（3）光刻　光刻（见图8-35c）是在基片表面上涂覆一层光致抗蚀剂，经图形复印曝光、显影、刻蚀等处理后，在基片上形成所需精细图形。

（4）选择扩散　基片经氧化、光刻处理后，置于惰性气体或真空中加热，并与合适的杂质（如硼、磷等）

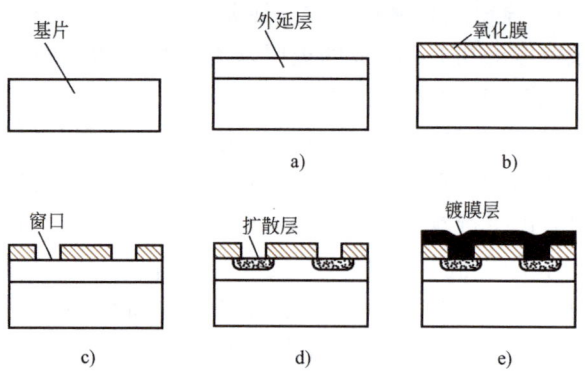

图 8-35　集成电路中有关微细加工方法
a) 外延生长　b) 氧化　c) 光刻
d) 选择扩散　e) 真空镀膜

接触，则在光刻中去除了氧化膜的基片表面则受到杂质扩散，形成扩散层，这种微细加工称为选择扩散（见图8-35d）。扩散层的性质和深度取决于杂质种类、气体流量、扩散时间、扩散温度等因素，扩散层深度一般为 $1 \sim 3 \mu m$。

（5）真空镀膜　真空镀膜（见图8-35e）是在真空容器中加热导电性能良好的金属（如金、银、铂等）使之成为蒸气原子而飞溅到基片表面，沉积形成一薄层金属膜，从而解决集成电路中的布线和引线制作。

2. 集成电路制作流程图

图 8-36 表示了集成电路的制作流程，可分为基片制作、基区生成、发射区生成、引线电极生成、划片、封装、老化、检验等工序。

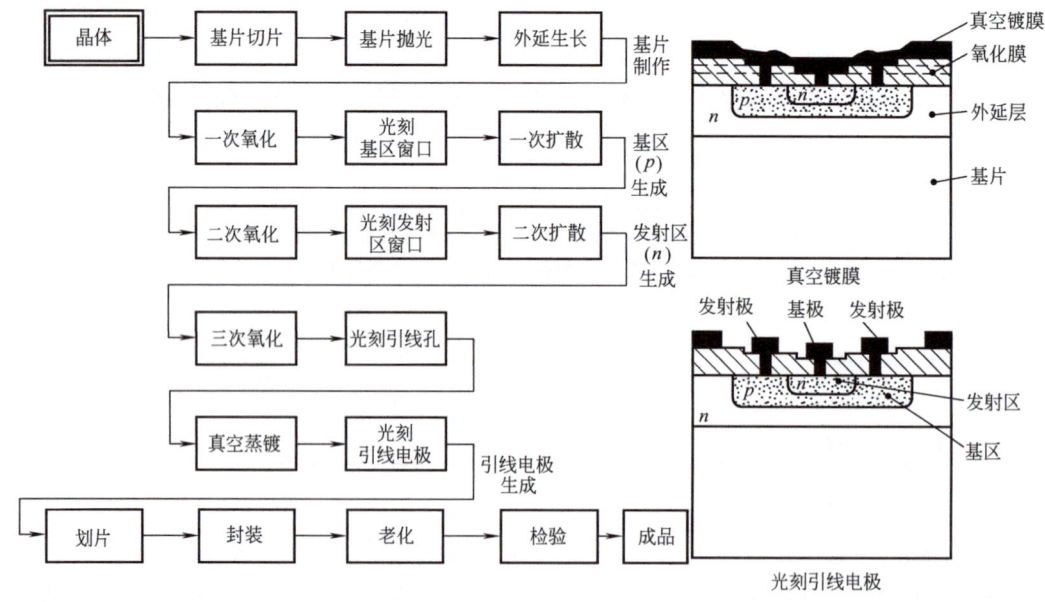

图 8-36　集成电路制作流程图

复习思考题

8-1 试论述微细加工的含义。

8-2 试述微细加工与精密加工的关系。

8-3 微小尺寸加工和一般尺寸加工有哪些不同?

8-4 试分析微细加工中的微切削去除机理。

8-5 何谓原子、分子加工单位?

8-6 论述分离、结合、变形三大类微细加工方法的含义及其常用加工方法的特点和应用范围。

8-7 试分析附着加工、注入加工、接合加工三种结合加工方法的含义,它们有哪些共同点与不同点?

8-8 试述电子束加工的原理、加工装置、特点及其应用。

8-9 电子束的热效应和化学效应有何不同? 利用这两种效应分别有哪些主要加工方法?

8-10 试比较电子束光刻中两种曝光方式(扫描曝光、投影曝光)的特点。

8-11 试述离子束加工的原理、加工装置、特点及其应用。

8-12 试述离子束的溅射过程模型(即离子碰撞过程)。

8-13 试论述离子束的几种溅射加工方法。如何控制离子束去除加工、镀膜加工和注入加工的加工机理转变?

8-14 为什么说离子束加工是最有前途的精密和超精密加工方法?

8-15 试述激光束加工的原理、加工设备、特点及其应用。

8-16 试述影响激光加工的主要因素。

8-17 试述激光加工的各种方法。

8-18 试述光刻加工的过程。

8-19 试述沉积和刻蚀多层工艺是如何得到立体结构的。

8-20 试述光刻-电铸-模铸复合成形技术(LIGA)的成形方法和特点。

8-21 了解集成电路制作过程,分析它与精密和超精密加工的关系。

第九章 纳米技术与3D打印技术

第一节 纳米技术概述

一、纳米技术的特点

纳米技术平时指纳米级 0.1~100nm 的材料、设计、制造、测量、控制和产品的技术。纳米技术是科技发展的一个新兴领域,它不仅仅是将加工和测量精度从微米级提高到纳米级的问题,而是人类对自然的认识和改造方面,从宏观领域进入到物理的微观领域,深入了一个新的层次,即从微米层深入到分子、原子级的纳米层次。在深入到纳米层次时,所面临的绝不是几何上的"相似缩小"的问题,而是一系列新的现象和新的规律。在纳米层次上,也就是原子尺寸级别的层次上,一些宏观的物理量,如弹性模量、密度、温度等已要求重新定义,在工程科学中习以为常的阿基米德定律、牛顿力学、宏观热力学和电磁学都已不能正常描述纳米级的工程现象和规律,而量子效应、物质的波动特性和微观涨落等已是不可忽略的,甚至成为主导的因素。

二、发展纳米技术的重要性

纳米技术的研究开发可能在精密机械工程、材料科学、微电子技术、计算机技术、光学、化工、生物和生命技术以及生态农业等方面产生新的突破。这种前景使工业先进国家对纳米技术给予了极大的重视,投入了大量人力、物力进行研究开发。1991年,美国国家关键技术委员会将纳米技术列为政府重点支持的22项关键技术之一,美国国家基金会也将纳米技术列为优先支持的关键技术。自1999年开始,美国政府把纳米技术研究列入21世纪前10年的11个关键领域之一,2000年,美国在"国家纳米技术计划"(National Nanotechnology Initiative,NNI)的框架内,对纳米技术的投资逐年增加,2011年,根据NNI战略规划的总体目标,确定了基本现象及过程、纳米材料、纳米器件及系统、设备与测量技术和标准、纳米制造、研发设施、环境和健康安全、教育和社会维度8大重点发展领域。英国皇家学会在2004年发表的研究报告"纳米科学与纳米技术:机遇与不确定性",成为纳米技术方面国际公认的一个权威报告,2010年3月,英国政府出台了"英国纳米技术战略",表明了政府对于成功和安全发展纳米技术的承诺。德国在2011年颁布了"纳米技术行动计划2015",计划包括5个行动领域,有气候/能源、健康/营养、运输、安全性和通信等,提供了一个可持续开发和使用纳米技术的新框架。德国的纳米科学研究已经达到国际领先的地位，据估计，现在美国和欧洲与纳米技术相关企业的数量几乎相当，而其中总部设在欧洲的公司中大约一半来自德国。全世界范围内已有60多个国家制订了各自的纳米技术研究计划，超过4000个公司和研究所正在开展纳米技术研究。在这些公司和研究所中，约有1900个属于服务行业，1000多个公司负责生产纳米技术产品。2006年，全世界纳米技术市场总值为3000亿美元，预计到2020年将增长到3万亿美元。

最近我国房丰洲教授提出制造3.0，把制造业划分为三个时代：制造1.0为手工制造时代，靠工人的技艺制造工件；制造2.0为机械化、柔性自动化和智能自动化制造时代，即现代制造和近期将来的制造技术；制造3.0为原子、分子层的加工，即纳米加工时代，将基于量子力学、物理、化学原理加工的全新加工时代，实例有加工出的量子计算机，一台功能远超过很多台现在的超大型计算机等，本书所述的纳米技术只是制造3.0的初步探索，但重要意义和发展前景实在是不容忽视。

三、纳米技术的主要内容

纳米技术主要包括：纳米级精度和表面形貌的测量；纳米级表层物理、化学、力学性能的检测；纳米级精度的加工和纳米级表层的加工——原子和分子的去除、搬迁和重组；纳米材料；纳米电子学；纳米级微传感器和控制技术；微型和超微型机械；微型和超微型机电系统和其他综合系统；纳米生物学等。本书将重点讲述扫描探针显微测量技术、纳米级精密加工和原子操纵、微型机电系统及其制造技术。

第二节　扫描探针显微测量技术

扫描探针显微测量技术主要用于测量表面的微观形貌和尺寸。它的原理是用极尖的探针（或类似的方法）对被测表面进行扫描（探针和被测表面实际并不接触），借助控制探针尖与被测表面间的隧道电流或相互作用力及纳米级的三维位移定位控制系统，测出该表面的三维微观立体形貌。用该测量原理的测量仪器有扫描隧道显微镜（STM）、原子力显微镜（AFM）、磁力显微镜（MFM）、激光力显微镜（LFM）、热敏显微镜（TSM）、光子扫描隧道显微镜（PSTM）、扫描近场声显微镜和扫描离子导电显微镜等。下面介绍这些显微镜的原理和测量技术。

一、扫描隧道显微镜（STM）测量技术

1. 扫描隧道显微镜简介

扫描隧道显微镜于1981年由两位在IBM瑞士苏黎士实验室工作的G. Binnig和H. Rohrer所发明。它可用于观察测量物体表面0.1nm级的表面形貌，也就是能观察测量物质表面单个原子和分子的排列状态以及电子在表面的行为，为表面物理、表面化学、生命科学和新材料研究提供一种全新的研究方法。后来随着研究的深入，STM还可用于在纳米尺度下的单个原子搬迁、去除、添加和重组，构造出新结构的物质。这一成就被公认为20世纪80年代世界十大科技成果之一，它的发明者因此荣获1986年诺贝尔物理学奖。

STM的基本原理是基于量子力学的隧道效应。在正常情况下，互不接触的两个电极之间是绝缘的。然而当把这两个电极之间的距离缩短到约1nm以内时，由于量子力学中粒子的波动性，电

流会在外加电场的作用下，穿过绝缘势垒，从一个电极流向另一个电极，正如不必再爬过高山，却可以通过隧道而从山下通过一样。当其中一个电极是非常尖锐的探针时，由于尖端放电而使隧道电流加大。用探针在试件表面扫描，将它"感觉"到的原子高低和电子状态的信息采集起来，通过计算机数据处理，即可得到表面的纳米级三维表面形貌。

2. STM 的工作原理、方法及系统组成

当探针的针尖接近试件表面距离为 1nm 左右时，将形成图 9-1 所示的隧道结。在探针和试件间加偏压 U_b，隧道间隙为 d，势垒高度为 φ，且 $U_b < \varphi$ 时，隧道电流密度 j 为

$$j = \frac{e^2}{h} \frac{k_a}{4\pi^2 d} U_b e^{-2k_o \varphi}$$

其中

$$\varphi = (\varphi_1 + \varphi_2)/2$$

式中　h——普朗克常数；
　　　e——电子电量；
　　　k_a、k_o——系数。

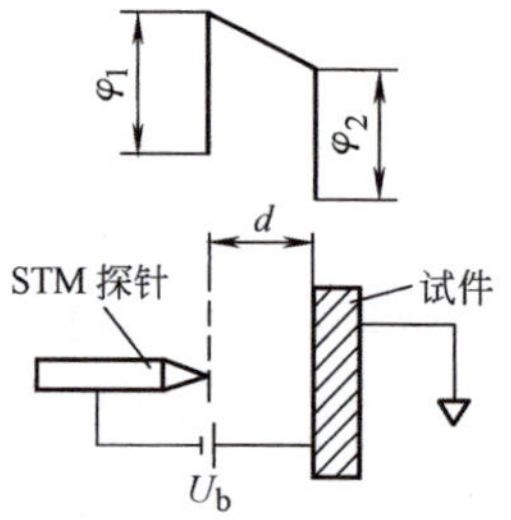

图 9-1　STM 的隧道结示意图

由上式可见，针尖与试件间的距离 d 对隧道电流密度 j 非常敏感。对于大多数金属试件，在原来表面距离较小的条件下，如果距离每减小 0.1nm，隧道电流密度 j 将增加一个数量级。这种隧道电流对隧道间隙的极端敏感性就是 STM 的基础。

STM 可以有两种测量模式：等高测量模式和恒电流测量模式。

（1）等高测量模式　这种测量模式的原理如图 9-2a 所示，采用这种等高测量模式时，探针以不变高度在试件表面扫描，隧道电流将随试件表面起伏而变化，测量隧道电流变化就能得到试件表面形貌信息。这种测量方法只能用于测量表面起伏很小（<1nm）时的试件，且隧道电流大小与试件表面高低的关系是非线性的，由于上述限制，故这种测量模式很少使用。

（2）恒电流测量模式　这种测量模式的原理如图 9-2b 所示。采用这种测量模式时，探针在试件表面扫描时，要保持隧道电流恒定不变，即使用反馈电路驱动探针，使探针与试件表面的距离（即隧道间隙）在扫描过程中保持不变，这时探针将随试件表面的高低起伏而跟踪其高低起伏。记录探针的升降值，即得到试件表面的形貌信息。这种测量模式将隧道电流对隧道间隙的敏感性转移到反馈扫描器的驱动电压与其位移间的关系上，避免了等高测量模式时的非线性，提高了纵向测量的测量范围和测量灵敏度。现在 STM 大都采用这种测量模式，纵向测量分辨力最高可以到 0.01nm。

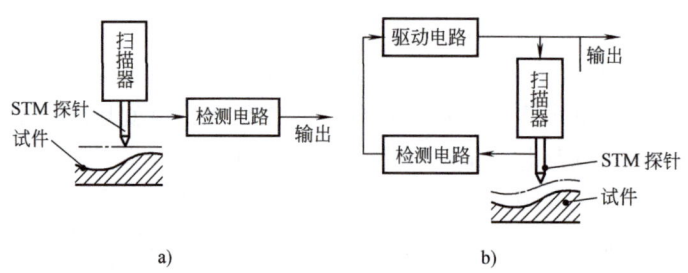

图 9-2　STM 的工作原理框图
a）等高测量模式　b）恒电流测量模式

获得表面微观形貌的信息后,通过计算机进行信息的数据处理,最后得到试件表面微观形貌的三维图形和相应的尺寸。

一般情形 STM 的隧道电流是通过探针尖端的一个原子,因而 STM 的横向分辨力最高可以达到原子级尺寸。

从上述 STM 的工作原理可知,它由下面几部分组成:

1) 探针和控制隧道电流恒定的自动反馈控制系统。
2) 纳米级三维位移定位系统,以控制探针的自动升降和形成扫描运动。
3) 信息采集和数据处理系统,这部分主要是计算机软件工作。

3. STM 的探针和隧道电流控制系统

(1) STM 的探针　探针大多数都用金属制成,要求尖端极为尖锐。这是因为顶端尖时可以形成尖端放电以加强隧道电流。此外,还希望隧道电流是通过探针顶端的一个原子流出,这样使 STM 有极高的横向分辨力。探针的制造有的用金属丝经电化学腐蚀,在金属丝腐蚀断裂的一瞬间切断电流,从而获得极为锋锐的尖峰;另一种制造方法是金属丝(带)经机械剪切,在剪断处自然形成尖峰,但必须在显微镜下检查针尖,以避免尖端不尖或出现双峰。这样制成的探针,针尖曲率半径在 30~50nm,最尖锐的可达到 10nm。现在有的使用碳纳米管制造探针,针尖曲率半径可小到几纳米,大大提高了 STM 测量的横向分辨力。

(2) STM 的隧道电流控制系统　在探针和试件间加偏压 U_b 以形成隧道电流。所加偏压必须小于势垒高度 φ,一般情况所加偏压为数十毫伏。

现在的 STM 都采用恒电流测量模式,其隧道电流的反馈控制系统使探针升降,以保持隧道间隙和使隧道电流不变。扫描时的探针升降值,即是试件表面的微观形貌高度值。

4. STM 的使用

(1) 探针的预调　STM 都有精密的探针预调机构,并有低倍数的显微镜监测针尖,到探针很接近试件表面时,启动 z 向微位移驱动系统直到探针尖有隧道电流。

(2) STM 的环境保证条件　STM 要求很好的隔振系统,以防止外界振动对测量工作的干扰。STM 工作时要求恒温和防止气流干扰。某些测量工作还要求在真空条件下进行。

(3) STM 测得的表面形貌图　检测时先得到表面的线扫描图,经消影和图像处理后得到被测表面的彩色立体形貌图。可以根据被测表面的不同而取不同的放大倍数。图 9-3 所示为用 STM 测得的不同放大倍数的试件表面形貌图(原图为彩色)。图 9-3a 放大倍数大,是

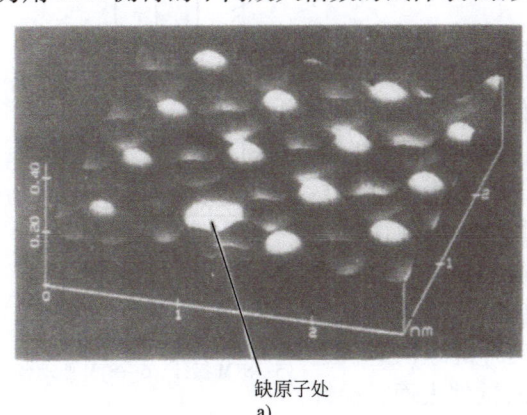
缺原子处
a)

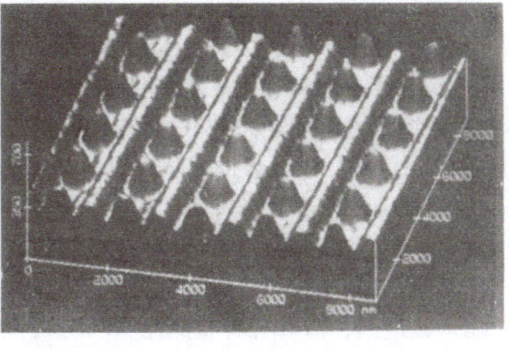
b)

图 9-3　STM 测得的试件表面形貌图

铂晶体表面吸附碘原子的情况，可看到有一处缺了一个原子。图 9-3b 是放大倍数较低时测得的某种磁性材料的表面形貌图。

（4）STM 的扩大应用　STM 发明后被广泛应用在多种科学研究中，使用面日广。并且后来发现在探针和试件间加一定的偏压，可以将试件表面的原子吸附在探针针尖上移动，使 STM 不仅用于原子级表面的测量，还可以用于试件表面原子级的加工，使 STM 的应用扩大到一个全新的广阔的领域。

二、原子力显微镜和其他扫描探针测量技术

扫描隧道显微镜虽然有极高的测量灵敏度，但它是靠隧道电流进行测量的，因此不能用于非导体材料的测量。STM 的发明者 G. Binnig 等参考扫描隧道显微镜的测量原理，于 1986 年发明依靠探针尖和试件表面间的原子作用力来测量的原子力显微镜（AFM），后来又有人研制成功用磁力、静电力、激光力等来测量的多种扫描探针显微镜，解决了不同领域的微观测量问题。

由于原子力显微镜等扫描探针显微镜，不需要电流通过探针尖，故不导电耐磨材料也可用于制造探针，现在扫描探针显微镜的探针尖常用的材料还有硅、氮化硅和带有不锈钢悬臂的金刚石探针尖等。

1. 原子力显微镜的测量原理

当两原子间距离缩小到 <1nm 数量级时，原子间的相互作用力就显示出来。由于两个原子的相互作用，造成两个原子的势垒高度降低，使系统的总能量降低，于是二者之间产生吸力。当这两个原子间的距离继续减小到原子直径时，由于原子间的电子云的不相容性，两原子间的作用力表现为排斥力。在 AFM 中，探针与样品之间的原子间的吸力和排斥力的典型值在 10^{-9}N，即 1nN 左右。

AFM 可有两种测量模式：接触测量和非接触测量。接触式测量利用原子间的排斥力，探针针尖和试件表面间距离小于 0.3nm 时产生排斥力；非接触式测量利用原子间的吸引力，探针针尖和试件表面间距离在 ≤0.5~1nm 时产生吸引力。由于利用原子间排斥力的接触式测量其分辨力要高得多，可以到原子级分辨力，故现在 AFM 主要采用这种测量模式。

AFM 的测量原理是探针扫描试件表面，保持探针与被测表面间的原子排斥力恒定，探针扫描时的纵向位移即是被测表面的微观形貌。

2. AFM 的结构和工作原理

可以有不同方法保持探针在试件表面的原子间的排斥力恒定。常用的方法是将探针用悬臂方式装在一个微力传感弹簧片上，该弹簧片要非常软，弹性系数在 0.01~0.1N/m。探针在试件表面扫描时，探针将随被测表面起伏而升降。G. Binnig 研制的 AFM 是用扫描隧道显微镜来检测探针的纵向位移的，其结构原理如图 9-4 所示。从图中可看到，试件装在能做三维扫描的 AFM 扫描驱动台上，AFM 探针装在软弹簧片的外端。STM 的驱动台只能做纵向（一维）微进给，STM 探针检测出 AFM 探针的簧片的纵向起伏运动。进行测量时，AFM 的探针被微力弹簧片压向试件表面，探针尖端和试件表面间的原子排斥力将探针微微抬起，达到力的平衡。AFM 探针在试件表面扫描时，因微力弹簧的压力基本不变，故探针将随被测表面的起伏面上下波动，AFM 探针弹

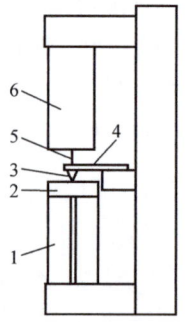

图 9-4　AFM 的结构原理
1—AFM 扫描驱动台　2—试件
3—AFM 探针　4—微力弹簧片
5—STM 探针　6—STM 驱动台

簧片后面的 STM 探针和弹簧片间产生隧道电流,控制隧道电流不变,则 STM 的探针和 AFM 的探针将做同步的纵向位移运动,即可测出试件表面的微观形貌。

现在有多种方法测量 AFM 探针和弹簧片的位移值,如位敏光电元件、激光法、电容法等,其中激光反射偏移法因灵敏度高,用得较多。

微力弹簧将探针压向试件表面的力很小,在 10^{-9}N 左右,因弹簧力不超过原子间排斥力,故不会划伤试件表面。

AFM 不仅可以检测非导体试件的微观形貌达原子级分辨力(纵向分辨力达 0.01 ~ 0.001nm),而且可以在液体中进行检测,故现在用得较多。

3. 其他扫描探针显微镜和多功能扫描探针显微镜

AFM 测量工作时,针尖和试件原子间的相互作用力不仅有相互吸引力和相互排斥力,同时还存在毛细力、摩擦力、磁力、静电力、化学力等。其中摩擦力、磁力、静电力、化学力等,在特定的场合,是非常重要的性能参数,于是又发展了新的摩擦力显微镜(FFM)、磁力显微镜(MFM)、静电力显微镜(EFM)、化学力显微镜(CFM)等。因这些显微镜检测工作时,都是用探针进行扫描检测的,故又统称扫描探针显微镜(SPM)。

摩擦力显微镜(FFM)的发展和应用,使新的纳米摩擦学获得了迅速的发展。磁力显微镜(MFM)的发展和应用,对迅速发展的磁性材料的磁性能检测和磁记录技术的发展,起到积极的推动作用。化学力显微镜(CFM)的发展和应用对化学变化机理的研究,发挥了重要作用。

这些新出现的显微镜,如 FFM、MFM、EFM、CFM 等都是用测量针尖和试件间作用力来检测的,因此这些显微镜有很多部分,如探针尖受力检测的力测量系统、扫描运动系统、电路控制系统、信号检测处理系统等,都是基本相同可以通用的。于是就出现了多功能扫描探针显微镜,只要更换 SPM 的部分部件(更换测头部分),就能用作不同功能的显微镜,如可用作 STM、AFM、FFM、MFM、LFM、CFM 等。这样,一个实验室有了一台多功能 SPM 和附带的配件后,就相同于有了多台不同功能的显微镜,大大节省了购置仪器设备的费用。

第三节 纳米级加工技术和原子操纵

一、纳米级加工技术概述

1. 纳米级加工的物理实质分析

纳米级加工的物理实质和传统的切削磨削加工有很大不同,一些传统的切削磨削方法和规律已不能用在纳米级加工。

欲得到 1nm 的加工精度,加工的最小单位必然在亚纳米级。由于原子间的距离为 0.1 ~ 0.3nm,纳米级加工实际上已到加工精度的极限。纳米级加工中试件表面的一个个原子或分子将成为直接的加工对象,因此纳米级加工的物理实质就是要切断原子间的结合,实现原子或分子的去除或搬迁。各种物质是以共价键、金属键、离子键或分子结构的形式结合而组成的,要切断原子或分子的结合,就要研究材料原子间结合的能量密度,切断原子间结合所需的能量,必然要求超过该物质的原子间结合能,因此需要的能量密度是很大的。表 9-1 所示为若干种材料的原子间结合能密度。在机械加工中,工具材料的原子间结合能必须大于被加工材料的原子间结合能。

表 9-1 不同材料的原子间结合能密度

材料	结合能/（J/cm³）	备 注	材料	结合能/（J/cm³）	备 注
Fe	2.6×10^3	拉 伸	SiC	7.5×10^5	拉 伸
SiO_2	5×10^2	剪 切	B_4C	2.09×10^6	拉 伸
Al	3.34×10^2	剪 切	CBN	2.26×10^8	拉 伸
Al_2O_3	6.2×10^5	拉 伸	金刚石	$5.64 \times 10^8 \sim 1.02 \times 10^7$	晶体的各向异性

纳米级加工需要切断原子间结合，故需要很大的能量密度，其能量密度为 $10^5 \sim 10^6 J/cm^3$，或 $10^{-21} \sim 10^{-16} J/$原子。传统的切削、磨削加工消耗的能量密度较小，实际上是利用原子、分子或晶体间连接处的缺陷而进行加工的。用传统切削磨削加工方法进行纳米级加工，要切断原子间的结合就相当困难了。因此直接利用光子、电子、离子等基本能子的加工，必然是纳米级加工的主要方向和主要方法。但纳米级加工要求达到极高的精度，使用基本能子进行加工时，如何进行有效的控制以达到原子级的去除，是实现原子级加工的关键。近年来纳米级加工有很大的突破，例如用电子束光刻加工超大规模集成电路时，已实现 $0.1\mu m$ 线宽的加工；离子刻蚀已实现微米级和纳米级表层材料的去除；扫描隧道显微技术已实现单个原子的去除、搬迁、增添和原子的重组。纳米加工技术现在已成为现实的、有广阔发展前景的全新加工领域。

2. 纳米加工技术简介

一般大于 100nm 尺寸的加工仍习惯称为微细加工或微米加工，有时也将 $1\mu m$ 尺度以下结构的加工称为纳米加工，但是制作 100nm 以下的结构是真正意义上的纳米加工。纳米加工技术早已有之，电子束曝光技术在 40 年前就已经达到 10nm 左右的加工水平，同时集成电路和印制电路板制作技术、扫描探针加工技术、模型工艺都可以用来加工纳米结构。集成电路的曝光工艺已经能够在大量生产工艺中实现 22nm 左右的最小图形尺寸，在实验室条件下利用超紫外光的干涉曝光技术甚至可以制作 12.5nm 的密集图形结构。纳米加工技术按其原理不同可分为：聚焦能束扫描加工技术，主要以电子束曝光技术（见本书第八章）、聚焦离子束加工和激光加工为代表；扫描探针加工技术和原子操纵；模型工艺技术，以纳米压印技术为代表。这些纳米加工技术都是典型的所谓自上而下（Top – down）的加工技术。与之相对应的为自下而上（Bottom – up）的加工技术，这是依赖于分子自组装过程的纳米加工技术，这些加工技术更多地涉及生物和化学反应，而不是传统意义上的加工技术。

随着传统自上而下纳米加工技术日趋走向极限，分子自组装加工方法被看成为未来更小尺度加工的有前途的加工技术，2011 年版的"国际半导体技术路线图"已经将分子自组装加工方法认作潜在的可以取代目前传统加工技术的"新星"。纳米加工技术不可能孤立存在，纳米尺度的物理化学现象通常需要通过微米结构的器件或系统，过渡到宏观世界。大多数纳米加工技术是在微米加工技术基础上发展起来的，因此微米加工和纳米加工实际上是不可分割的，即使分子自组装能够形成纳米结构，在大多数情况下还是要依赖自上而下的微纳米加工技术来构筑自组装的平台或引导分子自组装过程。

二、聚焦能束扫描加工技术

1. 聚焦离子束加工技术

聚焦离子束（FIB）与聚焦电子束在本质上都是带电粒子经过电磁场聚焦形成细束而用于加工。因离子的质量远远大于电子的质量（最轻的氢离子质量是电子质量的 1840 倍），离子束有较大能量,故离子可以直接将固体表面的原子溅射剥离。目前聚焦离子束加工大都采用液态金属离子源(LMIS),是利用液态金属在强电场作用下产生场致离子发射所形成的离子源。聚焦离子束的加工机理主要是溅射刻蚀和沉积添加。

离子束溅射刻蚀加工的基本原理,是在真空条件下,将惰性气体氩(Ar)、氪(Kr)、氙(Xe)等电离而产生离子束,再经过加速、集束、聚焦后,轰射工件表面,将工件表面原子碰撞出去,以达到加工的目的。离子束轰击刻蚀加工要获得好的加工效果,需注意:①离子束最佳入射角为80°,大于或小于该角度,加工效果将变差;②溅射原子的再沉积直接影响加工效率和加工表面质量,故加工较深图形时,应采用来回多次扫描刻蚀,可减少表面沉积物对加工的影响;③离子束刻蚀加工时能量应在10~30keV间,再增高入射离子束能量,只能增强离子的穿透性而不能提高刻蚀效率;④离子束溅射(轰击)刻蚀加工时再加入化学活性气体,可反应形成可挥发的或气态的反应物,被真空抽气系统排走,使刻蚀效率提高好几倍,并得到较清洁的加工表面。这实际上是离子溅射刻蚀并激活化学气体刻蚀的综合加工。图9-5所示为用聚焦离子束在直径4μm圆球上所打的环形槽,用其他方法加工是很困难的。

聚焦离子束可在工件表面进行沉积加工形成3D微结构,该加工方法的原理是离子束激发的特定区域化学气相沉积,即将特定气体喷射到工件表面而被吸附,在等离子束照射作用下气体分解而沉积在工件表面,一层一层地沉积而形成微结构。图9-6所示为离子束沉积加工和刻蚀加工而成的凸、凹微结构。

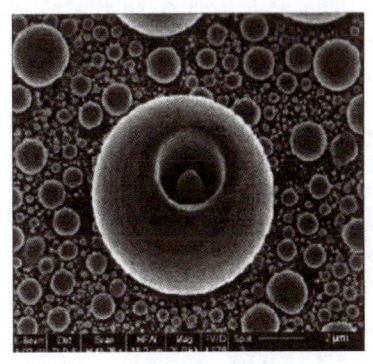

图9-5 离子束在4μm球体上打环形槽

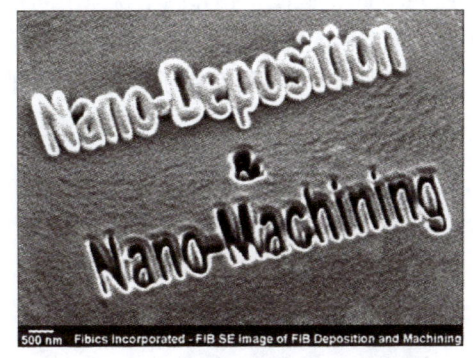

图9-6 离子束沉积和刻蚀加工而成的凸、凹微结构

离子束溅射刻蚀加工和沉积加工虽能加工出微结构,但不易得到较高精度,且离子源发生器价格昂贵、操作复杂,现在生产中用得不多。

2. 聚焦激光束加工技术

激光束加工是能束加工中用得较多的一种加工方法,可以用于刻蚀加工,也可以用于层积加工。

激光束刻蚀加工的原理并非用光能直接撞击去掉工件表面的原子,而是光能先转化为热能或动能,使原子汽化而去除,形成一种所谓"激光剥蚀",从而达到材料的刻蚀去除。激光刻蚀用的激光,脉宽越小,聚焦的束斑直径越小,对材料的穿透性强,热作用区集中并对周边的热影响小,加工精度和表面质量高,但加工效率较低。激光精密刻蚀加工用脉宽很小的准分子激光和飞秒激光。准分子激光可以加工微孔($\phi5\mu m$以内),切割微槽,还可以进行微雕刻形成三维微结构,每次扫描烧蚀深度为10nm到数微米,可一层一层地重复刻蚀而达到图形要求的深度和形状。准分子激光的脉宽为纳秒级($\approx20ns$),飞秒激光的脉宽要小几个数量级，加工精度和表面质量均很高，但加工效率要比准分子激光低不少。

激光束层积加工是利用激光束扫描照射使材料沉积黏附于加工表面，一薄层一薄层地叠加而形成三维立体结构，该方法又被称为"3D 打印"制造技术。随着加工材料的扩大（从塑料到多种金属），成形精度的不断提高，该方法得到逐步推广使用，成为很有发展前景的新加工方法。该方法将在后面再讲述。

三、基于扫描探针显微镜的原子搬迁技术

1. 用 STM 搬迁拖动原子和分子

1) 用 STM 搬迁拖动原子。1990 年，美国 IBM 公司的 D. Eigler 等在超真空和液氦温度（4.2K）的条件下，用 STM 将吸附在 Ni（110）表面的惰性气体氙（Xe）原子，逐一拖动搬迁，用 35 个 Xe 原子排成 IBM 三个字母。每个字母高 5nm，原子间距离 1nm，如图 9-7 所示。该方法是将 STM 的探针靠近试件表面吸附的 Xe 原子，原子间的吸引力使 Xe 原子随探针的水平移动而拖动到要求的位置。这是人类首次实现单原子操纵，可控地移动 Xe 原子构成要求的图像。

使用 STM 还可以搬迁移动表面吸附的气体原子，还可以搬迁移动吸附的金属原子。1993 年，D. Eigler 等又实现了在单晶铜 Cu（111）表面上吸附的 Fe 原子的搬迁移动，将 48 个 Fe 原子移动围成一个直径 14.3nm 的圆圈，相邻两个铁原子间距离仅为 1nm。这是一种人工的围栏，把圈在围栏中心的电子激发形成美丽的"电子波浪，"如图 9-8 所示。它使人们能直观地看到电子态密度的分布，证实了量子力学中微观粒子具有波动性的德布罗意波假设。

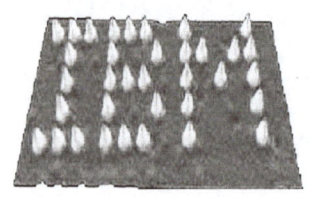

图 9-7 搬迁 Xe 原子写成 IBM 字图像

图 9-8 搬迁 Fe 原子形成圆量子围栏

2) 用 STM 搬迁分子。1991 年，美国 D. Eigler 等人实现了使用 STM 移动在铂单晶表面上吸附的 CO 分子，将 CO 排列构成一个身高仅 5nm 的世界上最小的"人"的图像，如图 9-9 所示。该图像中的 CO 分子间距离仅为 0.5nm，人们称它为"一氧化碳小人"。

用 STM 也可以移动吸附在试件表面上的大分子。1996 年，M. cuberes 成功地移动了吸附在 Cu（111）表面上的 C_{60} 大分子（直径 0.7nm），形成世界上最小的算盘。

图 9-9 搬迁 CO 分子画成小人图像

2. 用 STM 提取和放置原子

1) 从试件表面去除原子。1991 年，日本日立公司中央研究实验室（HCRL）的 S. Hosoki 等人，成功地在 MoS_2 表面去除 S 原子，并用这种去除 S 原子留下空位

的方法，在 MoS_2 表面上用空位写成"PEACE'91 HCRL"的字样，如图 9-10 所示。写成的字很小，每个字母的尺寸不到 1.5nm，至今仍保持着最小字的世界纪录。该方法是将 STM 的针尖对准试件表面某个 S 原子，施加电脉冲而形成强电场，使 S 原子电离成离子而逸飞，留下 S 原子的空位。

黄德欢还曾用 STM 加脉冲在 Si(111)-7×7 表面上去除预定的 Si 原子。

2）用 STM 在试件表面放置增添原子。1998 年，黄德欢成功地将 Pt 针尖原子放置到 Si（111）-7×7 试件表面，形成 Pt 的纳米点。先将 STM 的 Pt 针尖移到非常接近试件表面，施加一个 3.0V、10ms 的电脉冲，针尖试件间的电流急剧增加，使针顶尖温度迅速升高熔化，Pt 原子留在试件表面形成多原子的 Pt 纳米点，直径约为 1.5nm，如图 9-11 所示。

图 9-10 在 MoS_2 表面去除 S 原子用空位写成 PEACE' 91 HCRL

用 STM 还可向试件表面放置异质材料的原子。这种方法第一步用电脉冲将新原子吸附到针尖表面，第二步再用电脉冲将针尖表面吸附的原子放置到试件表面。这个针尖表面吸附的新材料原子，可以是先吸附在针尖表面上的，也可以是在操纵过程中临时从周围环境（如周围的气体或液体）中摄取而吸附到针尖表面的。图 9-12 所示是黄德欢用放置 H 原子法制成的微结构图形，STM 的钨探针自周围的氢气中提取氢原子，并吸附到针尖表面，再用电脉冲连续将 H 原子放置到 Si（111）-7×7 表面，Si 表面上的异质 H 原子绘成了图中黑色线条的三角形图形。

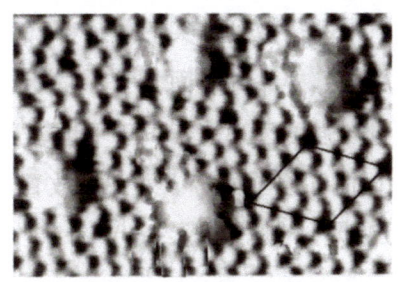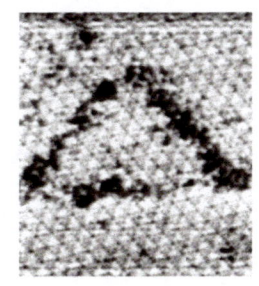

图 9-11 用 Pt 针尖在 Si（111）-7×7 表面放置 Pt 原子，形成 Pt 纳米点

图 9-12 在 Si（111）-7×7 表面连续放置 H 原子

四、基于 SPM 的纳米加工技术

1. 使用 AFM 的探针尖直接进行刻划加工

使用 AFM 微探针直接进行刻划加工法是通过增加针尖与工件表面之间的作用力，使表面产生塑性变形去除。现在使用的有两种方式：①采用带有硅或者氮化硅悬臂的探针尖，其弹性常数为 10~100N/m，针尖半径 10~30nm，这种探针可以在较软的金属、聚合物等材料表面加工；②采用带有不锈钢悬臂的金刚石探针尖，其弹性系数可达 100~300N/m，针尖半径 30~50nm，这种探针可以加工的材料范围很广。

使用 AFM 微探针直接进行刻划去除，可加工点、线等，改变 AFM 针尖作用力大小可控制刻划深度（深沟槽可数次刻划），按要求结构图形进行扫描，即可刻划出要求的极小的三维立体图形结构。图 9-13 所示为用 AFM 探针刻划出的图形结构，可看到，该方法可以雕刻加工出较窄而深的沟槽，沟槽侧壁陡峭，表面光滑。图 9-14 所示为刘忠范等用 AFM 在 Au – Pd 合金膜上加工出的一首微米尺度唐诗《春晓》的复杂二维图形。

作用在 AFM 针尖上的力不同时，针尖在试件表面刻划的深度也不同。用该原理可用 AFM 探针尖按灰度图形（灰度照片）雕刻三维立体浮雕微图形。图 9-15 所示为哈尔滨工业大学闫永达等按人面的灰度照片，用 AFM 针尖按上述方法雕刻出的人面微浮雕图像。其中图 9-15a 为人面像原始灰度照片；图 9-15b 为 AFM 针尖雕刻出的三维人面微浮雕图像；图 9-15c 为该三维人面微浮雕图像的纵向 B—B 和横向 A—A 的剖面图，可看到各位置处的不同高度；图 9-15d 为该三维人面微浮雕的立体图像。这项技术可扩展应用到微小曲面的加工。

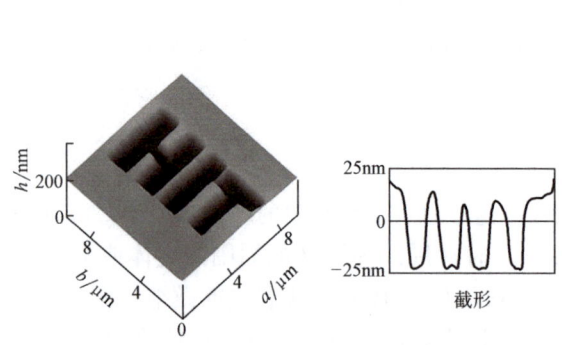

图 9-13　用 AFM 探针雕刻出的图形结构

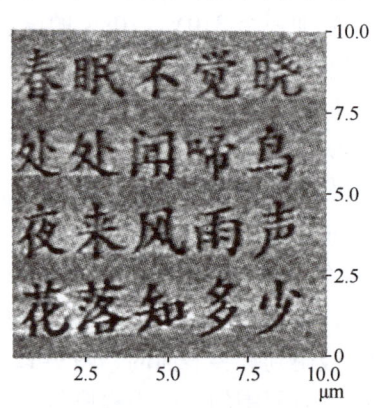

图 9-14　用 AFM 针尖雕刻的唐诗图形

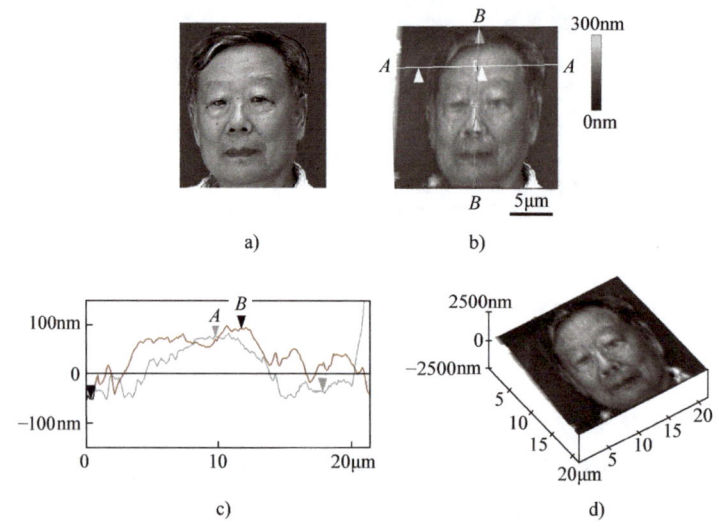

图 9-15　用 AFM 针尖按灰度照片在试件表面雕刻的三维微浮雕图像
a) 原始灰度照片　b) 雕刻的三维微图像　c) 微图像的剖面图　d) 微图像的立体图

使用扫描热显微镜（STM）的探针可进行刻划加工。这种探针本身结构类似热电偶，可测知试件表面被测点的温度。这种探针本身也可通电加热尖端，用加热的探针尖进行刻划加工时，可使试件局部软化易于加工。目前商品探针材质为单晶硅加装金刚石，可耐温度为400℃，如需承受更高温度时，需要定制钨探针（可耐温度为1000℃）。

2. 用 SPM 进行纳米点沉积加工微结构

前面已讲过，在一定的脉冲电压作用下，SPM 针尖材料的原子可以迁移沉积到试件表面，形成纳米点。改变脉冲电压和脉冲次数，可以控制形成的纳米点的尺寸大小。H. Mamin 等用 Au 针尖的 STM，在针尖加 -3.5 ~ -4V 的电压脉冲，在黄金表面沉积加工出直径 10 ~ 20nm，高 1 ~ 2nm 的 Au 纳米点。用这些 Au 纳米点，描绘成直径约 1μm 的西半球地图，如图 9-16 所示。这是用贵金属黄金制成的最小的世界地图。

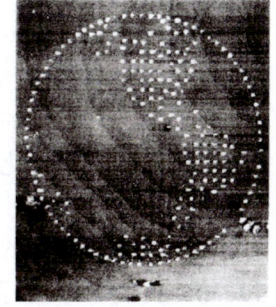

图 9-16 Au 纳米点在 Au 表面形成的西半球地图

3. 用 SPM 连续去除原子加工微结构

中国科学院北京真空物理实验室使用 STM，加大直流偏压，在 Si（111）-7×7 表面连续去除 Si 原子，获得原子级平直沟槽，沟宽 2.33nm，如图 9-17a 所示。但去除 Si 原子必须沿平行于晶体基矢方向进行，方能获得原子级平直沟槽，否则沟槽的边界粗糙，且不是稳定结构。

1994 年，中国科学院北京真空物理实验室庞世谨等，为纪念毛泽东诞辰一百周年，在 Si（111）-7×7 表面用 STM 针尖连续加电脉冲，移走 Si 原子形成沟槽，写成"中国"字样（见图 9-17b），此外还写出"毛泽东"、"100"等字的图形结构，为此新华社发表了"搬动原子写中国"的报道。该项原子操纵技术成果，还被我国两院院士评为 1994 年我国十大科技进展之一。

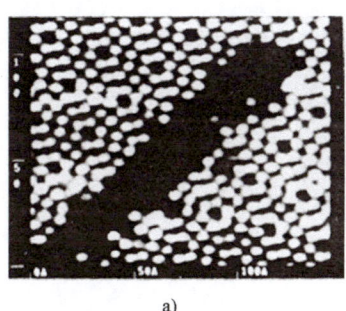 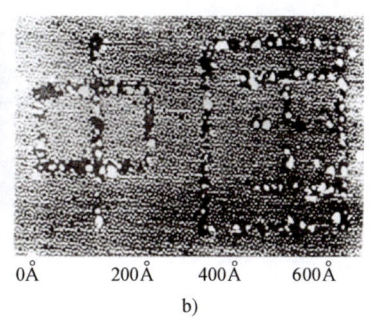

a)　　　　　　　　　　　　　　b)

图 9-17 在 Si 表面连续去除 Si 原子形成微结构
a）获得原子级平直沟槽　b）写成"中国"字样

4. 用 SPM 进行电子束光刻加工

用 SPM 可进行光刻加工。使用导电探针并在探针和试件间加一定的偏压（取消针尖和试件间距离的反馈控制）产生隧道电流（即电子束），由于探针极尖锐，可以使针尖处的电子束聚焦到极细，该电子束使试件表面光刻胶局部感光，进行化学腐蚀，可获得极精微的光刻图形。图 9-18 是美国 C. Quate 等用 AFM 对 Si 表面

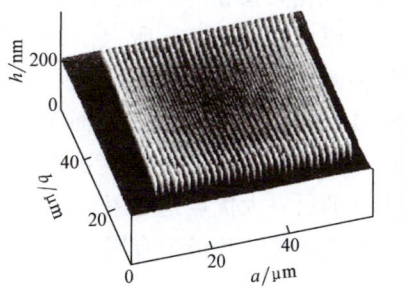 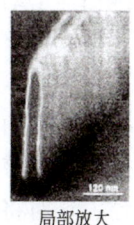

局部放大

图 9-18 在硅表面用 AFM 光刻得到的纳米细线结构

进行光刻加工，所获得的连续纳米细线微结构，获得的纳米细线宽度为32nm，刻蚀深度为320nm，高宽比达到10:1。美国McCord等用AFM在Si表面进行光刻加工，获得线条宽仅为10nm的图形。但这方法加工效率极低，尚无实用价值。

5. 用SPM进行局部阳极氧化法加工微结构

使用SPM对试件表面进行局部阳极氧化的原理如图9-19所示。在反应过程中，针尖和试件表面间存在隧道电流和电化学反应产生的法拉第电流。电化学阳极反应中针尖取阴极，试件表面取阳极，吸附在试件表面的水分子（H_2O）提供氧化反应中所需的HO^-离子。阳极氧化区的大小和深度，受到针尖的尖锐度、针尖和试件间偏压的大小、环境湿度以及扫描速度等因素的影响。控制上述因素，可以加工出很细并且均匀的氧化结构。

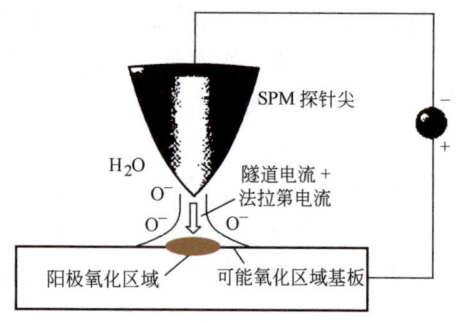

图9-19 用SPM对试件局部阳极氧化原理图

图9-20a是H. Dai等用STM在氢钝化的Si表面，用阳极氧化法加工出的SiO_2细线微结构，实验中用的探针尖为多壁碳纳米管，针尖的负偏压为$-7\sim-15V$，得到的SiO_2细线宽度为10nm，线间距离100nm，图9-20b所示是用该方法加工成的SiO_2细线组成的"NANOTUBE"和"NANOPENCIL"等很小的英文字。中国科学院真空物理实验室用STM在P型Si(111)表面，用阳极氧化法制成SiO_2的中国科学院院徽图形的微结构，如图9-20c所示。

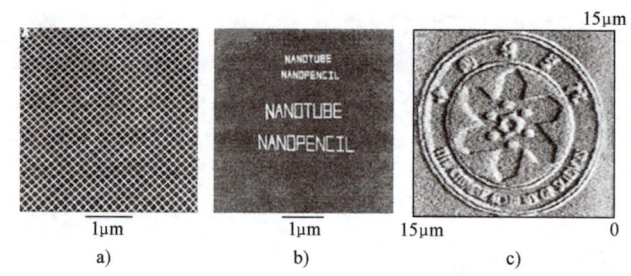

图9-20 Si表面阳极氧化成SiO_2的微结构
a) 细线微结构　b) 英文字微结构　c) 中科院院徽

6. 纳米蘸水笔书写技术

美国Mirkin、Piner等开发了一种纳米蘸水笔书写（DPN）技术。选择能和基底牢固结合的墨水（或添加能相互亲和的中间层），用SPM针尖蘸这种墨水，在基底上按要求图形做二维扫描运动，其原理如图9-21a所示，"针尖笔"上墨水中的有用物质即粘固在基底表面，写成要求的精微图形。图9-21b和图9-21c为用该方法写成的点阵列和英文字母。更换第二种墨水，SPM针尖即可以在基底表面再加写第二种材料的新图形。这种技术，可以直接在试件表面'书'或'画'纳米尺度的图形，因技术简单方便而受欢迎。

此外，该方法的另一大优点是可用于生物学领域，画成的生物材料图形，仍能保持生物活性，这对将来制造生物芯片极为有用。

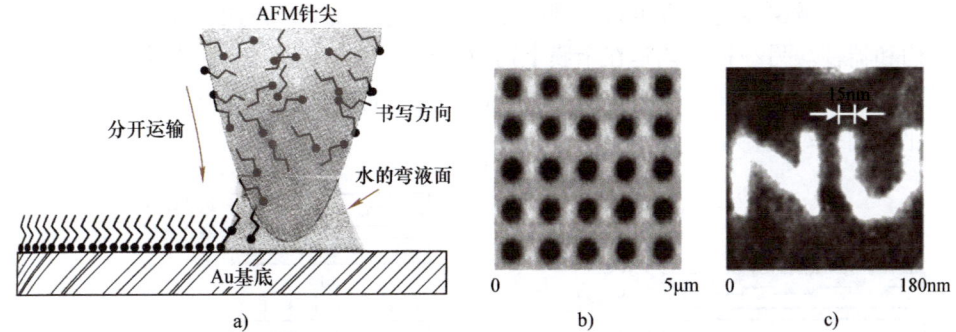

图 9-21 纳米蘸水笔书写技术
a）纳米蘸水笔书写技术示意图　b）书写的点阵列　c）书写的英文字母

五、纳米压印技术

纳米压印技术（NIL）是在 20 世纪 90 年代中期发展起来的基于物理成形方法形成表面浮雕图形的新技术。该技术是将模版进行大量复制的印刷复制技术，其制作超微细图形的能力可以与电子束曝光技术媲美，已经形成了生产小于 10nm 图形的制造能力。纳米压印技术主要包括热压印（HEL）、紫外压印（UV – NIL）和微接触印刷（μCP）。

1. 纳米热压印

纳米热压印工艺是复制微结构的一种低成本而快速的方法，仅需一个模具，可以按需复制完全相同的结构到大的表面上。热压印法的工艺过程分三步：压模制备、压印过程（热压印过程见图 9-22）、图形转移。其基本概念是先制成坚硬的压模，然后在用来绘制纳米图案的基片（常用硅片）上旋涂一层抗蚀剂聚合物材料（如聚甲基丙烯酸甲酯 PMMA，厚度 100～200nm），将其放入压印机加热，温度一般高于聚合物的玻璃化转变温度 50～100℃，并且把压模压在基片上的聚合物薄膜上，压力大小取决于聚合物涂层的软化程度（一般在 5～10MPa 之间），再把温度降低到聚合物凝固点附近，并且把压模与聚合物层相分离，就在基片上做出了凸起的聚合物图案，腐蚀去除残留的聚合物，由此获得聚合物要求图形。最后的图形转移是对上一步做成的压印件，用常规的图形转移技术，把基片上的聚合物图案转换成所需材质的图案。

2. 紫外纳米压印技术

紫外纳米压印技术是在纳米热压印基础上发展而成的，它与纳米热压印的区别在于：采用了透明印模，并采用了可以经紫外固化的液体压印材料，只是将纳米热压印法中原来的印模换成了透明印模和将原来的压印材料换成了紫外固化聚合物材料，抗蚀剂聚合物涂层可以用紫外光通过透明印模照射固化，而不必再在高温高压条件下进行压印。图 9-23 说明了紫外固化纳米压印的基本过程，其关键就是透明的印模材料和紫外固化的液体聚合物压印材料。紫外固化纳米压印技术可以进行较大尺寸的图形制作。

3. 微接触压印技术

微接触压印技术的原理：将绘制有纳米图案的刚性模具浸在含有硫醇的试剂中，然后将浸过试剂的模具微接触地压到镀金基片上，基片可以为玻璃、硅、聚合物等。硫醇与金发生反应，形成自组装单分子层图形。压印后可有两种继续处理工艺。一种工艺是用湿法刻蚀，如在氢化物溶液中，氢化物的离子促使未被单分子层覆盖的金溶解，从而将单分子层的图案转移到金上。对未被覆盖的地方进行常规的刻蚀、剥离等加工，再次实现图案转移，最终制成纳米结构和器件。另一种工艺是在金膜上通过自组装层的硫醇分子来链接某些有机分子，实现自组装。用此方法可加工生物传感器的表面。这三种压印方法各有优点和缺点，现将它们之间的比较列表对比，见表9-2。

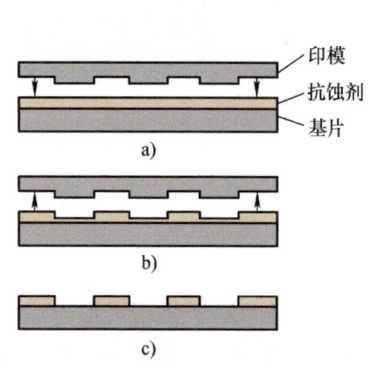

图 9-22　纳米热压印过程

a）压印　b）脱模　c）刻蚀去残胶

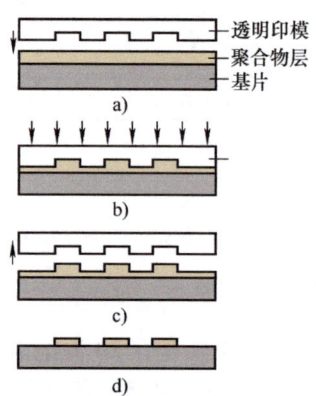

图 9-23　紫外固化纳米压印过程

a）压印　b）紫外照射固化
c）脱模　d）刻蚀去残胶

表 9-2　热压印、紫外压印和微接触压印法特性比较

工艺	温度	压力 p/kN	最小尺寸	深宽比	多次压印	多层压印	套刻精度
热压印	高温	0.002~40	5nm	1~6	好	可以	较好
紫外压印	室温	0.001~0.1	10nm	1~4	好	可以	好
微接触压印	室温	0.001~0.04	60nm	无	差	较难	差

六、自组装的纳米制造技术

前面讲的纳米制造技术都是自上而下的加工方式，其最小可能加工结构尺寸是有限的。而自然界通过自组装和自构建，在自下而上的分子自组装基础上创造了世间复杂万种生物。自组装是构成复杂生物结构的基础。如何将自上而下的纳米加工技术和自下而上的分子自组装技术，巧妙地结合起来制备纳米结构，自组装技术正逐步成为构造纳米微结构的一种新方法，例如积层电路制造中的外延法、晶体的生长、生物芯片的制造和应用，都是应用原子和分子的吸引力和排斥力的自组装技术的实际应用。

1. 基于 SPM 的原子自组装

在温度升高后，SPM 针尖下的强电场，可以将试件表面的原子聚集到针尖下方，聚集自组装成三维立体微结构。日本电子公司 M. Iwatsuki 等通过增大 STM 针尖和试件 Si（111）表面之间的负偏压，并控制环境温度在 600℃ 高温条件下，试件表面的 Si 原子在针尖强电场的作用下，聚集到 STM 的针尖下，自组装而形成一个纳米尺度的六边形 Si 金字塔，如图 9-24 所示。此微型六边形金字塔底层的直径约为 80nm，高度约为 8nm。

美国惠普公司，利用 STM 将分布在 Si 基材表面上的锗原子集中到针尖下，实现 Si 表面上的 Ge 原子的搬迁而形成三维立体结构，这些 Ge 原子自组装形成四边形金字塔形微结构，如图 9-25 所示，该锗原子组成的微型金字塔，塔底宽约 10nm，高约 1.5nm。这是用针尖的电场将 Si 表面的异质 Ge 原子集中到一起，自组装形成的微型三维立体结构。

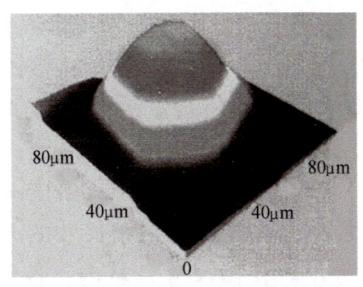

图 9-24　自组装形成的 Si 六边形金字塔，直径 80nm，高 8nm

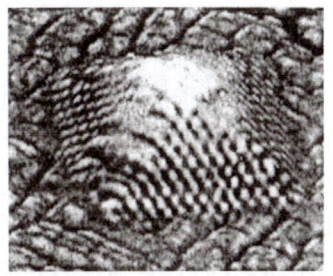

图 9-25　在 Si 基材表面自组装形成锗原子的方形金字塔

2. 分子的自组装

分子的自组装是分子间通过相互作用自发组合，形成具有某种特定功能或性能的分子聚集体或超分子结构。该分子自组技术已得到实际的应用。例如晶体制备中外延法，是通过引入带有几何形貌的基底结合外场的方法（相当于地势场和温度场及溶剂浓度场等多场共同作用），来限制纳米结构微区的嵌段共聚物取向并减少缺陷。再如应用 AFM 探针刻蚀技术等方法，在基片上精确地加工出图案丰富的微米级地形图案基底，浇注高分子自组装薄膜，结合外场调控技术来辅助该薄膜的自组装过程，实现自组装的图案多样、少缺陷又长程有序的纳米微结构排列。该技术把微米结构与纳米结构有机地组装起来，已生成对纳米电子器件有重大意义的有序微米/纳米复合结构，为发展纳米电子器件提供了新的工艺手段。

分子自组装技术是构成复杂生物结构的基础，近年来生物大分子的复制自组装、DNA 的复制自组装和遗传信息传递等的研究，已取得多项有实用意义的成果。

图 9-26 是在光刻的微圆孔基底上浇注嵌段共聚物的二甲苯溶液，在室温条件下快速自组装薄膜，薄膜厚度约为 48nm，圆孔深度约为 60nm。通过 AFM 可以看出薄膜微观形貌的自组装结构取向。

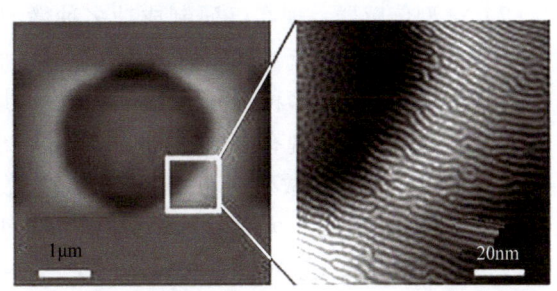

图 9-26　外延法结合外场调控嵌段共聚物自组装纳米微结构

第四节　微型机械、微机电系统及其制造技术

一、微型机械、微机电系统

1. 微型机械、微机电系统的理论和技术特点

微型机械和微机电系统是纳米技术将来走向实用化、产生经济效益的主要领域之一。

微型机械依其特征尺寸，可以划分成三个等级：$1nm \sim 1\mu m$ 的是纳米机械，$1\mu m \sim 1mm$ 的是微型机械，$1 \sim 10mm$ 的是小型机械。但广义的微型机械是包含上述三个等级的微小机械。微机电系统（MEMS）是将微型机械，信息输入传感器、控制器，微型机械机构等微型化并集成在一起的微系统，它有较强的独立运行能力，并有完成规定工作的功能。

机构微型化以后，由于尺寸缩小到微米和纳米尺度，许多物理现象与宏观世界有很大不同，原来宏观世界中的各种基础规律，如力学、运动学、热力学、流体力学等，到微观世界都将不再适用。由于原子间的作用力起主导作用，宏观力学规律将被量子力学规律所代替。随着机构尺寸的微型化，特别是尺寸到纳米尺度后，一些新的物理力学规律将起主导作用。

器件特征尺寸 L 的变小，在进入微小尺寸领域后，它对各种物理特征变化的影响程度是各不相同的。热传导和表面张力比例于尺寸的 L^1，表面积和弹性力比例于尺寸的 L^2，体积和质量比例于尺寸的 L^3，惯性力和电磁力比例于尺寸的 L^4。在微尺寸领域内，各种物理量起作用的大小，和在宏观世界中有很大不同。因此微型机械绝不是普通机械的比例缩小，而是新的设计，有时甚至是新工作原理的全新设计。

微结构的机械特性很大程度依赖材料的物理特性，力学性能的计算虽仍用原来的公式，但由于微尺寸效应，各种物理特性对微结构的影响，较普通机构有较大改变。

微型机械和微机电系统由于工作的特点，不仅在使用结构材料时有其特殊要求，而且大量使用各种功能材料。常用的结构材料有：单晶硅和多晶硅、Si_3N_4、不锈钢、钛合金、陶瓷、有机聚合物等；常用的功能材料有：单晶硅、记忆合金、压电材料、热敏双金属等。

2. 微机械构件、微功能部件和微型机械

（1）微机械构件　现在已研制成功多种三维微型机械构件，如微膜、微梁、微针、微齿轮、微凸轮、微弹簧、微喷嘴、微轴承等。已制成直径 $20\mu m$、长 $150\mu m$ 的铰链连杆，$210\mu m \times 100\mu m$ 的滑块机构，直径 $50\mu m$ 的旋转关节，微型齿轮驱动的滑块等。

（2）微型传感器　现在已研制成功多种微型传感器，其敏感量为：位置、速度、加速度、压力、力、力矩、流量、磁力、温度、气体成分、湿度、pH 值、离子浓度等。

微加速度传感器有多种不同结构，其中微硅加速度计体积小，集成制造，工作可靠，可在很高加速度下工作，现有多个公司生产尺寸很小的微硅加速度计。

（3）微型致动器　微型致动器一般是接收微传感器输出的信号（电、光、热、磁等）而做出响应，给出如力、力矩、尺寸变化、状态变化或各种运动。利用微型致动器可以完成由微传感器控制的预先设定的各种操作。

1989 年，美国加州大学 Berkeley 研制成功转子直径 $60\mu m$ 的静电电动机，曾轰动一时。我国清华大学已研制成功硅基集成微静电电动机，其转子半径 $40\mu m$，转子和定子由厚度为 $4.2\mu m$ 的多晶硅膜制成，驱动电压 $50 \sim 176V$，最高转速约 $600r/min$。

3. 微机电系统

（1）专用集成微机电系统　微机电系统的发展也是由低到高，由简单到复杂。专用集成微型仪器（ASIM）是简单但完整的微机电系统，已在机电控制、微电子技术、航空、航天、尖端技术中得到较广泛的应用。它是为特定的用途，将若干简单微机电系统的部件组装在一块硅基片上，或者说它相当于若干微型基本模块的组合件。由于它的用途单一，仅能完成某项特定的功能，因而系统相对要简单些，体积小，工作可靠。

（2）微型惯性仪表　微型惯性仪表是三向微型加速度表和微型陀螺仪等的集成，是高技术水平的微机电系统。它大量使用在航空航天领域，故迫切要求微型化和减轻重量。现已有多种微型加速度计、微型陀螺微硅加速度计阵列系统等。还有将 x、y、z 方向的三个微加速度表、三个微陀螺仪和相应的处理电路集成在一个芯片上,组成一个微型惯性仪表系统。

(3) 微型机器人　微型机器人是能自己行动的微机电系统,近年来发展迅速,已研制成多种不同功能的微型机器人,以满足不同领域的要求。图 9-27a 所示为法国 EPFL 自动化系统实验室于 1999 年研制成功的微型轮式机器人小车,可看到,它的体积很小,比一个大蚂蚁大不了多少。该小车可以按设定的程序走规定曲折的路程,自动变速并转弯。图 9-27b 所示为美国 Sandia 国家实验室于 2001 年研制成的侦察用履带式微型机器人小车,它可在不平地面行走。该微型车体积约为 4.1cm³,质量小于 28.4g,车上装备了微型数码照像机、微型信息传输系统,能将侦察到的信息输送回指挥控制中心,由于它体积小,隐蔽性好,能进入狭小的通道空间。此外,还有用脚行走的微型机器人、微型管道机器人等。

(4) 微型飞行器　微型飞行器是包含多个子系统的复杂微机电系统,由于国防和尖端技术需求,近年发展极为迅速。

国外已制成多种微型飞行器作为侦察传递信息之用。其中质量为公斤量级者,已经实际使用。例如,质量约 2.3kg 的龙眼微型飞机,是一种全自动、可返回、手持发射的微型飞机,2003 年美国在伊拉克战争中已实际使用于侦察。质量小于 0.5kg 的微型飞机在试制实验,更小的微型飞行器(质量≤50g),因受飞行动力学限制,外形已和普通飞机显著不同,这类微型飞行器不少单位在研制,但离实用尚远。图 9-28a 所示为美国 NASA 研制的微型飞行器,质量约 50g,机翼制成圆盘状有些像飞碟。质量在 15g 以下的最小量级微型飞行器,只能制成直升机型或扑翼式。图 9-28b 所示是日本精工爱普生(Epson)公司于 2004 年 8 月展示的直升机型微型飞行器,它的质量 12.3g,长 85mm,受一台使用蓝牙无线电技术的计算机控制。机上载有一台 32 位的微控制器、超薄发动机、微型数码相机和能发射简单图像的信息传输系统。

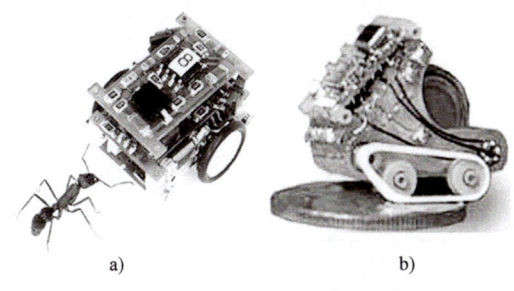
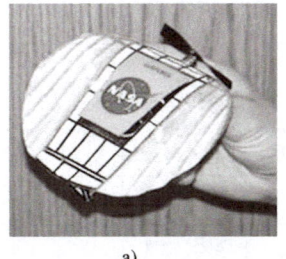
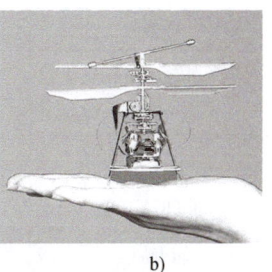

图 9-27　微型机器人小车
a) 轮式小车　b) 履带式小车

图 9-28　微型飞行器
a) NASA 微型飞行器　b) Epson 直升机型微型飞行器

(5) 微小卫星　微小人造卫星是微机电系统的极好应用领域,卫星上都装有多套微机电系统。现在国际上正在研制的小型卫星质量为 10~200kg,将开发研制的微型卫星质量为 1~10kg,纳米卫星质量将小于 1kg。中国也开展了微小卫星的研制发射工作。清华大学和英国合作研制的清华 1 号微型实验卫星,重 20kg,于 2000 年成功发射。哈尔滨工业大学研制的第一颗小型卫星"试验一号",重 204kg,于 2004 年 4 月 18 日成功发射;研制的第二颗小型卫星"试验二号",于 2008 年 11 月 5 日成功发射;研制的第三颗小型卫星"快舟一号",于 2013 年 9 月 25 日成功发射;研制的第四颗小型卫星"快舟二号",于 2014 年 11 月 21 日成功发射。

二、微型机械和微机电系统的制造技术

微型机械和微机电系统在国防和航空航天要求促进下，日益受到重视。但微型机械和微机电系统的制造有很大难度，这已是发展微型机械和微机电系统的首要问题。

1. 微型机械和微机电系统制造技术的特点

微型机械和微机电系统目前的尺寸为毫米级和微米级。由于尺寸已经减小到很小的尺度，高精度的制造和装配都极为困难。传统的"宏"机械制造技术已不能满足微型机构和微机电系统的加工要求，需要使用新的加工技术和方法。

微机电系统将微型机械机构和微电子系统集成在一起，经常是把几个系统集成在一块硅基片上，或是把几个带有集成系统的硅基片键合而集成在一起，成为多功能的复合微机电系统。为加工微型器件，已开发了新的微型精微机械加工和微细加工设备和工艺，并采用能束加工、精密电铸、电化学加工等新加工技术和方法。此外，还专门为微型机械和微机电系统的加工制造，发展了新的加工制造技术，如立体光刻、LIGA 技术、牺牲层工艺技术等。

当前微型机械和微机电系统使用的有特点的主要制造工艺技术有：①大规律集成电路制造技术的引用；②薄膜制造技术；③光刻技术，包括平面光刻和立体光刻；④LIGA 制造工艺技术；⑤牺牲层工艺技术；⑥基板的键合技术；⑦精微机械加工技术；⑧精微特种加工技术；⑨装配技术；⑩封装技术。表 9-3 归纳了上述精微加工方法及其加工特征。

表 9-3 微型机械与微机电系统中使用的精微加工方法和加工特征

加工技术		加工材料	批量生产	集成化	加工自由度	加工厚度	加工精度
硅工艺	硅-表面光刻	单晶硅，多晶硅	◎	◎	2 维	数 μm	$\approx 0.2\mu m$
	硅-立体光刻	单晶硅，石英	○	○	3 维	$500\mu m$	$\approx 0.5\mu m$
	硅蚀除工艺	单晶硅	◎	○	2.5 维	$20\mu m$	$\approx 0.2\mu m$
	外延生长，氧化掺杂扩散，镀膜	单晶硅	◎	◎		数 μm	$\approx 0.2\mu m$
LIGA 工艺		金属，塑料，陶瓷	○	△	3 维	1mm	$\approx 0.1\mu m$
准 LIGA 工艺		金属	○	○	2.5 维	$150\mu m$	$\approx 1\mu m$
能束加工		金属，半导体，塑料	○	△	3 维	$100\mu m$	$\approx 1\mu m$
激光加工		金属，半导体，塑料	△	△	3 维	$100\mu m$	$\approx 1\mu m$
电火花，线切割加工		金属等导电材料	△	×	3 维	数毫米	$\approx 1\mu m$
光成型加工		塑料	○	×	2.5 维	数十毫米	$\approx 2\mu m$
SPM 加工		原子，分子	×	×	2 维	原子，nm	$\approx 1nm$
键合加工		硅，石英，玻璃，陶瓷	○	×	2 维		
封装		硅，塑料	◎	○			

注：◎良好；○一般；△稍差；×不可。

下面将分别介绍上述这些制造微型机械和微机电系统的有特点的主要精微加工工艺技术。

2. 立体光刻技术

大规律集成电路的成熟光刻技术只能用于加工硅的平面图形（刻蚀厚度小于 $1\mu m$），硅晶体必须使用各向异性蚀刻的立体光刻加工技术，才能得到微型机械和微机电系统中要求的三维立体微型结构。立体光刻加工技术是利用单晶硅晶体具有各向异性的特点，当单晶硅的不同晶面在特定的腐蚀剂作用时，（100）、（110）、（111）晶面的蚀刻速率比大致为 400:100:1，因此可以应用各向异性刻蚀法加工立体微硅器件。

硅晶体进行各向异性刻蚀时，可刻蚀的晶面为（100）和（110）晶面，这两晶面经各向异性刻蚀后，得到的基本刻蚀形状是不同的。各向异性刻蚀在自由刻蚀状态下，终止的面都是（111）晶面。因被刻蚀的（100）、（110）晶面和晶体内的（111）晶面的相互位置不同，得到的各向异性刻蚀结构形状也就不同。在相同掩膜形状时，图9-29a 所示是（100）晶面各向异性刻蚀后的槽形，图9-29b 所示是（110）晶面各向异性刻蚀后的槽形。设计微硅结构时，如果硅晶体准备用各向异性刻蚀方法制造，则必须考虑晶面和晶体方向，使刻蚀后能得到要求的微型结构形状。

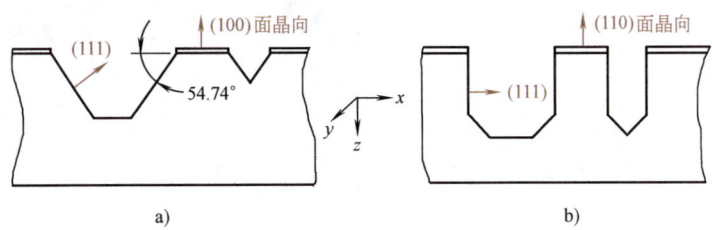

图 9-29 不同晶面各向异性腐蚀的结构
a)（100）晶面各向异性刻蚀槽形　b)（110）晶面各向异性刻蚀槽形

在用硅晶体各向异性刻蚀制造立体微型结构时，常和其他工艺结合进行。如在硅晶体中埋藏局部 P^+ 抗蚀层时，可限制该处的腐蚀深度，形成特殊结构，如图9-30 所示。立体光刻腐蚀加工和牺牲层工艺结合可用于制造多种微硅结构。

现在立体光刻腐蚀加工技术已是制造三维立体微硅器件的最基本方法之一。

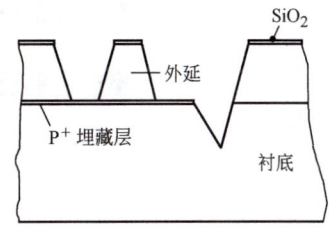

图 9-30 埋抗蚀层制造微结构

3. LIGA 技术

(1) LIGA 技术简介　LIGA 是集光刻、电铸成形和塑料模铸等技术组合而成的综合性技术的复合工艺，是一种制造三维立体微结构零件很有前景的新加工技术，可以制作多种不同材料的各种微器件。这种工艺方法可以制作的微型件的最大高度达 $1000\mu m$，可以加工横向尺寸 $0.5\mu m$ 和高宽比大于 200 的沟槽，加工精度达 $0.1\mu m$。刻出的图形侧壁陡峭，表面光滑。可以大批高质量地复制生产结构微器件。用 LIGA 技术已研制成功的产品有微轴、微齿轮等多种微机械零件、多种微传感器、多种微执行器、微光学元件、多种微纳米元件及系统等。

(2) LIGA 技术制造微器件的简要过程　LIGA 技术使用了透射力极强、平行度极好的深度同步辐射 X 射线进行光刻，使很厚的光敏胶（PMMA）感光。使用 LIGA 技术制造微器件的过程如图9-31 所示。同步辐射 X 射线透过掩膜照向基片上的光敏胶使之感光，经过显影，将光敏胶被照射感光部分除去，留下精确的立体光刻胶模型结构；进行超精细电铸将光敏胶模型结构中全部空隙填满；去除光敏胶，即得到精确的金属微型结构。

在制造少量微型器件时，得到的金属构件即可作为微型器件使用；在批量生产时，得到的金属结构可以用作所要制造的微型器件的铸模，再用电铸法批量复制所需要的微型器件。图 9-32 所示是用 LIGA 技术制成的光刻胶（PMMA）模实例，以及制成的金属微型器件成品。图中的微齿轮高度为 $100\mu m$，蜂窝结构的高为 $180\mu m$，壁厚 $8\mu m$，孔径 $80\mu m$。

（3）LIGA 技术的扩大应用　标准的 LIGA 工艺只能制造上下同样形状的立体微结构，现在已开发了几种 LIGA 新工艺来加工较复杂的三维立体微型结构。图 9-33a 所示是用 LIGA 工艺制成的阶梯状微结构。图 9-33b 所示是用 LIGA 工艺制成的圆顶表面的微结构。

（4）准 LIGA 工艺　在没有深度同步辐射 X 光源时，只能使用紫外线或普通 X 射线光源来进行这种加工工艺，加工件的最大高度约为 $100\sim250\mu m$，精度也要稍差些，这被称为准 LIGA 工艺。

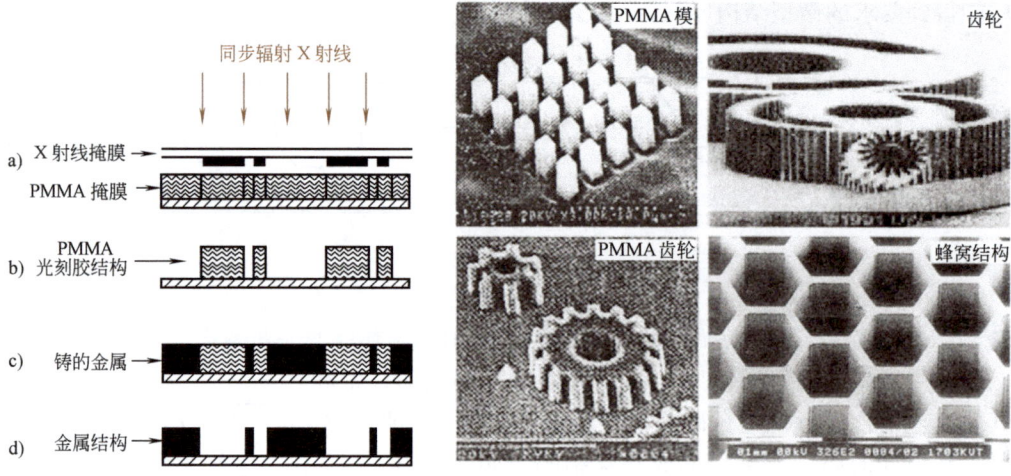

图 9-31　使用 LIGA 技术制造微器件过程
a）照射　b）显影　c）电铸　d）除去 PMMA 膜

图 9-32　LIGA 工艺制成的 PMMA 模和微器件

图 9-33　扩大 LIGA 工艺制成的微结构器件
a）阶梯状微结构　b）圆顶微结构

4. 牺牲层工艺技术

牺牲层腐蚀工艺是制造一些复杂微型结构的重要方法。使用牺牲层后可使微型机械中的部分结构脱离（或部分脱离）母体基板而能移动或转动，这对某些微型机械，特别是某些传感器、驱动器等是极为重要的。牺牲层工艺都是和光刻或其他工艺结合在一起制造微型结构的。

现以某密封谐振梁为例说明牺牲层工艺，谐振梁和密封腔盖用多晶硅制成，牺牲层用 SiO_2，这些材料都是用低压化学气相沉淀法沉淀上去的，整个工艺制造过程如下：

1）先在硅基体上沉淀 SiO_2 层作为牺牲层，上面沉淀一层多晶硅作为谐振梁的结构材料，进行光刻，将多晶硅刻蚀成梁的形状，如图 9-34a 所示。

2）沉淀第二层 SiO_2 牺牲层，热氧化生成 SiO_2 腐蚀通道，进行光刻，将 SiO_2 牺牲层刻蚀成要求的外形。再沉淀第二层多晶硅层作为腔盖外壳，进行光刻，将多晶硅外壳刻蚀成要求的外形，如图 9-34b 所示。

3）用 HF 酸腐蚀掉牺牲层，再进行多晶硅沉淀密封，如图 9-34c 所示。这样使用化学气相沉淀和牺牲层工艺腐蚀法，将这种密封谐振梁微机械系统制造完成。

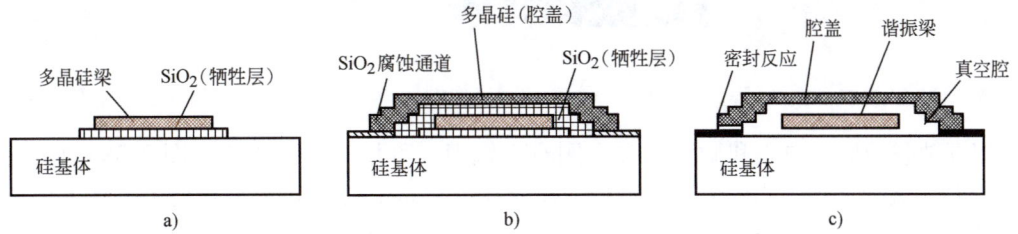

图 9-34 使用牺牲层腐蚀法制造密封谐振梁
a）在基体上加牺牲层及多晶硅梁　b）加牺牲层和加多晶硅外壳　c）横向腐蚀去除牺牲层并密封

5. 微器件基板的键合技术

基板的键合技术是微型机械制造中不可缺少的工艺技术。制造复杂形状或复合的硅微型机械和器件，常需要将几块基板键合在一起，常遇到的是 Si 基板和 Si 基板、Si 基板和玻璃基板的键合。基板键合时必须保证键合尺寸十分精确，同时键合后基板不变形。

要求基板键合时不变形，键合的两块基板必须热胀系数相同。Si 基板和 Si 基板键合时可采用直接键合，基板的面要加工得非常平，两基板加热到 1000℃ 以上的高温，压在一起。它是靠原子力将两块 Si 基板键合在一起的，键合非常牢固。因为是同样材料，热胀系数相同，没有热应力，不会产生键合变形。不同晶向的硅键合在一起，利用各向异性刻蚀可制造较复杂的机械结构。

玻璃基板和 Si 基板键合时，选用的玻璃材料的热胀系数需和 Si 的热胀系数非常接近。硼硅酸玻璃（Pyrex）7740 号的热胀系数和硅最接近，适宜和硅键合。Si 基板和硼硅酸玻璃的键合采用阳极键合，将表面相互紧密结合的玻璃板和硅片加热到 400℃，然后外加一个 1000V 的高电压，玻璃板接阴极，硅片接阳极，玻璃和硅片间就会产生很大的静电引力，表面就相互紧密接触，牢固地键合在一起。

6. 精微机械加工技术

精微机械加工是微型机械及微机电系统中制造微型器件的重要方法，其特点是能加工复杂微结构，不仅加工效率高，并且加工精度高。现在已能用金刚石刀具车削直径 10~20μm 的微针，使用精密磨削已加工出 φ8μm 钨针，使用微钻头能加工出直径 30~50μm 的微孔。国外已生产主轴转速 50 000~100 000r/min 的微型铣床和精密五轴联动加工中心，能加工出表面光洁、精度很高、尖角很尖锐的微V形槽和窄深槽。还能用微型立铣刀进行微结构的铣削。图9-35是用微型立铣刀加工精密微结构的示意图。图9-36是铣制的端部微细密齿件，由于端部的齿极细极密，精度要求严格，加工难度很大。加工微结构的铣刀，常用单晶金刚石磨成，图9-37所示为现用的微细铣刀的不同结构，其中双刃形铣刀因磨制困难，很少使用；三角形截面铣刀现在用得较多，但因是负前角切削，使用效果不佳；半圆截形的单刃铣刀，磨制方便，使用效果最好。微细铣刀根据加工件要求，可以磨成圆柱形或圆锥形；加工曲面时，端刃可磨成圆弧形，以得到质量较好的加工表面。

   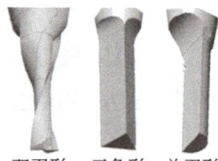

图9-35 微型立铣刀加工微结构　　图9-36 铣制的端部微细密齿件　　　　　　图9-37 微细铣刀

用五轴联动加工中心和微型单晶金刚石立铣刀，可加工自由曲面。图9-38a所示是在1mm直径的表面上加工出的人面浮雕像，还有在1.16mm×1.16mm硅表面上，加工出4×4阵列的凸面镜，如图9-38b所示，凸面镜直径236μm，高度16μm，镜面曲率半径448μm，加工表面光洁。用五轴联动加工中心还可加工出任意自由曲面微型工件，如图9-38d所示。从以上加工实例可知，现在加工微型复杂精密工件的微型机床和加工技术已经达到很高的水平。表9-4所示是几种典型精微机械加工的特性。

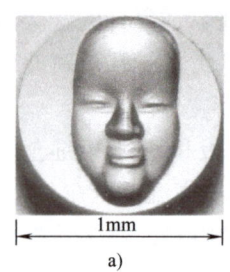 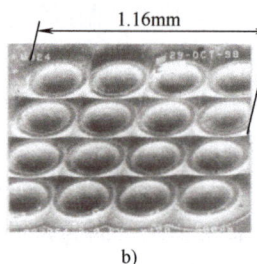 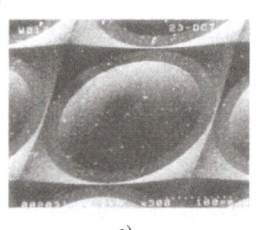 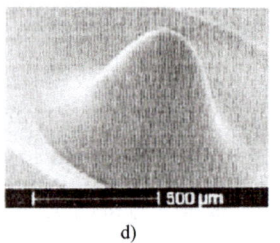

图9-38 用五轴联动加工中心加工出的自由曲面微型工件
a) 微型人面浮雕　b) 微型凸面镜4×4阵列　c) 微型凸面镜（放大）　d) 自由曲面

表9-4 典型精微机械加工特性

	精微车削	精微铣削	精微钻孔	精微磨削
工件形状	长径比较大的回转体，如微轴、微针等	3D的各种复杂结构件	微孔 通孔、不通孔	各种外表面结构件
典型微尺寸	长100μm、φ5μm	50μm较深槽、曲面	50μm不通孔	20μm凹槽、曲面
加工表面粗糙度	Ra0.1μm	Ra10nm（金刚石铣刀）	Ra0.1μm	Ra<10nm

7. 精微特种加工技术

现在多种特种加工能加工微结构和微型工件，如微细电火花加工、电火花线切割加工、电火花线磨削加工、超声振动加工、激光加工、电子束加工和离子束加工等，加工尺寸已达到微米级甚至纳米级，已在微型机械和微机电系统的制造中获得应用。

微细电火花加工是在加工时采用高频率、小脉冲能量、小进给量，这样可以在导电材料上加工出很小的微孔（<$\phi 5\mu m$）和不同的微细成形零件。图 9-39a 所示是用微细电火花加工法制出的微方形不通孔，图 9-39b 所示是用微细电火花加工出的成形微汽车模具，图 9-39c 所示是用该电火花加工出的微汽车模具压制出的微塑料汽车。

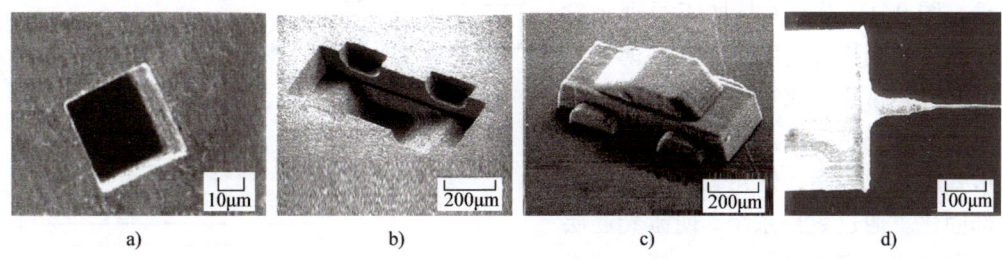

图 9-39　用微细电火花加工法制出的微结构

a）金属上加工微方形不通孔　b）加工成形微汽车模具　c）模具压制的微塑料汽车　d）WEDG 加工的淬火钢微针

电火花线磨削（WEDG）实质上是一种新电火花加工方法，即电火花加工时工件旋转。精细电火花线磨削可以加工出直径数微米到数十微米的导电材料的微细回转体零件，如微针、微阶梯轴和精密微孔等。图 9-39d 所示是用该工艺加工出的 $\phi 4.5\mu m$ 的淬火钢微针。

超声振动加工方法可以用于加工脆性材料，如石英、光学玻璃、陶瓷、硅片、脆性晶体等。该方法可加工出不同截形的微孔，加工截形尺寸可小于 $5\mu m$。电火花加工法只能加工导电材料，而超声振动加工法可以加工脆性非导电材料。

激光加工、电子束加工和离子束加工可以加工到微米级甚至纳米级尺寸，加工原理前面已经讲过。激光加工可用于加工多种微零件，在微机械制造中已应用较多。图 9-40 所示为用准分子激光在一根头发上雕刻的微小英文字。

图 9-40　准分子激光在头发上刻的字

第五节　3D 打印技术

一、3D 打印技术简介

精密 3D 打印技术是近期发展起来的一项先进制造技术，简称"3D 打印技术"，是以塑料、金属等原材料直接快速成型制成要求零件的增材制造技术，是一种全新工作原理、有极大发展前途的新制造工艺，世界各国都投入大量人力物力研究发展这项新工艺技术。3D 打印技术的制造方法如下：将零件结构按高度分成很多切片层，用 CAD/CAM 生成每层切片图形和能束扫描的最佳路径。然后通过数控系统，使能束逐层按微结构图形逐点扫描，使原材料从下向上一层一层地按照射图形沉积固化，最后得到固化的三维立体复杂形状的微结构。3D 打印使用的能束可以是激光、电子束和离子束，但现在实际使用的主要是激光。

3D 打印方法开始是制造各种塑料结构件，随着该技术的发展提高，后来可以制造多种金属结构零件，现在已能制造精度较高、结构复杂的高温合金零件。特别适合制造中小复杂结构件和小批量试制新产品，已开始在生产实际中得到应用。

二、精密激光 3D 打印技术

1. 精密激光 3D 打印塑料结构件

精密激光 3D 打印技术最初是为制造塑料件，图 9-41 所示为其加工原理示意图。先把零件结构按高度分成很多薄切片层，用 CAD/CAM 生成每层切片图形，将高分辨力的激光精确聚焦成微光斑照射切片图形处的光敏树脂，使光敏树脂被照射点局部固化。通过数控系统，使激光逐层按结构图形逐点扫描照射光敏树脂，使光敏树脂从下向上一层一层地按照射图形固化，最后得到固化树脂的三维立体复杂形

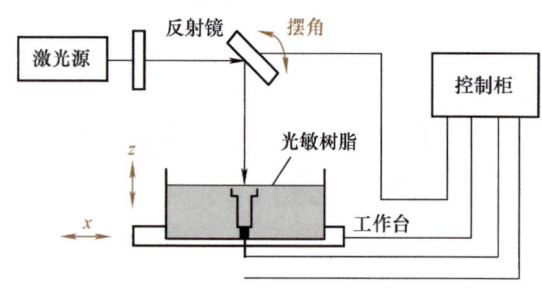

图 9-41　激光 3D 打印塑料结构件原理

状的结构零件，成形精度在 10μm 以内。该技术的发展是用红外激光，因为红外光在高分子液体中几乎不被吸收，只有当焦点处能量大于某阈值时，高分子材料才产生固化作用，在液态的光敏树脂中直接进行三维扫描，即可制成精密复杂的三维塑料构件。

2. 精密激光 3D 打印金属结构件

精密激光 3D 打印金属结构件的原理和打印塑料结构件类似，也是分层用聚焦的激光按切片图形扫描照射，使金属原材料沉积固化，一层一层地积累，最后制成三维立体复杂形状的金属结构零件。使用的金属原材料可以是金属微粉（≤50μm），也可以是金属细丝；金属的沉积可以是激光直接照射熔化沉积固化成形，也可以是激光选区照射熔化沉积固化。

图 9-42 所示为激光 3D 打印金属直接沉积成形原理。激光按切片图形扫描照射时，金属微粉由喷嘴直接送到激光聚焦点，激光照射金属微粉熔化沉积固化而形成金属图层（厚度 ≤50μm），逐层积累而制成金属结构零件。如金属原材料为金属细丝时，工作原理类似，金属丝直接送到激光聚焦点处，金属丝熔化沉积固化而形成金属图层。

图 9-43 所示为激光 3D 打印金属选区熔化成形原理：在成形舱内制造金属结构零件，用刮板将金属微粉离散成微米量级薄层，激光按切片图形扫描照射使金属微粉熔化沉积，逐层积累而制成金属结构零件。

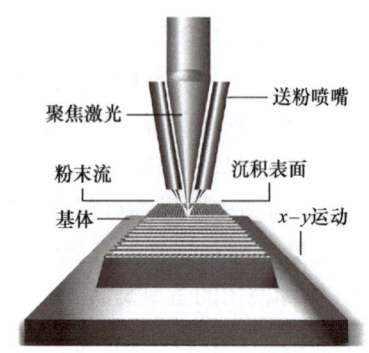

图 9-42　激光 3D 打印金属直接沉积成形原理

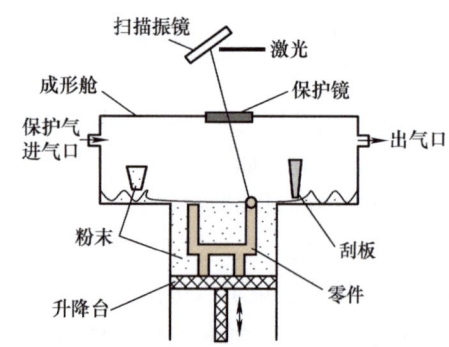

图 9-43　激光 3D 打印金属选区熔化成形原理

精密激光3D打印金属结构件已达到较高的尺寸精度（±0.05mm）和表面质量（表面粗糙度 $Ra \leq 10\mu m$），可用多种金属材料制造出传统方法较难加工的复杂形状结构，如空间曲面多孔结构、复杂型腔流道结构等。国外已有多家公司生产能制造精密金属件的激光3D打印设备。

3. 激光3D打印时选择激光和扫描方式

激光有多种，用于加工的有 CO_2 激光、YAG 激光、红外激光、准分子激光、飞秒激光等，这几种激光，因其波长不等，聚焦光斑大小和能量不同，加工效果也不同。激光3D打印金属材料构件时，要求聚焦光斑有较大能量使金属材料熔化沉积，并要求光斑不能太大，以保证加工件的尺寸精度。现在激光3D打印制造金属构件时大都采用红外激光，基本能满足上述要求。准分子激光和飞秒激光虽可使制成件有更高精度，但因生产率过低而很少使用。

3D打印时在数控系统控制下激光按零件的切片图形扫描，扫描方式对3D打印的生产效率有很大影响。扫描的基本方式有光栅扫描和矢量扫描两种。图9-44所示是两种扫描方式的原理示意图。

光栅扫描方式（图9-44a）时激光在全部扫描场内连续扫描，利用光闸的通断来控制激光是否照射。在需要激光照射的图形区域内，光闸开通，激光对该图形照射；在非图形区域，光闸关闭将激光截住，这时系统处于"空"运行状态。如此重复进行，直到激光对整个扫描场都扫描照射完毕。

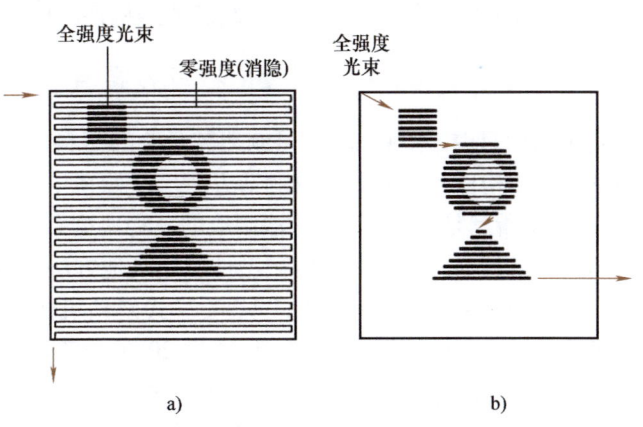

图9-44 激光扫描方式
a）光栅扫描 b）矢量扫描

矢量扫描方式（图9-44b）时激光从参考点开始，先沿某一矢量方向偏转到第一个图形的起始点，然后在该图形规定的范围内扫描照射。第一个图形扫描曝光完毕后，激光又沿另一个矢量偏转到第二个图形的起始点，而后在第二个图形规定的区域内进行扫描照射。在图形内部有中空时，可在激光扫描经过该中空部分时关闭光闸，使激光停止照射，从而得到要求的图形区照射。如此重复进行，直到扫描场内的全部图形都扫描照射完毕。

由于矢量扫描法只需激光对基片面积内的图形区域寻址扫描照射，所以生产效率明显比光栅扫描法高。

三、电子束和离子束3D打印技术

1. 电子束3D打印技术

电子束3D打印技术的工作原理和激光3D打印技术基本相同，只是将激光换成了电子束。使用的金属原材料可以是金属微粉，也可以是金属细丝（这又被称为电子束自由成形），在电子束照射下熔化成形，叠层而制成金属结构件。电子束照射熔化成形过程需处于真空的成形舱中，这可避免空气杂质影响，使加工件材料更纯净，质量更好，但同时也增加了制造工艺的复杂性。据报道，用该方法已制成多种精密金属结构件。

电子束 3D 打印装置需用大功率的电子束源，价格昂贵，且工艺操作较复杂，不如激光 3D 打印，因此现在生产中用得不多。

2. 离子束 3D 打印技术

离子束 3D 打印技术的工作原理则略有不同，激光和电子束 3D 打印是将照射能量转化成热能而使金属材料熔化沉积成形，而离子束照射则是靠质量较大的离子的冲击力，激发的特定区域特定气体分解，产生金属而沉积成形。如使用 WF_6、$C_7H_7F_6O_2Au$、$(CH_3)_3NAlH_3$ 等气体可分别沉积出 W、Au、Al 等金属。离子束按切片图形扫描照射沉积成形，层积成三维立体复杂形状的金属结构零件，则和前面讲的 3D 打印技术相同，现已制成若干金属结构件。

离子束 3D 打印装置价格昂贵，制成的结构件精度稍差，因此现在用得不多。

四、3D 打印技术的实际应用和发展展望

激光 3D 打印技术现在不仅可制造较复杂的塑料件，并能制造多种金属，甚至高温合金的精密复杂结构件，该新原理的制造方法已开始在生产中实际应用。

图 9-45 所示是激光 3D 打印法制成的三种典型结构零件。图 9-45a 所示是一只外形复杂精致的塑料微型马，这样复杂的微型件，用其他方法制造是有很大难度的；图 9-45b 和图 9-45c 所示是美国 GE 公司制成的 LEAP 喷气式发动机的钴铬高温合金喷嘴和支架。该喷气式发动机喷嘴结构复杂，要求严格，原来用 20 多个零件焊接而成，工艺复杂，工时长。改用激光 3D 打印法制造，激光按切片图形扫描照射，使钴铬微粉熔化沉积成形，每层厚度 $20\mu m$，层积叠加而一次制成喷嘴，不仅大大节省了工时，节省了原材料，并且使成品的重量减轻。喷嘴检查完全合格，并经实际使用考验性能优良，正准备批量生产代替旧产品。

a)

b)

c)

图 9-45 激光 3D 打印法制成的典型结构零件
a) 微型塑料马 b) 喷气发动机喷嘴 c) 喷嘴支架

从以上实例可知，激光 3D 打印技术已能制造多种材料的精密复杂结构零件。该方法对制造中小尺寸的精密复杂结构件和小批量试制新产品，生产效率高，节省原材料，具有明显优势；但对制造大尺寸实体零件，则生产率低，生产中采用不多。

3D 打印制造技术已开始在航天航空、军工、汽车、消费电子等部分产品中得到应用。在一定的制造领域中有极明显的发展前景，世界各国都投入大量的人力物力进行这方面开发研究，并已有不少著名公司生产激光 3D 打印的设备。我们必须重视该全新原理的制造技

术，加强开发研究，并将该制造技术应用于实际生产。

 复习思考题

9-1　试述纳米技术对国防工业、尖端技术以及整个科技发展的重要性。
9-2　简述纳米级测量主要方法及各方法的对比。
9-3　说明扫描隧道显微镜（STM）的工作原理、方法和系统组成。
9-4　简述原子力显微镜（AFM）的工作原理和测量分辨力。
9-5　简述多种扫描探针显微镜（SPM）的发展历程，分析多功能扫描探针显微镜的性能和优点。
9-6　简述原子操纵中的"移动原子"和"提取去除原子"的原理和方法。
9-7　简述使用 SPM 针尖进行雕刻加工微结构的方法。
9-8　简述使用 SPM 进行光刻和局部阳极化加工微结构的原理和方法。
9-9　简述微机电系统的组成、功能和最新发展。
9-10　简述立体光刻工艺技术制造微器件的原理和方法。
9-11　简述 LIGA 工艺技术制造微器件的原理和方法。
9-12　简述牺牲层工艺技术制造微器件的原理和方法。
9-13　简述基板键合技术的原理和方法，及其在微机电系统制造中的应用。
9-14　微型机械和微机电系统（MEMS）包含什么内容？
9-15　简述精微特种加工技术制造微器件的方法和最新进展。
9-16　简述激光 3D 打印技术制造塑料工件的原理方法和发展前景。
9-17　简述激光 3D 打印技术制造金属工件的原理方法和发展前景。

第十章 精密和超精密加工的外部支撑环境

为了适应精密和超精密加工的需要，达到微米甚至纳米级的加工精度，必须对它的外部支撑环境加以严格的控制。这里的外部支撑环境是指精密和超精密加工工艺系统与工人的操作经验及技术水平之外的必须加以控制的各个外部支撑环境，不包括精密和超精密加工工艺系统内部的超净、恒温、隔振、真空等局部工作环境。

外部支撑环境主要包括空气环境、热环境、振动环境、声环境、光环境和电场、电磁环境等。各种不同的精密和超精密加工方法，需要对不同的外部支撑环境进行不同程度的控制。对这些外部支撑环境需要控制的品质要求大致见表10-1。

表10-1 构成外部支撑环境的诸方面及控制要求

外部支撑环境	控 制 要 求	外部支撑环境	控 制 要 求
空气环境	洁净度、气流速度、压力、有害气体等	声环境	噪声、频率、声压等
热环境	温度、湿度、表面热辐射等	光环境	照度、眩光、色彩等
振动环境	频率、加速度、位移、微振动等	静电环境	静电量、电磁波、放射线等

精密和超精密加工所要求控制的外部支撑环境都只是在某一范围内的局部环境，如室内的环境或加工区附近的局部环境。随着精密加工和超精密加工所能达到的精度不断的提高，对要求加以控制的外部支撑环境方面也会越来越多，要求也会越来越高。

第一节 空气环境和热环境

一、空气环境

在我们的日常生活环境与普通车间环境下的空气当中，存在大量尘埃和微粒等物质。对于普通加工方法，这些尘埃和微粒不会有什么不良的影响，但对于精密和超精密加工来说情况就不同了。尘埃和微粒进入加工还常常引起加工精度下降，这是因为空气中尘埃和微粒的尺寸大小与这时的加工精度要求相比，已经成为不可忽视的数值了。例如在计算机硬磁盘表面抛光加工时，如果混入了空气中的坚硬尘埃，就会划伤加工表面而不能正确记录信息，严重时会使磁盘报废。在大规模集成电路元件制造过程中，如果在硅片上混入了空气中的尘埃杂质，它可能会在后续的工序中成为不可控制的扩散源而严重影响产品的合格率。

从表10-2可知，大气中含有相当多直径在0.5μm以上的尘埃和微粒。虽然在不同的场合，大气中含有尘埃的多少有所不同，但即使是在人们认为比较干净的地方（如手术室），每 ft³☉ 空气中也含有 0.5μm 直径以上的尘埃微粒 50 000 个以上。因此为了保证精密和超精密加工产品的质量，必须对周围的空气环境进行净化处理，减少空气中的尘埃含量，即控制空气的洁净度。所谓空气洁净度，是指空气中含尘埃量多少的程度。含尘浓度越低，则空气洁净度越高，规定以空气洁净度级别来区分。我国拟定的空气洁净度等级规范见表 10-3。表中给出了各洁净度等级的含尘浓度限定值，它是室内空气含尘浓度的平均值。

表 10-2　日常环境中空气的含尘量

场 所	尘埃粒子数/（个/ft³）
工厂、车站、学校	20 000 00
百货店、办公室、药房	1 000 000
住宅	600 000
室外（住宅区）	500 000
病房、门诊部	150 000
手术室	50 000

表 10-3　空气洁净度等级

等级	每立方米（每升）① 空气中含直径 ≥0.5μm 尘粒数	每立方米（每升）空气中含直径 ≥5μm 尘粒数
100 级	≤35×100（3.5）	
1000 级	≤35×1000（35）	≤250（0.25）
10 000 级	≤35×10 000（350）	≤2500（2.5）
100 000 级	≤35×100 000（3500）	≤25 000（25）

① 圆括号中表示每升空气中。

随着半导体工业的快速发展，对空气洁净度的要求提出了更加苛刻的条件，被控制的微粒直径从 0.5μm 减小到 0.3μm，有的甚至减小到 0.1μm 或 0.01μm。因此美国联邦标准 209D 上增加了 1 级和 10 级洁净度级别。表 10-4 中给出了美国联邦标准 209D 各洁净度级别不同直径微粒的浓度限定值。从这个表可以清楚地看出，每 ft³ 空气中所含 ≥0.5μm 直径尘埃的个数即为所属洁净度级别。如 100 级洁净度即指在 1ft³ 空气中所含 ≥0.5μm 直径尘埃的个数 ≤100 个。

表 10-4　各洁净度级别的上限浓度　　　　　　　　　　　　　　　　　（单位：个/ft³）

级 别	直径/μm				
	0.1	0.2	0.3	0.5	5
1	35	7.5	3	1	—
10	350	75	30	10	—
100	—	750	300	100	—
1000	—	—	—	1000	7
10 000	—	—	—	10 000	70
100 000	—	—	—	100 000	700

空气环境中主要应控制的品质除了洁净度之外，还有气流速度、压力和有害气体等。有些内容将在后面谈到。

二、热环境

精密加工和超精密加工所处的热环境与加工精度有着密切的关系。热环境中主要应控制的品质为温度和湿度。

☉　1ft = 0.3048m。

在环境温度发生变化时，首先会影响加工设备的精度。例如一台镗床在 20℃ 时进行精度检验完全符合标准，但在 -10℃ 和 35℃ 时进行精度检验则会发生许多检验项目超差。这主要是因为床身铸件在 -10℃ 时变成中凹形状，而在 35℃ 时又变成中凸形状，最大翘曲量可达 $7 \sim 11 \mu m$。另外温度不均匀也会影响加工设备的精度。例如一台安装在窗户附近的机床，局部受到阳光的照射而使机床相对的两面产生 10℃ 的温差，机床变形可达 0.14mm/m，这种变形从太阳光照入开始出现，到 11 点钟左右达到最大。

温度的变化不仅影响机床的几何精度，而且还会影响工件的加工精度。例如在加工 3m 长的滚珠丝杠时，磨削后的温升为 1℃，丝杠就会由于温升而伸长 0.033mm，这显然严重影响高等级要求的丝杠生产。因此对于精密零件的加工，必须严格控制温度变化。

在环境温度稳定的情况下，一般来说零件的形状及各型面之间的相互位置关系也不变。如 90° 角尺在 20℃ 时有 0.3″ 的误差，那么在 30℃ 时也是 0.3″ 的误差；平板在 20℃ 时是平的，那么在 30℃ 时也是平的。但是如果两个相配合的偶件，其材料不同，在 20℃ 时配合良好，而在 30℃ 时就可能发生配合性质的改变，使设备性能发生变化。

长度精密测量是精密和超精密加工的重要保证手段，长度的精密测量只有在特定的条件下才能正常进行，其中温度是一个重要的条件，任何物体不论是内部还是外部温度不均衡，都会引起尺寸的变化。如果在没有具体说明温度条件的情况下去说明物体的精确长度是没有意义的。

国际上采用 20℃ 作为进行长度测定的标准温度。进行长度比较的两个物体的线膨胀系数值相差越多，就要求这两个物体的温度更准确地等于 20℃，否则将引起测定误差，其值为

$$\Delta L = L[\alpha_{量}(\theta_{量} - 20) - \alpha_{工}(\theta_{工} - 20)] \tag{10-1}$$

式中　L——被测零件的长度（mm）；

$\alpha_{量}$——量具的线膨胀系数（1/℃）；

$\theta_{量}$——量具的温度（℃）；

$\alpha_{工}$——工件的线膨胀系数（1/℃）；

$\theta_{工}$——工件的温度（℃）。

可以看出，当量具温度与工件温度相同时，有

$$\Delta L = (\alpha_{量} - \alpha_{工})(\theta - 20)L \tag{10-2}$$

式（10-2）说明要使测定误差 $\Delta L = 0$，则必须使 $\alpha_{量} = \alpha_{工}$ 或 $\theta = 20℃$。我们不可能针对各种不同材料工件制造相应的长度标准尺，那么标准温度的控制就更加重要了。它决定了精密和超精密加工所能达到的精度极限。因此，在严格控制的恒温条件下进行加工和计量是精密和超精密加工的重要条件之一。

所谓恒温条件主要以两个指标来进行衡量，一个是恒温基数，也就是指空气的平均温度。另一个是恒温精度，也就是指相对于平均温度所允许的偏差值。我国规定的计量标准温度为 20℃，一般来说精密和超精密加工及装配的温度环境也以 20℃ 为宜。但由于加工、装配常常占用非常大的空间，维持恒温比较困难。尤其是由于地理位置不同或同一地理位置的季节不同，大气温度差别非常大，不分地区、不分季节统一规定恒温基数，会大大增加投资和浪费能源。因此很多精密和超精密加工车间的环境温度实行了按季节调温的办法。如夏天把温度基数定为 24℃，冬天定为 17℃，只有春、秋两季定为 20℃。大量的分析研究、试验

应用和实地调查证明，除了有特殊精度要求的情况外，一般的精密和超精密加工场合，主要是要求温度波动和恒温区内各处温差应小些。所以在适当场合对于恒温基数采用按季节调整温度是有益的。

恒温精度主要取决于不同的精密和超精密加工的精度和工艺要求。总的来说，加工精度要求越高，对温度波动范围的要求越严格。恒温精度一般分为0.2级、0.5级、1级和2级四个等级，分别代表恒温精度为±0.2℃、±0.5℃、±1℃和±2℃。如对于一级精度坐标镗床的精调与校验环境可以取±1℃，而对于高精密度的微型滚动轴承的装配和调整工序的环境就可以取±0.5℃。

随着现代工业技术的发展与精密和超精密加工工艺的不断提高，对恒温精度也提出了越来越高的要求。例如在大规模集成电路元件生产过程中的光刻曝光工序，要求掩膜版材料（一般是玻璃）与硅片的热膨胀系数的差别越来越小，因为当直径为100mm的硅片的温度上升1℃的时候，就会引起0.24μm的线性膨胀，显然这是不能允许的，所以相应提出了±0.1℃恒温精度的要求。当前已经出现了±0.01℃的恒温环境，它的维持需要采用许多特殊措施，如把整个设备浸入恒温油槽之中，加工区域增加保温罩等，在一个普通恒温精度的基础上，创造一个比较高恒温精度的局部环境。集成电路制造中，体现当今人类制造技术极限的光刻机内部甚至出现了±0.001℃的局部高精度恒温环境。

精密和超精密加工对环境的相对湿度也有一定的要求，所谓相对湿度是指空气中水蒸气分压力和同温度下饱和水蒸气分压力之比。它反映了湿空气中水蒸气含量接近饱和的程度。相对湿度值小，表示空气离饱和程度远，空气较为干燥，吸收水蒸气能力强；相对湿度值大，表示空气接近饱和程度，空气较为潮湿，吸收水蒸气能力弱。

湿度过高会产生许多对精密和超精密加工不利的因素。相对湿度超过50%时会使机床和仪器发生锈蚀，光学镜头出现霉斑，严重影响仪器设备的性能。相对湿度超过55%时会使冷却水管壁上出现结露现象，假如是发生在精密装置的电路系统当中，将是引发各种事故的隐患。湿度太高时，空气中的水分子将把硅片表面黏着的尘埃化学吸附在表面上而难于清除，图10-1给出的是关于硅片上吸附的10μm直径以上的尘埃，用空气吹也去除不掉的比例的调查结果。由图可知，湿度越高，吹不掉的比例也越高。

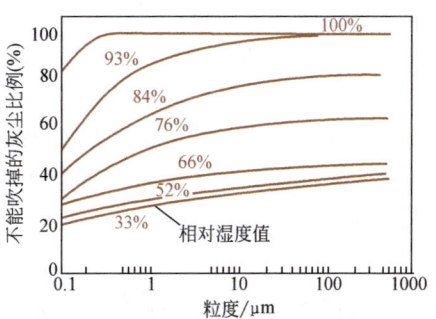

图10-1 湿度对尘埃黏附的影响

在实际生产当中，相对湿度过低也不利于精密和超精密加工。当相对湿度低于30%时，有些材料由于干燥而变脆和易燃；静电力的作用使尘埃更易吸附于物体表面；某些半导体器件容易发生击穿。所以一般情况下，相对湿度应控制在35%~45%。湿度的波动范围相应规定了±10%、±5%和±2%几个等级。当前精度要求非常严格的某些半导体工业已经需要将湿度波动范围控制在±1%，而且今后会更加严格。表10-5给出了美国209B标准温度和湿度的控制建议。

表 10-5　温度和湿度的控制建议

美国 209B 标准	温度/℃			湿度（%）		
	范围	推荐值	波动值	最高	最低	波动值
	19.4~25	22.2	±2.8 特殊需要时为±0.28	45	30	±10 特殊需要时为±5
趋势			±0.1	45	30	±2

三、洁净室

洁净室是指将室内空气中尘埃微粒、温度、湿度、压力流速和气流的分布形式及其形状等控制在一定范围内的房间。它为精密和超精密加工提供了必需的空气环境和热环境，是整个外部支撑环境的重要基础设施。

1. 实现空气净化的基本要求

（1）发尘量要小　发尘量小包括尽量不带尘埃进入洁净室和在净化区域内不产生尘埃两个方面。操作人员应穿无尘工作服并经专门设置的"风淋室"后再进入洁净室，所携带的工件及物品必须预先认真洗净并经由特设的物品传送箱送进洁净室，防止未净化的空气混入洁净室。尽量缩短操作人员的作业路线，不做多余无用的动作，限制尘埃的产生。

（2）及时排除尘埃　洁净室内只要有作业操作，就不可避免地会有尘埃产生。重要的是不让产生的尘埃停留和扩散，及时加以排除。为了保证这一点，内部装修应尽量选用难以积存尘埃的不易带静电的材料，防止尘埃吸附停留。在易产生尘埃微粒的区域附近进行排气，防止尘埃扩散形成二次污染。

（3）供给洁净的空气　所谓尘埃，一般以 0.5μm 为基准，用普通的空气过滤方法是不能去除掉的。适合精密和超精密加工要求的洁净室一般使用超高性能过滤器（High Efficiency Particulate Air Filer，HEPA），以保证洁净空气的供给。虽然洁净室的密封性有严格要求，但总难免有泄漏，为了保持与外界有一定的压差及时排除尘埃，不断地送入洁净的空气是实现和保持洁净度的最基本措施。

2. 空气过滤器

空气过滤器是空气净化的关键设备。过滤器的性能指标主要有效率、阻力、容尘量、风速和滤速等。

过滤效率是较为重要的指标，它是指在额定风量的情况下，过滤器捕获的尘埃量与过滤器前进入过滤器的尘埃量的百分比。由此可得过滤器效率 η 为

$$\eta = \frac{Vc_1 - Vc_2}{Vc_1} \times 100\% = \left(1 - \frac{c_2}{c_1}\right) \times 100\% \tag{10-3}$$

式中　V——通过过滤器的风量；
　　　c_1——过滤器前的空气含尘浓度；
　　　c_2——过滤器后的空气含尘浓度。

过滤器的阻力是另一个较为重要的指标，用压力降 Δp_H 来表示。它随过滤器通过的风量大小而变化，评价时是指额定风量而言。显然，随着过滤器的使用时间增加，其阻力也会因尘埃滞留而不断加大。通常把未粘尘的新过滤器的阻力称为初阻力，把需要更换的过滤

器的阻力称为终阻力。一般情况规定终阻力为初阻力的两倍。

常用的过滤器可以分为粗效过滤器、中效过滤器、亚高效过滤器和高效过滤器等几种。它们的主要性能见表 10-6。

从表中可以看出，粗效过滤器只能滤掉较大颗粒尘埃，适用于一般净化要求的情况。对于有中等净化要求的情况应设置粗效和中效两道过滤器；对于有超净要求的情况，则至少应设置三道过滤器，前两道为粗效和中效过滤器，作为预过滤系统，以减轻末级过滤器的负担，延长高效过滤器的使用寿命。

要求洁净度在 10 级以上的超级洁净室，须使用一种更高性能的过滤器（Ultra Low Penetration Air，ULPA），作为末级过滤器，它捕集 0.1μm 直径尘埃的效率达 99.999% 以上。

高效过滤器用纸状超细玻璃纤维和超细石棉纤维作为过滤材料，孔隙非常小，过滤效率很高。为减小阻力，必须增大过滤面积，将过滤纸往返多次折叠。图 10-2 所示为超高性能（HEPA）过滤器的结构形式，能使实际过滤面积达到过滤器断面面积的 60 多倍。

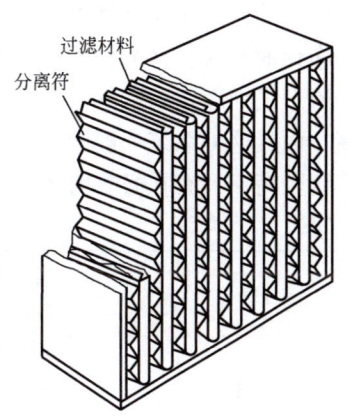

图 10-2　超高性能过滤器（HEPA）

表 10-6　空气过滤器的分类

类　　别	有效的捕集尘埃直径/μm	计数效率（%）对直径为 0.3μm 的尘埃	阻力/Pa
粗效过滤器	>10	<20	≤30
中效过滤器	>1	20~90	≤100
亚高效过滤器	<1	90~99.9	≤150
0.3μm 级过滤器	≥0.3	≥99.91	≤250
0.1μm 级过滤器	≥0.1	≥99.999（对直径为 0.1μm 的尘埃）	~250

3. 气流组织

洁净室气流组织的主要作用是把已有的尘埃尽快而有效地排出去，并阻止外界尘埃进入。在此过程中要防止尘埃二次飞扬，以减少尘埃对工艺过程的污染。工作区的气流速度应满足空气洁净度的要求。

洁净室的气流组织形式主要有乱流和层流两种形式。

（1）乱流形式　乱流形式是将净化的空气由顶棚送进室内，再由地面或接近地面的墙壁处回气，气流自上而下，与尘埃的重力沉降方向一致，如图 10-3 所示。它是用洁净的空气稀释室内尘埃的含量，逐渐排出室内尘埃而达到净化要求。由于空气流向不同，所以称作乱流形式。它单位时间内的换气次数是一个比较重要的指标。要保持 1000 级水平，每小时需换气 60 次以上。同时为了避免吹起表面尘埃而造成再污染，一般将吹过水平表面的气流速度控制在 0.2m/s 以下。乱流形式受到送风口和回风口布置和结构的限制，尘埃可能随乱流向任一

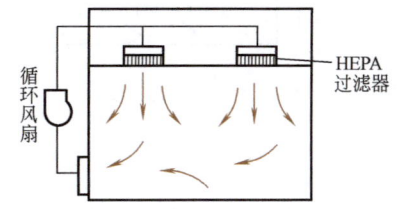

图 10-3　乱流形式

地点扩散，只能维持洁净度 1000~100 000 级的水平。但是乱流形式的洁净室的建设费用和运行费用都较小，因而应用广泛。

（2）层流形式　层流形式是使室内的气流流线几乎平行，以均匀的速度向一个方向流动，没有涡流产生。气流速度可以参考美国 209B 标准，采用 0.45m/s。由于气流速度与通风量有关，气流速度越大，所要求的通风量就越大，能源消耗也相应加大。为了能既满足空气净化的要求，又节约能源，有人提出了各种情况下控制污染所需的最低风速，见表 10-7。层流形式中净化的空气直接流过作业区冲洗尘埃，可得到非常高的洁净度，达 100 级或更高，而且这种系统一般起动后 1~2min 就可以达到要求的洁净度。但其建设费用和运行费用都比较高，只有在必要时才采用。

表 10-7　下限风速

洁净室	下限风速 / (m/s)	条件
垂直层流	0.12	无人或很少有人进出，无明显热源
	0.3	无明显热源的一般情况
	≤0.5	有人，有明显热源
水平层流	0.3	平时无人或很少有人进出
	0.35	一般情况
	≤0.5	要求更高或人员进出频繁的情况

层流形式又分为垂直层流方式和水平层流方式。

1）垂直层流方式。垂直层流方式的特点是在洁净室整个顶棚上装满高效过滤器，整个地面布满回风口，送入室内的洁净气流充满整个洁净室断面，流速均匀，像"活塞"一样把室内的尘埃迅速压下排走，如图 10-4 所示。整个洁净室就成了高洁净度的环境。

2）水平层流方式。水平层流方式的特点是在一侧的整个墙面上装满高效过滤器，将相对的另一侧的整个墙面作为回风口。送入室内的洁净气流以水平方式通过洁净室断面，完成排除尘埃的任务，如图 10-5 所示。由于水平层流方式气流方向与尘埃沉降方向不一致，所以其断面风速应略大于垂直层流方式气流的断面风速，以减轻尘埃沉降现象的影响。室内沿气流方向和从上到下方向洁净度逐渐降低，在加工作业的安排与布置时应加以考虑。

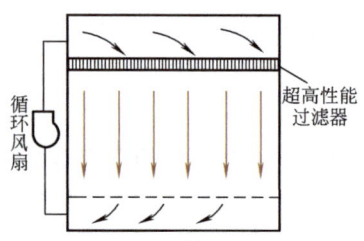

图 10-4　垂直层流方式

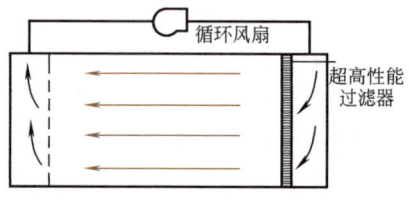

图 10-5　水平层流方式

4. 正压控制

外部空气渗入洁净室是影响室内洁净度的重要原因。为了保持室内环境的洁净度和温湿度，防止外界空气渗入，需要保持室内具有一定的正压，如图 10-6 所示。室内正压是靠送入风量大于排出风量达到的。较高的正压值，虽然有利于防止外界空气渗入，但所需新风量加大,缩短了高效过滤器的寿命,增加了能量消耗和运行费用。所以应使室内正压值维持在规定的合理值内。必要的压力差随不同的场合有所不同,基本情况见表10-8。

由于系统运行过程中各级过滤器积尘量的不断增加使过滤器阻力也随之加大,室内压力也会产生变化,所以必须采取措施进行压力控制。最简单的方法是在回风口上安装空气阻尼层(如尼龙布或泡沫塑料等),以增加室内压力。较常用的方法是安装余压阀或差压式电动风量调节阀等压力调整装置。

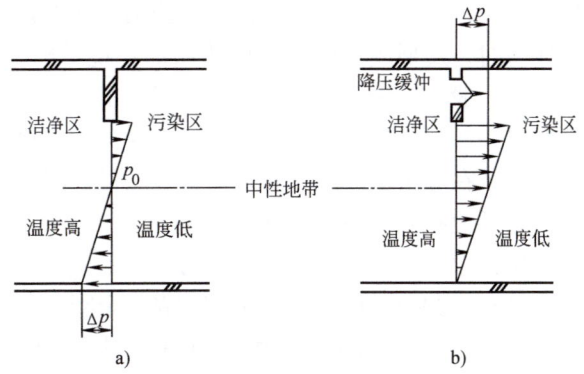

图10-6 因温度差产生的开放部气流
a) 有污染 b) 无污染

5. 温度和湿度的控制

在洁净室内,精密和超精密加工过程中消耗能量转变成的热和操作人员身体散发出的热是影响恒温环境的主要内部因素;洁净室外的温度与室内温度不一致而产生的热传递是影响恒温环境的主要外部因素。恒湿也有类似的主要影响因素。因此洁净室的恒温、恒湿控制是要随时进行的。空气调节系统就是解决这一问题的关键设施。

表10-8 必要的压力差

相应的场合	最低压力差/Pa
不同级别洁净室相互之间	4.9
洁净室与准洁净室之间	9.8
洁净室与一般工作室之间	14.7

空气调节系统中有许多空气处理设备,其中包括空气加热设备、冷却设备、加湿设备和除湿设备。除了空气电加热器及使用固体吸湿剂的设备外,多数是空气与其他介质的热湿交换设备。水、水蒸气、液体吸湿剂和制冷剂都可作为热湿交换的介质,通过直接接触方式或表面式热湿交换方法进行温度、湿度控制。表10-9所示为温度、湿度控制系统。室内采用电子温度传感器,由出口露点传感器控制加湿器,用电子调节器控制空调机。

表10-9 温度、湿度控制系统

控制幅度	空调机的控制	热源控制
±0.1℃ ±2%	电加热器的再热控制吹出气体的温差1℃以内	送水温度固定±1℃
±0.5℃ ±5%	温水管再热控制吹出气体的温差5℃以内	送水温度固定±1℃
±1.0℃ ±10%	温水管再热控制吹出气体的温差10℃以内	送水温度固定±2℃

四、分层次的局部环境

精密和超精密加工要求的外部支撑环境因行业不同而有所不同,即使是同一种行业,不同工序要求的环境也不相同。某一产品的生产常常同时需要有普通环境、精密环境和超精密环境。在具体实现这些环境时，不是分别单独设置，而是采取逐层提高的办法。即在建设恒温洁净室时，规划成一层套一层的局部环境结构，最外层是一般环境，往里一层是精密环境，套在一般环境之中，越是里层，恒温精度和洁净度等级越高。最里层是恒温精度和洁净度等级最高的超精密环境。这样做可以使得超精密环境容易达到，而且相对来说节省费用，同时相当于在超精密环境外面设置了多层保护层，提高了安全性和可靠性。在安排生产工艺流程时，要使物质流向从一般环境向精密、超精密环境逐层流动，尽量避免物流方向的交叉，对维持超精密环境是十分必要的。

在精密和超精密加工中，高精度半球面金刚石车削和硬磁盘涂层表面高点铲刮等，切削加工区域的温度、湿度和洁净度是很难控制的。针对这些情况可以采用更为局部的恒温和净化措施。

安装在恒温洁净室内的高精度非球面金刚石车床整体被透明塑料罩子罩起来，内部设有多个喷嘴，将大量经过精细恒温处理的冷却油从上面喷淋到机床的各个部位，使加工区域的温度保持在 (20 ± 0.1)℃的范围内。流回油箱的油不仅带走了机床运转和切削加工产生的热量，同时也带走了切屑和尘埃。这是一个典型的采用设备局部恒温的例子。

计算机硬磁盘涂层表面高点铲刮仪安放在 1000 级的洁净环境内，高速旋转的磁盘与宝石铲刮头块之间的间隙控制在 $0.4\mu m$ 左右，表面上 $0.4\sim0.8\mu m$ 高的凸起物不断地被铲刮头块撞击下来形成尘埃，必须随时清除才能避免安装在铲刮头臂上的声发射高点检测装置发生误报信号。于是在磁盘和铲刮头臂外围增加了一个有机玻璃外罩作为局部洁净腔，通过高效过滤器送入洁净的空气使腔内达到 100 级的洁净度，保证了磁盘高点铲刮工序的顺利进行。这是一个典型的采用加工区局部净化的例子。

第二节 振动环境

一、振动干扰的影响

精密和超精密加工对振动环境的要求越来越高，限制越来越严格。这是因为工艺系统内部和外部的振动干扰会使得加工和被加工物体之间产生多余的相对运动而无法达到需要的加工精度和表面质量。例如在精密磨削时，如果有振动干扰，会产生多角形的轮廓形状而影响加工精度，表面粗糙度也达不到要求。只有将磨削时的振幅控制在 $1\sim2\mu m$ 时，才可能获得 $Ra0.01\mu m$ 以下的表面粗糙度值。因此必须控制外界振动干扰引起的振幅和机床空运转时的振幅，其数值要比 $1\mu m$ 小得多。

精密和超精密加工的质量不仅与振动干扰的振幅有关，而且与振动干扰的频率有关。较高频率的振动能被工艺系统滤除一部分，但小于 70Hz 的振动干扰严重地影响加工表面质量。所以较低频率振动的振幅应控制在 $0.125\mu m$ 以下，而较高频率振动的振幅应控制在 $0.25\mu m$ 以下。尤其是类似放置超过 100 万倍电子显微镜的设施和特征尺寸为深亚微米级的半导体加工设备等，对微小的振动干扰也极为敏感，更要特别注意对振动干扰的控制。

在一般情况下，对精密和超精密加工构成威胁的微振动，其振动加速度为 $2\times10^{-2}m/s^2$ 以下，振动振幅为 $5\mu m$ 以下，频率在 $0.5\sim70Hz$ 之间，这种微小振动属于所谓暗振动，即"常时振动"的范围，其主要来自于：

1) 室内振动。人员行走产生的振动；设备振动产生的振动；物料搬运产生的振动；辅助设施产生的振动。

2）室外振动。交通运输产生的振动；工厂生产产生的振动；建设施工产生的振动；辅助设备产生的振动。

3）自然界振动。常时微动及风等。

这些微振动源通过不同的途径传播到精密和超精密加工区域而产生影响。所以必须在搞清主要振动源的基础上，分析它们可能的传播途径，采取积极的预防和隔离措施，以消除振动干扰的影响，保证精密和超精密加工对振动环境的要求。

二、振动干扰的消除

为保证精密和超精密加工的正常进行，必须采取有效措施消除振动干扰的影响，其主要途径如下。

1. 内部振动干扰的消除——防振

所谓内部振动干扰是指工艺系统内部自己产生的振动干扰，这是振动干扰最重要的部分，如果内部振源没能消除，外界环境再好也是无济于事的，所以首先要防止工艺系统内各部分产生的振动干扰。

（1）提高设备回转零件的动平衡精度　砂轮、带轮、齿轮、转轴等在工作时高速回转的零部件，经常存在不平衡力和力偶，这是产生内部振动干扰的基本原因。只有通过精细的静、动平衡之后，才能消除由于离心力而引起的振动干扰。另外要特别注意回转零件的加工精度和消除回转零件之间的装配间隙，因为加工误差和装配间隙都会产生不平衡力和力偶。

（2）减少设备传动系统的振动干扰　在必要时应对驱动电动机的转子进行动平衡；轴承零件应当进行精化处理。为了减少传动带的振动，应尽量选用厚度均匀的薄型带，柔软的平带比较硬的 V 带要好；单根带比多根带好。

（3）减少液压系统的干扰　精密和超精密加工设备常常使用液压系统作为驱动和控制的动力源。由于液压泵的高速回转，难免产生振动干扰，而且大部分液压泵的工作状况决定了液压是波动的。为了减少液压系统的振动干扰，一般把液压站与设备分开，放置于隔振良好的基础上，同时采用高性能的储能器，以减少液压的波动。

（4）提高加工设备的抗振性　提高加工设备的静刚度是增加抗振性的重要措施，包括提高设备的整体刚度、局部刚度和接触刚度。这样有助于提高系统的固有频率和降低振动振幅，无论对抵抗强迫振动还是抵抗自激振动都是十分有效的。另外还可以用将砂芯封留在大型铸件内部、合理安排加强筋的分布等办法增大阻尼系数，改善设备的动刚度，有效地提高设备的抗振性。

2. 外界振动干扰的消除——隔振

外界振动干扰常常是独立存在而不可控制的，如交通运输产生的振动干扰和建设施工产生的振动干扰等，尤其是自然界存在的常时微动和风产生的振动等干扰，只能采取各种隔离振动干扰的措施，阻止它们传播到工艺系统中来。

最基本的隔振措施是采取远离振动源的办法，事先对场地外的铁路、公路等振动源进行调查，必须保持相当的距离。在建设布局上把动力房、空调机室等设施与加工场地距离尽量远一些，使对振动敏感的设备不受影响。

精密和超精密加工的隔振措施常常是多层次的。首先洁净室甚至整个车间都应当建设在一个良好的隔振地基上,然后在这个隔振地基的基础上再安放隔振的弹性材料或隔振元件,以达到更好的隔离振动干扰的目的。

三、隔振器的隔振原理

在精密和超精密加工中,常用隔振器把加工设备与地基隔离开,以避免外界振源对加工精度的影响,用隔振器把加工设备与外界振动干扰隔离开来的方法称为设备的隔振。

为了讨论简化,把隔振器的隔振基本原理用单自由度振动系统的力学模型加以说明,如图 10-7 所示。

假定加工设备的弹性不计,其质量为 m,而隔振器的质量不计,其刚度为 k、阻尼系数为 C。外界振动干扰源为垂直振动 $x_0 = a\sin\omega_j t$,按单自由度强迫振动可以推导出以下关系

$$A = \frac{a\sqrt{1+(2\zeta\lambda)^2}}{\sqrt{(1-\lambda^2)^2+(2\zeta\lambda)^2}} \tag{10-4}$$

式中 A——加工设备的振幅(mm);

a——外界振动干扰的振幅(mm);

ζ——阻尼比或衰减系数比;

λ——频率比,$\lambda = \dfrac{\omega_j}{\omega_n}$;

ω_j、ω_n——振动干扰频率和系统固有频率(Hz)。

隔振效果用被隔振加工设备的振幅 A 与外界振动干扰的振幅 a 的比 η 来表示,称为隔振系数或振动传递率,故有

$$\eta = \frac{\sqrt{1+(2\zeta\lambda)^2}}{\sqrt{(1-\lambda^2)^2+(2\zeta\lambda)^2}} \tag{10-5}$$

如果忽略阻尼,即 $\zeta = 0$ 时,则振动传递率为

$$\eta = \left|\frac{1}{1-\lambda^2}\right| \tag{10-6}$$

图 10-8 表示了此时的振动传递率和振动频率比的关系。

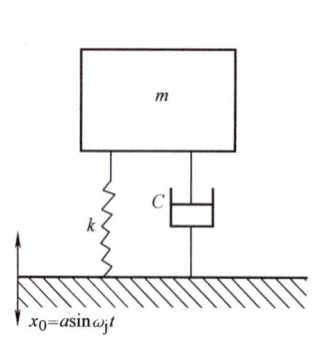

图 10-7 单自由度隔振系统的力学模型

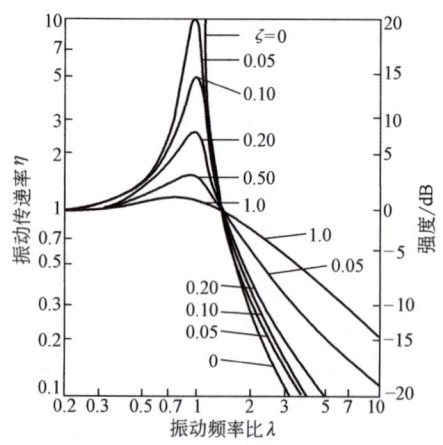

图 10-8 振动传递率曲线

由式（10-6）和图 10-8 可以看出：

1）当外界振动干扰频率小于系统固有频率，即 $\lambda<1$ 时，则 $\eta>1$。这时的振动干扰力全部通过减振器传给加工设备，不能起到应有的减振作用。

2）当外界振动干扰频率等于系统固有频率，即 $\lambda=1$ 时，则 η 趋于无穷大，整个系统发生共振。这时不仅起不到减振作用，反而会加剧系统的振动。

3）当外界振动干扰频率与系统固有频率的比 $\lambda>\sqrt{2}$ 时，则 $\eta<1$。只有在这时，减振器才起到减振作用。

因此，要想取得理想隔振效果，就必须使选用的弹性支承的固有频率满足 $\lambda>\sqrt{2}$ 的条件。虽然从理论上讲 λ 值越大，η 值越小，隔振效果越好，但实际上 $\lambda>3$ 以后，隔振效果变化并不十分明显，同时 λ 值大，隔振器的静扰度就大，装置稳定性差，造价还高，所以工程上一般取 λ 值为 3 左右。

四、隔振元器件

按上述隔振原理，工程中实施的隔振措施，大都是通过在机床设备和地基之间放置弹性支承来实现的。这些弹性元件主要有隔振垫层和隔振器。它们的主要作用在于都具有一定刚度，可以产生一个与振动干扰位移成正比的恢复力；同时又都有一定阻尼，可以产生一个与振动干扰速度成正比的阻尼力，如果使作用在地基上的这两个力的矢量和变得很小，由设备振动时的惯性力部分地抵消外界振动干扰，即可达到积极隔振的目的。设计良好的弹性支承能吸收大部分的外界振动干扰，加工设备依靠自身的惯性保持基本不动。

1. 隔振垫层

最简单的隔振措施是选择合适的弹性材料作为隔振垫层。根据弹性材料的允许荷载、动态弹性系数和振动干扰的频率等条件，选择合适的弹性材料种类、厚度等参数；根据机床设备的总质量，选择弹性材料的横截面积或垫层个数。

常用的隔振垫层弹性材料有软橡胶、中硬橡胶、海绵橡胶、孔板状橡胶、天然软木、软木屑板、毛毡、玻璃纤维及泡沫塑料等。它们没有确定的形状和尺寸要求，一般是根据具体情况来拼排和裁剪的。

2. 隔振器

隔振器是经过专门设计、制造的具有确定规格形状和减振功能的弹性元件。常见的隔振器有弹簧隔振器、橡胶隔振器、弹簧与橡胶组合隔振器和空气弹簧隔振器等。

（1）弹簧隔振器　弹簧隔振器是由一个或几个相同的金属弹簧、定位块、螺栓和外罩等零件组成的，其中弹簧是关键隔振弹性元件。由于它的承载能力强，静载压缩量大，固有频率低，不仅隔振效果好，而且性能稳定可靠，因此应用十分广泛。

（2）橡胶隔振器　橡胶隔振器是由耐油的防振橡胶、内外金属环和防护外罩等零件组成的。其中防振橡胶是关键隔振弹性元件。虽然它的承载能力、静载压缩量和固有频率等性能参数都比不上金属弹簧，但由于它的阻尼很大，对高频成分的隔离性能好，安装、更换都比较方便，有良好的隔振效果，而且价格便宜，因此应用也十分广泛。

（3）弹簧与橡胶组合隔振器　弹簧与橡胶组合隔振器是由金属弹簧、防振橡胶、定位块、金属环和防护罩等零件组成的。其中金属弹簧和防振橡胶是关键隔振弹性元件。它既具有弹簧隔振器的承载能力强、固有频率低的特点，又具有橡胶隔振器阻尼大的特点。在结构上常采用的有弹簧与橡胶并联布置和串联布置两种形式。有的是在金属弹簧上包涂上一层防振橡胶，或将防振橡胶插入弹簧内部，可以有效地消除传递到弹簧本身的高频成分。因此当采用橡胶隔振器不能满足要求，而采用弹簧隔振器阻尼又不够时，可以采用弹簧与橡胶组合隔振器。

（4）空气弹簧隔振器　空气弹簧隔振器是由空气、橡胶和外罩等零件组成的。其中空气和橡胶是关键隔振弹性元件，它是将普通空气打入用橡胶材料做成的波纹管中，利用空气的弹性达到隔振的目的。它的固有频率可以做到很低，具有在载荷变化时固有频率可保持不变的特点。有的空气弹簧隔振器的高度可以通过注入空气的多少来进行调整，由于空气和橡胶的特性，对高频成分的隔离性非常好，因此适用于防止微振的情况，特别是精密和超精密加工设备的防振。它的主要缺点是结构比较复杂，价格比较贵。

3. 有源控制器

在单自由度振动系统中，设质量为 m，阻尼系数为 C，刚度为 k，振动干扰的外力为 F，则其运动方程可表示为

$$m\ddot{x} + C\dot{x} + kx = F \tag{10-7}$$

在这个方程式中，表示了振动状态所有的力及它们之间的关系。其中左边第一项是质量与加速度的乘积，表示惯性力，第二项是阻尼系数与速度的乘积，表示衰减力，第三项是刚度与位移的乘积，表示弹性力。左边所有力的和与右边的振动干扰外力相等。由此可见如果能控制住所有这些力，就可以控制住振动。这就是振动有源控制的基本思想。

图 10-9 是一个使用补偿质量的有源控制示例。它通过位移传感器获得控制量信息，由专门的控制器以该信息为基础输出相应的控制信号，使动作器产生附加的控制力来达到减振目的。

随着超精密制造的精度级别不断提高，在对隔振要求极为严格的超精密环境中，即使用最好的被动隔振器件也无法满足要求，这时就需要采用主动隔振系统。目前已经成功研发了一些性能非常优越的有源隔振商品，包括有源隔振平台和隔振器两类，

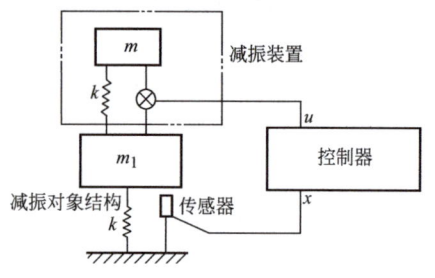

图 10-9　使用补偿质量的有源控制示例

能够实现 6 自由度的主动隔振，比如美国 TMC 的 STATICS 系列隔振平台和隔振器，日本明立精机的 MAPS 系列隔振平台和隔振器等。

五、隔振器件的新进展

1. 双腔室空气弹簧

前面介绍的空气弹簧为单腔室结构，该结构存在非线性强、隔振性能较差的问题，目前已经逐步被双腔室空气弹簧所取代。双腔室空气弹簧隔振器是现在世界上精密制造行业和光学领域使用的隔振器的主流方式。

2. 悬挂（Pendulum）

通过钢索连接空气弹簧隔振器或其他隔振器将设备悬挂起来，它能够良好地解决隔振器的横向隔振问题。悬挂式隔振器的横向固有频率基本只与钢索的长度有关，所以调整钢索长

度就可以调整系统横向自然频率。特别需要指出在航天和天文领域内此方式应用广泛，通过悬挂方式实现了亚赫兹级的固有频率。

3. 负刚度系统

负刚度系统是近几年才出现的新型隔振器，它是通过改变系统刚度达到调节系统固有频率的目的。

第三节 噪声环境

一、噪声及其影响

所谓噪声是指使人烦恼和对工作有妨碍的声音。它是由各种不同频率和声强的声音杂乱无章地组合而成的。现代工业生产和施工建设以及交通运输等生产活动，使噪声污染已经成为一个严重问题。图10-10 表示了不同情况的噪声大小和对人及工作的影响。

对精密和超精密加工来说，操作者长时间在封闭的洁净室中工作，人的情绪受噪声的影响将更为严重，因此必须重视噪声的影响。

衡量洁净室噪声的主要指标如下：

1) 把噪声使人产生的烦恼情绪分为极安静、很安静、较安静、稍嫌吵闹、比较吵闹和极吵闹六个等级。最后两级属于高烦恼水平。在同一环境中的高烦恼人数与总人数的百分比为高烦恼率，一般不应超过30%。

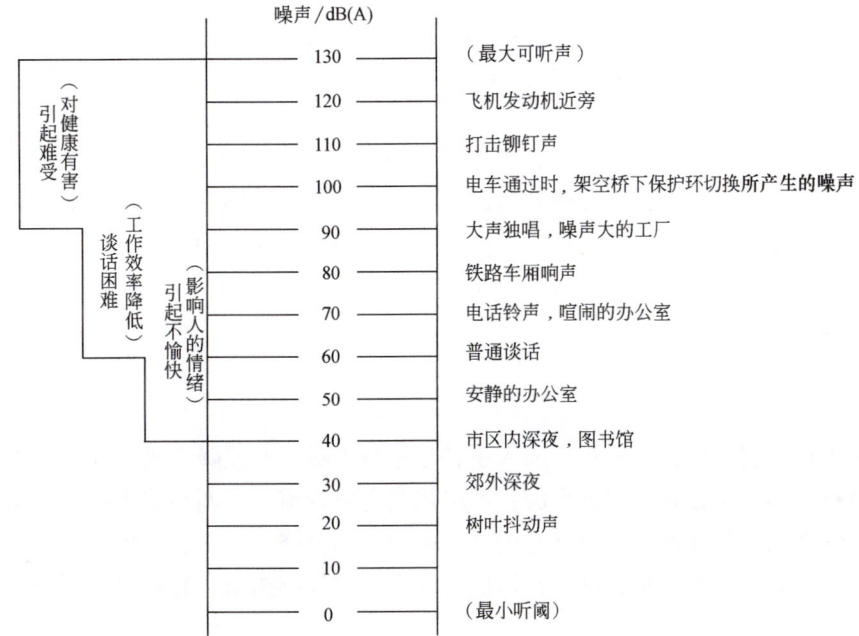

图10-10 噪声公害与噪声标准图解

2) 从三个方面评价噪声对工作效率的影响，它们是集中精神高影响率、动作准确性高影响率和工作速度高影响率。一般噪声在 70dB 以下时对工作效率影响不大。

3）把噪声对综合通信的干扰分为清楚或满意、稍困难、困难和不可能四个等级。资料表明在65dB以下时，能保证一般通话。

表10-10给出了洁净室噪声的判断指标。一般在动态时不超过70dB（A），最高不超过75dB（A），空态时乱流洁净室不超过60dB（A），层流洁净室不超过65dB（A）。

二、噪声源

工业生产中常见的噪声主要有空气动力噪声、机械噪声和电磁噪声。

表10-10 噪声判断指标

洁净室分类		中心频率/Hz								A声级
		63	125	250	500	1000	2000	4000	8000	
		声压级/dB								
空态	乱流	79	70	63	58	55	52	50	40	≤60
	层流	83	74	68	63	60	57	55	54	≤65
动态		87	78	72	68	65	62	60	59	≤70~75

空气动力噪声是由于空气流动时非稳态的压力突变引起空气振动而产生的。洁净室的空气动力噪声主要来自各种风机，送、排气装置和使用压缩空气为动力的装置等。

机械噪声是由于机械设备的各个部件受外力后引发的固体振动而产生的。洁净室的机械噪声主要来自加工设备及其辅助机械设施。另外还有机件之间互相碰撞而产生的撞击噪声。

电磁噪声是由于电动机和某些电器内部空隙交变力的相互作用而产生的。洁净室的电磁噪声主要来自加工设备的驱动电动机、继电器、电磁铁等装置。这种噪声常常是持续不断的，很容易引起人的烦恼情绪。

另外还有一种所谓固体噪声，它是由于各种物体的振动传播到洁净室的基础、墙壁、顶棚和其他结构而引起的振动，并以弹性波的形式沿建筑结构传播到其他房间，使相邻的空气发生振动而产生噪声。洁净室的固体噪声主要来自建筑物传递的弹性波。

由此可见要改善噪声环境，就必须分析清楚所有噪声源及其不同的传播途径，全部加以控制，才可能取得明显的效果。

三、噪声控制

对噪声进行控制，应首先从噪声源入手，尽量减少噪声源或降低噪声辐射，包括尽可能选用低速低噪声的加工设备和辅助设施；严格控制送风管道等空调系统中的气流速度；使用高质量、高性能的电气元件；远离外界的强噪声源，如公路、工厂、学校等，这些都是控制噪声源的有效措施。其次就是在噪声传播的过程中采取控制措施，它们包括隔声、吸声、消声等方法。

1. 隔声

所谓隔声就是把不能去掉的噪声源单独安放在一个隔声间内或是用隔声罩把它与外界隔离，阻碍噪声传播的方法。例如要对某齿轮箱进行噪声测试，必须把驱动电动机和变速装置安放在测试间以外的地方，并用隔声罩罩好，只是把传动带或其他不产生噪声的传动装置伸入测试间带动齿轮箱，防止驱动动力部分的噪声传播到测试间内影响噪声测试的准确性。

当一定的噪声能入射到隔声结构的隔声壁上时会产生振动并向外辐射噪声，这部分辐射的噪声能称为透射声能。一般来说隔声壁的透射声能与入射声能的比小于几百分之一，大部分噪声能被隔声壁反射回去。

可以用透射系数 τ 来表示隔声壁的隔声能力

$$\tau = \frac{W_1}{W_2} \tag{10-8}$$

式中 W_1——透射声波的能量（N·m）；

W_2——入射声波的能量（N·m）。

为了计算方便，也常用透射损失 TL 来表示隔声壁的隔声值

$$TL = 10\log\frac{1}{\tau} = 10\log\frac{W_2}{W_1} \tag{10-9}$$

从式（10-9）中可以看出，τ 值越小，TL 值越大，隔声效果越好。

实际应用的隔声结构（包括房间的墙壁、顶棚、门和窗户等），只有符合隔声要求才能达到控制噪声的效果。

隔声壁的隔声值取决于它的单位面积质量、结构刚性、材料内摩擦特性、噪声频率和与其他隔声结构之间的连接方式等。为了增强隔声效果，可以把中间有空气式填充吸声材料的两层隔声壁组合使用，称为双层隔声壁。它比同质量的单层隔声壁的隔声值要高出一个 ΔTL，双层隔声壁系统的固有频率越低，附加隔声值 ΔTL 值越高。另外它的附加隔声值还与两个单层隔声壁的厚度比、刚度比及连接方式有关。设计合理的双层隔声壁的附加隔声值一般为 8~15dB。

2. 吸声

房间中某一固定点的噪声能除了来自噪声源直接辐射的噪声能之外，还来自房间经周围墙壁和地面、顶棚多次反射的噪声能。如果在房间周围墙壁和顶棚上挂满吸声材料，地面也铺满吸声材料，房间中那个固定点的噪声能就会小得多。这种利用吸声材料控制噪声的方法叫作吸声，是降低加工场地内部噪声普遍采用的方法。

吸声材料除了反射和继续传播一部分噪声能之外，其余部分则被吸收了。这主要是由于吸声材料的多孔性和松散性所致，声波进入材料孔隙，使孔隙中空气和材料产生微小振动，是摩擦力和黏滞力把一部分声能转化为热能而被吸收。

吸声材料的吸声能力大小可用吸声系数 α 来表示

$$\alpha = \frac{E_2}{E_1} \tag{10-10}$$

式中 E_1——入射到吸声材料上的声能（N·m）；

E_2——吸声材料吸收的声能（N·m）。

从式（10-10）中可以看出，如果声波没有被反射而射入开阔空间全被吸收时，吸声系数 α 为 1，而被全部反射时，吸声系数 α 为 0，所以吸声材料的吸声系数越接近于 1 越好。

常用的吸声材料有超细玻璃棉、开孔型聚氨酯泡沫塑料、微孔吸声砖和木丝板等。吸声法降低噪声一般可达 10dB 左右。

3. 消声

在许多场合可以采用专门的消声器来控制噪声传播。消声器是由吸声材料和按不同消声原理设计的特殊壳型结构组成的。一般按不同的消声原理分为阻性、抗性、共振性和复合性等型式的消声器，大量应用于净化空调系统中。

第四节 其他环境

一、光环境

精密和超精密加工的工作内容大都要求操作者仔细严格，而工作场所又是在密闭的洁净室里，人在黑暗的环境里是无法正常工作的，因此对洁净室的光环境提出了一定的要求。洁净室的照明方式有三种：一是一般照明，它是为整个室内的照明而设置的；二是局部照明，它是为加工区域的照明而设置的；三是混合照明，它是对必要的区域在已有一般照明的基础上增加局部照明而设置的合成照明。大多数的精密和超精密加工场合都采用混合照明。

光环境有两个主要指标，一个是照度，另一个是眩光。除此之外，在特殊情况下，还需要考虑光源的波长。

1. 照度

照度是衡量照明量的指标。它用单位被照面积上接收的光通量来表示，照度单位是 lx。

从操作所需精度的角度来看，越是要求精密的操作，照度就应该越高。国外洁净室的照度级别大体上是按照这个规律制定的，一般对精密级以上的操作要求照度在 500～1000lx 甚至更高。我国规定无采光窗洁净室工作面上的最低照度见表 10-11。

表 10-11 最低照度值

识别对象的最小尺寸 d 及场所/mm	视觉工作分类		亮度对比	照度/lx	
	等 级			混合照明	一般照明
$d \leqslant 0.15$	I	甲 乙	小 大	2500 1500	500 300
$0.15 < d \leqslant 0.3$	II	甲 乙	小 大	1000 750	300 200
$0.3 < d \leqslant 0.6$	III	甲 乙	小 大	750 750	200 150
$d > 0.6$	IV	—	—	750	150
通道、休息室	—	—	—	—	100
暗房工作室	—	—	—	—	30

调查表明，在天然光源照明情况下工作，照度逐步提高到 1000lx 时，精密加工的工作效率一直是呈现提高的趋势。而在人工光源照明时情况就不同了，常常是在 300～500lx 时

工作效率最高，照度达到 1000lx 时效率反而下降了。这主要是因为人工光源照明质量不好，产生令人不舒适的眩光所致。因此理想的照明，最好是采用天然光源辅以人工光源。

2. 眩光

眩光是衡量照明质量的指标。它是由于在视线附近有高亮度光源、光泽表面反射出高亮度光源和极高的亮度对比等原因形成的。常用眩光常数 G 来表示，下式是表达方式之一

$$G = 4.167 \frac{B_s^{1.6} \omega^{2.3}}{B_b} \tag{10-11}$$

式中　B_s——光源 s 的亮度（新烛光/m²）；

　　　B_b——光源以外的背景平均亮度（新烛光/m²）；

　　　ω——由眼睛看到光源 s 的立体角（sr）。

眩光常数 G 值越小，眩光越弱，人的感觉就越舒服。G 值与眩光引起的不舒适程度之间的关系见表10-12。

表 10-12　G 值与眩光引起的不舒适程度之间的关系

G	眩光引起的不舒适程度
600	不堪忍受
150	不舒适
35	尚可
8	感觉不到眩光

这就说明了洁净室的照明只注意照度，即明亮度是不够的，如果照明质量不好，像使用裸灯泡、悬挂高度不当、亮度分布不均匀或只有局部照明而没有一般照明，都会造成眩光过强，使得操作人员感到不适甚至不堪忍受而达不到好的照明效果，严重影响工作效率。因此光环境是精密和超精密加工的重要外部支撑环境之一。

3. 颜色

在某些特殊的超精密加工中，需要对照明光的颜色提出特殊的要求。例如，集成电路（Integrated Circuit，IC）制造中的光刻工序是在硅片表面涂一层对深紫外激光敏感的光刻胶，然后类似于照片扩印那样将预先设计的集成电路图形通过模版投影成像在光刻胶上。为了避免光刻胶受环境光中的紫外成分照射而报废，要求光刻工艺区采用特殊的黄光光源进行照明。因此，在 IC 生产工艺线上，光刻工艺区为特殊的黄光区。这一点与照相暗房采用对照相底片和相纸光感胶层不敏感的红色光源照明的道理相同。

二、静电环境

精密和超精密加工对静电环境的要求是十分严格的。因为在洁净室里有大量容易产生和集聚静电的高电阻率材料，如塑料地面、尼龙墙面、涤纶工作服等。还有大量容易产生和集聚静电的动作和机会，如加工工艺上的搅拌、粘合、研磨、喷涂、清扫等操作；操作工人进行操作时各种动作引起的物体间摩擦；气流与管道、设备机构间的摩擦等。再加上相对来说较为干燥的湿度条件，都对静电环境不利。

产生和集聚的大量静电，有可能导致如下一些事故：

1）静电放电使人受到电击而产生不由自主的动作造成失误，甚至造成触电、碰伤、摔伤等二次伤害。

2）静电放电使元器件击穿，尤其是那些对静电放电十分灵敏的器件，损坏率极高。

3) 静电放电产生的光可使胶片不正常感光；静电放电产生的热可使易燃物起火和爆炸；静电放电产生的电磁波可使仪器出现干扰，设备出现误动作。

4) 静电本身产生的力可使尘埃微粒吸附于表面而造成制品污染、粉尘堵塞等生产事故。

为减少静电的产生，应当尽量采用抗静电或经过抗静电处理的材料铺设地板、装饰墙壁；用高效的抗静电剂喷涂易产生和携带静电的材料和部位；用不易产生静电或经过抗静电处理的布料做操作人员的洁净服。这些都是非常有效的抗静电措施。经过抗静电处理的洁净服比未经过处理的带静电电位可降低80%，尘埃附着率可减少90%。

为减少静电的集聚，防止对人的静电电击，应当限制人随时都在接触的室内地面的泄漏电阻，这个阻值越小，人体的静电就越容易从地面泄漏于大地而避免使人遭受电击。另外应特别注意各种情况发生静电电击的界限，如非导体发生静电电击的带电电位为10kV左右，而人体发生静电电击的带电电位为3kV左右。因此要采取措施使带电物体的电位低于静电电击电位。

以上论述了精密和超精密加工的主要外部支撑环境，还有很多像电磁波环境、放射线环境等在某些场合对精密和超精密加工也有很大影响，同样需要加以控制，给予必要的重视。

第五节 精密和超精密加工的环境设施

针对精密和超精密加工对各项环境的要求，设计了相应的设施来满足这些要求：针对空气环境，设计了具有控制洁净度、风速、风向、气流压力等功能的洁净室；针对热环境，设计了具有控制温度、湿度功能的恒温室和恒湿室；针对振动环境，设计了具有防振、隔振、消振功能的隔振室；针对噪声环境，设计了隔声、吸声、消声的无响室；针对光照环境，设计了黄光、红光等特殊照明的区域；针对静电环境、电磁波环境等，设计了相应的防静电室、屏蔽室等。由于各种精密和超精密加工作业和方法对洁净度的要求最为基本，最为普遍，因此在前面较为详细地介绍了洁净室的情况。所有针对各种环境设计的这些设施，都对精密和超精密加工的正常进行起了保证和支持作用。

在实现精密和超精密加工的外部支撑环境时，应当明确以下几个目标：

1) 实现高性能的制造环境空间，它必须满足精密和超精密加工作业的各项严格要求。
2) 降低环境设施的原始成本和维持运转这些设施的费用，追求经济性。
3) 确保各项性能指标的稳定性，使作业生产能够连续稳定的进行。
4) 必须考虑操作者的安全和对周围环境的污染，如噪声、振动、污水和废气等公害。
5) 为了适应现代技术的高速发展，环境设施必须要适应制造工艺不断变化的要求。

某种精密和超精密加工作业或方法，通常都会对几种外部支撑环境提出要求，因此就出现了恒洁净室、恒温防振洁净室、恒温防振无响洁净室等。这样，随着精密和超精密加工的不断发展，对洁净室的性能和要求将越来越高、越来越多。

图10-11给出了一个考虑比较全面的层流式洁净室的剖面设计情况。

在这个设计中，从建筑角度看，它的空间利用合理，布置紧凑，无论是空气、水和工作气体的送、回管道安装和照明、电器的布线及维修都比较方便。从功能角度看，除了保证洁净度、温湿度以外，还采取了措施使地面不传播振动，使室内没有噪声，使照明不产生眩光，使人体避免静电电击等，创造了一个较为完全的精密和超精密加工的支撑环境。

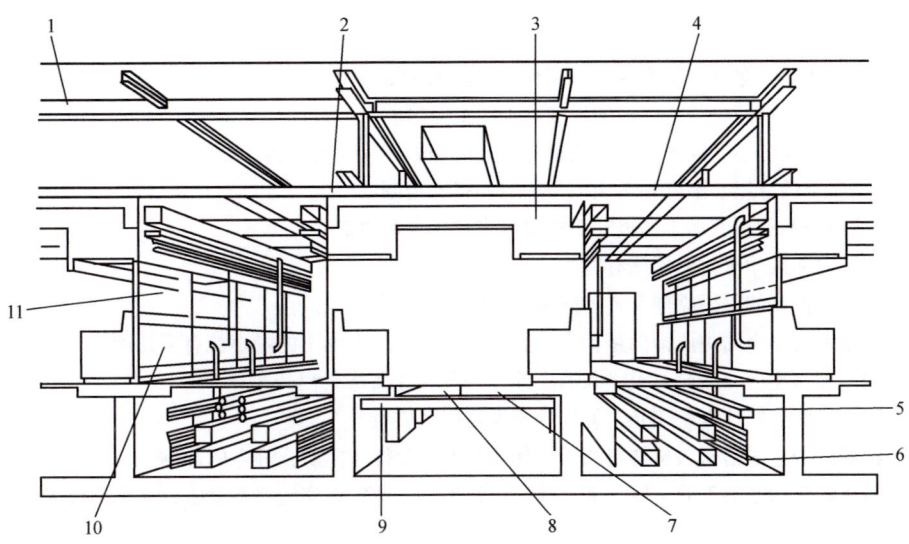

图 10-11 层流式洁净室的剖面设计

1—双梁结构法（方便通过柔性导管，容易悬挂净化装置，以及顶棚上有便于维修的空间）
2—方便起吊净化装置的构件　3—低噪声型洁净单元　4—便于维修检验　5—实用配管
6—排气管　7—防止带静电的筛条　8—不产生闪光的照明　9—非基座工作法（柔性地板下的有用空间、不传播走步振动的地面）　10—便于实用配管控制盘的安装　11—方便维修控制盘

为了满足现代电子、微电子、光电子、微机械电子制造的要求，还需要提供一系列电子制造工艺所需的气体供排系统及设施。包括高性能的泵、压缩机、储气罐、阀、管路等。为了防止系统的颗粒污染，通常采用高质量不锈钢材料的产品。例如，对于集成电路制造所用的洁净室，其压缩空气、真空都有要求，甚至还有提供特种气体等的要求。

1）压缩空气供气系统。高档数控机床及加工中心和某些集成电路制造设备需要提供压缩空气，以保证气动执行部件或气浮轴承的工作。

2）真空抽气系统。大量的集成电路制造设备需要提供真空环境，除了设备本身自带的真空设备外，还需要生产线提供统一的真空设备。

3）特种气体给气排气与安全检测系统。大量的集成电路制造设备需要提供高纯度的多种特种气体，需要生产线提供完善的给气系统，同时设备工作排出废气还需要专门的排气系统，为防止特种气体泄漏带来环境和生产的安全隐患，专用的高灵敏泄漏检测系统也是必备的。

 复习思考题

10-1　精密和超精密加工的外部支撑环境主要包括哪些方面？对它们的控制要求有哪些？
10-2　什么叫空气的洁净度？空气的洁净级别是如何规定的？
10-3　精密和超精密加工为什么常常需要在恒温条件下进行？
10-4　恒温环境一般用哪两个指标来描述？目前主要的标准把恒温环境划分为几个等级？

10-5　简要叙述对洁净室的基本要求和实现洁净室的关键技术。

10-6　空气过滤器如何分类？它们的性能指标主要有哪些？

10-7　要实现较高的洁净度等级，气流组织形式应当采用哪一种？为什么？

10-8　洁净室中的温度、湿度和正压力是如何获得和控制的？

10-9　影响精密和超精密加工的振动干扰主要来自于哪些方面？

10-10　消除内部振动干扰的措施有哪些？

10-11　简述隔振器的隔振原理及各种隔振器的特点和应用场合。

10-12　衡量室内噪声的主要指标是什么？影响精密和超精密加工的噪声源有哪几种？

10-13　如何控制噪声？隔声、吸声和消声等方法各有什么特点？

10-14　什么是照度？什么是眩光？怎样才能提高照明质量？

10-15　集聚的静电对精密和超精密加工有什么影响？怎样才能防止静电的影响？

10-16　精密和超精密加工的主要外部支撑环境设施有哪些？在实施这些设施时追求的目标是什么？

参 考 文 献

[1] 国家自然科学基金会发展战略研究组. 机械制造学科（冷加工）—发展战略调研报告［M］. 北京：科学出版社，1994.
[2] 袁哲俊，周明. 加速发展我国的精密和超精密加工技术［J］. 工具技术，1994（2）.
[3] 谭汝谋. 加强我国精密、超精密加工技术的研究与发展［J］. 机床，1992（11）.
[4] 王先逵. 机械制造工艺学［M］. 北京：清华大学出版社，1989.
[5] 王先逵. 机械制造工艺学［M］. 2 版. 北京：机械工业出版社，2007.
[6] 王先逵. 机械加工工艺手册［M］. 北京：机械工业出版社，1991.
[7] 郑焕文，王宛山. 机械制造工艺学［M］. 沈阳：东北工学院出版社，1988.
[8] 刘贺云，柳世传. 精密加工技术［M］. 武汉：华中理工大学出版社，1991.
[9] 李晋年，袁哲俊. 黑色金属的超低温金刚石超精密切削［J］. 机械工程学报，1989（1）.
[10] 袁哲俊，周明. 金刚石刀具切削刃锋锐度对切削变形和加工表面质量的影响［J］. 机床，1992（11）.
[11] 吴起，袁哲俊. 超精密加工机床静压空气轴承的主轴部件［J］. 机械工程师，1994（2）.
[12] 赵培炎. 超精密加工中温度控制及对策［J］. 航空精密制造技术，1991（1）.
[13] 童竞. 几何量测量［M］. 北京：机械工业出版社，1987.
[14] 李鹏生. 新技术在几何量计量中的应用［M］. 哈尔滨：哈尔滨工业大学出版社，1989.
[15] 房丰洲，袁哲俊. 超精密机床定位测量技术［J］. 中国机械工程，1994（2）.
[16] 袁哲俊，程凯. 精密加工中误差补偿技术及其应用［J］. 机床，1990（8）.
[17] 微细加工技术编委. 微细加工技术［M］. 朱怀义，赵巾奎，译. 北京：科学出版社，1983.
[18] 蒋欣荣. 微细加工技术［M］. 北京：电子工业出版社，1990.
[19] 袁巨龙，袁哲俊. 石英基片双面抛光加工的研究［J］. 机床，1990（8）.
[20] 仪器仪表学报（纳米技术增刊）［J］. 1995，16（1）.
[21] 仪器仪表学报（纳米技术增刊）［J］. 1996，17（1）.
[22] 袁巨龙，河西敏雄，小林昭. 石英晶体无损伤理想镜面的超精密加工技术研究［J］. 仪器仪表学报，1995，16（1）.
[23] 袁巨龙. 功能陶瓷的超精密加工技术［M］. 哈尔滨：哈尔滨工业大学出版社，2000.
[24] 袁哲俊. 使用 SPM 的纳米级加工技术新进展［J］. 纳米技术与精密工程，2004（1）.
[25] 袁哲俊，胡忠辉，谢大纲. 微机械制造中的三维立体光刻加工技术［J］. 制造技术与机床，2004（8）.
[26] 李荣彬，杜雪，张志辉. 自由曲面光学设计与先进制造技术［M］. 香港：香港理工大学出版社，2005.
[27] 袁哲俊. 精密和超精密加工技术的新进展［J］. 工具技术，2006（3）.
[28] 宗文俊. 高精度金刚石刀具的机械刃磨技术及其切削性能优化研究［D］. 哈尔滨：哈尔滨工业大学，2008.
[29] 袁哲俊. 纳米科学与技术［M］. 2 版. 哈尔滨：哈尔滨工业大学出版社，2012.
[30] Davide Sher. 通用电气批量生产 3D 打印喷气发动机喷嘴［J/OL］. 张健，译［2013］. http://www.3dtupo.com/sc/article/ge3d/.

[31] 孙涛, 宗文俊, 等. 天然金刚石刀具制造技术 [M]. 哈尔滨: 哈尔滨工业大学出版社, 2013.

[32] 卢秉恒, 李涤尘. 增材制造（3D 打印）技术发展 [J]. 制造技术与自动化, 2013, 42 (4): 1-43.

[33] 崔铮. 微纳米加工技术及其应用 [M]. 3 版. 北京: 高等教育出版社, 2013.

[34] Wu X S, Chen W Y, Wang L J, et al. Non-abrasive Polishing of Glass [J]. International Journal of Machine Tools & Manufacture, 2002, 42.

[35] Mori Y, Yamamura K, Endo K, et al. Creation of Perfect Surfaces [J]. Journal of Crystal Growth, 2005, 275.

[36] Mckeown P A. The Role of Precision Engineering in Manufacturing of the Future [J]. Annals of the CIRP, 1987, 36 (2).

[37] Mckeown P A, et al. High Precision Engineering in the 1990's [C]. 天津: 天津大学出版社, 1991.

[38] Ikawa N, et al. Ultraprecision Metal Cutting in the Past, the Prsent, and the Future [J]. Annals of the CIRP, 1991, 40 (2).

[39] Ikawa N, et al. Non-Destructive Strength Evaluation of Diamond for Ultra-Precision Cutting Tool [J]. Annals of the CIRP, 1985, 34 (1).

[40] Yuan Z J, He J C, Yao Y X. The Optimum Crystal Plane of Natural Diamond Tool for Precision Machining [J]. Annals of the CIRP, 1992, 41 (1).

[41] Yuan Z Y, Geng L, Dong S. Ultra-precision Machining of SiCw/Al Composites [J]. Annals of the CIRP, 1993, 42 (1).

[42] Yuan Z Y, Lee W B, et al. Effect of Crystallographic Orientation on Cutting Forces and Surface Quality in Diamond Cutting of Single Crystal [J]. Annals of the CIRP, 1994, 43 (1).

[43] Yuan Z J, Zhou M. Effect of Diamond Tool Sharpness on Minimum Cutting Thickness and Cutting Surface Integrity in Ultraprecision Machining [J]. Journal of Materials Processing Technology, 1996, 62 (1).

[44] Zhou M, Yuan Z J. A New Method for the Detemination of Crystallographic Orientation of Diamonds [C]. Harbin: Proceedins of the 7th IMCC Conference, 1995.

[45] Debra D B, et al. Shower and High Pressure Oil Temperature Control [J]. Annals of the CIRP, 1986, 35 (1).

[46] Leadbeafer B, Clarke M, et al. A Unique Machine for Grinding Large, Off-axis, Optical Components the OAGM2500 [C]. Proceedings of the 5th Infernational Precision Engineering Seminar. Monterey, U. S. A, 1989.

[47] Wang X H, Yuan Z J. The Experimental Study of Micro-tool Servo with Electrostrictive Actuator [J]. Journal of HIT, 1994 (2).

[48] Komanduri R, Lucca D A. Technological Advances in Fine Abrasive Process [J]. Annals of the CIRP, 1997, 46 (2).

[49] Vorburger T V. Dagata J A. Industrial Uses of the STM and AFM [J]. Annals of the CIRP, 1997, 46 (2).

[50] Yuan Z J, Gao D. Study on Micro-hardness of Material in nanometer Scale [C]. Singapore: Proceedings of 8th IMCC Conf. 1998.

[51] Fang F Z, Venkatesh V C. Diamond Cutting of Silicon with Nanometric Finish [J]. Annals of the CIRP, 1998, 47 (1).

[52] Yuan Z J, Yao Y X, et al. Lapping of Single Crystal Diamond Tools [J]. Annals of the CIRP, 2003, 52 (1).

[53] Cheng K, Huo D. Micro-Cutting-Fundamentals and Applications [M]. London: Miley Press, 2013.
[54] 田中義信,津和秀夫,井川直哉. 精密工作法上、下册 [M]. 东京:共立出版株式会社,昭和54年和57年.
[55] 砥粒加工研究会熊谷记念会. 超精密加工技术 [M]. 东京:工业调查会,昭和59年.
[56] 谷口纪男. 超微细加工技术の现状と将来の课题 (1) [J]. 机械の研究,1982,34 (5).
[57] 小林昭. 超精密加工技术实用マニアル [M]. 东京:新技术开发セソター一,1985.
[58] 井川直哉,等. 超精密切削加工の精度极限 [J]. 精密工学会志,1986,52 (12).
[59] 上野进. 超精密加工机床的静压轴承主轴 [J]. 机床与工具,超精密加工特集,1987 (12).
[60] 杉田和彦. 超精密机床的静压轴承主轴 [J]. 机床与工具,超精密加工特集,1987 (12).
[61] 田中克敏. 超精密机床的床身导轨 [J]. 机床与工具,超精密加工特集,1987 (12).
[62] 诸贯信行. 超精密加工机床的驱动方式 [J]. 机床与工具,超精密加工特集,1987 (12).
[63] 冈崎佑一. 压电传感器式微位移系统 [J]. 机床与工具,超精密加工特集,1987 (12).
[64] 白坚高洋,等. Simulation of Cutting Process of Single-crystal Aluminum in Ultra-Fine Machining [J]. 精密工学会志,1991,57 (5).
[65] 井川直哉,岛田尚一,等. Chip Morphology and Minimum Thickness of Cut in Micromachining [J]. 精密工学会志,1993,59 (4).
[66] 房丰洲. 关于我国推进实施"制造3.0"战略的建议 [J]. 人民论坛,2015 (8).